虎斑乌贼的生物学及养殖技术

蒋霞敏　彭瑞冰　韩庆喜　江茂旺　陶　震　宋微微　著

海洋出版社

2019年 · 北京

内容简介

本书共11章，系统地介绍了头足类养殖新品种——虎斑乌贼的研究概况、形态、生活习性、生理学研究、繁殖与人工育苗技术、养殖技术、营养与分析、主要病原性风险及预防措施、育苗的饵料及培养、功能基因和喷墨机理研究等内容，全面反映了虎斑乌贼人工养殖的发展水平及研究的新成果、新技术。

本书可供大专院校有关学科的科研、教学人员参考，也可供在水产养殖领域，特别是从事乌贼养殖的技术员和养殖户参考。

图书在版编目（CIP）数据

虎斑乌贼的生物学及养殖技术/蒋霞敏等著. —北京：海洋出版社，2019.11
ISBN 978-7-5210-0454-0

Ⅰ.①虎…　Ⅱ.①蒋…　Ⅲ.①乌贼-海水养殖　Ⅳ.①S968.9

中国版本图书馆CIP数据核字（2019）第242565号

责任编辑：杨传霞　林峰竹
责任印制：赵麟苏
海洋出版社　出版发行

http://www.oceanpress.com.cn
北京市海淀区大慧寺路8号　邮编：100081
廊坊一二〇六印刷厂印刷　　新华书店北京发行所经销
2019年11月第1版　2019年11月第1次印刷
开本：787 mm×1092 mm　1/16　印张：19.25
字数：453千字　定价：190.00元
发行部：62132549　邮购部：68038093　总编室：62114335

序

从20世纪90年代后期起，中国一直是世界水产养殖第一大国，据《2019年中国渔业统计年鉴》，水产养殖产量为4 991万吨，产值为9 456亿元；在新时代正朝着水产养殖强国迈进，中国水产养殖不仅为世界人民提供了大量的优质动物蛋白，而且为国际粮食安全作出了巨大的贡献。2019年2月，农业农村部等10部委联合印发了《关于加快推进水产养殖业绿色发展的若干意见》，我国生态养殖模式不断优化，养殖产品质量不断提高，有力促进了水产养殖业升级转型、实现绿色高质量发展。

虎斑乌贼是我国东海、南海的重要经济头足类，也是百姓喜欢的高档海产品，但随着过度捕捞与环境恶化，自然资源日益减少。宁波大学乌贼研究团队自2011年起围绕虎斑乌贼生物学特性、规模化繁育和养殖关键技术等展开了深入研究。经过9年的研究，摸清了其繁殖习性、生活习性等生物学特性，在国内外率先实现了虎斑乌贼规模化人工繁育与养殖，总结出一套实用的虎斑乌贼人工育苗和养殖技术。虎斑乌贼肉质鲜美、抗病力强、生长速度快，当年七八月份就能陆续上市，可丰富禁渔期的上市水产养殖产品。虎斑乌贼的繁育与养殖成功，不仅丰富了养殖者的养殖品种选择，而且其高昂的售价也为产业转型升级带来了机会。

该著作兼具科学的深度与科普的广度，不仅介绍了虎斑乌贼养殖生物学内容，也详细阐述了虎斑乌贼的育苗技术与养殖技术要点、主要病原性风险与预防措施和乌贼育苗饵料与培养方法，并提供了翔实的数据和直观的图表，全面反映了虎斑乌贼人工繁育与养殖的发展水平及研究新成果、新技术。因此，该著作不仅可供相关高校与研究单位的科研、教学人员参考，更可为水产推广、科技培训和乌贼养殖从业者学习，具有很强的产业应用和指导性。

王春琳

2019年9月

前　言

虎斑乌贼是一种海洋经济头足类，具有个体大（5 kg）、生长快、抗病强等特点，是一种极具养殖前景的新品种。以蒋霞敏教授为首的宁波大学团队从2011年起开展了虎斑乌贼人工育苗与规模化养殖关键技术的攻关，目前已突破规模化人工育苗关键技术，累计育出胴长2 cm以上的乌贼苗种120万尾，并在浙江和福建一带的水泥池、土塘、网箱养殖获得成功，率先在国内实现了虎斑乌贼养殖商业化和规模化。为更好地推广虎斑乌贼的养殖技术，造福"菜蓝子工程"和促进惠民增收，满足高等学校教学和科研的需要，作者在本书中对近10年来虎斑乌贼研究工作的相关成果与育苗、养殖的生产实践经验进行了总结和归纳，这是多年来辛勤耕耘的结晶。

本书共分11章，内容包括：第一章虎斑乌贼的研究概况；第二章虎斑乌贼的形态特征；第三章虎斑乌贼的生活习性；第四章虎斑乌贼生理学研究；第五章虎斑乌贼繁殖与人工育苗技术；第六章虎斑乌贼养殖技术；第七章虎斑乌贼营养价值；第八章虎斑乌贼主要病原性风险及预防措施；第九章虎斑乌贼育苗的饵料及培养；第十章虎斑乌贼功能基因研究；第十一章虎斑乌贼喷墨机理研究。

全书由蒋霞敏统稿，彭瑞冰、韩庆喜、江茂旺、陶震和宋微微参与部分章节的撰写。具体内容和分工如下：第一章由韩庆喜撰写，第二章至第四章由彭瑞冰撰写，第五章和第六章由蒋霞敏撰写，第七章由江茂旺撰写，第八章由陶震撰写，第九章由韩庆喜和蒋霞敏共同撰写，第十章由宋微微撰写，第十一章由江茂旺撰写。

我们诚挚地感谢宁波大学海洋学院斯越秀博士生，唐锋、罗江、姜小敏、杜学星、王弢、叶丽、高秀芝、林菁菁、高晓兰、张泽凌、毛欣欣、陆伟进、乐可鑫、汪元、阮鹏、王鹏帅、王双健、周爽男、陈奇成、李建平、赵晨曦、黄晨、韩子儒、赵云等硕士生这10年来前赴后继、不辞辛劳，在偏僻艰苦的海边基地实验、育苗和养殖，积累了大量的数据，提供了照片和图片，为本书的撰写奠定了坚实的基础。同时，感谢象山来发水产育苗场和舟山水产研究所提供了实验场所和设备设施，感谢宁波市内外养殖单位给予了积极的支持和配合。在此，向对本书做出贡献的个人和单位致以崇高的敬意！本书的出版得到了国家基金委员会、宁波市科技局的支持，并得到了浙江省“十三五”优势专业项目的资助，在此一并表示感谢！

本书是撰写者辛勤劳动所获的一项成果，主观上力求对虎斑乌贼的产业发展有所促进，但在工作中深感经验不足，水平有限，难免会有不足和错误，敬请读者原谅。

蒋霞敏

2019年6月　宁波大学

目　录

第一章　虎斑乌贼研究概述

第一节　虎斑乌贼简介

一、分布

虎斑乌贼（*Sepia pharaonis* Ehrenberg，1831），是一种肉食性头足类动物（Boyle et al.，2005），隶属于软体动物门（Mollusca）、头足纲（Cephalopoda）、乌贼目（Sepiida）、乌贼科（Sepiidae）、乌贼属（*Sepia*）。但有基于线粒体和核基因的系统发生学分析认为，虎斑乌贼有可能是一个高于物种的概念或物种复合体，包括西印度洋分支、东北澳大利亚分支、伊朗分支、西太平洋分支和中印度洋分支，多个分支之间的基因交流仍在进行（Anderson et al.，2010）。因此，在没有更进一步的形态学研究结果证实这个推论以前，仍以虎斑乌贼称之。

虎斑乌贼分布于北纬 35°N 至南纬 30°S，东经 30°—140°E 的印度西太洋热带水域（Nabhitabhata et al.，1999），在红海海域、波斯湾、阿拉伯海、也门海、安达曼海、中国南海、东海、日本沿海、印度尼西亚东部和南部沿海、澳大利亚北部沿海（从 20°26′S，115°37′E 的西澳大利亚到昆士兰的 19°16′S，146°41′E 汤斯维尔，包括卡奔塔利亚湾）均有分布（Norman et al.，2000；Tehranifard et al.，2011；Thanonkaew et al.，2008）。

虎斑乌贼是一种浅海底栖性动物，分布水深为近岸至水深 130 m 处（Norman et al.，2000；Tehranifard et al.，2011）。在泰国湾和阿达曼海，虎斑乌贼通常分布于近岸浅水至水深 100 m 处，通常捕获于 10~40 m 的水深。虎斑乌贼亦存在垂直分布的季节变化，如在香港附近，虎斑乌贼会在交配季节（11 月至翌年 2 月）游至 40~80 m 的浅水区聚集成群，产卵时雌性将游至水深 5~20 m 处（Tehranifard et al.，2011）。

二、捕获和资源

虎斑乌贼在其分布区域内均是当地重要的经济捕捞种（Nabhitabhata，1995），尤其是在也门海、苏伊士运河、泰国湾和北印度洋（Gabr et al.，1998；Thanonkaew et al.，2006）。在也门海人们采用底拖网捕捞虎斑乌贼，而在波斯湾主要采用笼捕。虎斑乌贼是这两个海区最为重要的乌贼种类之一；亦是泰国湾和安达曼海个体最大、丰度最高且最常捕获的乌贼种类，占据了远岸头足类拖网捕捞量的 16%和近岸定置网捕获量的 10%（Nabhitabhata et al.，1999；Supongpan，1995）。虎斑乌贼也占据了中国的双拖网渔船在澳大利亚北部和帝汶海捕获乌贼总量的90%以上；虎斑乌贼还是香港附近海域最具经济价值和数量最丰富的乌贼种类（Tehranifard et al. , 2011）。

在印度，人们通过底拖网船在100 m以内的海底作业捕获虎斑乌贼，但大多数虎斑乌贼来源于捕虾或者捕鱼船的兼捕，当然也有9—10月季风后在印度西南和东北海域专门针对乌贼的离底拖网（off bottom high opening trawls）。1990—1994年，虎斑乌贼占据了印度东海岸头足类产量的30.3%和西岸的27%，在印度西岸所有头足类的捕捞量中仅次于杜氏枪乌贼（*Loligo duvaucelii*），在印度东岸则是产量最高的头足类（Meiyappan et al. , 2000），占乌贼总捕捞量的41.6%（Abdussamad et al. , 2004）。印度孟买的虎斑乌贼上市量从2004年的438 t增加至2005年的1 763 t，捕获率亦从2003年的0.17 kg/h增加至2005年的1.04 kg/h（Sundaram, 2014）。在渔获的虎斑乌贼中，雌性乌贼较多，雄雌乌贼的比率约为1∶1.24；雄性最多有43.6%的个体成熟，而雌性至多有37.2%已经怀卵（Sundaram, 2014）。

虎斑乌贼具有季节性的远岸和近岸水域的洄游生活史，因而捕获率具有季节性差异，不同季节的捕获率相差较大（Sasikumar et al. , 2013）。虎斑乌贼捕捞季节中，在东阿拉伯海5—11月的捕获率为1.67～13.02 kg/h，在印度东海岸，50%的虎斑乌贼捕获于8—10月（Abdussamad et al. , 2004）。

但多个海域的虎斑乌贼已受到了过度捕捞的影响，比如阿拉伯海的虎斑乌贼资源，初捕乌贼胴长仅有12 cm，明显小于虎斑乌贼第一次性成熟19.60 cm的平均胴长，很多虎斑乌贼没有机会产下后代，已经被严重过度采捕（Mehanna et al. , 2014）；印度东海岸在1995—1999年，虎斑乌贼捕捞率平均只有0.54，尽管远低于0.76的最大可利用率，但资源量依旧出现明显下降，从1995—1996年的682 t下降至1998—1999年的227 t（Abdussamad et al. , 2004; Meiyappan et al. , 2000）。20世纪70年代中后期以来，由于过度捕捞的原因，我国乌贼资源日趋衰退，已濒临枯竭的危险（蒋霞敏等，2014）。由于虎斑乌贼在近岸产卵，并且幼乌贼在近岸陆架区域捕食小虾小鱼等，所以它们在早期生活阶段很容易受到拖网渔船的影响。这些渔船通常为了捕虾，设置网孔直径非常小，因而要规范网孔的大小是不现实的，唯一的办法是引导这些渔船走向深海，捕获那些捕捞压力比较轻的经济物种，唯此虎斑乌贼的资源量才不会枯竭（Abdussamad et al. , 2004）。

三、营养价值

野生虎斑乌贼是一种高蛋白质、低脂肪、氨基酸含量高且种类齐全、PUFA含量丰富（尤其是富含EPA和DHA）、营养价值较高且海鲜味浓郁的头足类（高晓兰等，2014）。肌肉营养成分不仅具备优质海产品的所有特性，且符合人体的营养需要（黄建盛等，2014）。虎斑乌贼的头和身体肌肉中含有11.9%～14.9%的蛋白质，0.5%脂类，1.2%～1.3%灰分，以及0.6%～1.8%的胶原。粗脂肪含量较少且富含DHA和EPA。脂类由15种脂肪酸组成，即饱和脂肪酸（SFA）6种，不饱和脂肪酸（UFA）9种；其中单不饱和脂肪酸（MUFA）3种，多不饱和脂肪酸（PUFA）6种。PUFA占肌肉脂肪酸的44.15%，食用价值和保健作用很高（黄建盛等，2014）。虎斑乌贼肌肉中粗蛋白含量较高，其中主要蛋白为肌原纤维蛋白，约占总蛋白的53.1%～58.4%，蛋白中优势的痕量元素是锌和铁（Thanonkaew et al. , 2006）。氨基酸平衡效果较好，属于优质的蛋白质，共检测到18种氨基酸，包括人体所需的必需氨基酸 8 种。虎斑乌贼肌肉中含有丰富的常量元素和微量元素，以钾含量最高，其次为钠。此外，还有丰富的钙和镁（黄建盛等，2014）。

野生虎斑乌贼各组织（肌肉、肝脏、卵巢、缠卵腺、副缠卵腺）的营养成分中，粗蛋白含量为 31.47%～77.93%，表现为肌肉（77.93%）>卵巢（62.39%）>副缠卵腺（58.62%）>缠卵腺（57.64%）>肝脏（31.47%）；粗脂肪含量为 2.46%～12.82%，肝脏（12.82%）>缠卵腺（4.80%）>副缠卵腺（3.42%）>肌肉（3.14%）>卵巢（2.46%）。五种组织均含有 17 种氨基酸，其中总氨基酸（TAA）含量为 27.68%～77.87%，必需氨基酸（EAA）含量为 13.60%～31.80%；共检出 26 种脂肪酸，包括 12 种饱和脂肪酸（SFA），7 种单不饱和脂肪酸（MUFA）和 7 种多不饱和脂肪酸（PUFA），其中 PUFA 含量为 27.48%～54.15%，以肝脏最低，显著低于其他组织（$P<0.05$），具体为缠卵腺（54.15%）>肌肉（47.74%）>卵巢（45.50%）>副缠卵腺（41.49%）>肝脏（27.48%）；C20：5n-3（EPA）含量为 6.72%～16.03%，C22：6n-3（DHA）含量为 12.79%～32.20%（高晓兰等，2014）。

虎斑乌贼无论野生条件下成长的还是人工繁育养殖的，都具有很高的营养价值（陈道海等，2014），人工养殖和野生虎斑乌贼的蛋白质含量差异较小，分别为 20.24% 和 20.15%；野生型与人工养殖的虎斑乌贼的脂肪含量分别为 0.81% 和 0.97%，人工养殖条件下，脂肪含量略有提高；不饱和脂肪酸的总含量两者相似，其中二十碳五烯酸（eicosapentaenoic acid，EPA）和二十二碳六稀酸（docosahexaenoic acid，DHA）的总含量分别为 37.13% 和 33.63%；在氨基酸种类和含量方面，人工养殖和野生虎斑乌贼都测得 17 种氨基酸，鲜样中总含量分别是 18.84% 和 18.07%，其中必需氨基酸/总氨基酸分别为 42.83% 和 42.00%（陈道海等，2014）。

虎斑乌贼受精卵卵黄中粗蛋白含量为 76.33%；总氨基酸（TAA）和必需氨基酸（EAA）含量分别为 71.22% 和 32.38%，EAA/TAA 为 45.46%，氨基酸中以谷氨酸（Glu）含量最高（9.97%），必需氨基酸中亮氨酸（Leu）含量最高（7.58%）。其粗脂肪含量 12.71%；共检出 17 种脂肪酸，包括 8 种饱和脂肪酸（SFA）、5 种单不饱和脂肪酸（MUFA）和 4 种多不饱和脂肪酸（PUFA），SFA、MUFA 和 PUFA 分别占脂肪酸总量的 43.47%、7.54% 和 49.25%，其中以 DHA 含量最高，达 32.80%，EPA 含量为 7.70%（彭瑞冰等，2015）

虎斑乌贼内脏富含多糖，盐提得到的虎斑乌贼内脏多糖具有天然抗氧化活性和吸湿保湿性能，在功能性食品、药品和化妆品领域具有一定的应用潜力（孙玉林等，2018）。

雌性虎斑乌贼缠卵腺营养丰富，其中粗蛋白和粗脂肪含量分别为 18.40%、0.16%，检出 18 种氨基酸，不饱和脂肪酸含量丰富，占脂肪酸总量的 63.21%，其中二十碳五烯酸和二十二碳六烯酸的含量分别为 12.55% 和 33.19%。胆固醇含量远低于鸡蛋黄。微量元素 Se、Cu、Mn 等含量丰富，但重金属元素 As 含量达到 35.90 mg/kg，远超出限定的 0.5 mg/kg（戴宏杰等，2016）。

乌贼的钙化内壳又称海螵蛸或乌贼骨，是一味传统的中药药材，性咸、涩、温，有止酸止痛、止咳平喘、收敛止血、收湿生肌、固表涩肠、明目退翳等功效。富含营养，具有药用价值和保健功能，钙、锌含量丰富（江茂旺等，2016），除传统医药外，也可用于牙膏、化妆品等行业（Nabhitabhata et al.，1999）。

第二节 虎斑乌贼的生物学特性

一、寿命

虎斑乌贼的最长寿命约为5年（Mehanna et al.，2014）。根据1994—1995年的研究资料，印度东海岸的虎斑乌贼寿命为2.19~4.92年，平均寿命长度为3.66年；捕获时的寿命为0.5~3.23年，平均为1.97年（Abdussamad et al.，2004）。由于虎斑乌贼通常在生殖结束1~3周内死亡，所以其寿命与产卵息息相关。在养殖中发现，虎斑乌贼的寿命为112~271天，两性寿命平均149.4天（Nabhitabhata et al.，1999）。

每个个体孵化后90天的生长格局符合指数增长曲线，R值为0.98或更高；第二生长阶段呈线性或指数增长曲线，R值为0.98或更高；90天的日增长率为5.91%~6.36%（Minton，2004）。

二、生长特性

虎斑乌贼是一种生长较快的头足类，也门湾的虎斑乌贼经过3年的生长，雄性体长可达34 cm，雌性体长可达31 cm（Sanders，1981）。对任何指定胴长的乌贼，雌性的体重都较雄性大，但成熟后的个体中以雄性的体重为大。有研究表明，在印度虎斑乌贼经1年、2年和3年，雄性胴长可达18.6 cm、27.7 cm和32.2 cm，而雌性胴长可达19.8 cm、28.1 cm和31.6 cm（Silas et al.，1985）。同样是在印度，经过1年、2年和3年生长之后，雄性胴长分别为18.0 cm、27.4 cm和32.3 cm，雌性胴长分别为19.2 cm、27.5 cm和31.2 cm（Nair et al.，1993）；4年生长之后，虎斑乌贼平均胴长分别为18.9 cm、26.8 cm、29.9 cm和31.2 cm（Abdussamad et al.，2004）。就整年来说，雄性平均胴长为19.6 cm，而雌性为18.1 cm。雌性的平均胴长在10月至翌年1月略长，而2—4月稍短。在超过27 cm的大个体中，雌性较雄性为少。在胴长超过35 cm的个体中，则完全没有雌性个体（Sasikumar et al.，2013）。虎斑乌贼资源在印度东岸雄性要多于雌性，但在印度西海岸，则正好相反，雌性要多于雄性（Nair et al.，1993）。

有人认为虎斑乌贼的生长为异速生长，其回归值在2~3，并且雌雄之间的区别明显（Meiyappan et al.，2000），但这一结论并非定论。例如在阿拉伯海也门近岸，虎斑乌贼的雌雄两性并未表现出明显的生长差异（Mehanna et al.，2014）。用W表示体重，用ML表示胴长，则体长与体重的回归方程可表达如下：雄性 $W=0.240\ 2\ ML^{2.671\ 4}$（$R^2=0.984$），雌性 $W=0.225\ 6\ ML^{2.695\ 3}$（$R^2=0.977$），两性平均 $W=0.261\ 6\ ML^{2.641\ 2}$（$R^2=0.980$）（Mehanna et al.，2014）。其他类似研究得出的方程略有差异，如：雄性 $W=0.330\ 6\ ML^{2.538\ 9}$（$R^2=0.983$），雌性 $W=0.325\ 4\ ML^{2.605\ 7}$（$R^2=0.982$）（Sasikumar et al.，2013）；或雄性 $W=0.000\ 841\ 4\ ML^{2.579\ 89}$，雌性 $W=0.000\ 972\ 3\ ML^{2.552\ 01}$（Sundaram，2014）。

虎斑乌贼成体在不同自然海域中的最大胴长也有差异，在阿拉伯海也门湾附近采集到的虎斑乌贼最大胴长为 440 mm（Mehanna et al.，2014）；澳大利亚北部的虎斑乌贼雄性和雌性成体最大胴长分别为 192 mm 和 173 mm（Dunning et al.，1994）；在也门近岸发现最大胴长可达 420 mm（Aoyama et al.，1989）；在台湾省西南岸捕获的虎斑乌贼中最大胴长可达 370 mm（Lin et al.，1994）；在菲律宾捕获最大胴长达 262 mm 的成体（Watanuki et al.，1993）；埃及苏伊士运河的虎斑乌贼最大胴长达 240 mm（Gabr et al.，1998）；泰国湾和阿达曼海的虎斑乌贼最长达 350 mm（Chotiyaputta，1993）或 260 mm 和 1 400 g，但实验室培养的雄性为 162 mm 和 368 g，雌性为 155 mm 和 350 g（Nabhitabhata et al.，1999）；波斯湾的虎斑乌贼雄性最大胴长和体重分别为 300 mm 和 3 045 g，雌性最大则为 223 mm 和 1 215 g（Tehranifard et al.，2011）。

雌雄成熟的平均胴长并不相同，苏伊士运河雄性成熟的平均胴长是 61 mm，雌性则为 122 mm（Gabr et al.，1998）；泰国湾的乌贼约在 90 日龄时成熟，平均胴长为 60 mm（Nabhitabhata et al.，1999）；印度东岸虎斑乌贼雄性成熟的平均胴长为 121 mm，雌性为 138 mm，西岸雄性则为 154 mm，雌性则为 157 mm（Meiyappan et al.，2000）；阿拉伯海的虎斑乌贼性成熟的平均胴长为 196 mm（Mehanna et al.，2014）。印度西北海域雌性半数成熟的胴长约为 153 mm（Sundaram，2014）。

在胴长组成中显示，虎斑乌贼的种群在一年中有两个补充的波峰，在两个波峰中间，种群的平均胴长明显降低。第一个补充高峰，由中等胴长、生长迅速的个体组成，而第二个补充高峰，由大个体和生长缓慢的个体组成（Sasikumar et al.，2013）。

幼乌贼在前 60 天内体重的增加有限，3 个月后体重的增加异常迅速，在第 6 和第 7 个月出现爆发性增长；胴长则在第 4 个月和第 5 个月增长最快（Anil et al.，2005）。不同海区的虎斑乌贼的生长差别很大，例如阿达曼的种群生长速度远快于泰国湾的种群，增长率约为 2 倍，增重率为 4~5 倍。即使同一种群的不同批次，最大生长率也可达到最小生长率的 4 倍（Nabhitabhata et al.，1999）。

虎斑乌贼在 90 日龄时，逐渐成熟（Nabhitabhata et al.，1999）。虎斑乌贼的成熟可分为 4 个成熟阶段。在不同成熟阶段，各个成熟指数不同。虎斑乌贼可终年产卵，但不同海域的虎斑乌贼产卵季节并不一致：苏伊士运河区域的虎斑乌贼产卵通常发生在 3—6 月（Gabr et al.，1998）；阿拉伯海最主要的产卵高峰期是 2—5 月（Sundaram，2014）；印度东西海岸的虎斑乌贼产卵高峰期则发生于 10 月至翌年 4 月（Meiyappan et al.，2000；Silas et al.，1985），也有研究表明，印度东海岸 67%的产卵发生在 11—12 月；香港附近的虎斑乌贼则在 11 月至翌年 2 月交配，2—3 月产卵（Tehranifard et al.，2011）。

三、再生能力

虎斑乌贼的腕具有很强的再生能力。将乌贼的腕切至仅余 10%~20%时，经过 39 d 后，再生腕就会达到原来的 94.9%，但在截肢后其游泳缺陷、社交中的身体姿势和食物捕获方式等将立刻改变。这一再生过程可分为 5 个阶段：阶段 1（0~3 d）时主要断口开始模糊，不再清晰；阶段 2（4~15 d）时出现光滑的半球形边缘；阶段 3（16~20 d）时出现再生芽，在该阶段，截肢产生的游泳缺陷等问题才逐渐恢复；阶段 4（21~24 d）时延长的尖端出现；阶段 5（25~39 d）时末端尖细的延长端逐渐生长至与其他腕相齐。而触腕上的吸盘和色素细胞等直到第 2~4 阶段才会逐渐恢复，并且基本恢复到最初的状态（Hvorecny et al.，2007；Tressler et al.，2014）。

四、避敌与捕猎

伪装色是头足类动物的最主要的防御行为。乌贼刚孵化即可根据周围环境的背景色变换身体图案以隐藏自己，但伪装色功能在不同环境下的成熟速度并不相同，单一背景色中养殖而成的乌贼较天然环境中成长的速度要慢（Lee et al.，2010）。除色彩外，池底微生境的多样性也与虎斑乌贼的伪装色的成熟速度密切相关，若将幼乌贼置于单一的人造池中，87 d 后才能呈现一定的身体图案，而底质比较丰富的池中，幼乌贼在 27 d 后即可使用此功能。但底质多样性的不同，并不会影响此功能的有无，既使生活于单一或多样性较差的底质中，将虎斑乌贼置于新图案或色彩的底质中一段时间之后，均可呈现对环境色的模拟（Yasumuro et al.，2016）。

视觉体验对头足类动物，包括虎斑乌贼的视觉系统的正常发育来讲至关重要。若受精卵和幼乌贼被置于不同的背景条件下，则它们对高对比度的背景具有更好的适应性，且视觉层次丰富的背景对栖息地背景选择的倾向性行为的发生非常重要（Lee et al.，2012）。对头足类动物中的乌贼而言，其行为具有经验依赖可塑性，受发育过程中环境条件的影响和制约。若将初孵乌贼幼体置于不同的养殖环境中，如灰色水泥池和黑白棋盘状水泥池，经过 12 个周的实验和免疫组织化学分析、蛋白质印迹分析，虎斑乌贼养殖背景视觉上的对比和差别严重影响了虎斑乌贼视神经叶的类 NMDA 受体的发育（Lee et al.，2013）。虎斑乌贼具备与章鱼和乌贼一样的条件识别能力，在人为实验中，约 50%（13 个虎斑乌贼中的 6 个）的虎斑乌贼成功通过了迷宫（Lee et al.，2010）。

乌贼目的种类通常都有聚集行为，但虎斑乌贼至多是中等程度的聚集（Chikuni 1983），仅在捕猎时聚集成一群，向猎物追击（Nabhitabhata et al.，1999）。乌贼通过延长的触腕来捕捉猎物，幼乌贼与成体相似，采用突然伸出的触腕进行攻击。随着幼乌贼的成长，在 30 日龄时，幼乌贼的最大触腕长度和最快触腕伸出速度达到顶峰，并随后降低。可捕捉猎物的距离与触腕的长度以及触腕的发射速度正相关，在捕食时主要采用伏击战术，这一点与章鱼类的游泳捕食相差颇大（Sugimoto et al.，2013）。

光线对虎斑乌贼具有中等吸引力，约 50%的虎斑乌贼可被光吸引，在泰国湾捕到的乌贼中只有小部分是通过光诱捕到的（Nabhitabhata et al.，1999）；但也有虎斑乌贼具有强趋光性（Nair et al.，1986）和低光照要求的研究报道（蒋霞敏等，2014）。

幼乌贼的胴长达到 8 mm 时即展现出与成体相似的行为特点，如高运动性、饵料捕获、喷墨、逃匿和受惊时的体色变化等，身体的颜色可从浅黄褐色至深褐色或黑色（Anil et al.，2005）。幼乌贼对于池底的铺沙始终无动于衷，因此在养殖过程中可以不铺沙（Anil et al.，2005）；但另外有研究显示，虎斑乌贼孵化第 4 天即被观察到在沙和细小砾石底质条件下的挖洞行为，或独居、或栖息于底质上或底质内（Nabhitabhata et al.，1999），饱食后栖息于池底或养殖用筐的筐底的现象更加普遍（乐可鑫等，2016；李建平等，2019；文菁等，2011）。幼乌贼群居行为偶有发现，只在 10 日龄以上的幼乌贼逃避敌害或追逐猎物时发生（Nabhitabhata et al.，1999）。

第三节　虎斑乌贼的繁育研究动态

一、虎斑乌贼交配与产卵

在乌贼性成熟过程中，生长的重点从躯体的成长转换为性腺发育和卵黄发生。在成熟过程中需要的能量和营养主要来自食物的营养而非体内已经储存的营养，它并不需要肌肉组织的蛋白质进行生殖组织的生长和发育（Tehranifard et al.，2011）。雄性产生精子，精子长约为 93 μm，可分为头部和尾部。头部呈长辣椒状，包括顶体和细胞核，尾部可分为线粒体距和鞭毛两部分（陈奇成等，2019）。交配行为的形成发生于 90 日龄后的乌贼个体（Anil et al.，2005；Nabhitabhata，1994；Nabhitabhata et al.，1999）。虎斑乌贼的交配行为并非“一夫一妻”制，而是“一雌多雄”。虎斑乌贼的背部斑纹在 90 d 后展现出雌雄二形性，雌性不改变色彩格局，而雄性具有白褐相间的斑纹，尤其在 120 d 后虎斑更加清晰（Nabhitabhata et al.，1999），但也有研究认为雌雄二形性所称的雌雄外形区别并不可靠（Tehranifard et al.，2011）。

虎斑乌贼在交配前有较复杂的求偶行为，包括雄性争斗与对峙、雌性配偶的选择等。成熟的雄性首先会选定雌性伴侣，并向她展示其虎斑；然后雄性会将他的第一对腕举起，若得到雌性接受，雄性将用腕触摸她的身体，并在一起平行成对同向游泳，游泳时雄性位置略高于雌性。（Anil et al.，2005；Nabhitabhata et al.，1999）。交配开始时，雄性乌贼将最前面一对腕包裹住雌性的头和腕，以头对头的方式交配，精囊即被雄性第 4 腕转移至雌性储精囊中（Anil et al.，2005；Nabhitabhata et al.，1999）。交配时间则众说纷纭，有研究为 5～7 min（Anil et al.，2005），也有研究是可能少于 1 min 或者长于 30 min（Nabhitabhata et al.，1999），雄性在交配完成后会继续护卫雌性伴侣，包括对可能来犯的雄性展示其虎斑、头对头示威、鳍的快速运动示威甚至向对手喷墨。如果此类恐吓威胁行为不能奏效，交配雄性将会冲向来犯者，将对手抓住并撕咬，但撕咬比较鲜见。交配雄性一般会赢，除非对手比它的个体大很多（Nabhitabhata et al.，1999）。

产卵一般发生于 110 日龄之后，也即交配后的 1～3 周之后。雌性在产卵前会绕产卵基游泳，并用腕试探产卵基的附着程度。在选定附着基之后，雌性会将产下的卵小心翼翼地送至卵附着基上。整个产卵过程中，交配雄性始终在附近守护。交配和产卵行为都在清晨和傍晚进行（Nabhitabhata et al.，1999）。

虎斑乌贼生殖力较多数乌贼要强，雌性乌贼成熟卵细胞的数量从 75 粒到 1 525 粒不等（Gabr et al.，1998）。受精卵呈白色，半透明（Nabhitabhata et al.，1999）。卵群葡萄状，包含受精卵 107～307 颗（Anil et al.，2005；陈道海等，2013）。受精卵卵圆形，胚胎浸没于保护液中。在孵化过程中，受精卵膨胀，受精卵的发育过程透过卵膜清晰可见（Anil et al.，2005）。充分发育的胚胎，腕附于卵黄之上，胚胎的墨囊亦可见，遇刺激时可在卵内喷墨（Anil et al.，2005），形成喷墨卵（王双健等，2017）。

虎斑乌贼野生受精卵卵径 14～16 mm，长径 27～34 mm（陈道海等，2013）。胚胎发育过程共分为卵裂、囊胚期、原肠期、器官芽原基出现、眼色由无色到黑色等 30 期。在胚体生长期间，胚体长度随时间推移逐渐增加，而卵黄大小则随之减小。7~20 d，胚体长度由2.5 mm增至11.3 mm，而卵黄直径由8.9 mm减至4.5 mm，胚体与卵黄长度比例由0.28增至2.51（陈道海等，2012）。通常，卵黄在幼乌贼出膜前被完全吸收，已不可见。偶有残存，也在幼乌贼出膜后第一天即行脱落（Anil et al.，2005；Nabhitabhata et al.，1999）。虎斑乌贼与横纹乌贼（*Sepia officinalis*）相似，由于卵黄贮存的营养尚在，刚出生后3 d内并不需要进食（Boucaud-Camou et al.，1995）。

在虎斑乌贼受精卵的孵化过程中，经常可见喷墨卵，但虎斑乌贼喷墨卵和正常卵的孵化率、初孵幼体体重、培育周期和孵化周期均无显著差异，亦即可以将喷墨卵与正常卵等同视之。但若在孵化后期强行将卵膜剥离，则会对幼体的成活率等产生显著影响，剥膜喷墨卵和剥膜正常卵的成活率明显小于喷墨卵和正常卵，而剥膜喷墨卵和剥膜正常卵之间、喷墨卵和正常卵之间的成活率无显著差异（王双健等，2017）。

自然界收集的受精卵孵化率可达90%以上，但培养一代产出的受精卵的孵化率只有50%（Nabhitabhata et al.，1999）。初孵乌贼外形与成体乌贼相似，体长约为15 mm，胴长约为8 mm（Anil et al.，2005），平均胴长7.7 mm，平均体重0.18 g（Nabhitabhata et al.，1999）。初孵乌贼喜静，趴伏于孵化容器底部（Nabhitabhata et al.，1999；文菁等，2011）。色素细胞遍布全身，尤其以背部为主（Anil et al.，2005）。

二、受精卵孵化条件

温度与孵化时间具有非常直接的关系，胚胎发育的最低和最高临界水温为20℃和32℃，孵化的最适温度范围为24~30℃（刘建勇等，2010）。在温度27~31℃时，在第12天时陆续孵出幼乌贼，整个破壳过程持续一周，且80%是在第15~17天孵出（Anil et al.，2005）；在温度28℃时，受精卵孵化需要9~25 d，平均14.3 d，卵群从第1个孵出开始到所有乌贼孵出需3~10 d，但多数发生于第2~3天的晚上，孵化周期远短于横纹乌贼的60~90 d（Nabhitabhata，1994；Nabhitabhata et al.，1999）。在水温23±0.5℃，盐度28，pH值7.41条件下，孵化高峰期为第20~24天，孵化率为85.3%（陈道海等，2012），温度降低，孵化周期也相应变长。水温［T（℃）］与孵化率［H（%）］间的函数关系可表示为：$H = -5.333 + 2.583T$（$R^2 = 0.247$，$F = 7.213$，$P < 0.01$）（刘建勇等，2010）。

虎斑乌贼受精卵在盐度低于20或高于40的时候不能孵化（Nabhitabhata et al.，1999）。其适宜的孵化盐度范围为27.0~33.0（Peng et al.，2017b），最适盐度范围为30.0~33.0（黄建盛等，2012）或29.0（戴远棠等，2012）或30.0（Peng et al.，2017b）。随着盐度增加，培育周期和孵化周期呈逐渐缩短趋势，而孵化率先升后降。随着盐度的增加，幼乌贼的不投饵存活系数先升后降，在盐度30.0时达到最大值，盐度（y）与不投饵存活系数（x）间的函数关系可表示为：$y=-0.1764x^2+9.8079x-104.33$（$R^2 = 0.9278$）（黄建盛等，2012）。

盐度对虎斑乌贼胚胎器官形成期和内骨骼形成期的耗氧率均有显著影响，对受精卵期和原肠胚期影响不显著，当盐度为30时，四个发育时期耗氧率均达到最大值；温度对原肠胚期、器官形成期和内骨骼形成期的耗氧率有显著影响，对受精卵期无显著性影响，在27℃时，胚胎四个发育时期均达到最大值；而pH值对四个发育时期的耗氧率均无显著性影响，受精卵期在 pH 值 8.0 时达到最大值，其他三个发育时期（原肠胚期、器官形成期、内骨骼形成期）在 pH 值 8.5 时达到最大值（王鹏帅等，2015）。

不同光照强度对虎斑乌贼胚胎发育的孵化率、卵黄囊断裂率、培育周期、初孵幼体体重与胴长均影响显著；而对孵化周期和幼体出膜 7 d 后成活率无显著影响。不同光周期对虎斑乌贼胚胎发育的孵化率、培育周期、孵化周期均影响显著，而对卵黄囊断裂率、初孵幼体体重、胴长和幼体出膜 7 天后成活率无显著影响。其中，孵化率和孵化周期随着光照时间的增加呈现先增大后减小的变化（周爽男等，2018）。

第四节　虎斑乌贼的养殖研究动态

虎斑乌贼养殖的最初尝试源于对乌贼卵孵化和孵化后行为的研究（Nair et al.，1986），大规模的虎斑乌贼养殖则起始于 1978 年 Nabhitabhata 在泰国进行的养殖实验，但养殖并不成功，不仅乌贼的生长率较低，最后养殖的个体也仅有 370 g（Nabhitabhata，1978；Nabhitabhata，1995；Nabhitabhata et al.，1999）；后来，欧洲、亚洲和美国的研究人员在精密的实验室温控水循环条件下养殖成功，并成功地将乌贼培育多代（Boletzky et al.，1983；Lee et al.，1998；Minton et al.，2001；Nabhitabhata，1995）。此外，出于生物医学研究的需要，从 1998 年起，美国国家头足类资源中心（National Resource Center for Cephalopods）也在养殖（Minton et al.，2001），虎斑乌贼受精卵孵化后经 210 d 养殖，达到平均胴长 168 mm、体重 521 g（Anil et al.，2005；Barord et al.，2010）。但在养殖过程中，溶藻弧菌可感染虎斑乌贼并造成死亡（Lv et al.，2019；Sangster et al.，2003），养殖 7 个月的平均成活率为 41%（Anil et al.，2005）。Nabhitabhata 和 Nilaphat 也报道了一种死亡率很高的细菌感染——“白领病”，正常的虎斑条纹变浅成黄色，胴体腐烂并向两侧的鳍扩展，鳍上的色彩消失。腐烂继续扩展时，会导致乌贼骨暴露，失去游泳能力，触腕从袋中伸出，很快死亡（Nabhitabhata et al.，1999）。

一、虎斑乌贼的饵料

虎斑乌贼为肉食性动物，因此在养殖过程中的最好饵料是活饵料，而糠虾（Nair et al.，1986）和卤虫已被证明是最适合的活饵料，如 4~6 mm 的糠虾和 6~10 mm 的卤虫（Anil et al.，2005；Minton et al.，2001；Peng et al.，2015；Sivalingam et al.，1993；乐可鑫等，2014）。初孵乌贼喜静底栖（Nabhitabhata et al.，1999），活动性不强，刚孵出前两天并无明显的摄食糠虾行为，第 3 天开始用触腕攻击捕获糠虾进食（Anil et al.，2005），但也有报道乌贼孵化第 2 天即可摄食糠虾，并且每天可摄食 5 只糠虾（Sivalingam et al.，1993）或者孵化 6~12 h 后当天就进行捕食，且较喜食甲壳动物而不是幼鱼（Nabhitabhata et al.，1999）。卤虫无节幼体（体长为 0.25~0.35 mm）个体相对偏小，不利于幼虎斑乌贼捕捉和摄食；而糠虾体长（4.5~6.0 mm）和强化卤虫幼体（体长为 4.0~5.0 mm）相对较大，且与其口径相吻合，利于虎斑乌贼幼体捕捉和摄食。由于卤虫无节幼体缺乏高度不饱和脂肪酸，尤其是 DHA，大量投喂易造成乌贼幼体营养不良；用富油微藻强化培养卤虫后无节幼体，就能弥补必需脂肪酸的不足，适合作为虎斑乌贼幼体的饵料（乐可鑫等, 2014)。幼乌贼出膜的前 10 余天, 若糠虾供应不足, 则将引发乌贼极高的死亡率 (Nair et al., 1986), 卤虫可从第二周开始投喂。在前 30 d 内除了活糠虾 (*Mysidopsis* spp.), 也可投喂小虾 (即长臂虾 *Palaemon etespugio*) 和养殖孔雀鱼 (*Poecilia reticulate*) 等 (Anil et al., 2005; Minton et al., 2001)。在 50 日龄时, 每日可摄食糠虾 65 只, 随后会增加到每日 162 只 (Sivalingam et al., 1993)。

随着乌贼个体的不断长大, 单唇鳉 (*Aplochilus* sp.) 的鱼苗或印度对虾的幼体 (*Penaeus indicus*) 也可被食用 (Sivalingam et al., 1993), 或沼虾 (*Macrobrachium idella*, 20~45 mm) 和幼鱼 (鲻鱼 *Mugil* spp., *Liza* spp., *Therapon* sp., 10~20 mm) (Anil et al., 2005)。

幼乌贼 30 日龄之后, 若饵料供应不足, 在其饥饿状态下也摄食处于沉降状态的新鲜小鱼小虾等 (Sivalingam et al., 1993; 乐可鑫等, 2014), 这种食谱的扩大是乌贼长大为成体的标志 (Nixon, 1985)。这一时期也是乌贼 (胴长 2~3 cm) 饵料转换的重要时期, 如果不接受死的饵料, 乌贼将饥饿而死 (Nabhitabhata et al., 1999), 严重影响乌贼的养殖成活率和产出 (Nabhitabhata, 1978)。一旦在养殖池中有一只乌贼开始摄食死饵料, 它的行为很快被其他乌贼学习模仿 (Nabhitabhata et al., 1999), 横纹乌贼也有类似的情况 (DeRusha et al., 1989)。可投喂的食物种类包括毛虾 (*Acetes* sp., 30~40 mm)、凤鲚 (*Coilia mystus*, 40~65 mm)、去头和内脏的沙丁鱼 (*Sardinella longiceps*, 60~120 mm) 等 (Anil et al., 2005)。

我国国内也有尝试用配合饲料投喂虎斑乌贼的研究, 研究显示幼乌贼饲料中蛋白质需求量参考值为 76.33%; 氨基酸需求量参考值, 如赖氨酸 (Lys) 为 5.49%, 蛋氨酸 (Met) 为 2.63%; 脂肪的需求量参考值为 12.71%, DHA 为 4.17%, EPA 为 0.98%; 微量元素需求量参考值, 如 Zn 为 2.77 mg/kg, Cu 为 0.19 mg/kg (干重基础) (彭瑞冰等, 2015)。

虎斑乌贼在刚孵化时喜食甲壳动物, 随着个体的生长, 对甲壳类的兴趣逐渐降低, 并且在胴长达到 80 mm 时出现同类相食现象 (Meiyappan et al., 2000)。同类相食现象在乌贼中比较罕见 (Nabhitabhata et al., 1999), 但可导致很高的死亡率, 可占总死亡率的 44% (Henry et al., 1991)。鱼类均为雌雄两性乌贼的主要食物来源, 包括金枪鱼 (tunas) 和长吻鱼 (billfishes), 约占雄性食物来源的 87.1% 和雌性的 86%; 虾类次之 (Sundaram, 2014)。在抱卵的虎斑乌贼中, 由于其局部消化、碎片化以及饵料的快速消化等原因, 空胃的乌贼相当普遍 (Meiyappan et al., 2000)。虎斑乌贼的食物转换效率为 48.22%, 与横纹乌贼的 40%~50% 相近 (Nixon, 1985), 但高于拟目乌贼的 35.97% (Nabhitabhata et al., 1999)。

二、虎斑乌贼的生态条件

幼虎斑乌贼对盐度、温度和 pH 值具有较强的耐受性 (文菁等, 2011)。

幼虎斑乌贼对温度的耐受力最低和最高临界分别为 12℃ 和 32℃, 存活最适温度范围为 22~28℃ (刘建勇等, 2010) 或 23~25℃ (戴远棠等, 2012) 或 24~27℃ (文菁等, 2011), 温度低于 18℃时, 乌贼停止摄食 (李建平等, 2019)。虎斑乌贼的初孵幼乌贼的生存上限温度为 30~32℃; 水温为 24℃、26℃、28℃、30℃时, 初孵幼体的不可逆点为 8 d、11 d、8 d、5~6 d (谢晓晖等, 2011)。5 日龄虎斑乌贼每个时间段都有摄食行为, 但摄食高峰出现在凌晨和下午时段, 有明显的昼少夜多、晨昏双高峰规律。对 5 日龄虎斑乌贼进行排泄规律的观察，发现幼乌贼在一天中的每个时间段皆有排泄活动，饱食后 20 h 内基本排空，但排泄活动在凌晨时段比较频繁，呈现出明显的昼少夜多规律（谢晓晖等，2011）。

在 24~27℃温度下，成活率（y）与温度（x）的函数关系为：$y=-0.15x^3+30.637x-447.002$（$R^2=0.923$）（文菁等，2011）。相似的研究得出，温度［$T$（℃）］和处理时间［$t$（h）］及其交互作用均对虎斑乌贼的成活率［$S$（%）］有显著的影响，其函数关系可表示为：$S=60.526+1\,664\,T-0.588\,t$（$R^2=0.572$，$F=39.407$，$P<0.01$）（刘建勇等，2010）。

在乌贼孵化过程中，常用的消毒剂高锰酸钾对虎斑乌贼的胚胎和幼体具有一定的毒性作用。高锰酸钾对虎斑乌贼胚胎 24 h 和 48 h 半致死浓度（LC_{50}）分别为 64.150 mg/L、50.433 mg/L，安全浓度为 9.351 3 mg/L。高锰酸钾对幼乌贼的 24 h、48 h 半致死浓度（LC_{50}）分别为 0.534 3 mg/L、0.489 7 mg/L，安全浓度为 0.123 4 mg/L。幼乌贼期对高锰酸钾的敏感性较胚胎期更高（谭永胜等，2011）。

虎斑乌贼的生存适宜盐度为 20~35，盐度 25 组具有最高的饥饿存活系数（戴远棠等，2012）；其他研究结果相似，在盐度 23~33 时成活率逾 80%（文菁等，2011）；幼乌贼适宜盐度为 24~33，最适盐度为 27，在最适盐度条件下，其成活率为 90.0%±5.29%，特定生长率为 3.71%±0.34%。若发生盐度变化，盐度突变时幼乌贼的盐度存活范围为 21~30，最适盐度为 24~27；盐度渐变时，幼乌贼的盐度存活范围为 18~33，最适盐度为 24~27。由此可见，盐度渐变有利于幼乌贼适盐范围拓宽、成活率提高（乐可鑫等，2015）。

pH 值的适宜范围为 5.91~9.31（文菁等，2011）；也有研究报道 pH 值的适宜范围有两个，一个是接近中性，另一个是 8.4~9.0，且 pH 值=8.4 时幼乌贼有最高的饥饿存活系数（戴远棠等，2012）；也有研究证明幼乌贼在 5.94~6.37 的范围之内会有 50%以上存活，但 pH 值低于 4.0 或高于 9.0 时幼乌贼将不能存活（Nabhitabhata et al.，1999）。

在自然养殖条件（盐度 24，水温 23℃，pH 值 8.2）下，幼乌贼的窒息点随体重的增加呈下降的趋势，即个体较大的乌贼对水体的低溶氧耐受能力更强，但同时由于个体较大的乌贼对水体的溶氧消耗较快，呼吸室中的溶氧含量快速下降，在较短的时间里就达到了乌贼的窒息点。因此，在虎斑乌贼的养殖过程中，尤其是后期个体较大时，要合理控制养殖密度、大小规格，给予充足的气体供应，保证养殖水体中的足够溶氧量（王鹏帅等，2017）。

当养殖水体中存在高于 1 mg/L 的氨氮污染时，虎斑乌贼的成活率、特定生长率和食物摄取、肝体比和食物转化效率均明显下降（Peng et al.，2017c）。研究显示，养殖池塘中最高氨氮含量为 1.03 mg/L（Peng et al.，2017a；蒋霞敏等，2014）。

三、养殖乌贼的生长特性

初孵乌贼将在 10 d 内从胴长 0.77 mm、体重 0.18 g 增长至胴长 10.9 mm、体重 0.42 g，日增长率为 3.44%，日增重率为 8.00%，这一时期乌贼生长最为迅速；前 40 d 内的增长率为 2.00%，增重率为 7.00%；在 210 d 的整个生活史中，平均增长率为 1.37%，平均增重率为 3.40%（Nabhitabhata et al.，1999）。江茂旺等在水泥池中进行虎斑乌贼的养殖实验，发现乌贼从 50 日龄到 170 日龄，体重从 10.21 g 增重至 570.71 g，平均日增重率为 4.67%（M W Jiang et al.，2018），远高于前者的实验结果。

经 90 d 养殖，乌贼的体重随养殖时间呈指数增长：$W = 10.718e^{0.045d}$，体重为 420~620 g，平均体重为 513 g；胴长随养殖时间呈线性增长：$WL = 0.1401d + 3.1815$，乌贼胴长达到 15.3~18.6 cm，平均胴长为 16.6 cm；养殖成活率达到 61.5%，养殖平均饵料系数为 4.36（李建平等，2019）。幼乌贼的生长率与饵料中的蛋白质含量呈明显的正相关（Peng et al.，2015）。

四、养殖密度

虎斑乌贼对养殖密度具有较好的适应性。在养殖过程中，高密度（200 ind/m^2）的生长效率要明显低于低密度（20 ind/m^2），平均密度以 50~100 ind/m^2 为佳（Barord et al.，2010）。最适的养殖密度是：10 日龄以内，最佳养殖密度为 500 ind/m^2，胴长 30 mm 以下的可以达到 500 ind/m^2，胴长在 60 mm 以下时，培养密度以 100~200 ind/m^2 为宜；胴长 150 mm 的虎斑乌贼密度以 10 ind/m^2 为宜（Nabhitabhata，1995），也可在提高投饵率和保证充足溶氧供应的情况下适当增加密度（Barord et al.，2010）。在养殖水温略低的情况下，虎斑乌贼有时会展现出与拟目乌贼（*Sepia lycidas*）相似的水层盘旋现象，停留在底层水以上，客观上增加了虎斑乌贼的养殖密度（Boal et al.，1999）。若培养密度超过适宜的密度，由于竞争性摄食压力加剧，部分乌贼会发生撞墙行为，但尾部伤痕通常会在 7 d 内复原，因此组织损伤并不常见。这些压力相关行为，并不会降低乌贼的适应性，也不会产生同类相食现象造成乌贼的死亡（Boal et al.，1999）。

在混合规格养殖条件下大个体乌贼对中、小个体乌贼的正常生长产生显著影响，对养殖十分不利，因此在人工养殖虎斑乌贼的过程中，要定期地挑拣分级，保证规格的均一性，以减轻大个体乌贼对小个体乌贼的胁迫作用，进而提高乌贼养殖的生产效率（阮鹏等，2016）。

五、世界各国的养殖实验

虎斑乌贼的钙质内骨骼也叫乌贼骨，俗称海螵蛸，其功能是为乌贼提供足够的浮力（Nabhitabhata et al.，1999）。乌贼内骨骼的生长并不遵循日增长的规律，在不同的生长阶段内骨骼生长略有差异，其生长受体内生理状况和体外环境条件的综合影响（Chung et al.，2013）。

泰国湾捕获的虎斑乌贼在当地水产公司产卵之后，运送至德克萨斯州在封闭的循环水过滤系统中连续培养 5 个世代，在这其中，培养温度为 25°~28℃，仅有一个世代故意将水温降至 21℃然后 9.6 个月之后升至 25℃。产卵最早在 161 d，除了在 21℃培养下的那一世代产卵较少外，其他世代产卵数量均比较高。受精卵的比率不到 20%，但幼体成活率超过了 70%，受精卵在 25~28℃温度下的平均孵化时间为 13.6 d。虎斑乌贼在养殖中可产 11~600 只可育后代。虎斑乌贼的饵料范围很广，包括河口甲壳类和鱼类甚至冰冻虾。虎斑乌贼在 25~28℃温度下的平均寿命为 8.9 个月，在 21℃培养时寿命可长达 12.3 个月

（Minton et al.，2001）。在培养的第四个世代，初孵乌贼的体重平均为 0.103 g，平均胴长为 6.4 mm。5 个世代中个体最大的为一个雄性个体，胴长 300 mm，体重 3 045 g，寿命最长者为 340 d（Minton et al.，2001）。

水泥池养殖条件下，虎斑乌贼体重呈指数增长，胴长呈直线增长，墨囊重呈指数增长，壳重呈指数增长。成活率在日龄 0～45 d（90.69%～95.25%）和 60～150 d（95.73%～98.89%）时平稳上升，而在日龄 45～60 d（饵料转变过程中）下降至最低（50.01%）。体重和胴长、墨囊重、壳重之间均具有显著相关性（蒋霞敏等，2014）。

糠虾不同的投饵量，对其末均体重影响显著，成活率随着投饵量的增加而提高；当投饵量不足时，虎斑乌贼幼体为保持一定的生长速率，会淘汰其他个体，因此成活率随着投饵量的减少而降低。投饵量不足，会加剧食物竞争，消耗的能量增多，导致个体体重增长缓慢，特定生长率有差距。在试验范围内，随着幼体体重的增长，其摄食量也随之增加，且摄食量占体重的 15.76%（乐可鑫等，2014）。虎斑乌贼幼体对饥饿的抵抗能力较强，不同饥饿时间对虎斑乌贼的幼体成活率、体重降低率、肝体比和消化酶活力影响显著。随着饥饿胁迫时间的增加，其成活率、肝体比明显下降。饥饿 3 d 后，成活率开始明显下降，体重降低率明显增大，幼体出现喷墨、互相残杀等异常行为；若饥饿 6 d，则虎斑乌贼的幼体达到不可逆点，且不能补偿生长（乐可鑫等，2016）。不喂食的乌贼幼体将在第 7 天（乐可鑫等，2016）或第 8 天（谢晓晖等，2011）时出现大量死亡。

第二章　虎斑乌贼的形态

第一节　外部形态

虎斑乌贼主要由头部、腕足部和胴部组成（图 2.1.1）。头部由口与眼组成。腕足部由五对腕和漏斗组成，其中四对较短，每个腕上长有许多大小不均的吸盘；另一对腕为触腕，其长度远大于其他腕，吸盘仅存在其顶端（图 2.1.2）。胴部呈盾形或袋状，稍扁，其腹面为乳白色；整个背面具有横向条状斑纹，形如“虎斑”，故称之为虎斑乌贼，雄性个体斑纹鲜艳，雌性个体的斑纹稀疏且颜色灰暗（图 2.1.3）；鳍位于胴体两侧全缘，在末端分离（图 2.1.1）。

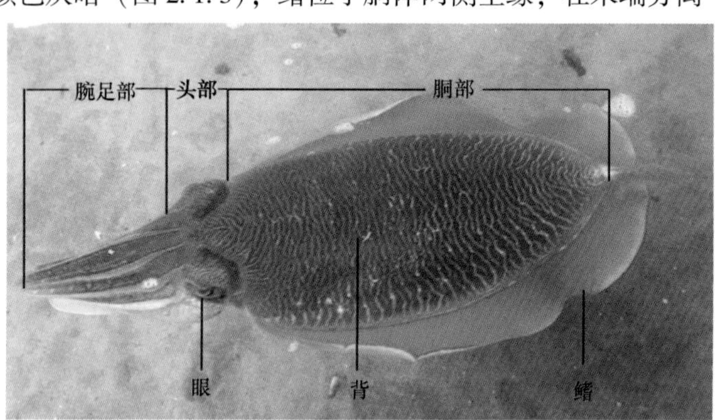

图 2.1.1　虎斑乌贼体制图
（资料来源：彭瑞冰提供，2019）

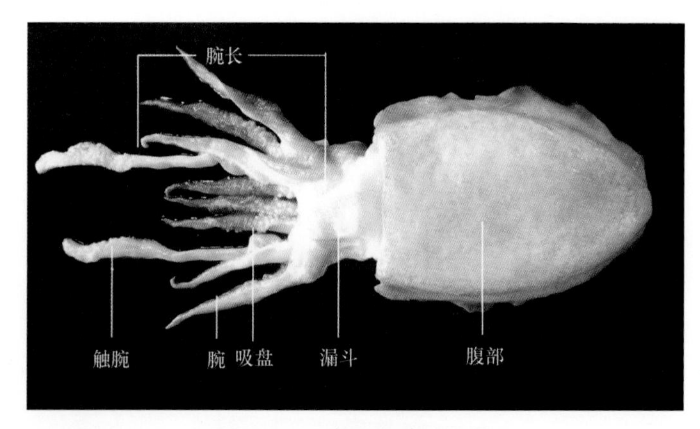

图 2.1.2　虎斑乌贼腹面观
（资料来源：彭瑞冰提供，2019）

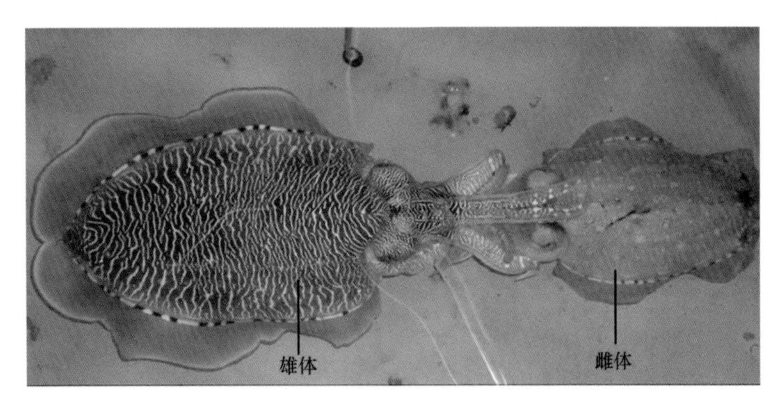

图 2.1.3 虎斑乌贼雄体与雌体
（资料来源：彭瑞冰提供，2019）

一、头部

头部位于胴部前方，其顶端是口，头部两侧为眼，眼后下方有一个椭圆形的小窝，称为嗅觉陷，是一个嗅觉器官（图 2.1.4）。

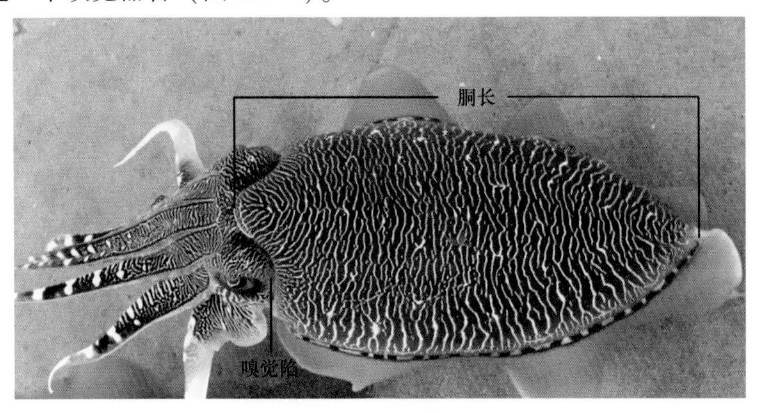

图 2.1.4 虎斑乌贼的嗅觉陷
（资料来源：彭瑞冰提供，2019）

1. 口

口周围是伞状的口冠，包括口膜和口瓣（图 2.1.5）。口膜即是口周围的薄膜，由 6 个口瓣与腕相连。口瓣即是口周围三角形肌肉质片，主要起到支撑口膜的功能。口里长了一对鹰钩形的牙齿（角质颚，图 2.1.6）。

2. 眼

虎斑乌贼是海洋生物中眼睛进化程度最高的动物之一，眼睛大且结构复杂，与脊椎动物的眼睛相似。瞳孔呈罕见的“W”形，能识别光的偏振。眼睛最外面覆盖着一层很薄且透明的角膜，角膜中间有一个微小的眼孔（图 2.1.7）。

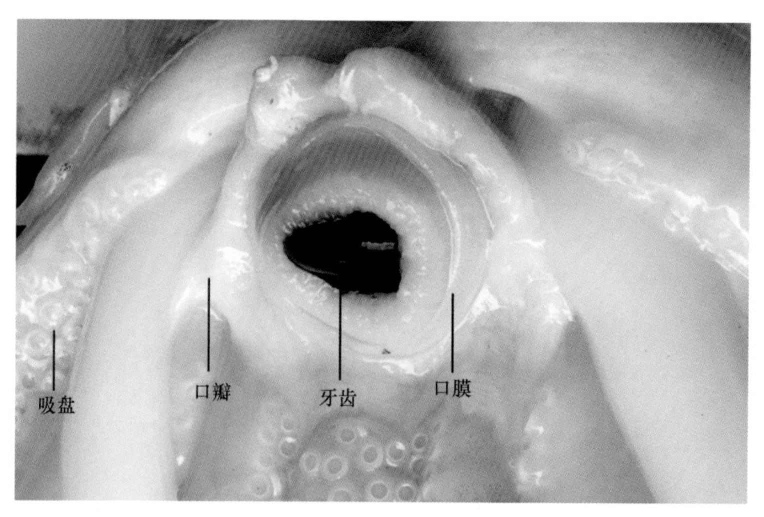

图 2. 1. 5　虎斑乌贼口器
（资料来源：彭瑞冰提供，2019）

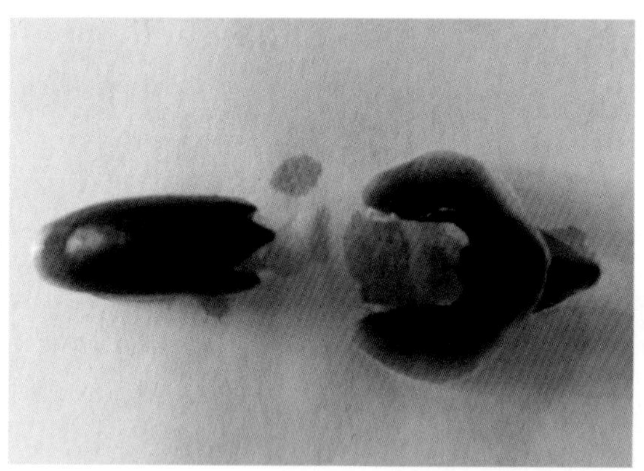

图 2. 1. 6　虎斑乌贼角质颚（牙齿）
（资料来源：彭瑞冰提供，2019）

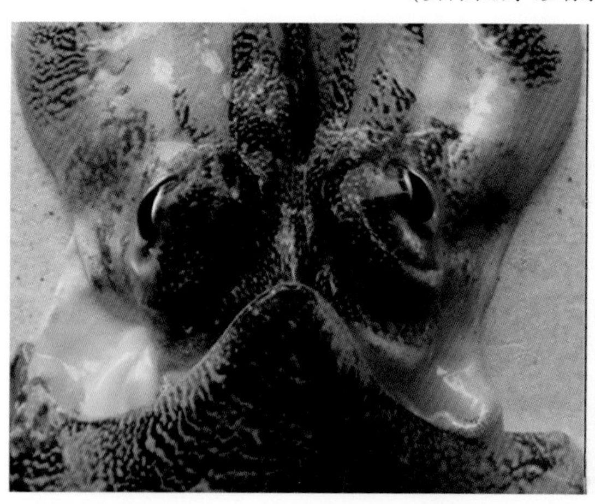
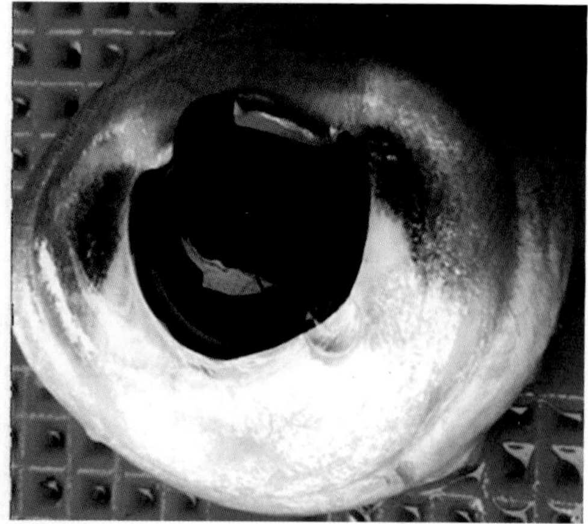

图 2. 1. 7　虎斑乌贼眼睛
（资料来源：彭瑞冰提供，2019）

二、腕足部

腕足部由腕和漏斗组成。腕长是指腕根部到其顶端之间的长度（图 2.1.8）。

1. 腕

腕共有 5 对，左右对称，正中央为第 1 对，向两侧依次是第 2~5 对，腕长呈现 4>5>3>2>1。第 4 对为触腕，长度是其他腕的 4~5 倍（图 2.1.8）。触腕末端是镰刀形的触腕穗，触腕穗的末端内侧分布着大小不均的吸盘（中央者大，其中 9~10 个特大，其角质环不具齿，小吸盘具小尖齿），吸盘为无柄吸盘。触腕是虎斑乌贼最主要的捕食器官，平时收缩藏于触腕囊内（触腕囊位于头部前端触腕基部），捕食时能够快速伸出，速度极快。其他各腕的内侧也分布着大小不均的吸盘（图 2.1.9）。其中雄性左侧的第 4 腕为生殖腕，中间的吸盘退化，能输送精荚进入雌乌贼的体内，可以作为分别雌雄的标志。第 5 对腕起到足的作用，当虎斑乌贼在底部运动时起到支撑和前进的作用。

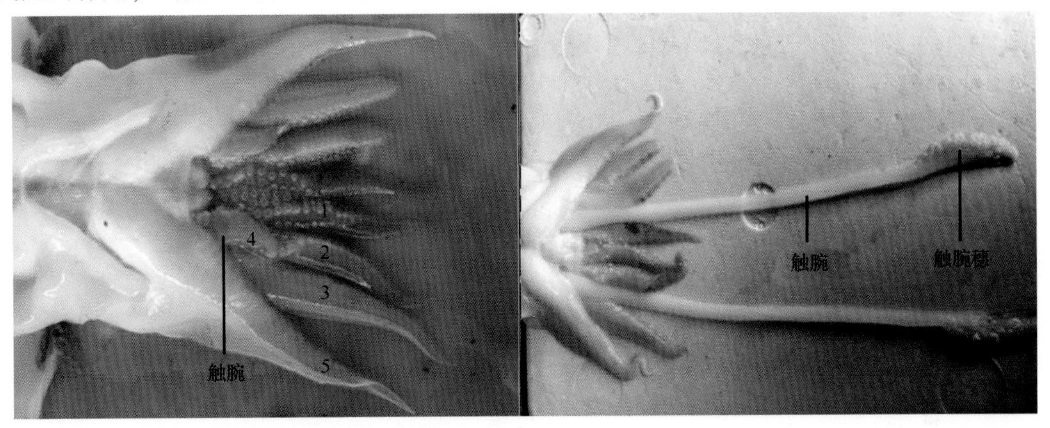

图 2.1.8　虎斑乌贼腕

（资料来源：彭瑞冰提供，2019）

2. 漏斗

漏斗位于头部的腹面后缘与外套腹面前缘之间，为峰型的漏斗（图 2.1.2）。基部宽大，隐于外套腔内。腹面两侧各有一椭圆形的软骨凹陷，称闭锁槽，与外套膜腹侧左右的闭锁器相吻合，可控制外套膜孔的开闭（图 2.1.10）。漏斗前端为筒状水管，露在外套膜外，平常总是指向前方。水管内有一舌瓣，可防止水逆流。漏斗不仅是卵、排泄物、墨汁的出口，也是重要的运动器官。当闭锁器开启，水经过身体侧面的透膜孔和前面的漏斗口流入外套腔；当闭锁器扣紧时，关闭透膜孔，套膜收缩，水就能从漏斗口急速喷出，乌贼借助水的反作用力迅速运动。同时漏斗内分布透明的黏液，黏液主要是通过腺质素分泌，主要起到润滑管道、减少阻力的作用。漏斗器官的出现提高了虎斑乌贼的运动能力，从而增强了捕食和避开敌害的能力。

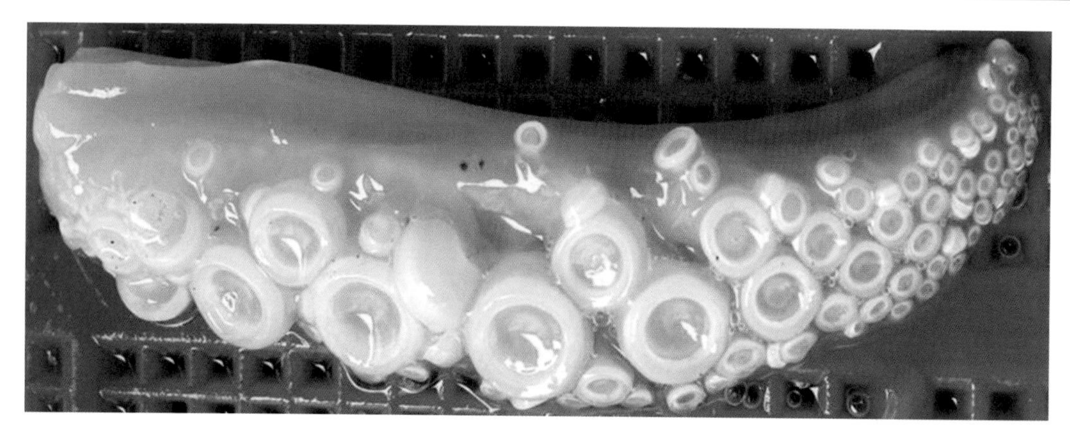

图 2. 1. 9　虎斑乌贼触腕穗吸盘
（资料来源：彭瑞冰提供，2019）

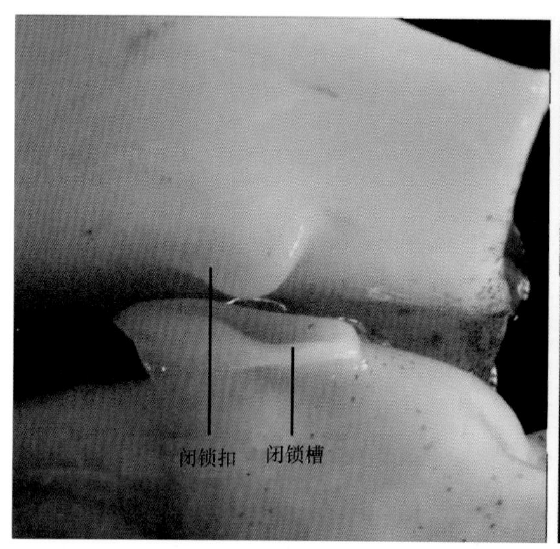

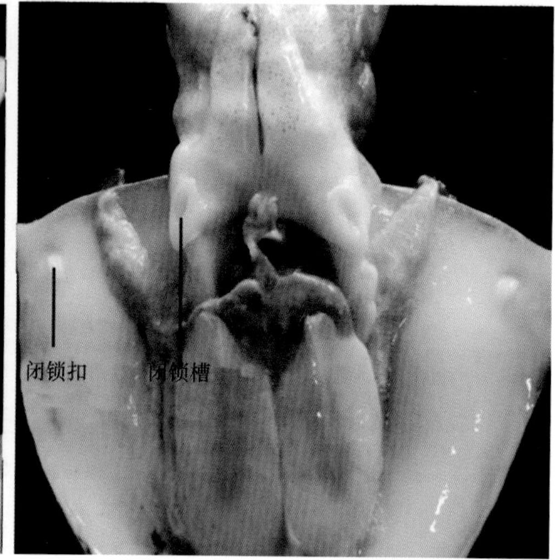

图 2. 1. 10　虎斑乌贼闭锁器
（资料来源：彭瑞冰提供，2019）

三、胴部

胴部呈袋状，背腹略扁，其外为外套膜，其内为内脏团。外套膜由外表皮（outer epidermis）、真皮（dermis）、肌层（muscle layer）组成，肌肉强健，表面光滑（有时候会在表面形成疣状的突起）。外鳍位于外套膜两侧。虎斑乌贼胴长是指背面前端至胴部最后端的中线水平长度（图 2. 1. 3）。

1. 体表

虎斑乌贼表皮含有一层具有折叠结构的不规则细胞，由上皮细胞、分泌细胞、纤毛细胞和表皮神经胶质细胞组成。胴部背面具有鲜艳横条斑纹，腹面呈灰白色，表面分布荧光细胞。雄体的斑纹多而粗壮，雌体的斑纹少而细弱；同时颜色存在区别，雄体颜色鲜艳呈棕褐色，而雌体偏灰色。胴部背面斑纹的颜色和特征是识别雄雌重要的依据，同时是乌贼分类上的重要依据。斑纹的形成是由于表皮内布满色素细胞。每个色素细胞都能接收来自大脑运动神经元的直接输入，可以极快地改变外表，只需几百毫秒的时间，就能让虎斑乌贼改头换面。虎斑乌贼在不同环境下和不同行为前表现出不同的体色（图 2. 1. 11）。在求偶争斗时，先通过互相变换条纹和斑块表达信息，当雄性乌贼颜色呈现尤为鲜艳的棕褐色时，争斗也达到高峰；捕食前体色鲜艳程度会瞬间增加；在恐惧的时候就会变成浅色调，如白色或者灰白色。

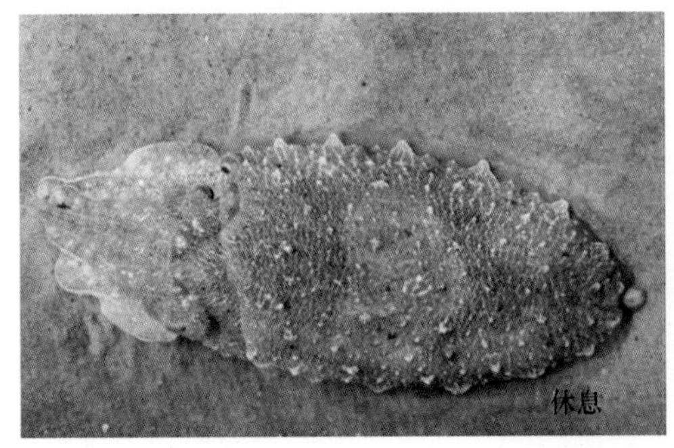

图 2. 1. 11　虎斑乌贼体色
（资料来源：彭瑞冰提供，2019）

2. 鳍

虎斑乌贼的鳍包被胴部全缘，两侧鳍相连呈椭圆形（图 2. 1. 1）。鳍较宽，最大宽度略小于胴宽的 1/4，且在末端分离。鳍是虎斑乌贼的辅助运动器官，在游泳中起平衡作用。

第二节　内部结构

虎斑乌贼的内部结构可以参考图 2. 2. 1。本节中主要对虎斑乌贼的消化系统 、排泄系统 、呼吸系统、神经系统、视觉系统 、血循环系统 、生殖系统和内骨骼的结构与功能进行阐述。

一、消化系统

虎斑乌贼的消化系统发达，由消化道和消化腺组成。虎斑乌贼是典型的肉食性海洋动物，消化道很短，呈典型的“U”型，起始于口，经过食道、胃和肠，终结于肛门；消化道包括口球、食道、胃、小肠、直肠、盲囊、肛门及墨囊，但墨囊的消化功能已退化。消化腺主要由肝脏和胰脏组成（图 2. 2. 2）。

1. 消化道

口球：口位于前端，被口膜包围，口内为肌肉性口腔，口腔内有一个角质颚。角质颚由上颚和下颚组成，与鹰嘴的嵌合方式相反，由下颚嵌合上颚，可切碎食物。角质颚的后

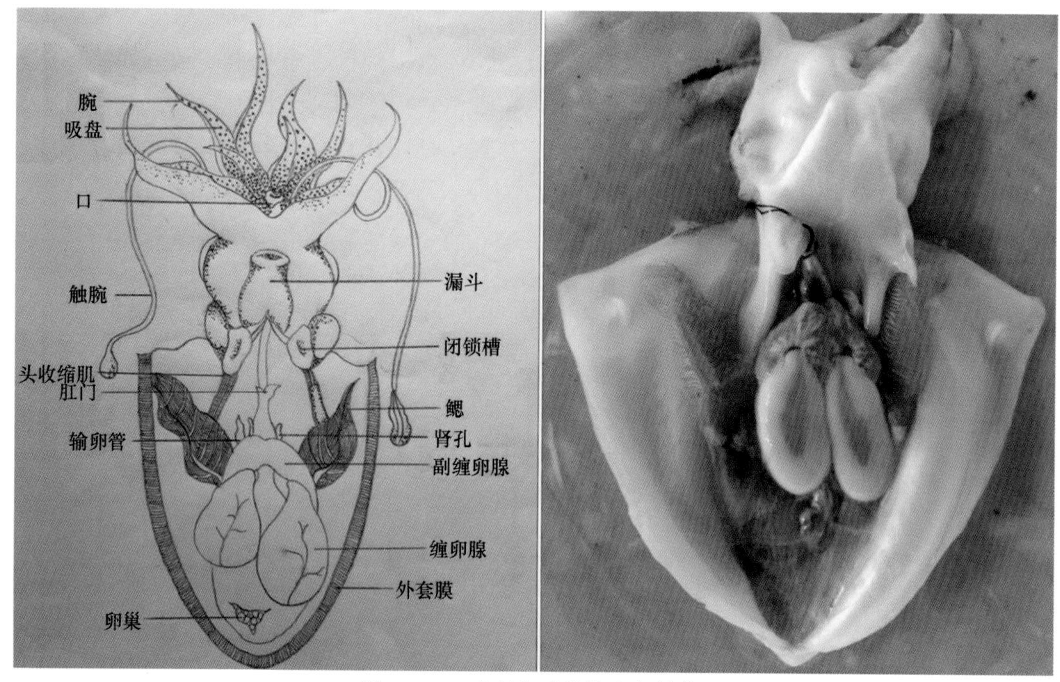

图 2.2.1 虎斑乌贼雌体内部结构

（资料来源：彭瑞冰提供，2019）

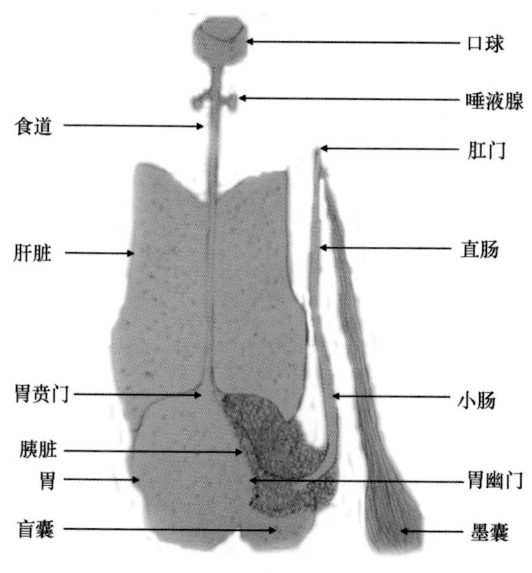

图 2.2.2 虎斑乌贼消化系统

（资料来源：彭瑞冰提供，2019）

方为齿舌，可帮助吞咽食物（图 2.1.6）。齿舌是虎斑乌贼磨挫食物的器官，呈短带状，为角质颚所包，齿舌由多列异型小齿和缘板构成，齿式为 1・2・1・2・1，即是 1 列中齿，2 列第一侧齿，2 列第二侧齿，2 列边齿；齿舌比较简单，分化不大。

食道：是连接口与胃的贲门部（胃贲门）的长管，上端与两片唾液腺连在一起，中下段被两叶巨大的呈淡黄色的肝脏包围其中。

胃与盲囊：位于内脏囊的顶端，呈豆状，非常发达，周围被消化腺包围。胃由贲门部（胃贲门）和幽门部（胃幽门）组成，贲门胃为前窄后宽的喇叭状结构，幽门胃位于贲门胃旁。胃左侧为盲囊，内壁褶皱，具有纤毛。

肠：肠基部与胃相连，肠的顶端为肛门。肠短而粗，从胃幽门部转向前伸；肠的前端是小肠，后端是直肠，直肠后端与墨囊导管交汇在一起，最后汇集于肛门，肛门两侧为肛瓣。

墨囊：位于内脏团后端，呈梨形，其有一根导管与直肠末端的肛门处交汇。内有腺体，可分泌形成墨汁，是个储存和分泌墨汁的器官。墨汁可通过导管在肛门附近与从外套腔排出的水一起从漏斗排放到外界。

2. 消化腺

肝脏：位于内脏囊的前半部，食管的两侧；形状为前端圆，后端尖；左右各一个，是机体最大的腺体，呈暗红色或褐色。一对肝脏导管沿肠的两侧向后行，后会合，通入胃的盲囊。在肝脏导管上被有分支的腺体为胰脏。肝可分泌酶输入胃中，进行消化作用。

胰脏：位于胃的上面，部分肠与胃外周围被胰脏团团包裹，胰脏如同一串串葡萄悬挂于其中，颜色呈暗红色。有一对左右对称的唾液腺。唾液腺横切显示其周围黏液有黏多糖和蛋白质成分。腺细胞内含成团的细小分泌颗粒，研究显示该颗粒为蛋白成分。但其唾液腺分泌类似酶的活性物质。

二、排泄系统

肾囊是乌贼的主要排泄器官，位于直肠和胃之间，左右各一个，为囊状结构，两囊相通，包括一背室和二腹室。二腹室位于直肠背面两侧，左右对称。一对肾孔，开口于直肠末端两侧套膜腔中。围心腔以一对导管伸入腹室，其开口为肾口。肾可自围心腔内收集代谢产物。二肾静脉周围有海绵状的静脉腺，其分支中空，与静脉相通。这些腺体具有一层有排泄功能的腺质上皮，可从血液中吸收代谢产物，排入肾囊。背室位于腹室的背侧，有孔与腹室相通。排泄物主要为氨素、嘌呤和尿素。

三、呼吸系统

虎斑乌贼用鳃呼吸。鳃是由外套腔内皮肤形成的，羽状，左右各一个，位于外套腔内前端的两侧。鳃由鳃轴、鳃叶和鳃丝组成。鳃叶内端附在鳃轴上，鳃叶由许多鳃丝组成，鳃丝上密布微血管，外端游离。对流进入外套腔内后，气体交换在鳃丝上完成。鳃叶柔软，背有入鳃叶血管沟，将入鳃血管的血液带入鳃叶进行气体交换。鳃叶的腹缘则有出鳃的血管沟，把鳃叶的氧化血液带到鳃血管。位于每个鳃的基部，有一个鳃心器官，通过鳃心有节律的收缩可把血液输入鳃内，同时将血液传递到心脏中。鳃心在血液循环系统中发挥着重要的作用。由于鳃心的存在，头足类鳃比其他软体动物的鳃更发达和有效。

四、神经系统

虎斑乌贼的头足类神经系统分化程度很高，由中枢神经系统、周围神经系统和交感神经系统组成，神经轴突粗大，传导能力强，尤其中枢神经系统中的脑神经节高度集中，中枢神经系统功能较强，各神经节比较集中，对外界刺激的反应迅捷。乌贼的脑，是无脊椎动物中最完善者，不仅总的体积增大，而且内部结构精密专化，神经组织高度集中，由脑神经节、腕神经节、足神经节和脏神经节愈合成的脑神经块，从外表看已是一个整体。

中枢神经系统包括脑神经、漏斗神经、腕神经、足神经、脏神经等。脑神经位于食道的背侧，足神经和脏神经位于腹侧，腕神经在足神经前面与之相连。周围神经系统包括视神经、嗅神经、外套神经和漏斗神经等，由中枢神经系统伸出神经组成（图 2. 2. 3）。如脑神经伸出视神经和嗅神经，脏神经伸出外套神经和漏斗神经等。位于外套内壁背缘的外套神经，部分裸露于肌肉表面，它由脏神经节派出，穿过头收缩肌肉后分成两支，外支形成星芒神经节，内支形成鳍神经，控制着外套膜和肉鳍的运动功能。交感神经系统包括胃神经、肠神经和盲囊神经等。口球下神经分出两条，沿着食道两侧到胃，形成胃神经。由胃神经继续延伸形成肠神经和盲囊神经。

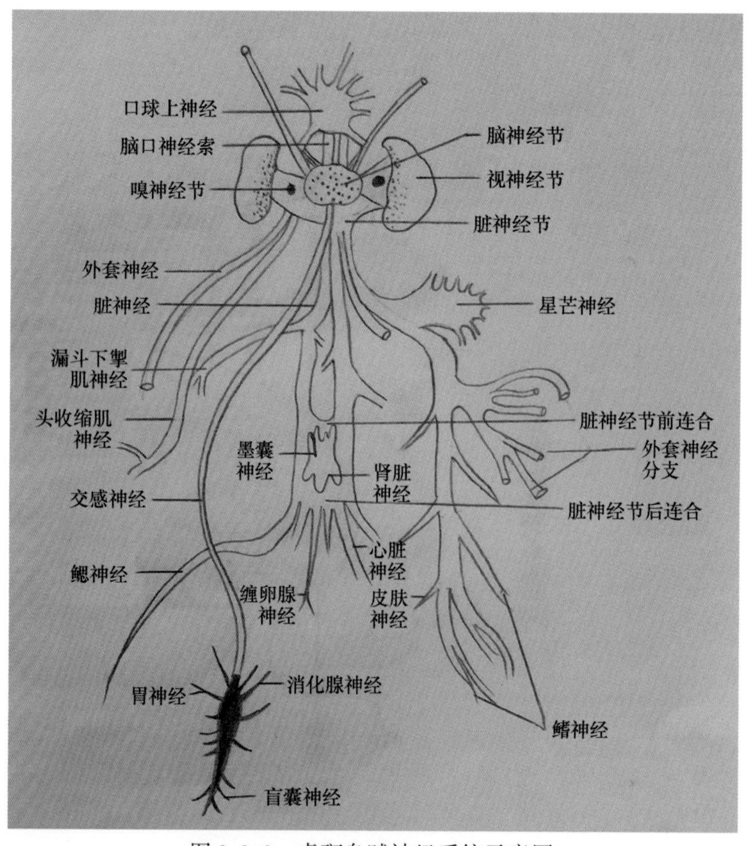

图 2. 2. 3　虎斑乌贼神经系统示意图

（资料来源：彭瑞冰提供，2019）

五、视觉系统

虎斑乌贼视觉发达，眼睛属于折射型，可把照射到眼睛上的光线折射聚焦在视网膜上形成物象。

眼结构复杂，位于一个软骨构成的具有支持和保护作用的眼窝中。眼睛由瞳孔、虹膜、水晶体、角膜、网膜等组成；最外为透明的角膜，为假角膜，在其边缘有一假开口，眼球不与外界全面相通，只以更小的泪孔与外界相通；中层为巩膜，瞳孔周围为虹膜，连于巩膜，瞳孔后为晶体和睫状肌；内层为视网膜，含有视紫红质和视网膜色素，光感觉器为杆型；外层是视网膜细胞（图 2. 2. 4）。虹膜奇特的形状使瞳孔成狭缝状，瞳孔可以随周围光线情况张开或闭合。视网膜中的神经元与一束视神经相连，视神经穿出眼球再绕回大脑，形成传递光信号的通路。利用晶状体的前后运动来聚焦，眼能组成物体的图像，并能分辨物体形状甚至某些颜色。

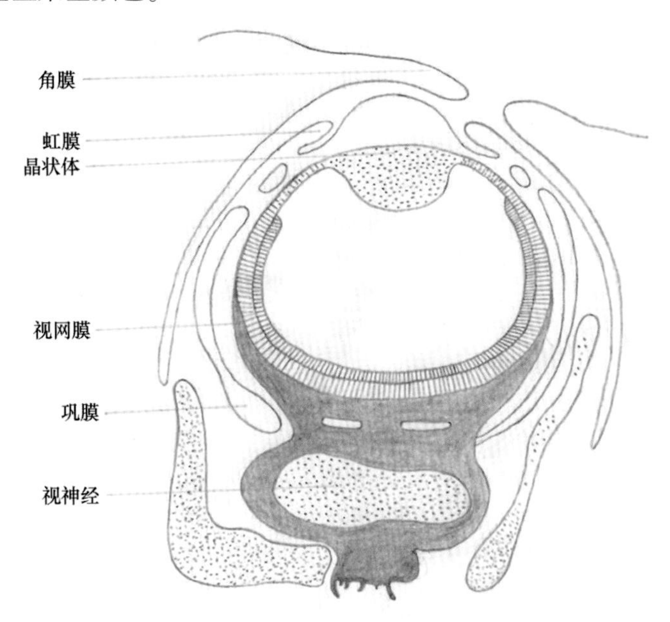

图 2. 2. 4 虎斑乌贼眼睛结构示意图

六、循环系统

虎斑乌贼的循环系统属于闭管式循环（心脏—动脉—微血管—静脉—心脏），所有的血液循环在血管中进行，有一些血窦，但作用甚微（图 2. 2. 5）。心脏由一心室和二心耳组成，位于体近后端腹侧中央围心腔内；心室壁厚，菱形，不对称，位于内脏团中央；两边心耳长囊状，壁薄。心室前后各伸出一条大动脉，前大动脉连接至头、套膜、消化管等处；后大动脉连接至套膜、肾、直肠、生殖腺等器官。鳃基部有鳃心，左右各一个，可起到加强血液循环的作用。血液由动脉分支形成的微血管伸入肌肉组织，血液从动脉经微血管网汇入主大静脉，主大静脉分两支成肾静脉入肾；经肾静脉及体后的外套静脉入鳃基部的鳃心，由入鳃静脉入鳃进行气体交换，再由出鳃静脉入左、右心耳，返回心室。乌贼血液中含血蓝蛋白，略带蓝色。其血压超过许多脊椎动物。

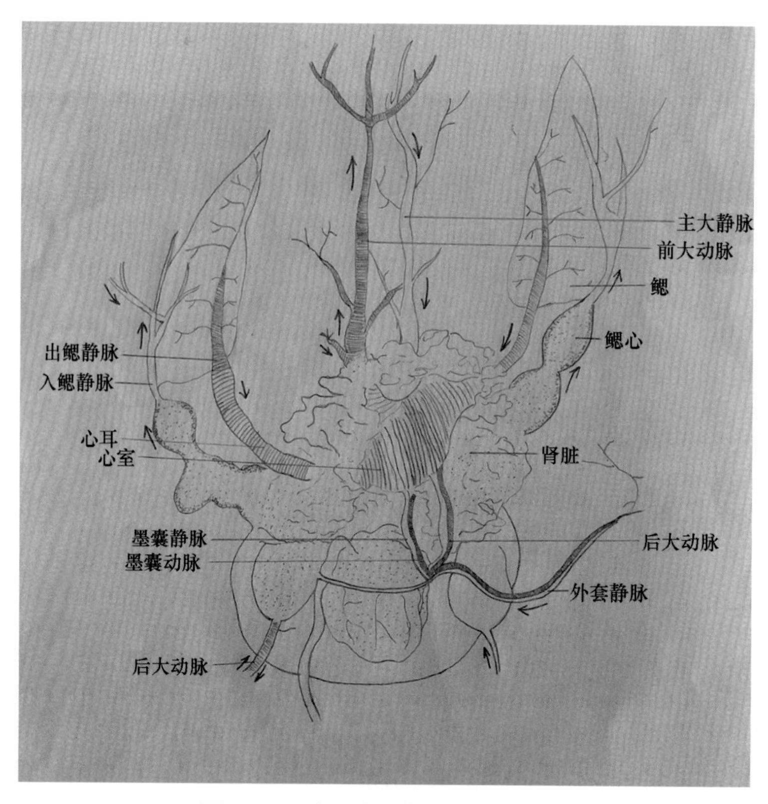

图 2.2.5 虎斑乌贼循环系统示意图
（资料来源：彭瑞冰提供，2019）

七、内骨骼

虎斑乌贼的贝壳被外套膜完全包围，故称之为内壳，又被称为海螵蛸，位于外套膜背部中间处。内壳的宽度约占虎斑乌贼胴体宽度的1/3，长度近等于胴体的长度。内壳呈卵形，前端椭圆，后端有尾骨针，内壳的颜色为乳白色（图 2.2.6）。内壳材质为石灰质，其主要成分为碳酸钙，含量为80%~85%，内壳含有多种微量元素，其中常量元素以 Ca、Mg 含量较高，微量元素以 Zn 含量最高，且 Ca、Mg、Zn 含量随着生长不断增加；重金属元素 Cd 、As 含量较低。背面呈瘤状，构成背面晶体呈球形颗粒状，球形颗粒间排列疏松；腹面由块状晶体、球状晶体和网状结构构成。腹面前半部有纹路称为生长纹，生长纹前端横纹为单峰型，峰顶略尖；生长纹不仅可以作为生长的重要特征，而且不同物种的生长纹有差异，是重要的分类依据。内壳的横断面呈分层结构，分别由针状和棒状晶体构成的实心层以及由棒状晶体构成的“气室”层组成。乌贼可以通过调节各“气室”的气体、液体的含量和渗透机制来调节头足类的浮力。石灰质内壳作为虎斑乌贼身体唯一的支撑结构和垂直运动所依赖的浮力结构，“气室”结构使其具备了足够的强度的同时还足够“轻便”。

图 2.2.6　虎斑乌贼内骨骼
（资料来源：彭瑞冰提供，2019）

八、生殖系统

虎斑乌贼为雌雄异体，生殖为体外受精，直接发育。每年春夏之际，虎斑乌贼由深水游向浅水内湾处产卵，此谓生殖洄游。产卵前雌雄交配，即雄性以茎化腕将精荚送入雌性体外套腔中，精荚破裂，释放出里面的精子，精子和卵子在外套腔内受精。交配后不久，雌性即排出受精卵，受精卵为乳白色、半透明、呈椭圆形，一端为乳头状，另一端呈圆环状套住附卵基质，如葡萄般成串有规律地聚集一起。卵含大量卵黄，属端黄卵。经不完全卵裂（盘式卵裂），以外包法形成原肠胚，直接发育，孵化出的幼体与成体相似。

1. 雄性

虎斑乌贼的雄性生殖系统可分为精巢、输精管、精荚器、精荚囊与阴茎。精巢位于体腔末端，紧贴内壳膜。输精管、精荚器和精荚囊被系膜包裹，位于左鳃基部背侧，紧贴性腺，剔除系膜以后，精荚器可展开，分为黏液腺、放射导管腺、中被膜腺、外被膜腺、硬腺、终腺（图 2.2.7）。精巢呈白色椭球状，位于体腔末端，前方延伸出一条透明细长的血管，经过胃部侧面时，分出小血管与胃相连。输精管与精巢相连处特化形成壶腹。精荚器由黏液腺、放射导管腺、中被膜腺、外被膜腺、硬腺、终腺组成，主要负责精荚的装配。黏液腺与输精管相连，腺体管盘曲，管腔逐渐扩大；中被膜腺呈略弯曲的细长柱状；外被膜腺管腔狭小，呈“工”字形；硬腺为一短棒状的盲囊；终腺为一透明的盲囊。精荚囊呈雪茄形，一侧有精荚管与终腺相连。放射导管腺位于精荚器的前端，弯曲盘绕，形成一个膨大的头部。精荚的膜鞘结构十分复杂，由外被膜、中被膜、内被膜、外膜、中膜和内膜 6 种膜共同组成。

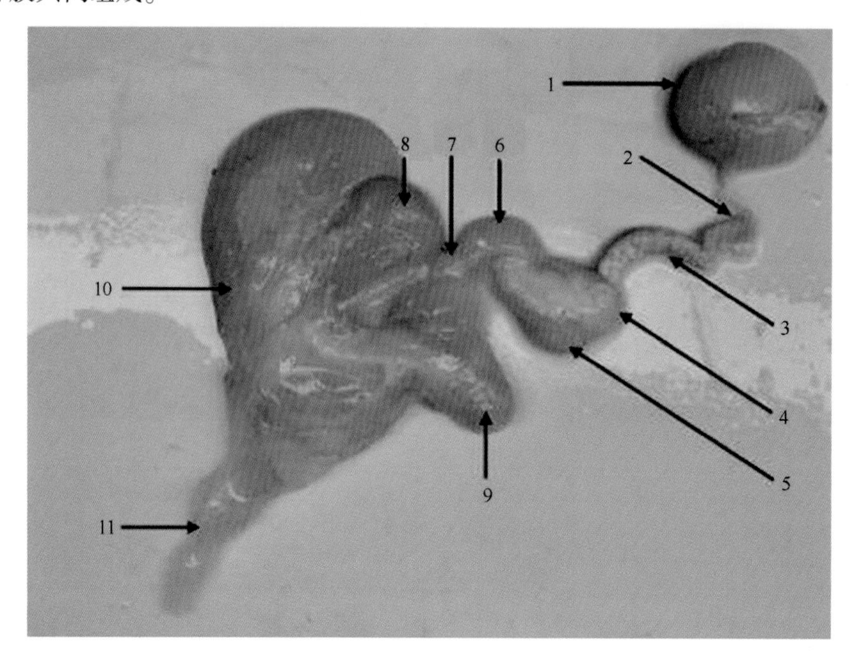

图 2.2.7 虎斑乌贼雄性生殖系统

1：精巢；2：壶腹；3：输精管；4：黏液腺；5：放射导管腺；6：中被膜腺；7：外被膜腺；8：硬腺；9：终腺；10：精荚囊；11：阴茎

（资料来源：陈奇成提供，2019）

2. 雌性

虎斑乌贼的雌性生殖系统结构较雄性简单，仅由卵巢、输卵管、缠卵腺、副缠卵腺、输卵管腺、缠卵腺管组成（图 2.2.8）。卵巢位于体腔末端，由卵巢系膜包裹固定。虎斑乌贼只有一根输卵管，位于卵巢前方，开口于漏斗。输卵管腺为附着于输卵管表面的淡黄色腺体。缠卵腺有一对，俗称乌贼蛋，呈梨形，位于墨囊腹侧。缠卵腺管在缠卵腺背侧中央向前方延伸出一条白色小管，小管紧贴墨囊两侧开口于漏斗附近。副缠卵腺位于缠卵腺前方，由粗细不一的管道组成，管道之间被疏松结缔组织隔开。

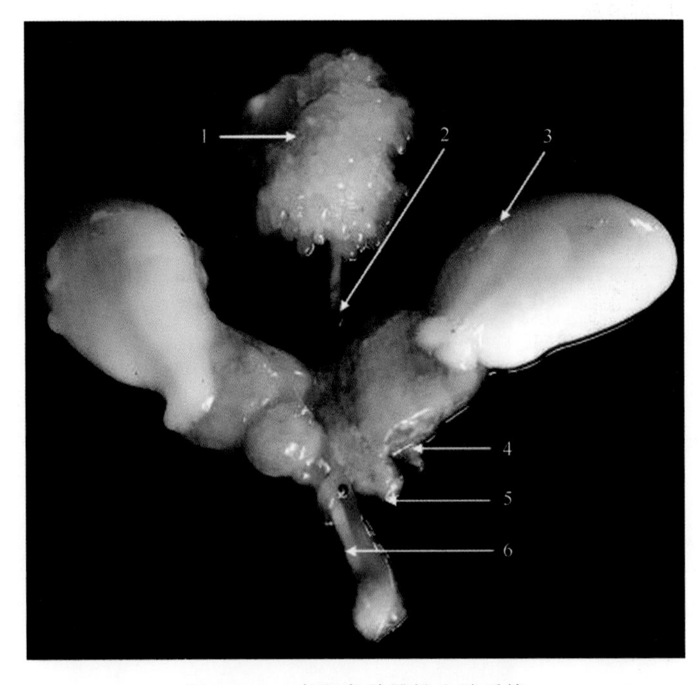

图 2. 2. 8　虎斑乌贼雌性生殖系统

1：卵巢；2：输卵管；3：缠卵腺；4：副缠卵腺；5：输卵管腺；6：缠卵腺管

（资料来源：陈奇成提供，2019）

第三节　组织学

本节主要对虎斑乌贼的消化系统、生殖系统、呼吸系统的鳃器官和神经系统的脑的组织结构特征进行阐述。

一、消化系统组织学

不同的水产动物消化系统具有不同的组织结构，了解各种动物消化系统的具体结构、组织和细胞分类的特征有利于掌握其消化生理、病理特点及食性。

虎斑乌贼的消化系统由口球、食道、唾液腺、肝脏、胰脏、胃、盲囊、肠和墨囊组成（图 2. 3. 1）。口球具有口喙，分别通过发达的肌肉与食道相连，食道内壁褶皱较多，内壁纤毛细胞较多。食道中部靠近肝脏处膨大成唾液腺，黄豆状。胃较圆，呈 D 型，胃壁肌肉层非常厚，纤毛细胞较多。肠较长，且有直肠和小肠之分，肠壁由黏膜层、黏膜下层和肌层构成，肌层较薄，黏膜上皮主要为单层柱状上皮细胞，黏膜层和外膜不发达。肝脏由无数肝小叶汇集而成，每一肝小叶由位于基膜上的单层分泌腺细胞和胚细胞围绕而成。胰脏由一颗颗黄色小颗粒组成，细胞主要有胚细胞和分泌细胞。盲囊位于胃部后端，腔内有链状一样横亘其中的嵴，细胞类型主要是杯状细胞。墨囊消化功能退化。

消化道管壁通常由 3 层组成，由内向外依次是黏膜层、黏膜下层和肌层。肌层又由环

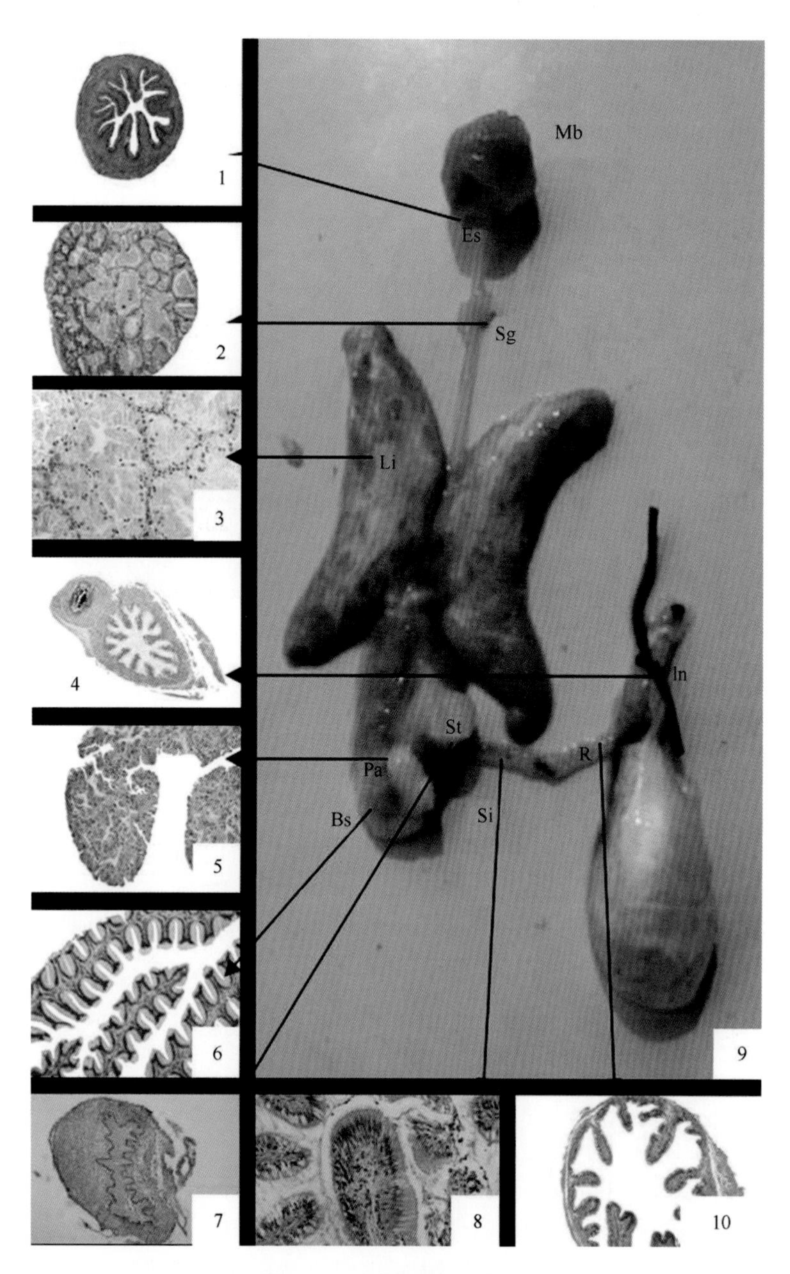

图 2. 3. 1　消化系统解剖图

1：示食道（ES）横切，×100；2：示唾液腺（Sg）横切，×100；3：示肝脏（Li）横切，×200；4：示肛门（In）横切，×100；5：示胰脏（Pa）横切，×200；6：示盲囊（Bs）横切，×400；7：示胃（St）横切，×100；8：示小肠（Si）横切，×400；9：消化系统，示口球（Mb）、唾液腺、食道、肝、肛门、墨囊等；10：示直肠（R）横切，×200

（资料来源：陆伟进提供，2019）

肌和纵肌组成，外由结缔组织与其他器官相连接。黏膜层为单层上皮，由杯状、柱状或立方细胞组成，在盲囊、小肠和直肠还含有数量不等的黏液细胞，黏膜层为疏松结缔组织（图 2. 3. 2 和图 2. 3. 3）。

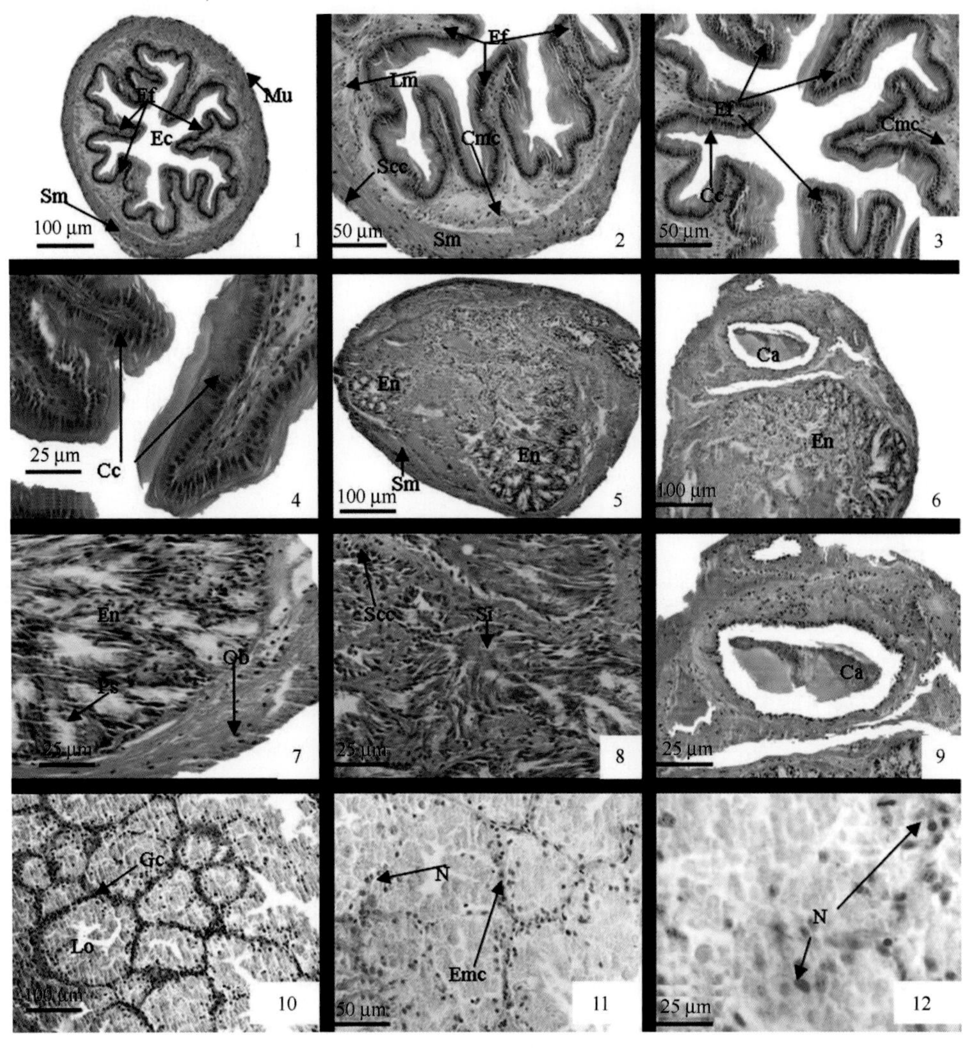

图 2. 3. 2 消化系统组织切片图（1）

1：食道横切，示黏膜（Mu）、食道腔（Ec）、食道褶皱（Ef）、环肌（Sm），×100；2：食道横切，示立方状黏液细胞（Cmc）、单层柱状细胞（Scc）、食道褶皱、纵肌（Lm），×200；3：食道横切，示食道褶皱、立方状黏液细胞、柱状细胞（Cc），×200；4：食道横切，示柱状细胞，×400；5：唾液腺横切，示分泌腺（En）、环肌，×200；6：唾液腺横切，示分泌腺、空腔（Ca），×200；7：唾液腺横切，示分泌腺、斜肌（Cb）、紫红色分泌物（Ps），×400；8：唾液腺横切，示单层柱状细胞、血窦（Si），×400；9：唾液腺横切，示空腔，×400；10：肝脏横切，示肝小叶（Lo）、腺细胞（Gc），×100；11：肝脏横切，示肝小叶、胚细胞（Emc）、细胞核（N），×200；12：肝脏横切，示细胞核，×400

（资料来源：陆伟进提供，2019）

1. 口球

口球存在于乌贼的腕中间，平时无法观察到它，主要由坚硬的纤维物质口喙和多层肌肉组成，其中口喙包裹在层层肌肉之中，肌肉直接与食道相连（图 2. 3. 1），在连接处可清晰观察到巨大的似空泡状组织，为某些小型分泌腺（图 2. 3. 2）。

2. 食道

口球下端空腔即为食道的起始段。食道为一细长的管道（图 2. 3. 1），其外侧主要由环肌和纵肌组成（图 2. 3. 2），纵肌的黏膜上皮由单层柱状上皮细胞构成，细胞呈低柱状，最高可达 15 μm，细胞核圆形，较大，排列整齐，位于细胞中部，黏膜上皮表面有较厚的护膜（图 2. 3. 2）。腹侧的黏膜上皮以立方状的黏液细胞为主，其分泌的黏液可协助吞咽食物（图 2. 3. 2）。由于结缔组织和黏膜上皮向腔内延伸，食道内侧明显特征是食道背壁形成许多个突起，使得食道内壁形成数条纵向褶皱，形成沟和嵴（图 2. 3. 2）。嵴上皮细胞间分布有大量的柱状细胞，且细胞间排列十分紧密，细胞顶端还有纤毛存在，细胞核相当明显，呈现深蓝色（图 2. 3. 2）。

3. 唾液腺

在食道的上端近肝处有一对膨大的椭圆形囊状结构，此即唾液腺（图 2. 3. 1）。唾液腺壁由黏膜层、黏膜下层、肌层构成。肌层各处厚度不一，主要由环肌和斜肌组成（图 2. 3. 2），黏膜下层由结缔组织构成。部分肌层和黏膜下层向腺体内延伸并反复分支形成树枝状结构，其中可见有小血窦存在，腺上皮就着生在此层结构上（图 2. 3. 2）。此外在唾液腺中还有一较大空腔，约 80 μm×150 μm（图 2. 3. 2），腺细胞分泌的液体通过此腔与食道相连，并将唾液等流入食道。腺上皮由单层柱状上皮细胞构成，界限不清，细胞核圆形，位于细胞基部（图 2. 3. 2）。由于分泌作用，上皮细胞不完整，腺腔中有较多细胞碎片。光学显微镜观察发现在上皮细胞间分布许多直径 2～5 μm 的红紫色分泌物（图 2. 3. 2）。

4. 肝脏

肝脏呈黄色，包围着食道，是乌贼体内最大的器官，成体乌贼肝脏几乎贯穿乌贼整个内腔（图 2. 3. 1）。呈长方体状，大型分泌腺，由许多不规则形肝小叶组成。每个肝小叶由位于基膜上的一层腺细胞构成，基膜内含有薄层肌肉和结缔组织。腺细胞大，长柱状，分泌旺盛的细胞内含有许多黄色的分泌颗粒（图 2. 3. 2）。细胞核圆形，位于细胞的基部，核仁 1～2 个，明显。一个肝小叶中的腺细胞交替进行分泌活动。在分泌的细胞基部可见染色较深的圆形或锥形细胞，细胞质呈强嗜碱性，核大，圆形，称之为胚细胞，它可补充分泌细胞的减少（图 2. 3. 2）。分泌物排到肝小叶腔中并汇集于输肝小管，通过肝管开口于盲囊开口处。肝管是类似于静脉血管的管道，中空，外有黏膜层和黏膜下层，内有较厚环肌层和纤毛层，内有多层柱状细胞，细胞核巨大（图 2. 3. 3）。

5. 胃

胃呈豆状，呈现“D”型，非常发达，周围被消化腺包围。胃腔不大，但伸缩性相当好，胃壁厚，平坦或凹凸不平。由黏膜上皮、黏膜下层、肌层和外膜构成。黏膜上皮由单

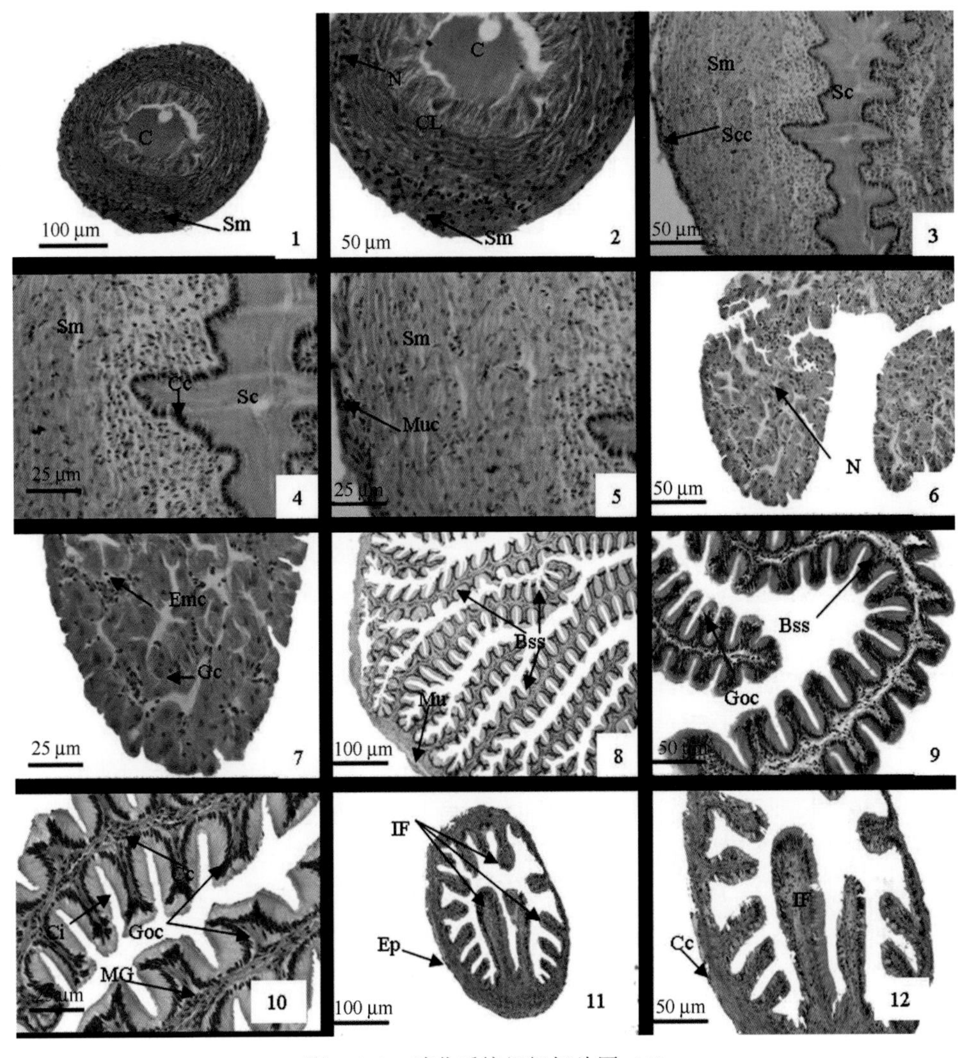

图 2.3.3　消化系统组织切片图（2）

1：肝管横切，示纤毛细胞（C）、环肌（Sm），×200；2：肝管横切，示纤毛细胞、细胞核（N）、纤毛层（CL）、环肌，×400；3：胃横切，示胃腔（Sc）、单层柱状细胞（Scc）、环肌，×100；4：胃横切，示胃腔、柱状细胞（Cc）、环肌（Sm），×200；5：胃横切，示黏膜细胞（Muc）、环肌，×400；6：胰脏，示细胞核，×200；7：胰脏，示腺细胞（Gc）、胚细胞（Emc）、细胞核，×400；8：盲囊横切，示盲囊侧褶（Bss）、黏膜（Mu），×100；9：盲囊横切，示盲囊侧褶、杯状细胞（Goc），×200；10：盲囊横切，示盲囊侧褶、柱状细胞、纤毛（Ci）、黏液腺（MG）、杯状细胞，×400；11：小肠横切，示肠褶皱（IF）、上皮层（Ep），×100；12：小肠横切，示肠褶皱、柱状细胞，×100

（资料来源：陆伟进提供，2019）

层低柱状细胞构成，上皮细胞高低不等，核圆形或卵圆形，位于细胞中部。最高可达 30 μm 左右，上皮细胞腔面具有 12~18 μm 高的纤毛（图 2.3.3）。细胞核较小，位于上皮细胞的中部。黏膜下层很薄，但肌层极厚，肌层主要由外环肌构成（图 2.3.3）。在胃的一侧，胃壁向胃腔内突起，使得胃壁形成多个纵向褶皱，褶皱上有柱状细胞，分泌黏液

(图 2. 3. 3)。

6. 胰脏

虎斑乌贼的胰脏有一种腺细胞，推断其应该分泌相关的水解酶类，和肝脏一同将其汇入导管并最终入盲囊。胰脏的纯分泌物只限于某些氨基酸，当其分泌物被盲囊分泌物作用后，方可分解许多蛋白质。此外，胰脏细胞游离端有密集的微绒毛，提示该细胞与某种或某些物质的吸收、转运有关。

胰脏是像葡萄一般包围在胃周围，由一颗颗黄色小颗粒经大的导管串联而成。胰脏由分泌细胞和胚细胞构成，未见有血管分布。细胞和细胞之间排列不紧密。分泌细胞体积较大，一般 1~2 个核仁，胚细胞体积较小，一般排列较紧密，位于分泌细胞周围，随时补充死亡的分泌细胞（图 2. 3. 3)。分泌细胞分泌的消化液通过小导管汇入大的导管，最后流入盲囊入口处。

7. 盲囊

盲囊位于胃的末端，是一段没有开口的直径较大的肠。长度较短，1~2 cm 长，但相当发达，是营养物质吸收重要的场所。肝脏和胰脏的导管开口于盲囊的入口处，盲囊一侧向腔内发出很长的侧褶，有的侧褶甚至与对侧壁相连，长的侧褶上又形成非常有规律的小褶，使侧褶呈波浪状或镰刀排列状（图 2. 3. 3)。盲囊外层主要由黏膜层和肌肉层包被，较薄。黏膜上皮细胞主要为单层柱状细胞，排列较紧密，核位于细胞基部（图 2. 3. 3)。黏膜上皮还有黏液细胞存在，黏液细胞大量存在于盲囊内壁平坦或呈褶皱的部位。黏膜下层较薄。褶皱分长和短两种，褶皱上的细胞有两种，分布于中间过道中的细胞为柱状细胞，细胞核位于中间，外侧细胞全部为杯状细胞，排布十分紧密，细胞核位于基部，呈深蓝色，细胞顶部有纤毛（图 2. 3. 3)。在长褶游离端的黏膜下层存在少许黏液腺，腺体仅由少许的几个腺管组成，但腺细胞体积大，且呈球形，细胞质内充满了大量分泌物，因此细胞核被挤压于一侧，黏液腺直接开口于上皮游离端（图 2. 3. 3)。黏液腺应该与位于肠、直肠和盲囊黏膜上皮的黏液细胞具有相似的功能，分泌中性黏多糖类和蛋白质等多种物质，起到黏合食物颗粒、湿润与润滑腔面和方便食物运送的作用，这与长蛸极其相似。

8. 肠

肠较细，直径 1 mm 左右，长 5~7 cm，由小肠和直肠两部分组成，管壁较薄，由黏膜层、黏膜下层、肌层包裹（图 2. 3. 2)。黏膜上皮主要为柱状细胞，排列密集，为假复层细胞，细胞表面有密集的微绒毛及稀疏的纤毛（图 2. 3. 3)。黏膜下层肌纤维丰富，毛细血管较少，肌层较薄。小肠内部形成嵴，在小肠里有很长的两根棒状形长嵴横亘于内腔之间，其他嵴相对较小。长嵴上分布较多的小血管和大量的杯状细胞，横纹肌内侧分布柱状分泌细胞（图 2. 3. 4)。直肠组织结构与小肠差别不大，但其内部形成的嵴长度较均一，无长嵴，细胞类型相近（图 2. 3. 4)。肛门黏膜层形成简单的指状突起，由扁平细胞组成，其中含有大量的椭圆形分泌细胞（图 2. 3. 4)。

虎斑乌贼是凶猛的肉食性动物，消化系统组织学研究结果表明：其各组织的组织特点和细胞结构都与其食性相适应，分别呈现各自不同的结构与功能。食道较细长，穿过两肝脏中间，其外层有肌肉层，内壁有较厚的护膜，可以判断其是输送外界食物的通道，食道

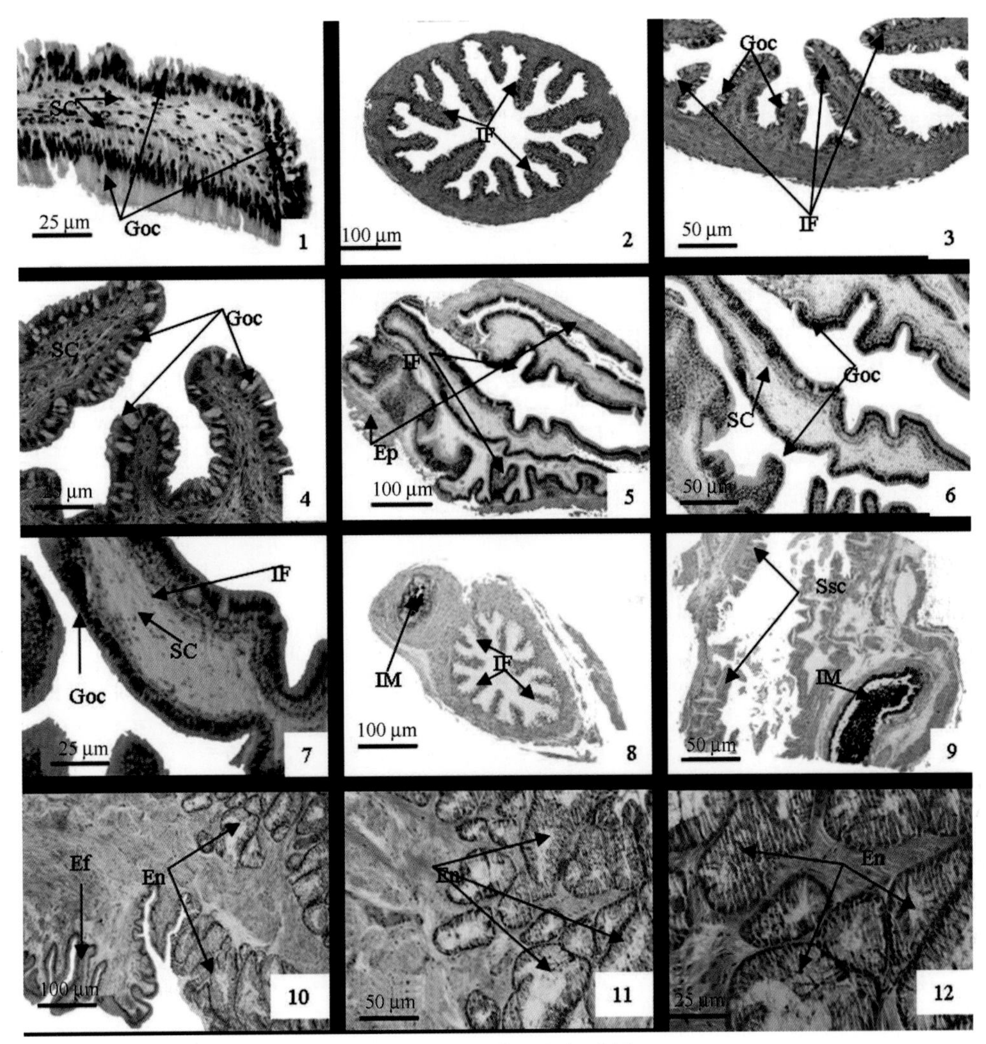

图 2.3.4　消化系统组织切片图（3）

1：小肠横切，示杯状分泌细胞（Goc）、柱状细胞（SC），×400；2：直肠横切，示肠褶皱（IF）、肠腔，×100；3：直肠横切，示肠褶皱、肠腔，×400；4：直肠横切，示肠褶皱、杯状分泌细胞、柱状细胞，×400；5：直肠纵切，示肠褶皱、上皮层（Ep），×100；6：直肠纵切，示杯状分泌细胞、柱状细胞，×200；7：直肠纵切，示肠褶皱、杯状分泌细胞、柱状细胞，×200；8：肛门口横切，示墨囊口（IM）、肠褶皱，×100；9：肛门口纵切，示墨囊口，×100；10：口球食道交汇处横切，示食道褶皱（Ef）、分泌腺（En），×100；11：口球食道交汇处横切，示分泌腺，×200；12：口球食道交汇处横切，示分泌腺，×400

（资料来源：陆伟进提供，2019）

内壁细胞多带微绒毛和纤毛，有助于蠕动和运输粗糙食物。

虎斑乌贼没有嗉囊，因此不具有较强的储存食物的能力，需要根据自己的饥饿情况随时捕捉食物，这导致其在食物充足时不能充分利用食物，而食物短缺时出现相互残杀。口球下接细长的食管连于胃的贲门部，胃位于内脏团内侧，为椭圆状，是典型的“D”型胃，胃壁富肌肉。胃的环肌层特别发达，内壁有很厚的护膜，其细胞也相当发达，主要由胃肌细胞和分泌型细胞组成，分泌型细胞多带有纤毛，有助于分泌相关的消化类物质和机械挪动，因此胃是机械研磨消化食物的最主要器官。胃左侧为一盲囊，内壁褶皱，具纤毛。盲囊的特征是内壁形成长的侧褶，深入内部，侧褶上还有小的褶皱，以增大接触面积。其上柱状细胞尤为发达，分泌黏液和相应酶类。肝脏和胰脏的导管开口于盲囊。肝脏和胰脏的水解酶类以及盲囊自身分泌的消化酶汇聚于盲囊，都可以在盲囊内消化食物。此外，盲囊柱状细胞表面有密集的微绒毛，黏膜下层含丰富的毛细血管，这表明盲囊还是吸收食物的主要场所，因此，盲囊不仅仅防止未经磨碎的食物进入肠，更主要的还是进行食物的消化和吸收。

虎斑乌贼无晶杆囊组织结构，和大多数腹足纲和头足纲（长蛸、短蛸）相近，与大部分瓣鳃纲动物不同。这与其食性有重大关系，晶杆的旋转可对胃内大的食物颗粒进行研磨，而部分瓣鳃纲动物以及腹足纲动物、肉食性动物的胃本身具有强大的研磨能力，不再需要晶杆的辅助。肠较粗，不长，自幽门部笔直前伸，稍作弯曲，后末端为直肠，以肛门开口于外套腔，漏斗基部后方。不同于瓣鳃纲、双壳纲等软体动物的肠均较长，虎斑乌贼的肠较短，主要吸收功能是在盲囊和肠中共同进行。肠的褶皱很好地扩大了其吸收食物的表面积，其中在小肠中还发现有两根特别长的长嵴，占了肠的大部分空间，这可能是使食物在小肠中停留更长时间的原因。柱状细胞表面有密集的微绒毛，表明肠和盲囊一样，是食物消化、吸收的主要器官。

二、生殖系统组织学

虎斑乌贼的雄性生殖系统可分为精巢、输精管、精荚器、精荚囊与阴茎，精荚器可展开，分为黏液腺、放射导管腺、中被膜腺、外被膜腺、硬腺、终腺。雌性生殖系统由卵巢、输卵管、缠卵腺、副缠卵腺、输卵管腺、缠卵腺管组成。

1. 雄性生殖系统

1）精巢

呈白色椭球状，位于体腔末端。前方延伸出一条透明细长的血管，经过胃部侧面时，分出小血管与胃相连（图 2. 3. 5-1，2）。

精巢外壁为厚 20 μm 左右的白膜（图 2. 3. 5-3）。精小叶由中央向四周辐射，被疏松结缔组织隔开，偶见血管贯穿于结缔组织之间（图 2. 3. 5-4，5）。精小叶管壁附着了精原细胞与精母细胞，管腔内分布着精细胞和精子（图 2. 3. 5-6）。

2）输精管

输精管与精巢相连处特化形成壶腹。壶腹管壁内表面为单层柱状纤毛上皮，内陷形成褶皱，充塞管腔（图 2. 3. 5-7、8）。外表面为疏松结缔组织形成的被膜，被膜之下可见多层肌肉细胞形成的环肌层（图 2. 3. 5-9）。活体状态下可见有节律的收缩。输精管弯曲盘绕，形成扁平的棒状，不易展开，管腔内可见大量精子（图 2. 3. 5-10）。由于受到挤压，管腔形状不规则。管壁内表面为单层立方纤毛上皮细胞，纤毛极为浓密，有几处内陷形成褶皱（图 2. 3. 5-11）。外表面依次为单层扁平上皮细胞以及致密结缔组织（图 2. 3. 5-12）。

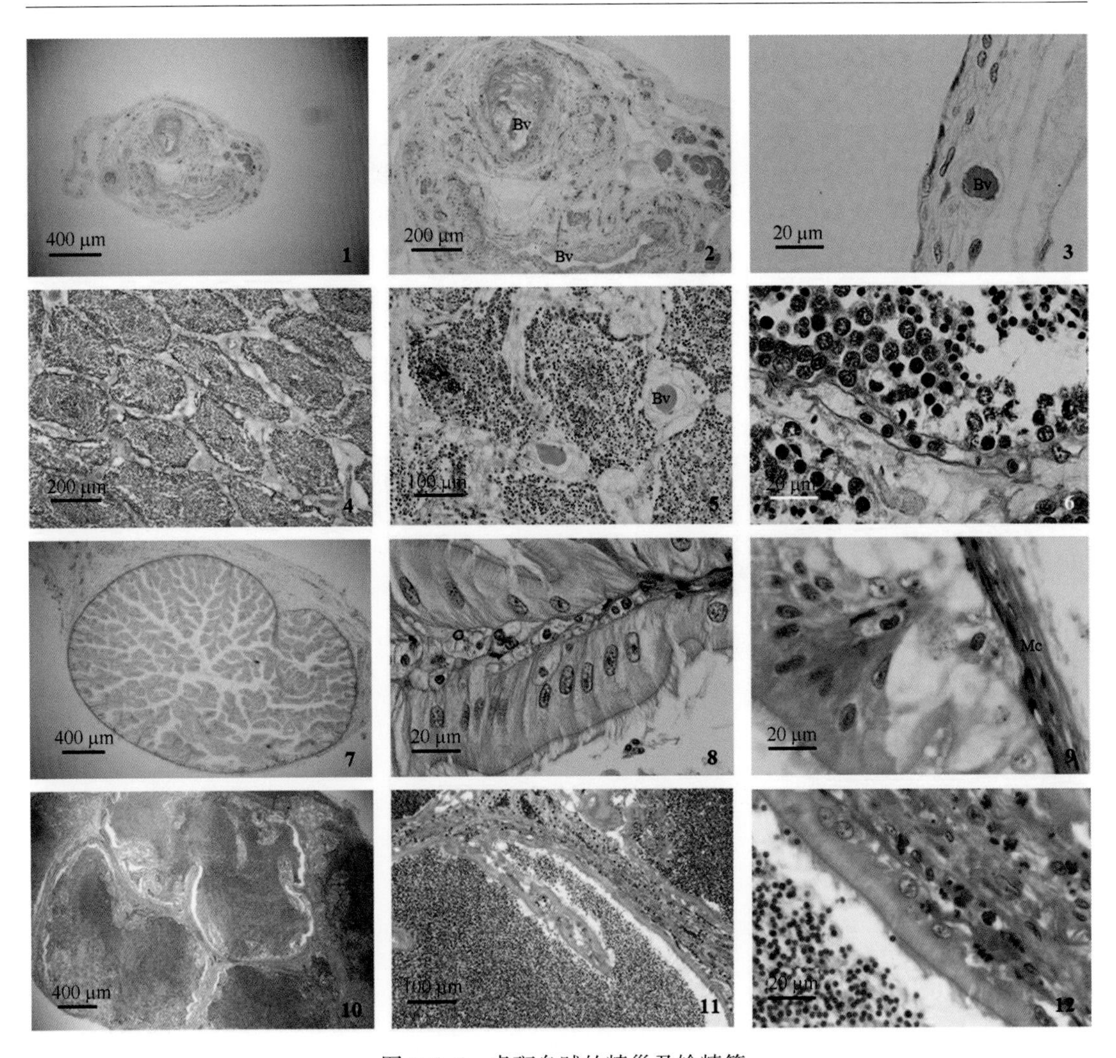

图 2.3.5　虎斑乌贼的精巢及输精管

1：精巢血管；2：图 1 放大，示血管；3：精巢壁；4：成熟精巢；5：精小叶间的疏松结缔组织；6：精小叶；7：壶腹；8：壶腹内表面；9：壶腹外表面；10：输精管；11：输精管壁褶皱；12：输精管内表面纤毛。Bv：血管
（资料来源：陈奇成提供，2019）

3）精荚器

精荚器由黏液腺、放射导管腺、中被膜腺、外被膜腺、硬腺、终腺组成，主要负责精荚的装配。

● 黏液腺

黏液腺与输精管相连，腺体管盘曲，管腔逐渐扩大（图 2.3.6-1）。管壁内陷形成褶皱，褶皱分支十分复杂（图 2.3.6-2）。内表面为柱状纤毛上皮细胞，纤毛稀疏，细胞内可见红色颗粒（图 2.3.6-3）。

● 放射导管腺

放射导管腺管壁一侧膨大，整个管腔横切面呈“C”形（图 2.3.6-4）。管腔内表面细胞排列杂乱无章（图 2. 3. 6-5）。“C”形管腔一端向内卷曲，形成一个小沟，沟内细胞极为细长，排列整齐紧密，表面具长而密的纤毛（图 2. 3. 6-6）。

- 中被膜腺

中被膜腺呈略弯曲的细长柱状。管腔横切面形状呈耳形（图 2. 3. 6-7）。内表面为柱状纤毛上皮，排列整齐，小沟内的纤毛比内表面其余部分更长（图 2. 3. 6-8）。管腔膨大一侧的外表面附着了一根小管，管壁内陷形成褶皱，内表面为柱状纤毛上皮细胞（图 2. 3. 6-9）。

- 外被膜腺

外被膜腺管腔狭小，呈“工”字形（图 2. 3. 6-10）。管壁内表面为柱状纤毛上皮，排列整齐紧密，外侧细胞排列松散无规则（图 2. 3. 6-11，12）。

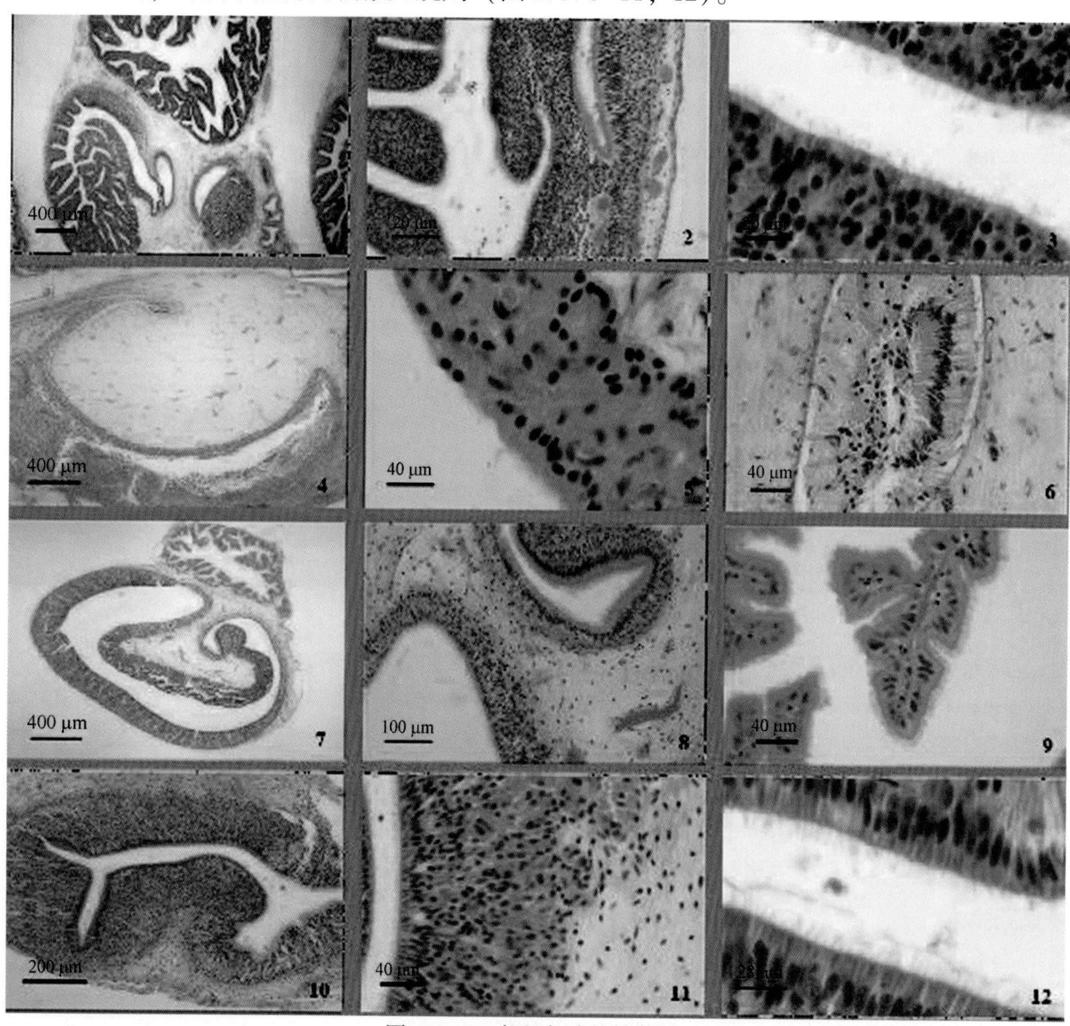

图 2. 3. 6 虎斑乌贼的精荚器

1：黏液腺；2：黏液腺壁褶皱；3：黏液腺内表面纤毛；4：放射导管腺；5：放射导管腺内表面；6：放射导管腺纤毛沟；7：中被膜腺；8：中被膜腺纤毛沟；9：中被膜外附的小管内表面；10：外被膜腺；11：外被膜腺管壁；12：外被膜腺内表面纤毛

（资料来源：陈奇成提供，2019）

● 硬腺

硬腺为一短棒状的盲囊，管壁内陷形成许多褶皱，似叶脉形，有的还分叉（图 2.3.7-1）。褶皱由双层柱状细胞组成，细胞排列较为整齐，表面没有纤毛（图 2.3.7-2、3）。

● 终腺

终腺为一透明的盲囊，管壁内陷，管腔形状不规则（图 2.3.7-4）。腔内可见成型的精荚（图 2.3.7-5）。内表面为排列整齐紧密的立方上皮细胞（图 2.3.7-6）。

4）精荚囊与阴茎

精荚囊呈雪茄形，一侧有精荚管与终腺相连。精荚囊前端为阴茎。阴茎的管壁较厚，管腔形状不规则（图 2.3.7-7）。管壁外侧可见较厚的环肌层（图 2.3.7-8）。管壁内表面为假复层柱状上皮细胞，无纤毛（图 2.3.7-9）。内表皮与环肌层之间为疏松结缔组织，可见血管贯穿其间（图 2.3.7-7）。

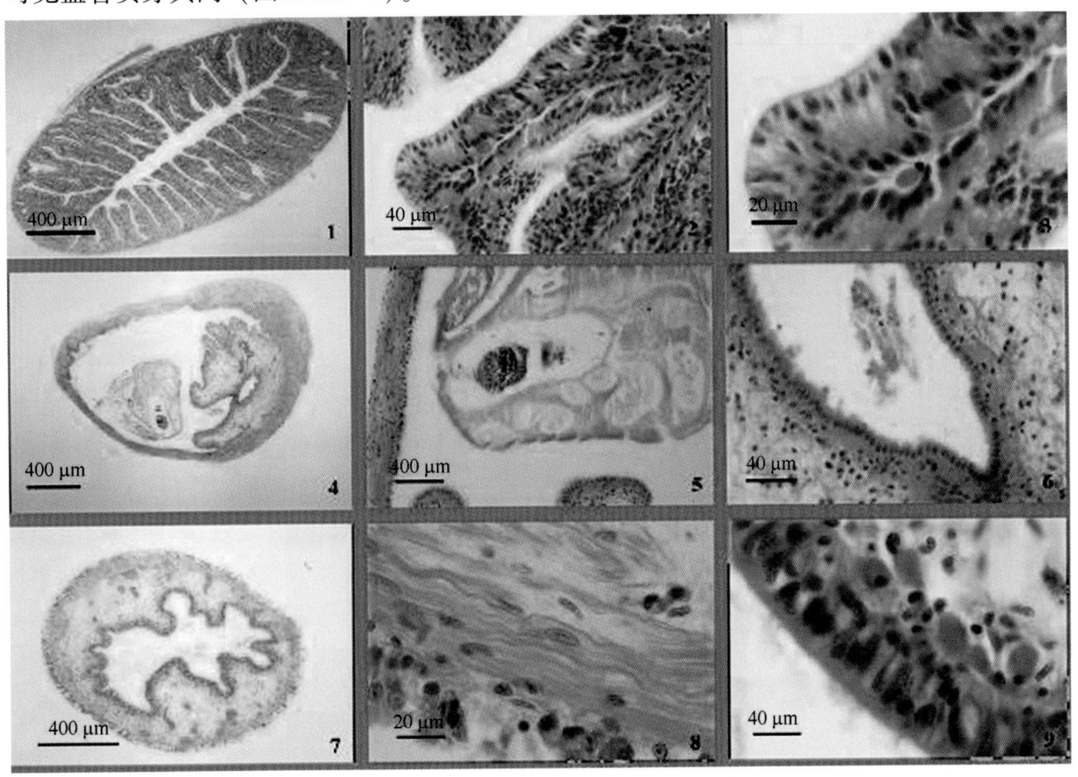

图 2.3.7　虎斑乌贼的精荚器及阴茎

1：硬腺；2：硬腺壁褶皱；3：硬腺内表面纤毛；4：终腺；5：终腺内精荚；6：终腺内表面；7：阴茎；8：阴茎环肌层；9：阴茎内表面

（资料来源：陈奇成提供，2019）

精荚囊中储存着大量精荚。精荚头部黏合在一起，呈束状，分层排列。精荚由冠线、放射导管、胶合体、精团以及外被的膜鞘结构组成（图 2. 3. 8-1）。在海水中用牙签轻轻挤压精荚头部，精荚立即发生放射反应。

- 冠线

冠线位于精荚顶端，是一条弹性极好的细丝。精荚处于精荚囊中时，依靠冠线粘合在一起（图 2. 3. 8-2）。

- 放射导管

放射导管位于精荚的前端，弯曲盘绕，形成一个膨大的头部（图 2. 3. 8-2）。中央可见一条黏液管，管内可见深棕色颗粒，颗粒的密度前疏后密（图 2. 3. 8-3）。

- 胶合体

胶合体位于放射导管后方，形似子弹，弹体顶端十分尖锐，中间有两处凹陷（图 2. 3. 8-4）。人为将其碾碎以后，渗出黏性物质。用牙签轻轻挤压精荚头部，胶合体会与黏液管一同弹出。

- 精团

精团位于胶合体后方，与胶合体之间通过一条细小的管道连接（图 2. 3. 8-5）。在光镜下观察，精团上有明暗相间的条纹（图 2. 3. 8-6）。发生放射反应之后，精团会从精荚之内弹出，体积有所增加（图 2. 3. 8-7），此时可观察到精团内部密集的精子（图 2. 3. 8-8）。

- 膜鞘

精荚的膜鞘结构十分复杂，由外被膜、中被膜、内被膜、外膜、中膜和内膜 6 种膜共同组成（图 2. 3. 8-9，10）。外被膜包裹着整个精荚，透明度高，厚度均一。外被膜由多层相同的膜叠加而成（图 2. 3. 8-9）。HE 染色显示外被膜为嗜碱性（图 2. 3. 8-11）。中被膜位于外被膜内侧，包裹着整个精荚。中被膜为一层海绵状结构（图 2. 3. 8-9）。精团弹出以后，中被膜明显膨胀，而外被膜无明显变化（图 2. 3. 8-11，12）。在淡水中，挤压精荚头部后，精团的弹射速度与距离都明显增加，有部分精荚自发破裂。而在甘油中，精团不会弹出，且明显收缩，与中被膜之间形成较大空隙。推测外被膜具有良好的透水性与强度，中被膜吸水膨胀后，挤占外被膜内的空间，产生弹出精团的动力。内被膜仅包裹精团，发生放射反应后，内被膜会随着精团一同弹出，并吸水膨胀。外膜、中膜、内膜仅包裹胶合体与放射导管，挤压精荚头部以后，会随着胶合体与放射导管一同弹出。

2. 雌性生殖系统

虎斑乌贼的雌性生殖系统结构较雄性简单，仅由卵巢、输卵管、缠卵腺、副缠卵腺、输卵管腺、缠卵腺管组成。

1）卵巢

卵巢内部为生殖索，其上附着未成熟的卵母细胞，外侧为透明的成熟卵子。繁殖季节，卵子会脱落，经由输卵管排出体外。

2）输卵管

虎斑乌贼的输卵管位于卵巢前方，开口于漏斗。输卵管透明而有韧性，管壁较厚，由外到内分别为浆膜层、肌肉层和黏膜层（图 2. 3. 9-1，2）。管壁内表面的上皮细胞顶部膨

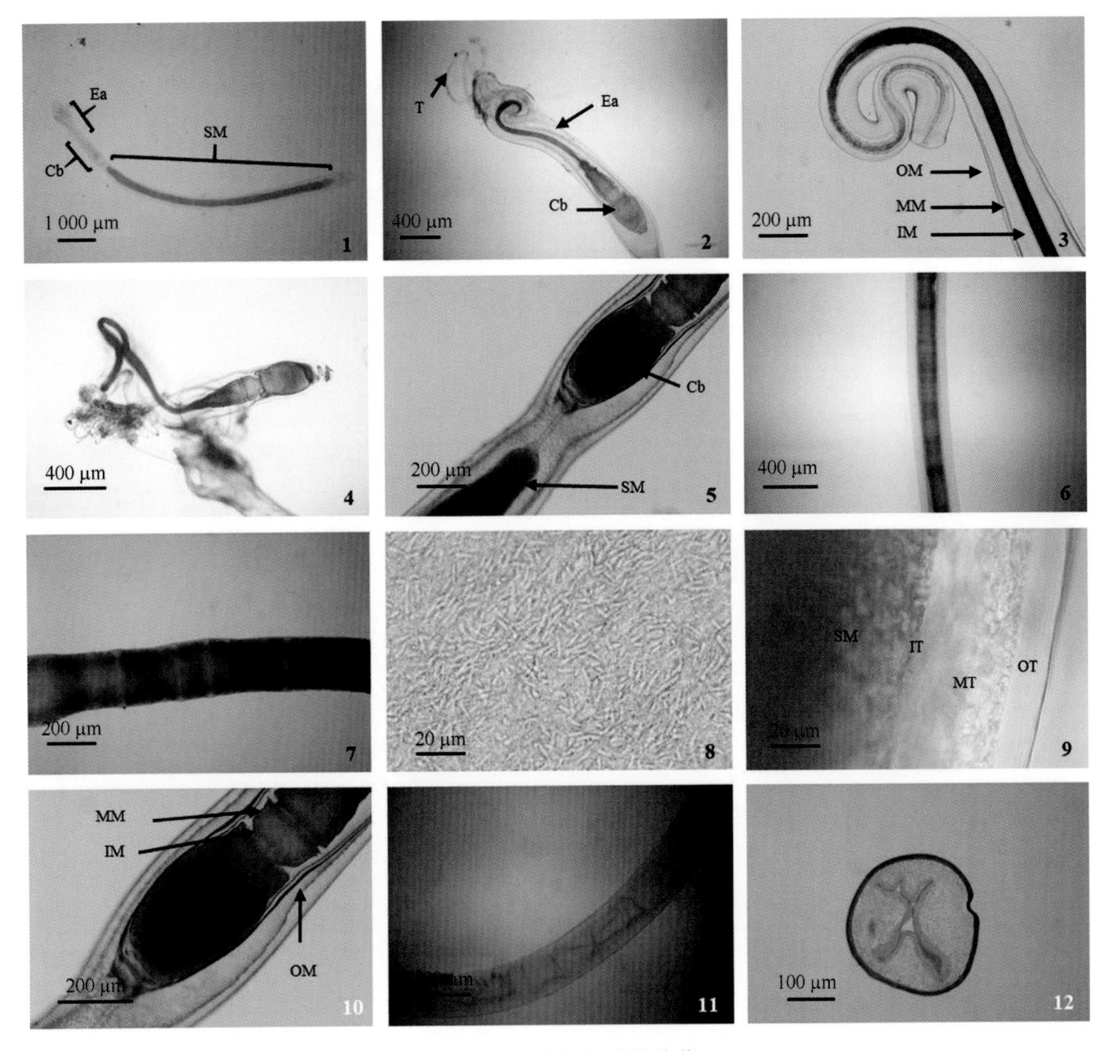

图 2.3.8　虎斑乌贼的精荚

1：精荚；2：精荚头部；3：黏液管；4：胶合体；5：连接管；6：精团；7：精团；8：精子；9：外被膜、中被膜与内被膜；10：外膜、中膜和内膜；11：精荚鞘；12：精荚鞘横切。Cb：胶合体；Ea：放射导管；IM：内膜；IT：内被膜；MM：中膜；MT：中被膜；OM：外膜；OT：外被膜；SM：精团

（资料来源：陈奇成提供，2019）

大（图 2.3.9-3）。

3）输卵管腺

输卵管腺切片显示，输卵管腺内侧为致密结缔组织，外侧为立方上皮细胞（图 2.3.9-4，5，6）。

4）缠卵腺

缠卵腺外壁由肌肉层、疏松结缔组织和上皮细胞组成，内侧被分泌叶隔成小室（图 2.3.9-7）。分泌叶中央为一些疏松结缔组织和支持细胞，两侧为柱状纤毛细胞（图 2.3.9-8，9）。两个柱状纤毛细胞一组，排列成“U”字形，多组“U”字叠加，位于底部的细胞较长，导致“U”字两端都在同一平面上，形成分泌叶的外表面。

5）缠卵腺管

在缠卵腺背侧中央向前方延伸出一条白色小管。管道横切面显示管壁内存在很多由外壁指向管腔的纤维（图 2.3.9-10，11）。

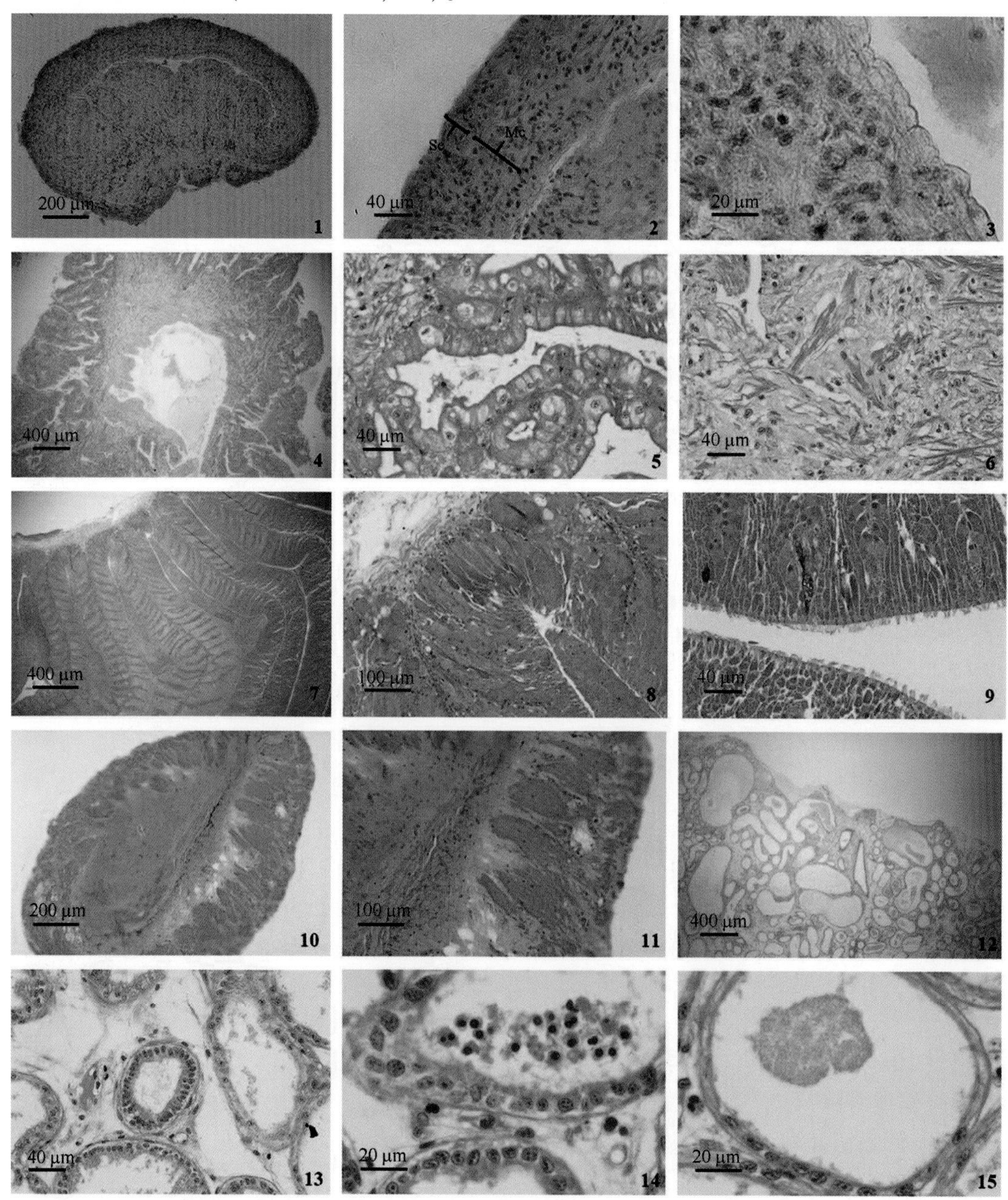

图 2.3.9 虎斑乌贼的雌性生殖系统

1：输卵管；2：输卵管外壁；3：输卵管内表面；4：输卵管腺；5：输卵管腺外侧；6：输卵管腺内侧；7：缠卵腺；8：缠卵腺分泌叶；9：缠卵腺内表面；10：缠卵腺管；11：缠卵腺管壁；12：副缠卵腺；13：副缠卵腺管腔；14：嗜碱性颗粒；15：嗜酸性颗粒。Mc：肌肉细胞；Se：浆膜

（资料来源：陈奇成提供，2019）

6）副缠卵腺

副缠卵腺位于缠卵腺前方，由粗细不一的管道组成，管道之间被疏松结缔组织隔开（图 2.3.9-12）。管壁由单层立方纤毛细胞组成（图 2.3.9-13）。腔内可见嗜酸性物质以及一些嗜碱性物质（图 2.3.9-14，15）。

三、呼吸系统——鳃组织学

鳃是虎斑乌贼呼吸系统的主要器官，主要通过鳃进行呼吸。虎斑乌贼的鳃位于外套腔内部左右两侧，各一个，其基部连接在外套膜上。鳃的颜色呈奶白色，由许多鳃小片构成，鳃片数目为 30~40 个；每一个鳃小片由许多鳃丝组成，鳃丝细密。鳃丝主干部分由软骨细胞及多层上皮细胞组成，致密有序排列。鳃小片由两层细胞组成，其中间分布着丰富的微血管，鳃小片挺拔且长，排列规则（图 2.3.10）。

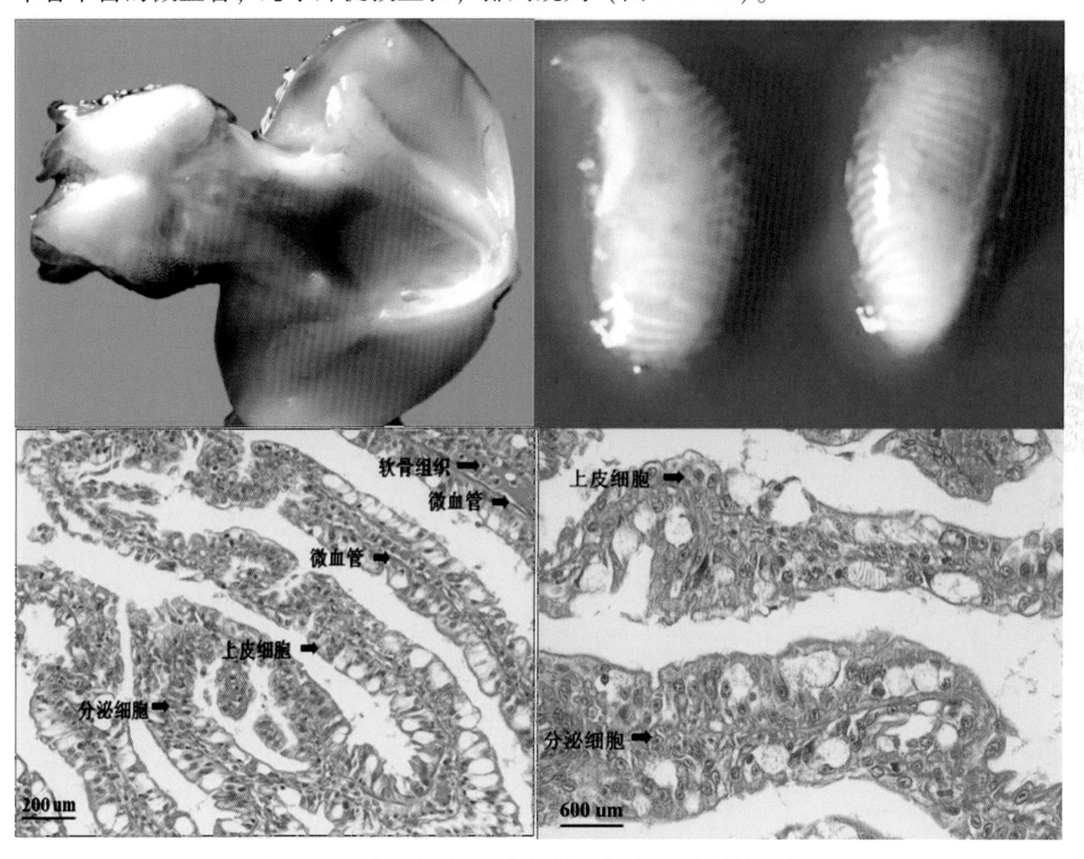

图 2.3.10　虎斑乌贼鳃组织解剖观察图和显微结构观察图

（资料来源：彭瑞冰提供，2019）

四、神经系统——脑组织学

虎斑乌贼的脑位于两眼之间，被软骨包裹于其中，形状如眼镜，左右对称。虎斑乌贼的脑组织分为三部分：神经团、视叶和视腺。神经团位于中间，左右各是视叶脑的神经团。经苏木清和伊红染色后，可清楚看到被染成粉红色的神经纤维和被染成紫蓝色的神经细胞胞体（包括：圆形的分泌细胞和细长型的支持细胞）。神经细胞胞体被神经纤维包围，呈群体形式出现（图 2. 3. 11）。脑的视叶可清楚看到被染成粉红色的神经纤维和被染成紫蓝色的分泌细胞和支持细胞（图 2. 3. 12）。分泌细胞呈层状密集群体排布，被神经纤维包围。视腺是虎斑乌贼分泌生殖类激素调控性腺成熟的器官，位于视神经束上，其内部有神经分布，受到位于神经团的脑亚脚神经叶的支配。

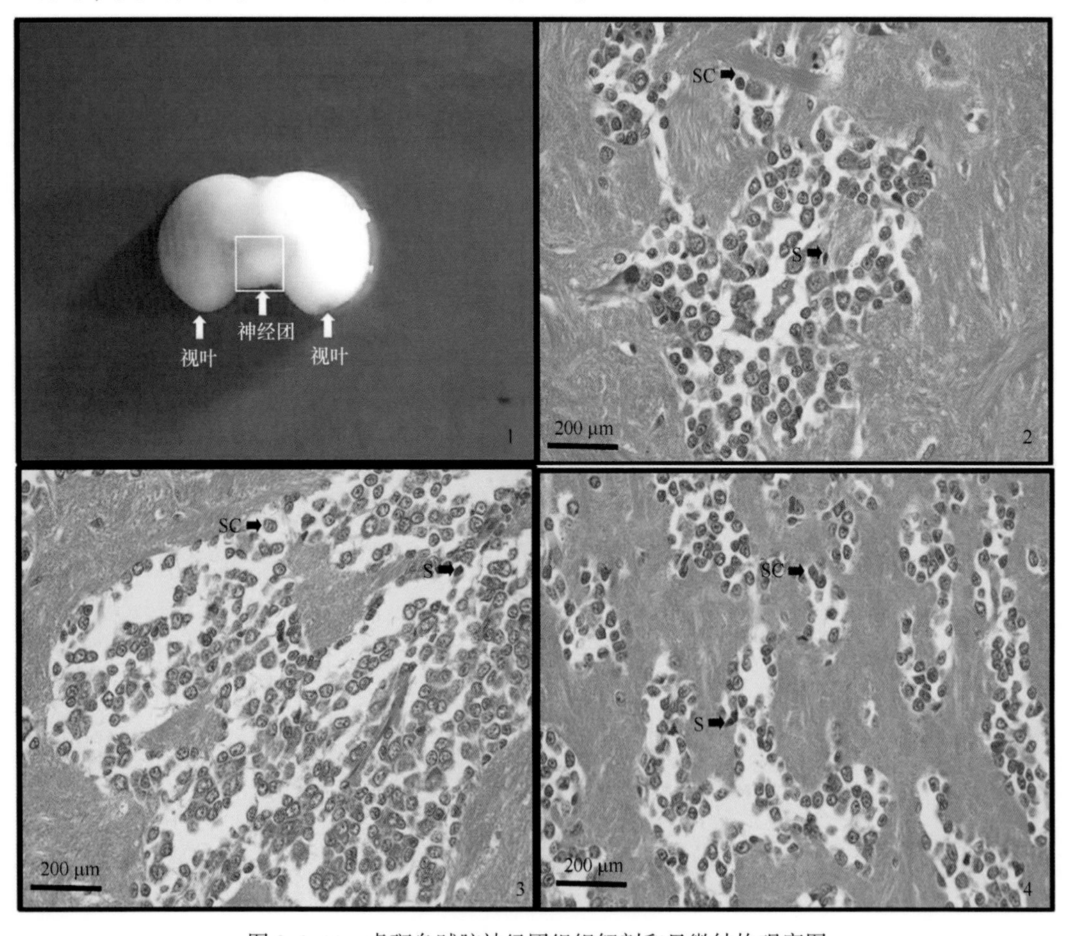

图 2. 3. 11　虎斑乌贼脑神经团组织解剖和显微结构观察图

SC：分泌细胞；S：支持细胞

（资料来源：彭瑞冰提供，2019）

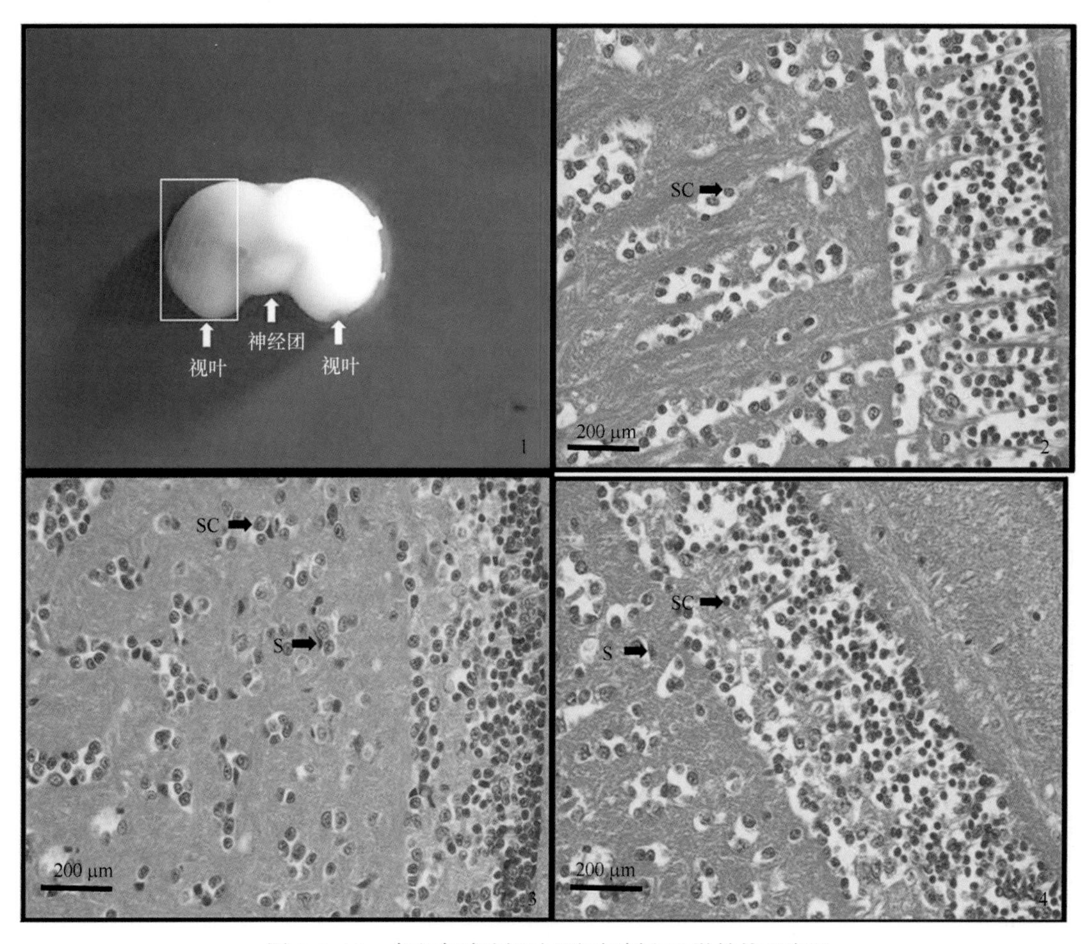

图 2.3.12　虎斑乌贼脑视叶组织解剖和显微结构观察图
SC：分泌细胞、S：支持细胞
（资料来源：彭瑞冰提供，2019）

第四节　超微结构

通过在电子显微镜下观测各组织细胞内微细结构，有利于进一步了解各组织细胞内的各结构特征。本节主要介绍消化系统的超微结构。

消化系统的超微结构观察可辨别细胞类型、细胞亚显微结构，探究不同细胞蛋白质合成、脂类和糖类代谢与线粒体、粗面内质网、滑面内质网、高尔基体的关系，分析消化道的发育状况与食性以及食性转变的联系。同时，超微结构研究也是组织学的重要内容。观察虎斑乌贼消化系统的超微结构可以发现食道中细胞有分泌细胞、上皮黏液细胞，还可观察到吞噬细胞，分泌细胞中细胞器丰富，肌纤维明显，通常为单核，偶见双核细胞。唾液腺中仅观察到唾液腺分泌细胞，膜系统发达。胃中仅发现胃分泌型细胞，线粒体十分丰富，并且出现了特殊的线粒体集群现象即线粒体泡，双核细胞较多。盲囊主要由吸收细胞、微绒毛细胞、分泌细胞等组成，最为显著的特点是杯状的吸收细胞成直线状排列，在分泌细胞中脂滴和糖原颗粒十分明显。肠主要由肠上皮黏液细胞、微绒毛细胞、吸收细胞、分泌细胞等组成，细胞内有丰富的脂类物质和糖类物质，细胞核中有单核仁和双核仁，甚至是三核仁；细胞器均较丰富，尤其是内质网特别发达，还出现了圆形封闭内质网。胰脏细胞主要由分泌细胞、纤毛细胞组成，细胞以分泌细胞居多，内含有丰富的线粒体、内质网以及脂滴，多见双核细胞。

一、食道

食道细胞主要有分泌细胞、上皮黏液细胞，还观察到吞噬细胞。其中分泌细胞数量较多，较发达，椭圆形或棒形，长约 8 μm，宽 3~4 μm，核通常一个，有的分泌细胞还偶见双核细胞型，周围还观察到空的杯状细胞（图 2. 4. 1）。有些核的核膜部分处有褶皱，核仁明显，核内电子密度较均一（图 2. 4. 1）。细胞内有较多脂滴，还有分泌泡，分泌泡内有的含有较多脂滴，有的含有较多糖原颗粒（图 2. 4. 1）。其中有些分泌泡正在胞吐，细胞外可看到成群的糖原颗粒（图 2. 4. 1）。高尔基体清晰可见，外部周围分布肌纤维，其中肌纤维排列十分规整，上下两层交错结合（图 2. 4. 1）。上皮黏液细胞为规则的细胞，为棒状型，细胞长约 8 μm，宽约 5 μm，细胞核清晰可见，电子密度不均匀，局部电子密度高，核长约 5 μm，宽约 2 μm，细胞膜依稀可见（图 2. 4. 1）。偶见不规则的吞噬细胞，细胞核似镰刀状。

二、唾液腺

唾液腺细胞主要由分泌细胞组成，大多为圆形和椭圆形，长 9 ~ 11 μm，宽 6 ~ 8 μm，细胞核为棒状形，长 6~7 μm，宽 4 ~ 5 μm，细胞之间的界线不十分明显，细胞核内核仁特别明显，有些细胞还有两个核仁（图 2. 4. 2）。细胞内有相当多的酶原颗粒和脂滴，还可见少许糖原颗粒（图 2. 4. 2–4，5）。脂滴呈巨大的圆形，分布于脂滴泡中（图 2. 4. 2–6，7，10，11）。酶原颗粒多为圆形、椭圆形，且被包被在泡内，分布于整个细胞质（图 2. 4. 2–8，9，10），细胞在分泌时，分泌颗粒以胞吐作用的方式排出，以后又重新形成新的分泌颗粒。细胞质中有十分发达的内质网，其中还出现特别多的圆形环状封闭内质网（图 2. 4. 2–6），还有罕见的如条状的内质网，内质网通常为粗面内质网，其中核糖体附着于其上，密度大，还有很多脂滴在内质网附近（图 2. 4. 2–5，12）。

三、胃

胃细胞多数呈椭圆形，长 8 ~ 11 μm，宽 6 ~ 7 μm，细胞核棒形居多，长 7 ~ 9 μm，宽 4~5 μm（图 2. 4. 3–1，2，3），核内电子密度不均匀，核仁通常为一个。常见双核细胞，有的处于分裂初期，有的处于末期，核内电子密度不均一（图 2. 4. 3–4，5，6）。细胞内有数量相当多的线粒体，线粒体清晰可见，多呈圆形、椭圆形、棒状形，内部有丰富的嵴，大的线粒体长可达 1. 5 μm，宽可达 0. 8 μm（图 2. 4. 3–7，11）。在某些细胞中，线粒体集聚在一起，形成线粒体群（图 2. 4. 3–7，8，9），分布于周围都是微绒毛的椭圆形泡中，更有线粒体形成环形状（图 2. 4. 3–10）。粗面内质网、高尔基复合体较少，位于核周及基底

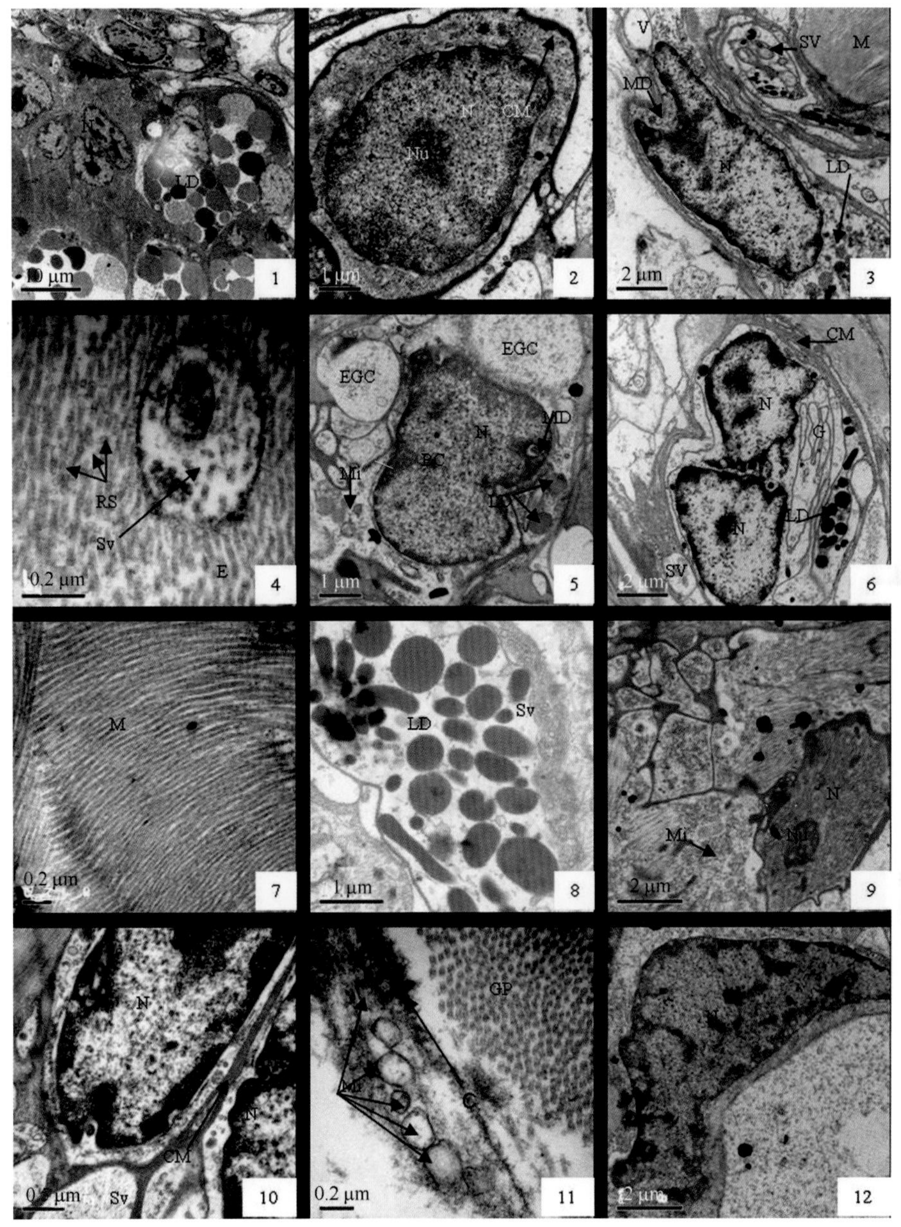

图 2.4.1　食道超微结构图

1：分泌细胞，示细胞核（N）、脂滴（LD），×5 000；2：分泌细胞，示细胞核、细胞质、核仁（Nu）、细胞膜（CM），×5 000；3：分泌细胞，示细胞核、空泡（V）、分泌泡（Sv）、细胞凹陷（MD）、肌纤维（M），×4 500；4：分泌细胞，示分泌泡、粗面内质网（RS）、核糖体（E），×45 000；5：双核分泌细胞（BC），空杯状细胞（EGC），示核膜凹陷、细胞核、线粒体（Mi）、脂滴，×5 000；6：双核分泌细胞，示高尔基体（G）、细胞核、细胞膜、分泌泡、脂滴，×3 500；7：肌纤维，×20 000；8：脂滴分泌泡，示分泌泡、脂滴，×8 500；9：上皮黏液细胞，示细胞核、线粒体、核仁，×4 500；10：上皮黏液细胞，示细胞核、分泌泡、细胞膜，×10 000；11：纤毛细胞，示纤毛细胞（C）、线粒体、糖原颗粒（Gp），×20 000；12：吞噬细胞，示细胞核，×4 500

（资料来源：陆伟进提供，2019）

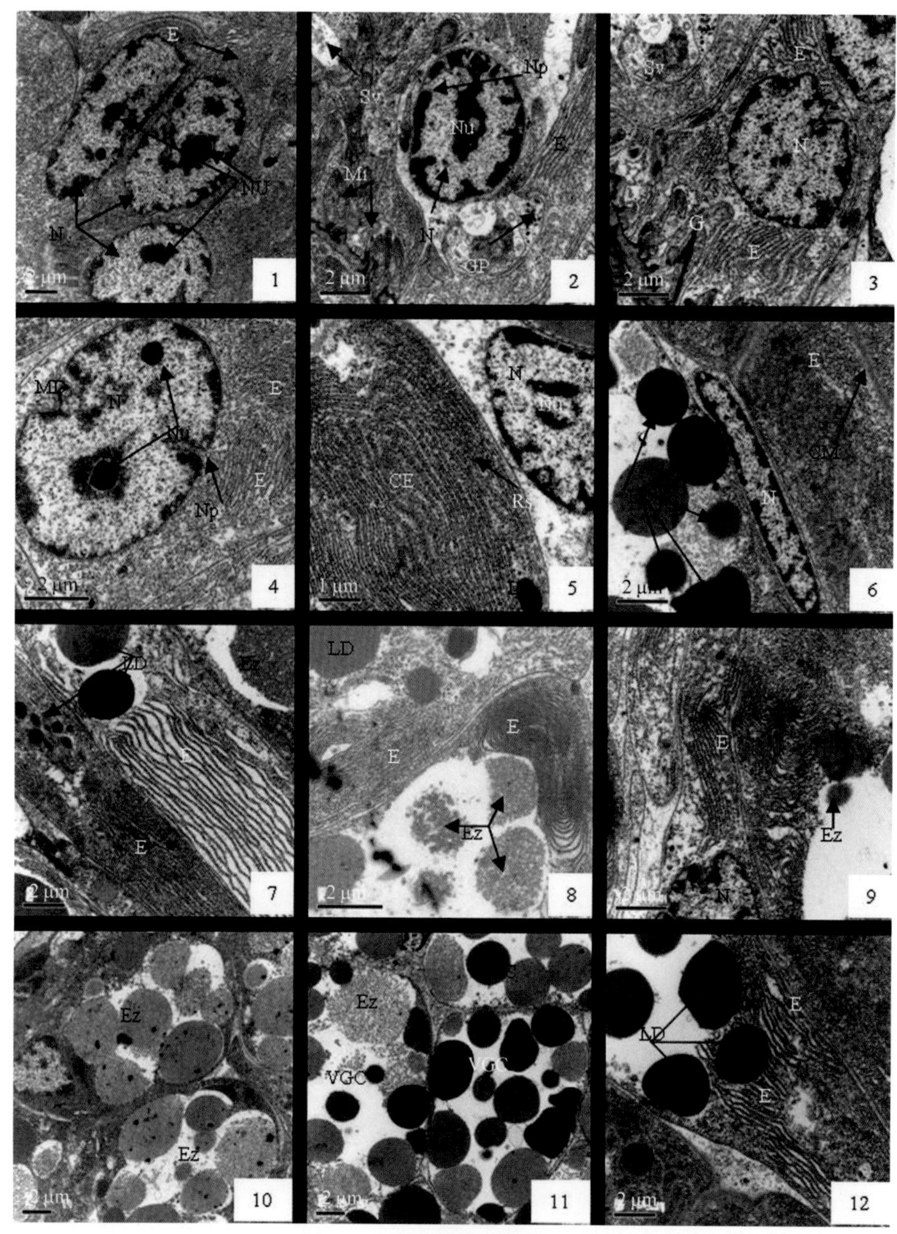

图 2.4.2 唾液腺超微结构图

1：分泌细胞，示细胞核（N）、核仁（Nu）、内质网（E），×2 000；2：分泌细胞，示细胞核、核仁、核孔（Np）、线粒体（Mi）、分泌泡（Sv）、糖原颗粒（GP）、内质网，×3 000；3：分泌细胞，示细胞核、高尔基体（G）、内质网、分泌泡，×3 000；4：分泌细胞，示细胞核、核仁、核膜凹陷（MD）、内质网、核孔、分泌泡，×3 500；5：分泌细胞，示细胞核、核仁、同心圆内质网（CE）、核糖体（Rs），×5 000；6：分泌细胞，示细胞核、细胞膜（CM）、脂滴（LD）、内质网，×3 000；7：分泌细胞，示酶原颗粒（Ez）、脂滴、内质网，×2 000；8：分泌细胞，示酶原颗粒、脂滴、内质网，×4 000；9：分泌细胞，示酶原颗粒、细胞核、内质网，×3 500；10：分泌细胞，示酶原颗粒，×2 000；11：分泌细胞，示酶原颗粒、脂滴泡（VGC）、脂滴，×2 000；12：分泌细胞，示内质网、脂滴，×2 500

（资料来源：陆伟进提供，2019）

部，细胞侧面有镶嵌连接成反复折叠，加强细胞间的牢固结合。在一些细胞内还发现纤毛十分发达（图 2.4.3-7，10，11，12）。

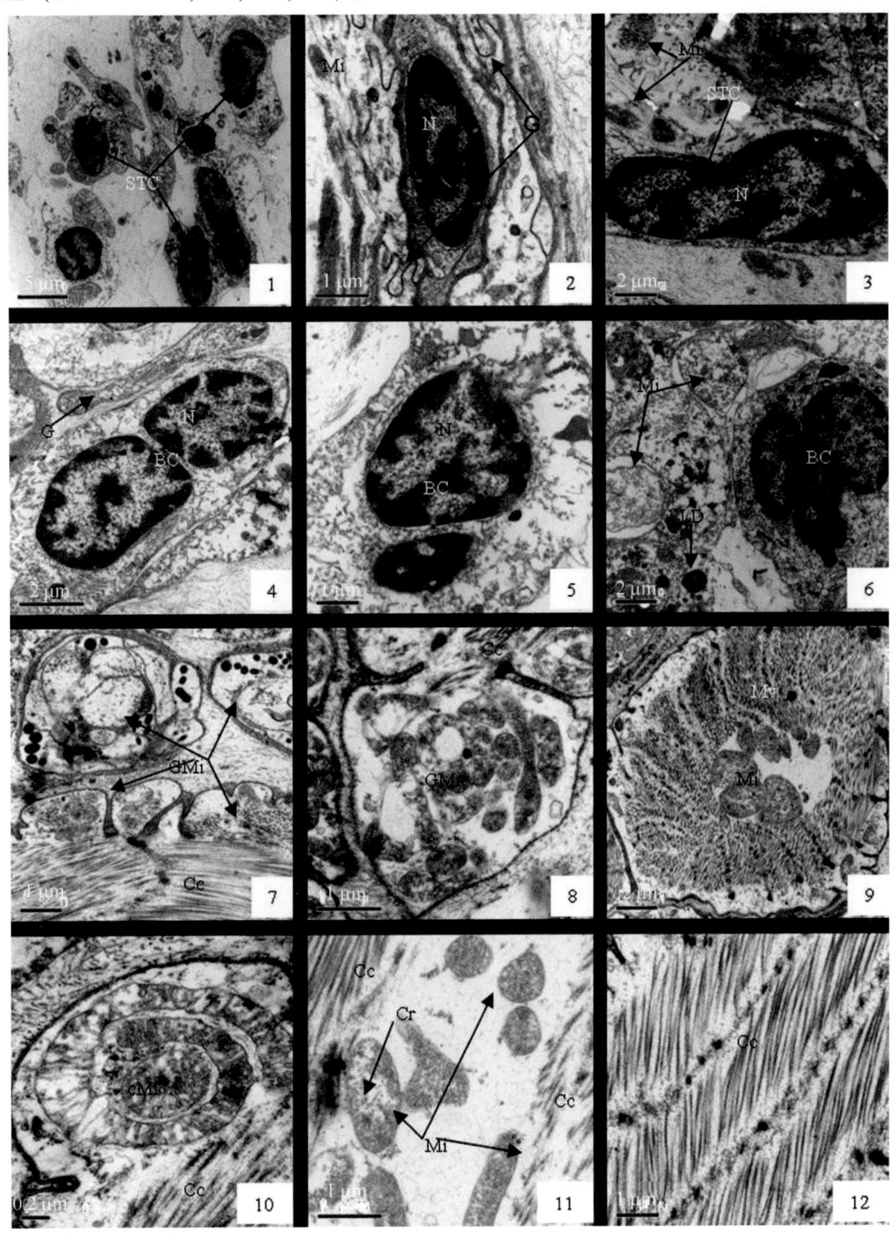

图 2.4.3　胃超微结构图

1：胃细胞（STC），示细胞核（N），×1300；2：胃细胞，示线粒体（Mi）、高尔基体（G）、细胞核，×2 500；3：胃细胞，示细胞核、线粒体，×2 500；4：双核细胞，示分裂末期双核细胞细胞核（BC）、高尔基体，×4 000；5：双核细胞，示分裂前期双核细胞细胞核，×5 000；6：双核细胞，示分裂前期双核细胞细胞核、线粒体、脂滴（LD），×5 000；7：胃线粒体集群，示线粒体群（GMi）、纤毛（Cc），×5 000；8：胃线粒体集群，示线粒体群、纤毛，×8 000；9：胃线粒体集群，示线粒体群、微绒毛（Mv），×2 500；10：环形胃线粒体，示线粒体、纤毛，×15 000；11：胃线粒体，示线粒体、线粒体嵴（Cr）、纤毛，×8 000；12：示纤毛纵切，×15 000

（资料来源：陆伟进提供，2019）

四、肝脏

肝由纤毛细胞、微绒毛细胞、分泌细胞等组成。多数呈卵圆形，长 10~12 μm，宽 6~8 μm，细胞核明显，通常长 7~9 μm，宽 4~6 μm，核仁通常为一个，但偶见有 2~4 核仁的细胞，核周隙发达。肝纤毛细胞中细胞核被挤于一端，呈棒状型，体积较小，内质网少见，主要位于细胞核的周围（图 2. 4. 4-1，2）。微绒毛细胞外微绒毛丰富，横切面可见其圆形管状，纵切面可见外有分泌泡，分泌泡内有颗粒状物质（图 2. 4. 4-3，4）。分泌细胞内清晰可见脂滴，聚集成群，内有丰富的粗面内质网，上面布满核糖体，清晰可见；高尔基体较发达，多分布于核周隙附近，线粒体呈圆形、椭圆形或棒状，内有嵴，清晰可见（图 2. 4. 4）；次级溶酶体常见，通常以胞吐外排；糖原颗粒、脂滴丰富，分布于分泌细胞中（图 2. 4. 4-9，10）。

五、胰脏

胰脏由腺体胚细胞、吸收细胞、分泌细胞和纤毛细胞组成。腺体胚细胞呈核圆形或椭圆形，细胞长短不一，细胞核明显，位于细胞中央，核内电子密度不均一，核仁通常为一个，有些也有 2~3 个（图 2. 4. 5-1，2，3，4）。细胞界限不清晰，周围高尔基体尤其丰富，高尔基体呈管泡状，内还含有清晰可见的脂滴，高尔基体彼此之间连接成网，输送蛋白和脂滴，溶酶体及吞噬体也依稀可见（图 2. 4. 5-2，3，4）。吸收细胞中高尔基体十分丰富，分布于细胞核周围，同时还可以清楚地看到大量线粒体，细胞膜也十分清晰（图 2. 4. 5-5）。分泌细胞中高尔基体、线粒体十分丰富，内质网与高尔基体连接在一起（图 2. 4. 5-6，7，9），但不清晰，游离核糖体较少，线粒体较多，呈椭圆形，膜板嵴清楚（图 2. 4. 5-7，8）。纤毛细胞中，细胞核长 5~6 μm，宽 2~3 μm，线粒体丰富（图 2. 4. 5-9，10），纤毛横切格外清晰（图 2. 4. 5-9，11），高尔基体依稀可见（图 2. 4. 5-9，12）。

六、盲囊

盲囊主要由吸收细胞、微绒毛细胞、分泌细胞等组成。其中观察到规整排布的细胞群，细胞几乎排布在同一直线上，这是褶皱上的杯状吸收细胞，细胞长 9~11 μm，宽 6~8 μm，核长 6~7 μm，宽 4~5 μm，细胞之间界限清晰，核仁明显，核内电子密度较均一，细胞内还有大的分泌泡。线粒体丰富，广泛分布于细胞之中（图 2. 4. 6-1，2）。大杯状细胞周围有黏性颗粒分布，属微绒毛细胞，微绒毛依稀可见，黏性颗粒物质通过胞吐作用排到细胞外，润滑接触面（图 2. 4. 6-3，4）。微绒毛细胞的微绒毛一端电子密度高，呈现黑色，是细胞内端，一端电子密度低，是游离端，微绒毛结构附近有很多线粒体，与细胞胞吐作用有关（图 2. 4. 6-5）。横切可见微绒毛附近有杯状细胞和分泌细胞（图 2. 4. 6-6，7）。分泌细胞外部多见糖原颗粒分布，微绒毛为典型的“9+2”结构，即中央有两根单独的微管，周围有 9 组微管（图 2. 4. 6-8，9，10）。线粒体广泛分布在细胞中，呈圆形、椭圆形，少见棒状形，内有嵴，清晰可见（图 2. 4. 6-11，12）。

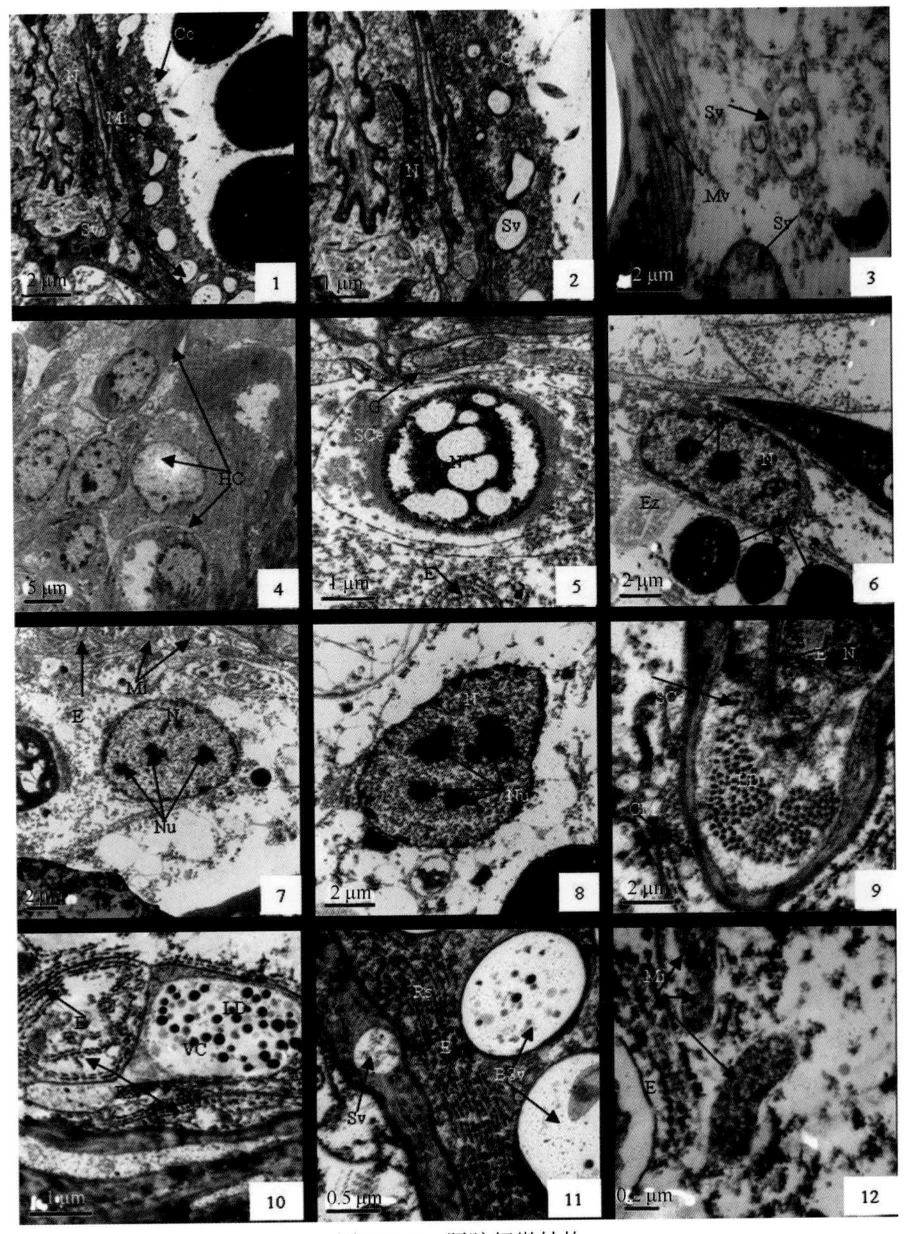

图 2.4.4　肝脏超微结构

1：肝纤毛细胞，示细胞核（N）、分泌泡（Sv）、纤毛（Cc），×3 000；2：肝纤毛细胞，示线粒体（Mi）、分泌泡、细胞核、纤毛，×5 000；3：肝微绒毛细胞，示分泌泡、微绒毛（Mv），×16 000；4：肝分泌细胞，示细胞核，×2 500；5：肝分泌细胞，示细胞核、高尔基体（G）、内质网（E），×3 000；6：肝分泌细胞，示细胞核、核仁（Nu）、溶酶体（Ly）、酶原颗粒（Ez），×2 500；7：肝分泌细胞，示细胞核、核仁、内质网、线粒体，×2 000；8：肝分泌细胞，示细胞核、核仁，×3 500；9：肝分泌细胞，示细胞核、脂滴（LD）、细胞膜（CM）、内质网，×3 000；10：肝分泌细胞，示带囊泡的杯状分泌细胞（VC）、脂滴、核糖体（Rs）、内质网，×10 000；11：肝分泌细胞，示分泌泡、大分泌泡（BSv）、核糖体、内质网，×16 000；12：肝分泌细胞，示线粒体、内质网，×20 000

（资料来源：陆伟进提供，2019）

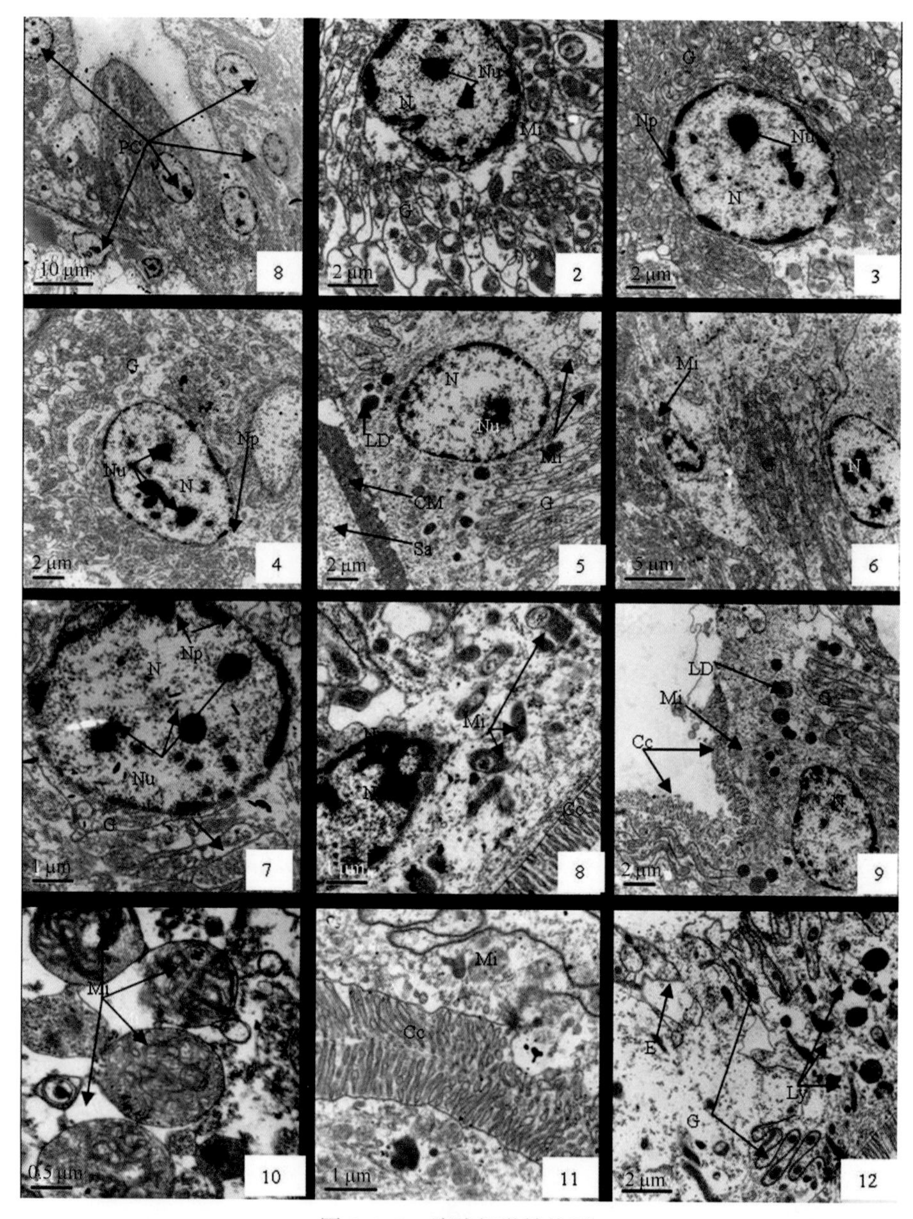

图 2.4.5 胰脏超微结构图

1：胰腺体胚细胞（PC），示细胞核（N），×800；2：胰腺体胚细胞，示细胞核、核仁（Nu）、高尔基体（G）、线粒体（Mi），×3 500；3：胰腺体胚细胞，示细胞核、核仁、核孔（Np）、高尔基体（G），×3 000；4：胰腺体胚细胞，示细胞核、核仁、核孔、高尔基体，×2 000；5：胰吸收细胞，示细胞核、核仁、细胞膜（CM）、高尔基体、线粒体、脂滴（LD）、分泌物，×2 000；6：胰腺体分泌细胞，示细胞核、高尔基体、线粒体，×1 600；7：胰腺体分泌细胞，示细胞核、核仁、核孔、高尔基体、线粒体，×5 000；8：纤毛细胞，示细胞核、核仁、线粒体、纤毛，×5 000；9：纤毛细胞，示细胞核、纤毛、线粒体、高尔基体、脂滴，×2 000；10：线粒体，×10 000；11：纤毛细胞，示纤毛（Cc）、线粒体；×6 000；12：纤毛细胞，示高尔基体、溶酶体（Ly）、内质网（E），×3 000

（资料来源：陆伟进提供，2019）

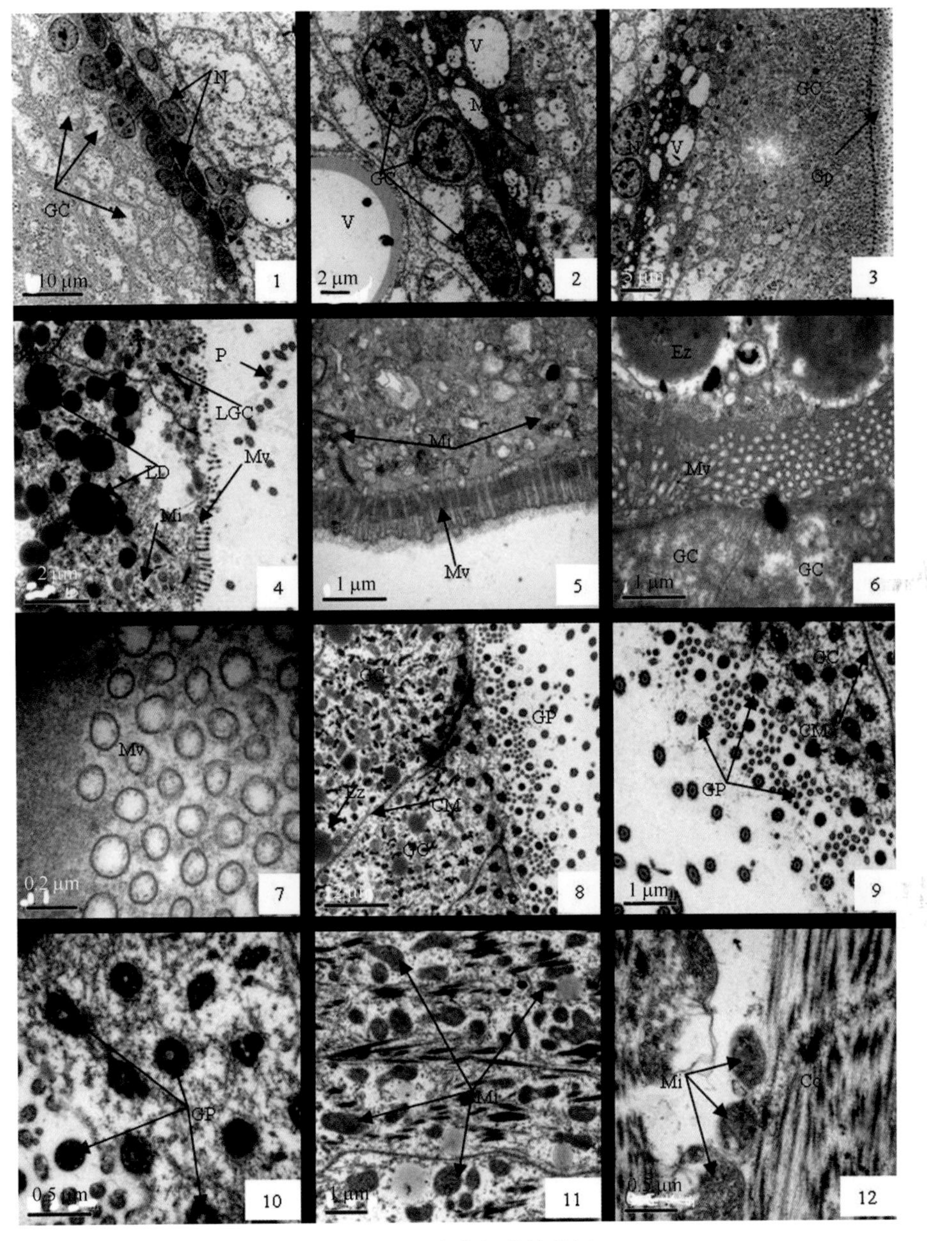

图 2.4.6　盲囊超微结构图

1：吸收细胞，示吸收细胞群（GC）、细胞核（N），×800；2：吸收细胞，示吸收细胞、细胞核、核仁（Nu）、空泡（V）、线粒体（Mi），×1 500；3：微绒毛细胞，示杯状形细胞、细胞核、糖原颗粒（GP）、空泡，×1 500；4：微绒毛细胞，示微绒毛（Mv）、线粒体（Mi）、黏液物质（P）、脂滴泡（LGC），×4 000；5：微绒毛细胞，示微绒毛、线粒体，×8 000；6：微绒毛细胞横切，示酶原颗粒（Ez）、微绒毛，×8 000；7：微绒毛横切，示微绒毛，×30 000；8：分泌细胞，示酶原颗粒（Ez）、细胞膜（CM），×4 000；9：分泌细胞，示糖原颗粒、细胞膜，×8 000；10：分泌细胞，示糖原颗粒，×16 000；11：纤毛细胞，示线粒体，×5 000；12：纤毛细胞，示线粒体、纤毛（Cc），×12 000

（资料来源：陆伟进提供，2019）

七、肠

肠主要由肠上皮黏液细胞、微绒毛细胞、吸收细胞、分泌细胞等组成。肠上皮黏液细胞为多层柱状（图 2.4.7-1，2），细胞长 7~11 μm，宽 5~8 μm，核为椭圆形或鞋底形，核长 6~7 μm，宽 4~5 μm，核膜上清晰可见核孔（图 2.4.7-3），核通常位于细胞基部（图 2.4.7-2，3）。肠的部分微绒毛细胞游离面有密集的微绒毛，其形状和大小颇为一致，外有糖原颗粒，糖原颗粒结构为典型的“9+2”结构排列的微管（图 2.4.7-4，5，6）。吸收细胞胞质内有大量脂滴，周围有分泌泡和大的空泡，细胞核被挤于一端（图 2.4.7-7，8），内质网丰富，有滑面内质网和粗面内质网之分，同时还有大量的封闭环形内质网，粗面内质网上有密集的核糖体分布（图 2.4.7-7，8，9）。分泌细胞长 10~12μm，宽 4~6 μm，核长 8~9 μm，宽 3~4 μm，细胞膜清晰可见，内有脂滴，细胞外有分泌泡（图 2.4.7-10，11）。线粒体丰富，主要位于细胞顶部及核周，多为椭圆形，嵴为板状嵴。核周和细胞基部有粗面内质网、高尔基复合体分布，高尔基体周围分布着大量脂滴，同时还出现一定的光滑内质网（图 2.4.7-10，11，12）。

虎斑乌贼消化系统各组织细胞呈现不同的特点。消化腺中细胞类型多为分泌型细胞，肝脏中的肝细胞细胞核多见多核仁型，细胞类型有微绒毛细胞、纤毛细胞、分泌细胞，肝脏细胞中内质网、高尔基体、脂滴、酶原和分泌泡都较丰富，细胞内膜系统发达，说明其三大物质代谢十分活跃。胰脏中也有多核仁腺细胞，还有吸收细胞、分泌细胞和纤毛细胞，胰脏腺细胞中的高尔基体十分发达，线粒体也尤其丰富；而在唾液腺中则仅观察到腺体分泌细胞。消化道如盲囊的细胞中常见吸收细胞、分泌细胞和微绒毛细胞；肠中多见微绒毛细胞、吸收细胞、分泌细胞、上皮黏液细胞。分泌细胞多有分泌泡分布，内有颗粒物分布，也有的直接外排，且细胞器较发达。微绒毛细胞外部有微绒毛，电镜下较易识别，微绒毛的存在与一些物质的外排有密切关系，也与细胞通讯有关。纤毛细胞游离面具纤毛，纤毛根间含有线粒体，纤毛细胞通过纤毛的摆动，便于食物在消化道内的输送。可见，食性和细胞类型有密切关系，在食道中分泌型细胞较多，吸收细胞较少，同时纤毛细胞也较多，这是因为物质在食道中的输送需要黏性物质的润滑，纤毛细胞的蠕动，最后将食物送入胃中，而在肠、盲囊中分泌型细胞和吸收细胞均较多，这是由于肠是消化和吸收的主要场所。

虎斑乌贼消化系统超微结构显示，线粒体在不同器官不同细胞中形态大小和数量各异，呈现圆形、椭圆形和棒形。线粒体与能量的供给有直接的联系，是生物体内能量的直接供给者。在消化系统中各组织各行其职，但都要消耗能量，尤其是在与分泌相关的细胞中线粒体更是丰富，如肠、肝、胰等，且主要分布于膜系统周围。在胃细胞中的线粒体还多呈线粒体集群，有微绒毛包裹，有的甚至以环状出现，增加与外界的接触面，这与胃具有很强的蠕动性需要提供很多能量不无关系。在肝细胞中线粒体棒状型出现较多，长约 0.7 μm，宽约 0.2 μm，而在胰脏细胞中线粒体则多以椭圆形出现，且长轴近 1 μm，胃细胞中线粒体三种形状都有，棒状线粒体长轴长也可达 1 μm 左右，而圆形线粒体则相对较小。线粒体在不同器官和细胞中的形态不一表明其随生理环境的需要而发生了相应变化。不同物种消化系统的线粒体不一致，其线粒体多分布在内质网附近，为即将需合成的蛋白

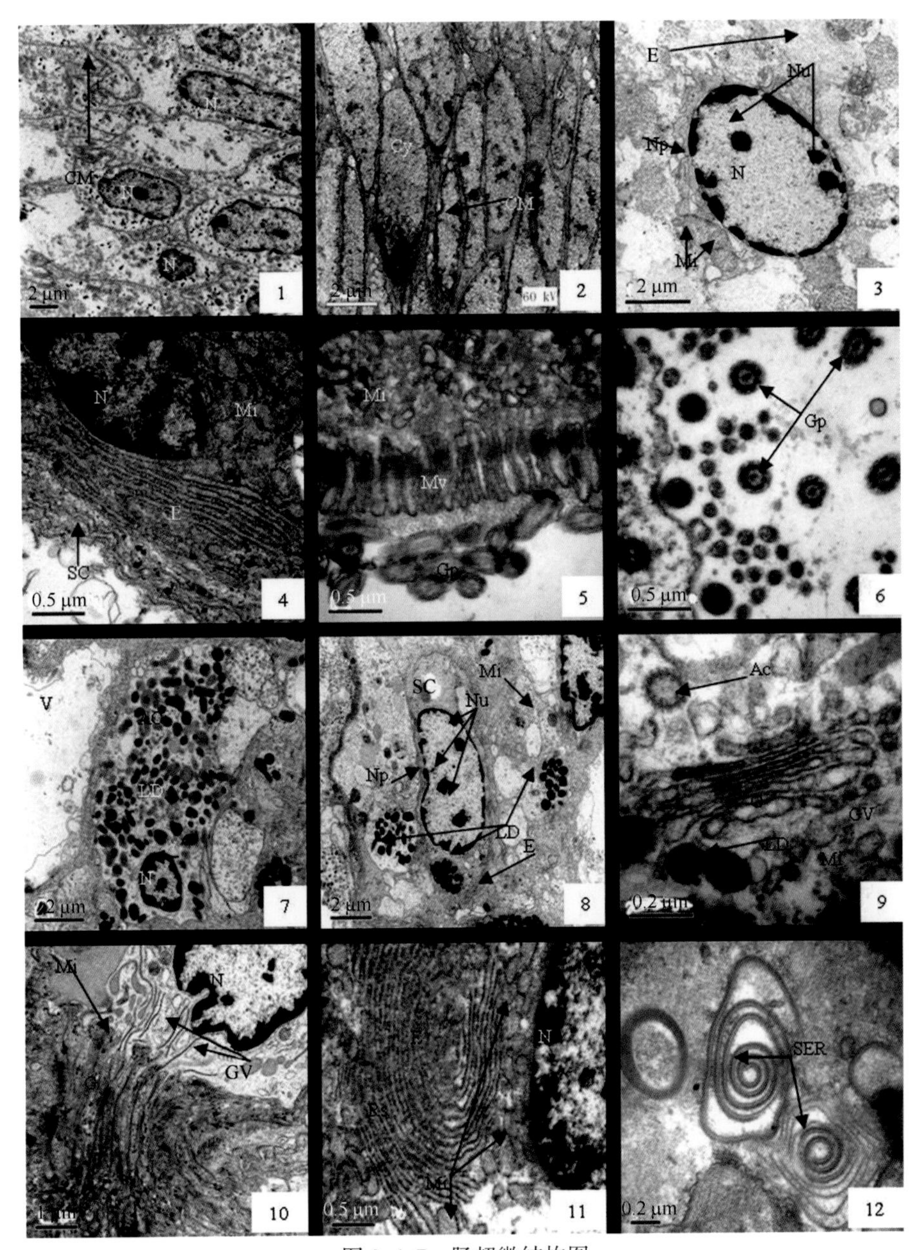

图 2.4.7　肠超微结构图

1：上皮黏液细胞，示细胞群（MC）、细胞核（N）、细胞膜（CM），×2 500；2：上皮黏液细胞，示细胞质（Cy）、细胞膜，×3 000；3：上皮黏液细胞，示细胞核、核仁（Nu）、核孔（Np）、线粒体（Mi）、内质网（E），×4 000；4：上皮黏液细胞，示细胞核、线粒体、内质网、分泌物（SC），×12 000；5：微绒毛细胞，示微绒毛（Mv）、糖原颗粒（GP）、线粒体，×12 000；6：示糖原颗粒，×16 000；7：吸收细胞，示细胞核、脂滴（LD）、空泡（V），×3 000；8：吸收细胞，示细胞核、核仁、核孔、线粒体、内质网、脂滴，×2 500；9：吸收细胞，示包吞泡（Ac）、脂滴、高尔基体（G）、高尔基体泡（GV）、线粒体，×4 000；10：分泌细胞，示细胞核、高尔基体、高尔基体泡、线粒体，×5 000；11：分泌细胞（Vc），示细胞核、线粒体、内质网、核糖体（Rs），×10 000；12：示光面内质网（SER），×15 000

（资料来源：陆伟进提供，2019）

质提供相应的能量，而蛋白质通常以酶或蛋白黏液的形式存在，因此在黏液细胞和酶分泌细胞中线粒体数量就十分丰富，而在一般的组织性细胞中则相对较少。

超微结构中显示膜系统在虎斑乌贼某些组织中尤为发达，如肝脏和胰脏既是最主要的消化腺，又是脂类代谢的枢纽和糖类合成的中心，因此其膜系统十分发达，且脂类物质、糖类物质和酶原物质在细胞中也能清晰地观察到。肠中内质网特别发达，呈环形、同心圆形和条形等不同的形状，它们与核膜和高尔基体连在一起，含有丰富的核糖体，主要接受来自核的信使 RNA 的指导合成相应的蛋白质并在内质网中加工，由内质网运输到高尔基体里进行再加工，最后以膜泡的形式通过胞吐作用将物质外排出去。盲囊作为虎斑乌贼最重要的消化和吸收场所，膜系统也尤为发达，分泌细胞中脂滴数量丰富，细胞外糖原颗粒清晰可见，且呈典型的“9+2”结构，外排现象十分明显，这些物质的合成与分泌离不开高尔基体和内质网的参与。膜系统发达程度与其对外分泌程度直接相关，而终其原因则是跟其组织特点有关，不同的组织功能不同，肝脏和胰脏的功能主要是三大物质的合成和分解中心，因此膜系统特别发达。食道、肠、胃等组织能分泌一定的黏液润滑内壁和酶类物质消化食物，所以膜系统也较发达，胃微绒毛细胞中具发达的高尔基体，分泌直径较大的颗粒物质，食道的黏液细胞内含丰富的粗面内质网及大量颗粒物质，这表明食道的黏液细胞具有较强的分泌功能，分泌的物质有助于食物的润滑。

第三章　虎斑乌贼的生活习性

第一节　虎斑乌贼的生活习性

一、栖息特性

虎斑乌贼是暖水性的头足类，浅海底栖种类，栖息于水深约 100 m 以上海域，喜弱光环境，但有趋光特性。在自然界中白天栖息于海底，晚上游到水域上层。在人工室内养殖时，喜欢双眼闭目栖息于池底，白天饥饿或受到影响时在池中游动。在繁殖季节，由外海向沿海海岛周围洄游，喜欢到大型海藻茂盛和海底散乱各种形状的大岩石的海域，尤其喜欢栖息于盐度稳定、水深 5~20 m 的区域。

二、捕食习性

虎斑乌贼属于掠食性、肉食性海洋动物。捕食过程中，触腕起到最为关键的作用。当确定目标后，灵活快速、富有弹性的触腕能以出其不意的速度从触腕贮存囊中快速伸出，通过触腕穗上的吸盘吸住猎物，然后通过各腕抱持送入口中。虎斑乌贼捕食动作非常迅速准确，当他们发现猎物时，迅速追上猎物，两眼紧盯目标食物并与其保持一定距离，随时发动进攻，除了鳍在轻微地波动外，全身处于静止状态。进攻时两根比其身体长几倍的触腕突然伸向猎物，用触腕穗上的吸盘将猎物牢牢地吸住，然后将其拉入短腕的包围圈中，这一系列动作只需要几秒钟时间，最后把猎物用角质颚咬碎并吃掉。

虎斑乌贼喜欢摄食活体的饵料。初孵幼乌贼无法摄食冰鲜饵料，需摄食活体饵料，当虎斑乌贼幼乌贼达胴长 2.5 cm 以上时，经过驯化可摄食冰鲜饵料。虎斑乌贼的摄食量大，幼乌贼阶段每天可摄食其体重的 40%~60%，对食物种类没有明显的选择性，主要掠食甲壳类和各种小鱼，所摄食种类基本上与该海域出现的优势鱼虾种类相一致，因此食物组成主要取决于海域饵料生物种类及其易得性。在虎斑乌贼人工养殖环境下，主要投喂冰鲜鱼虾为主，虾类更适宜其生长。虎斑乌贼在不同阶段对饵料要求也有所不同，初孵幼乌贼至胴长 2.5 cm 时主要摄食活体糠虾和卤虫成体，研究表明幼体阶段对饵料大小有明确的要求，虎斑乌贼开口饵料大小要求 0.3 cm 以上为宜，如轮虫、卤虫无节幼体等动物性饵料由于过小，无法通过触腕摄食，无法满足初孵幼乌贼的饵料要求。当胴长超过 2.5 cm 时，可以经过驯化让其摄食冰鲜饵料，食物种类也变得多样化。虎斑乌贼对运动的饵料感兴趣，因此一般只会摄食飘动和处于下降状态的饵料，当饵料到池底后则较少摄食。在生殖期间，雌性的摄食量要大于雄性，主要是与雌性产卵消耗了大量能量有关。虎斑乌贼以凶猛、暴烈著称，有同类相食的习性。它甚至会猎食它身体 1/3 大小的饵料（图 3.1.1）。

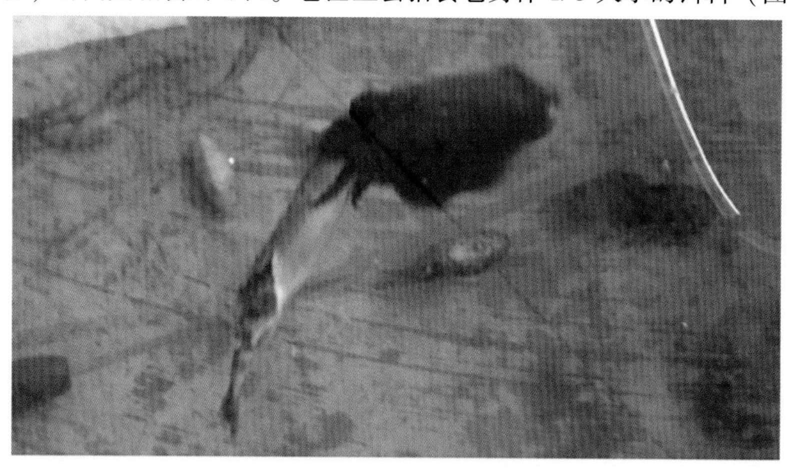

图 3.1.1 虎斑乌贼摄食示意图
（资料来源：彭瑞冰提供，2019）

三、运动方式

虎斑乌贼的运动方式有两种，喷水推进和鳍摆动前进两种方式。喷水推进是虎斑乌贼捕食和避开危险的主要运动方式。喷水推进的机制是：利用漏斗口喷出水流时所形成的反作用力。喷水推进过程可分为充水和喷射这两个主要的阶段，喷射前，喷嘴口闭合，外套膜与漏斗连接处的锁突打开，外套膜膨胀从而在外套膜腔内形成负压，水流从开口处进入外套膜腔内实现充水，水充满后，外套膜和漏斗连接处的锁突闭合，喷嘴口张开，外套膜强有力地收缩，将外套膜腔内的水沿着漏斗从喷嘴中喷出，使乌贼受到与水流方向相反的作用力，从而驱使乌贼运动。喷射完成后，外套膜重新充水，周而复始，实现脉冲喷射推进。喷射推进时，外套膜和漏斗口就像一个阀，不断在喷水和充水过程中切换。在喷射开始的瞬间，喷嘴口张开并扩张到最大，随着喷射的进行，喷嘴口慢慢减小，这样可以在一定的型腔容积变化下获得最大的动量。在充水时，鳍会快速波动以减小充水时的速度损失。在喷射时，鳍一般会卷在外套膜上，头部也会往外套膜中缩，使整个躯体保持极好的流线型，减小阻力。在运动过程中，漏斗口的方向起到了控制乌贼运动方向的作用：当漏斗口向前时，乌贼可快速向后运动；当漏斗口向后时，乌贼可快速向前运动。同时，漏斗口能够灵活地向各个方向弯曲，乌贼能自如地向各方向运动。当乌贼快速向后运动需要紧急停止时，可调整漏斗口方向让运动速度迅速降下来，并且利用漏斗口转向来改变方向。一般情况下，虎斑乌贼在避开危险时采用向后运动，摄食时采用向前运动。喷水推进的灵活运动方式和快速向后运动的能力，使乌贼遇到危险时，逃逸率极高。为适应这种运动方式，乌贼在长期的演化过程中，贝壳逐渐退化而完全被埋在皮肤里面，功能也由原来的保护转为支持。快速运动时速度可达 3~5 m/s。由于肌肉快速收缩，运动高速进行，组织的线粒体少，易疲劳，所以虎斑乌贼快速运动不能持续太久，一般只有在逃逸和追赶食物的时候会快速运动。

虎斑乌贼在大部分情况下通过鳍摆动缓慢向前游动，运动速率只有 0.1~0.5 m/s，只有快速运动速度的 1/10 左右。这种运动方式过程中，虎斑乌贼的鳍起到主要的作用。鳍呈波浪式的摆动，形成向前的动力。

四、逃避行为

向后快速离开、放墨和改变体色是虎斑乌贼逃避行为中的三种方式。其中，放墨是虎斑乌贼相对鱼类、甲壳类比较特有的方式。其墨囊里的墨汁是乌贼保护自己的武器，在平常的时候不轻易喷墨，只有当受到威胁或环境条件不适时，才会释放墨汁，将周围的海水染黑，借机逃跑和抗争。其放墨与喷水相似，墨汁是通过外套肌肉收缩挤压墨囊从漏斗喷出，释放的量可能是一团或者几团的墨液（图 3.1.2）。由于墨液中含有黑色素和黏液，释放后能扩散成一片弥漫的烟雾屏障来迷惑其他动物。另外，改变体色也是虎斑乌贼较为常见的行为，虎斑乌贼通过表皮的色素细胞和虹彩细胞来改变体色、迷惑对方的视线。如当发生异情或环境突变（培养容器颜色、水层高低）时，表皮的颜色会发生显著的变化，体色秒变，有时颜色尤为异彩。这种变化不仅能够威慑敌方，而且有助其摄食与吸引异性等作用。

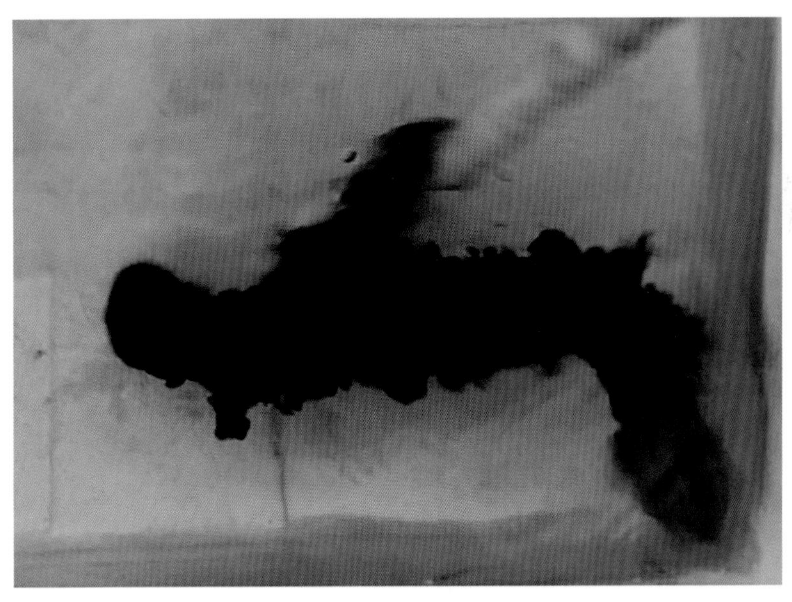

图 3.1.2　虎斑乌贼喷墨示意图
（资料来源：彭瑞冰提供，2019）

第二节　环境因子对虎斑乌贼胚胎发育的影响

在进行虎斑乌贼人工繁育过程中，了解其早期生活史，对实现人工繁育起到关键作用，了解环境因子对虎斑乌贼的受精卵胚胎发育与早期幼乌贼生长发育的影响，将有助于我们创造最佳的培育环境，提高人工育苗的成功率。在虎斑乌贼的受精卵胚胎发育过程中，易受到温度、盐度、pH 值和光照等环境因子的影响，在胚胎发育的不同时期，环境因子的适宜范围不同。

一、温度对虎斑乌贼胚胎发育的影响

1. 温度对虎斑乌贼胚胎发育时序的影响

乌贼的胚胎发育时序与温度密切相关，温度的变化直接影响到胚胎发育各阶段中生理生化反应的进行。作者采用单因子试验方法，设置温度 15℃、18℃、21℃、24℃、27℃、30℃和 33℃七个梯度，对虎斑乌贼胚胎发育时序进行研究。研究结果显示，水温在 21～30℃条件下虎斑乌贼胚胎均能孵化出膜；15℃、18℃条件下孵化率分别为 76.7%和 81.7%，当温度低于 15℃时，受精卵在试验周期（51 d）内能正常发育，但发育滞后，直至试验结束，未能出膜；33℃下 88.3%的受精卵发育止于原肠胚期，11.7%发育止于初具形态期的初期。不同温度下胚胎发育到各个时期所需要的时间（以总数的 50%进入各发育时期为标准）不同，从卵裂期的多细胞期发育到囊胚期，30℃组最快，仅仅需要 12 h，15℃组最慢，需要 9.25 d；发育到心跳期，30℃组发育最快，需要 10.50 d，而 15℃组最慢，需要 27.75 d；发育到缘膜形成期，30℃组发育最快，需要 14.25 d，远远高于最慢的 15℃组（39.75 d）；16.25 d 时，30℃组进入了出膜前期，而 15℃组还处于原肠胚期（表 3.2.1）。可见，各发育阶段时间与温度呈现显著的负相关关系，温度越低进入各个发育阶段需要的时间越长，反之则越短。但各发育阶段受温度影响不均等，如从卵裂期的多细胞期发育到初具形态期，30℃组用时为 7.50 d，分别比 27℃、24℃、21℃、18℃、15℃组快 1.5 d、3.75 d、5.75 d、8.25 d、14.75 d；而发育到出膜前期，30℃组用时为 16.25 d，分别比 27℃、24℃、21℃、18℃、15℃组快 2.25 d、6.25 d、11.50 d、20.0 d、28 d（表 3.2.1）。在适宜的范围内，胚胎发育时序的速度会随着温度的升高而加快，如 30℃组胚胎发育速率是 21℃组的 1.64 倍；不同的发育阶段受到温度影响也不均等，当温度过高或过低时，均会引起胚胎发育在某些阶段不能发育或滞后发育，最后导致胚胎死亡，胚胎发育的后期（初具形态期—出膜期）受到温度的影响比前期（卵裂期—初具形态期）更显著。虎斑乌贼与鱼类、一些两栖类一样属于卵生动物，受精卵在母体外独立完成发育过程，且受精卵孵化是通过借助孵化酶来完成，即通过胚胎分泌一种酶，先使卵膜软化，加上胚胎肌肉收缩或纤毛运动而使胚胎从卵膜内孵出。虎斑乌贼也像鱼类一样在胚胎发育中通过卵外膜与卵黄囊膜等组织来防御外界胁迫，但防御能力不强。所以，在整个胚胎发育过程中的一系列生理、生化反应将会受到外界环境因子的影响，通常需要外界提供一个适宜的环境保证其正常有效的进行。温度是影响孵化酶活性的重要因子之一。

表 3.2.1　温度对虎斑乌贼胚胎发育时序的影响（d）

发育阶段	温度（℃）						
	15	18	21	24	27	30	33
卵裂期	0	0	0	0	0	0	0
囊胚期	9.25	7.25	2.50	2.00	1.25	0.50	0.50
原肠胚期	14.75	10.75	5.50	4.7	2.25	1.50	1.25
初具形态期	22.25	15.75	13.25	11.25	9.00	7.50	5.00
腕分化期	24.75	18.00	14.75	12.50	10.00	8.25	—
心跳出现期	27.75	20.75	17.75	14.50	11.00	10.50	—
色素出现期	30.75	21.75	18.75	15.75	13.00	12.00	—
内骨骼形存期	33.75	24.50	20.25	16.75	14.00	13.00	—
尾腺出现期	36.50	28.00	21.75	17.75	14.75	13.50	—
缘膜形成期	39.75	31.75	23.25	19.75	15.50	14.25	—
出膜前期	44.25	36.25	27.75	22.50	18.25	16.25	—

资料来源：彭瑞冰，2017。

2. 温度对虎斑乌贼胚胎的孵化率、培育周期、孵化周期、初孵幼乌贼大小和卵黄囊完全吸收率的影响

在生产育苗过程中掌握适宜的孵化温度，是生产育苗获得成功的保障。孵化率、培育周期、孵化周期、初孵幼体的大小和畸形率等是评价环境因子对虎斑乌贼胚胎发育影响的重要指标。作者采用单因子试验方法，设置温度 15℃、18℃、21℃、24℃、27℃、30℃和 33℃七个梯度，研究温度变化对虎斑乌贼胚胎发育的孵化率、培育周期、孵化周期、初孵幼乌贼大小和卵黄囊完全吸收率的影响。研究结果显示，温度≥33℃时，在孵化 3~5 d 后胚胎全部死亡，主要原因是高温导致胚胎发育的一些生理、生化反应受阻，导致出现胚胎死亡。如温度过高时，会改变受精卵细胞膜的渗透性，导致胚胎发育过程受到影响。当温度 15~18℃时，76.7%~81.7%的胚胎在 50 多天里能够正常发育，在研究中发现直到卵黄囊完全吸收后一段时间，还不能顺利破膜而出，该结果也与报道的虎斑乌贼最低临界点为 18℃相近（表 3.2.2）。如果 15℃、18℃组慢慢地把温度升至 25℃后（每隔 2 h 提升 1℃），57.5%~67.2%的胚胎能顺利孵化出膜。导致这一结果的原因可能是温度过低破坏了孵化腺细胞形成，释放孵化酶受阻，孵化酶对卵膜溶解减薄作用不能及时发挥出来，导致部分或全部不能出膜。所以在生物学零度以上，温度低于 18℃时虎斑乌贼胚胎发育能够正常进行，但不能破膜而出。温度对虎斑乌贼胚胎发育的培育周期影响结果显示，温度与培育周期存在很强的负相关，温度为 21~30℃时，培育周期为 16.33~34.10 d，培育周期随温度的升高而降低，30℃时培育周期最短，为 16.33 d（表 3.2.2）。在适宜的范围内虎斑乌贼胚胎发育的培育周期随着温度升高而缩短，可以通过提高温度加快孵化速度。通过温度与虎斑乌贼培育周期的回归方程（$y=0.176x^2-10.894x+185.017$，$y$ 为培育周期，x 为温度），可以根据孵化时水温估算和预报孵化过程所需时间，为生产安排上提供依据。升高温度可以降低孵化周期，但影响不显著。

孵化率是研究胚胎发育的一个重要参考指标。温度对孵化率的影响程度，直接影响孵化时对温度的选择。在21~27℃时，孵化率达到75.0%~93.3%，温度小于24℃时，孵化率随着温度升高而增加，24℃组孵化率最高，为93.3%；温度大于24℃时，孵化率随着温度升高而减少，30℃时孵化率仅为41.7%（表3.2.2）。根据胚胎发育适宜范围以孵化率达到50%为标准，以及孵化率最高的温度作为胚胎发育的最适温度标准，得出虎斑乌贼胚胎发育的适宜范围为21~27℃，最适温度为24℃。

卵黄囊有贮存、分解、吸收和输送营养物质的功能，在胚胎发育过程中为胚胎提供营养物质。卵黄囊的体积及吸收效率是评价海产鱼类受精卵及早期仔鱼发育的重要指标。研究显示，温度与虎斑乌贼胚胎的卵黄囊完全吸收率存在强的负相关：温度21~30℃时，卵黄囊完全吸收率为24.1%~96.7%，21℃组卵黄囊完全吸收率最高，为96.7%；温度大于21℃时，卵黄囊完全吸收率随着温度升高而降低，其中21℃组和24℃组卵黄囊完全吸收率相近，并且表现出很高的吸收率（表3.2.2）。同时，温度对初孵幼乌贼体重有显著的影响，温度21~30℃时，初孵幼乌贼体重0.201~0.258 g，温度24℃组初孵幼乌贼最重；温度大于24℃时，初孵幼乌贼体重随着温度升高而降低（表3.2.2）。不同温度下幼乌贼孵出后24 h不投饵成活率为96.1%~100.0%，24℃组最高，为100.0%；27℃组最低，为96.1%。48 h后各组成活率为87.9%~98.3%，24℃组最高，为98.3%（表3.2.2）。由此可见，卵黄囊完全吸收率与初孵幼乌贼大小、健康程度有密切的联系。在胚胎发育过程中，卵黄囊吸收效率与温度成反比，与初孵幼乌贼大小、活力成正比。温度对头足类胚胎发育影响的报告指出，卵黄囊吸收效率与温度成反比的关系，在较高温度下，卵黄囊的转化率较低，从而导致孵化出的幼乌贼个体较小。27℃组和30℃组卵黄囊吸收效率较低，孵化出的幼乌贼个体大小、活力比21℃组和24℃组低，可能是因为高温促进了孵化酶的分泌并激活了酶的活力，幼乌贼较快出膜，培育周期缩短，从而导致剩余卵黄多，影响到卵黄囊吸收效率，幼乌贼发育不完善、畸形率升高，幼乌贼活力下降。

表3.2.2 温度对虎斑乌贼胚胎发育的影响

评价指标	温度（℃）						
	15	18	21	24	27	30	33
培育周期（d）	0	0	34.00±1.00[a]	24.33±0.58[b]	19.67±0.58[c]	16.33±1.15[d]	0
孵化周期（d）	0	0	7.33±1.53	6.00±1.00	5.66±1.53	5.33±1.33	0
孵化率（%）	0	0	75.0±10.0[b]	93.3±2.9[a]	81.7±5.8[b]	41.7±2.9[c]	0
卵黄囊完全吸收比率（%）	0	0	96.7±2.0[a]	96.4±3.1[a]	73.5±2.9[b]	24.1±1.6[c]	0
初孵幼乌贼体重（g）	0	0	0.252±0.003[a]	0.258±0.007[a]	0.240±0.005[b]	0.201±0.005[c]	0
出膜24 h内不投饵成活率（%）	0	0	98.0±3.4	100.0±0.0	96.1±3.4	96.3±6.4	0
出膜48 h内不投饵成活率（%）	0	0	95.8±3.6[a]	98.3±3.0[a]	93.9±3.2[a]	87.9±0.8[b]	0

资料来源：彭瑞冰，2017。

3. 虎斑乌贼胚胎发育生物学零度、有效积温和温度系数

生物学零度、有效积温是研究生物发育过程的重要指标，生物学零度显示了生物开始发育的温度，低于这个温度生物将不发育，一定程度上反映物种生存的环境；有效积温反映了生物完成某一阶段所需要的总热量。作者研究结果显示，虎斑乌贼胚胎发育生物学零度 $C=13.09$℃，有效积温 $K=284.42$℃·d。可见，当温度低于13.09℃时，虎斑乌贼胚胎发育将会停滞，导致胚胎坏死，所以在虎斑乌贼受精卵的运输或保存过程中应该高于这一温度以确保安全（表3.2.3）。Q_{10}可作为在某一温度范围内温度变化对胚胎发育速率的影响的评价指标，有研究表明当某一温度范围的 Q_{10}接近于2，可认定其为胚胎发育最适宜温度范围的标准（表3.2.4）。根据 Q_{10}评价指标，24~27℃是虎斑乌贼的最宜温度范围。

表3.2.3　虎斑乌贼受精卵孵化有效积温的检验

温度（℃）	培育周期（d）	有效积温（℃·d）
21	34.10±0.17	287.46
24	24.33±0.58	278.09
27	19.67±0.58	283.84
30	16.33±1.15	284.63

资料来源：彭瑞冰，2017。

表3.2.4　虎斑乌贼胚胎发育各温度范围的 Q_{10}

温度（℃）	21	24	27	30
21	—	—	—	—
24	3.081	—	—	—
27	2.502	2.031	—	—
30	2.266	1.944	1.859	—

资料来源：彭瑞冰，2017。

二、盐度对虎斑乌贼胚胎发育的影响

盐度是影响海洋生物胚胎发育的重要因素之一。盐度影响胚胎渗透压平衡，渗透压调节作用主要由卵黄周围的薄层原生质外层进行，通常在适宜的盐度范围内胚胎渗透压可通过自身调节保持在相对稳定水平，若水体盐度超出其耐受范围，则会导致卵黄囊失水收缩变小以及胚胎发育停止。所以，需要外界提供一个适宜的环境以保证其正常有效的进行。探索虎斑乌贼胚胎发育的适宜盐度，对生产育苗具有重要意义。

1. 盐度对虎斑乌贼胚胎发育时序的影响

胚胎发育整个过程涉及一系列细胞分化、形态发生等过程，除了受到内部基因表达影响外，还受到外部环境因素影响，其中盐度的影响尤为突出。作者采用单因子试验方法，设置盐度21、24、27、30、33和36六个梯度，对虎斑乌贼胚胎发育时序进行研究。研究结果

显示，盐度 27~33 条件下虎斑乌贼胚胎均能孵化出膜，最适孵化盐度为 30；当盐度≤21 或者≥36 时，会导致受精卵发白、变软、胚胎变大、颜色暗沉、卵内模糊、表皮褶皱、最后死亡（表 3. 2. 5）。盐度 18 条件下，36. 67%±2. 78%受精卵发育滞于囊胚期，63. 33%±4. 05%发育滞于原肠胚期；盐度 21 条件下，81. 67%±3. 64%发育滞于原肠胚期的胚胎下包阶段，18. 33%±2. 85%发育滞于初具形态期的器官芽形成期；盐度 36 条件下，26. 67%±2. 06%发育滞于囊胚期，73. 33%±3. 55%发育滞于原肠胚期（表 3. 2. 5）。

表 3. 2. 5 盐度对虎斑乌贼胚胎发育的影响 （单位：d）

发育阶段	盐度					
	21	24	27	30	33	36
卵裂期	0	0	0	0	0	0
囊胚期	2. 25~2. 50	2. 00	1. 75	1. 75	1. 75	2. 75~3. 00
原肠胚期	5. 00~5. 25	3. 50~3. 75	3. 25~3. 50	3. 50~3. 75	3. 25~3. 50	—
初具形态期	8. 25~8. 75	6. 00~6. 25	5. 50~5. 75	5. 50~5. 75	5. 50~5. 75	—
器官形成	—	8. 00~8. 25	7. 25~7. 50	7. 50~7. 75	7. 25~7. 50	—
红珠期	—	10. 25~10. 50	9. 50~9. 75	9. 75~10. 15	9. 50~10. 00	—
心跳出现期	—	14. 50~15. 15.	13. 25~13. 75	13. 50~14. 25	13. 25~13. 75	—
内骨骼形成	—	16. 75~16. 25	15. 00~15. 50	15. 00~15. 75	15. 00~15. 50	—
色素形成	—	17. 75~18. 25	16. 75~17. 25	17. 00~17. 70	16. 75~17. 25	—
孵化期	—	23. 75~24. 50	22. 25~22. 75	22. 50~23. 00	22. 25~22. 75	—
出膜前期	—	28~30	24~27	24~25	24~25	—

资料来源：彭瑞冰，2017。

2. 盐度对虎斑乌贼胚胎发育的孵化率、培育周期、孵化周期、初孵幼乌贼大小和卵黄囊完全吸收率的影响

作者采用单因子试验方法，设置盐度 21、24、27、30、33 和 36 六个梯度，研究盐度变化对虎斑乌贼胚胎发育的孵化率、培育周期、孵化周期、初孵幼乌贼大小和卵黄囊完全吸收率的影响。研究结果显示，不同盐度对虎斑乌贼受精卵的培育周期、孵化周期、孵化率、卵黄囊完全吸收率、幼乌贼大小影响显著。盐度 24~33 时，孵化率达 48. 33%~93. 33%，盐度小于 30 时，孵化率随着盐度升高而增加，盐度 30 组孵化率最高；盐度大于 30 时，孵化率随着盐度升高而减少（表 3. 2. 6）。盐度 24~33 时，培育周期为 25. 67~29. 67 d，孵化周期为 5. 00~6. 67 d，均随盐度升高呈降低趋势，盐度 27~33 时差异不显著（表 3. 2. 6）。盐度 24~33 时，卵黄囊完全吸收率为 69. 55%~89. 28%，盐度 30 组最高，为 89. 28%，盐度小于 30 时，卵黄囊完全吸收率随着盐度降低而降低；初孵幼乌贼体重为 0. 223~0. 247 g，盐度 30 组初孵幼乌贼最重，为 0. 247 g，当盐度小于 30 时，初孵幼乌贼体重随着盐度降低而降低（表 3. 2. 6）。综合以上 5 个指标的影响，得出虎斑乌贼受精卵孵化适宜盐度为 27~33，最适盐度为 30，当盐度≥36 或≤21 时，导致胚胎死亡。

表 3.2.6　盐度对虎斑乌贼胚胎发育的影响

评价指标	盐度					
	21	24	27	30	33	36
孵化周期（d）	—	$6.67±0.58^{a}$	$5.00±1.00^{b}$	$5.33±0.57^{b}$	$5.33±0.57^{b}$	—
培育周期（d）	—	$29.67±0.57^{a}$	$26.00±1.72^{b}$	$25.67±0.57^{b}$	$26.00±0.00^{b}$	—
孵化率（%）	0	$48.33±7.63^{c}$	$80.00±5.00^{b}$	$93.33±2.89^{a}$	$81.67±2.89^{b}$	0
初孵幼乌贼体重（g）	—	$0.223±0.004^{c}$	$0.233±0.004^{b}$	$0.247±0.002^{a}$	$0.231±0.003^{b}$	—
卵黄完全吸收比率（%）	—	$69.55±3.63^{c}$	$78.42±3.01^{b}$	$89.28±2.57^{a}$	$77.91±3.27^{b}$	—

资料来源：彭瑞冰，2017。

三、光照强度对虎斑乌贼胚胎发育的影响

1. 光照强度对虎斑乌贼胚胎发育时序的影响

光照是影响头足类胚胎发育的重要因素，其中对胚胎发育速度影响尤为突出。头足类胚胎孵化除受外界环境直接影响外，还受自身孵化酶的调控。孵化酶由孵化腺细胞产生，孵化腺细胞是在水生动物胚胎发育某个特定时期（孵出前）出现，在胚胎孵出后消失的暂时性细胞，其分化、成熟及消失在时空上受到了严格调控，孵化腺细胞在水生动物胚胎不同时期的分布因种而异。光照作为一个影响受精卵孵化的重要生态因子，其一方面是通过刺激水生动物胚胎的光感受器来影响孵化腺细胞的生成，进而影响孵化酶的分泌，另一方面光照强度达到一定程度时，胚胎吸收光能，光能积累转化为热能，导致胚胎温度升高，胚胎活动强度增大进而加快发育。

作者采用单因子试验方法，设置光照强度 10 μmol/（m^2·s）、30 μmol/（m^2·s）、50 μmol/（m^2·s）、70 μmol/（m^2·s）和 90 μmol/（m^2·s）五个梯度，对虎斑乌贼胚胎发育时序进行研究。研究结果显示，虎斑乌贼胚胎发育所需的时间随光照强度增强逐渐减少，光照强度越强，胚胎发育速度越快，当光照强度为 90 μmol/（m^2·s）时，从卵裂期至孵化出膜仅需 22 d。光照强度对胚胎各发育阶段影响不均等，发育早期（卵裂期—胚体形成期），不同光照强度对胚胎发育影响不显著，各组发育速度相等，从器官形成期开始发育速度出现不同，强光照组［70 μmol/（m^2·s）和 90 μmol/（m^2·s）］发育比其他光照组快 0.5 d；发育后期（内骨骼形成期—出膜期）受光照强度影响显著，强光照发育较快［90 μmol/（m^2·s），8.5 d］，中光照次之［70 μmol/（m^2·s）和 50 μmol/（m^2·s），10 d］，低光照较慢［30 μmol/（m^2·s）和 10 μmol/（m^2·s），10.5 d］；胚胎出膜时受光照强度影响也不一样，90 μmol/（m^2·s）组在骨板轮层八层期已经提前出膜，其他组均在骨板轮层九层期出膜（表 3.2.7）。这可能是虎斑乌贼胚胎发育过程中前期体积由大到小，卵膜较厚，卵蛋白黏液较多，对胚胎保护和缓冲作用较好，对外界环境的耐受性较强，能将光照大部分过滤，且发育前期胚胎器官尚未分化，眼未形成，对光照刺激不敏感，所以并未影响胚胎发育进程，至发育中后期胚胎体积由小到大，卵蛋白黏液与海水进行交换而逐渐减少，受精卵吸收海水胀破外层卵膜，卵膜和胶质外膜逐渐变薄，至破膜前

期只剩一层卵膜，对胚胎的保护和缓冲作用减弱，整个受精卵变得更加透明，且发育后期胚胎器官逐渐健全，视觉系统逐渐形成，光感受器发育完全，所以光照强度对胚胎发育的影响逐渐显现。

卵膜是孵化酶的天然底物，在胚胎发育的早期起着保护胚胎免受各种物理、化学和生物等因素的伤害的作用，但在孵化时，却又成了胚胎孵出的障碍。头足类胚胎孵化也是借助孵化酶来完成。在孵化过程中，卵膜被孵化酶选择性地降解。虎斑乌贼具有发达的神经系统，光照对乌贼光感受器的刺激可能是通过中枢神经系统来控制孵化酶分泌，光照越强，促进孵化腺细胞形成，孵化酶分泌越多，胚胎发育速度就越快。同时强光照可刺激胚胎活动，光照越强，胚胎活动越频繁有力，乌贼破膜的机会也越多，孵化时间也就相应缩短，研究结果显示 90 μmol/（m^2·s）组的胚胎在骨板轮层八层期时已都破膜而出，而其他组都在骨板轮层九层期时破膜，显然是光照对胚胎刺激的作用。而更强的光照是否促进胚胎更早地破膜还有待进一步研究。

表 3.2.7 光照强度对虎斑乌贼胚胎发育时序的影响 （单位：d）

发育阶段	光照强度［μmol/（m^2·s）］				
	10	30	50	70	90
卵裂期	0.0	0.0	0.0	0.0	0.0
囊胚期	2.0	2.0	2.0	2.0	2.0
原肠胚期	4.0	4.0	4.0	4.0	4.0
胚孔封闭期	5.0	5.0	5.0	5.0	5.0
胚体形成期	6.0	6.0	6.0	6.0	6.0
器官形成期	7.0	7.0	7.0	6.5	6.5
红珠期	10.0	10.0	10.0	9.5	9.5
心跳出现期	12.0	12.0	12.0	11.5	11.5
内骨骼形成期	14.0	14.0	14.0	13.5	13.5
色素出现期	15.0	15.0	15.0	14.5	14.5
色素形成期	16.0	16.0	16.0	15.5	15.5
骨板轮层三层期	17.0	17.0	17.0	16.5	16.5
骨板轮层四层期	18.5	18.5	18.5	18.0	18.0
骨板轮层五层期	20.0	20.0	20.0	19.5	19.0
骨板轮层六层期	21.0	21.0	21.0	20.5	20.0
骨板轮层七层期	22.5	22.5	22.0	21.5	21.0
骨板轮层八层期	23.5	23.5	23.0	22.5	22.0（已经出膜）
骨板轮层九层期（出膜期）	24.5	24.5	24.0	23.5	—

资料来源：周爽男，2018。

2. 光照强度对虎斑乌贼胚胎孵化率、卵黄囊断裂率、培育周期、孵化周期及初孵幼乌贼体重、胴长、出膜 7 d 后成活率的影响

光照是影响水产动物育苗成功率的重要因素之一，其关系胚胎的孵化率、孵化时间、

初孵幼体健康程度等等。在生产育苗过程中掌握适宜的光照条件，是获得较高育成率的保障。作者采用单因子试验方法，设置光照强度 10 μmol/（m^2·s）、30 μmol/（m^2·s）、50 μmol/（m^2·s）、70 μmol/（m^2·s）和 90 μmol/（m^2·s）五个梯度，研究光照强度变化对虎斑乌贼胚胎孵化率、卵黄囊断裂率、培育周期、孵化周期及初孵幼乌贼体重、胴长、出膜 7 d 后成活率的影响。研究结果显示，光强为 10~70 μmol/（m^2·s）时的虎斑乌贼胚胎孵化率较高，说明光强 10~70 μmol/（m^2·s）为较适宜范围，且光强在 70~90 μmol/（m^2·s）之间可能存在一个光强阈值，能使胚胎孵化率较大范围降低（图 3.2.1）。而且实验中发现光强越大组受精卵卵膜有越多的硅藻附着，底栖硅藻覆盖卵膜可能会阻碍受精卵与外界的物质交换，这可能也会影响孵化率。过强的光照最终会导致初孵幼乌贼生理结构和功能上的不对称而造成发育畸形。在实际生产中因未控制好孵化条件经常能看到乌贼受精卵的卵黄囊断裂而形成断裂卵，导致胚胎不能正常发育致死或孵出幼乌贼体质较差。虎斑乌贼胚胎卵黄囊断裂率也受到光照强度的显著影响，断裂的卵黄囊所占比例随光照强度的增强逐渐增加，如光照强度为 90 μmol/（m^2·s）时，断裂的卵黄囊所占比例为 19.33%±2.79%（图 3.2.1）。光照强度越强，卵黄囊断裂率比例越高，说明强光照对胚胎卵黄囊断裂的形成产生一定的影响。

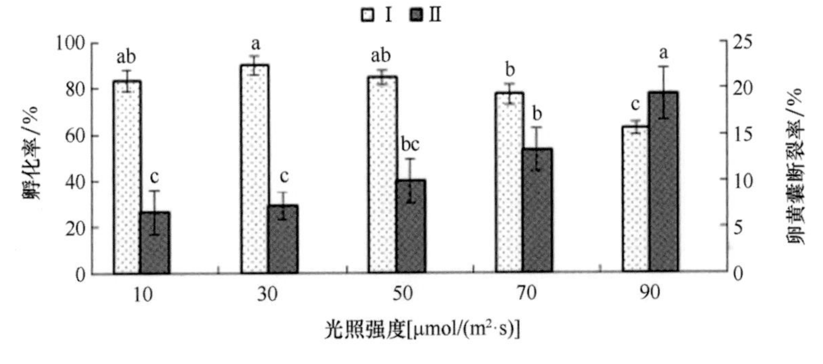

图 3.2.1 光照强度对胚胎孵化率和卵黄囊断裂率的影响

Ⅰ：孵化率；Ⅱ：卵黄囊断裂率

（资料来源：周爽男提供，2018）

初孵幼乌贼体重和胴长常常作为衡量孵出幼乌贼体质好坏与健康程度的重要指标。研究结果显示光照强度对培育周期的影响显著，光照强度 90 μmol/（m^2·s）组胚胎的培育周期最短，为 23.00±0.35 d，也就是孵化时间最短（表 3.2.8）。而光照强度对胚胎孵化周期则无显著影响，孵化周期为 7.30~8.50 d，即对孵化同步影响不显著（表 3.2.8）。同时光照强度对初孵幼乌贼体重有显著影响，光照强度 10~30 μmol/（m^2·s）时，孵化出的幼乌贼体重最大（表 3.2.8）。这可能是由于强光照下胚胎的胚体运动更为剧烈，耗能增加而用于生长发育部分的营养减少了所导致的。虎斑乌贼为视觉性动物，主要依靠视觉来捕食糠虾，出膜后移至相同环境使之具有相同的机会捕捉到食物，虽然各组初孵幼乌贼先天体质不一，尤其光照强度较强组幼乌贼体质相对较差，但通过外源性能量的摄入，还是能维持自身的生命活动，体质逐渐健康，因而各组幼乌贼出膜 7 d 后成活率均较高（表 3.2.8）。

表 3.2.8　光照强度对虎斑乌贼胚胎发育的影响

评价指标	光照强度［μmol/（m^2·s）］				
	10	30	50	70	90
培育周期（d）	25.40±0.55[c]	25.50±0.35[c]	25.20±0.45[c]	24.30±0.45[b]	23.00±0.35[a]
孵化周期（d）	7.70±0.45[a]	8.10±0.89[a]	8.50±1.22[a]	7.30±1.30[a]	8.00±1.12[a]
出膜7d后成活率（%）	95.9±4.2[a]	97.1±4.0[a]	97.1±4.0[a]	94.3±3.7[a]	95.3±3.1[a]
初孵幼乌贼体重（g）	0.211±0.005[c]	0.213±0.011[c]	0.201±0.006[b]	0.198±0.004[b]	0.183±0.005[a]
初孵幼乌贼胴长（cm）	1.010±0.027[b]	1.013±0.022[b]	0.993±0.015[b]	0.988±0.022[b]	0.950±0.024[a]

资料来源：周爽男，2018。

3. 光照强度对虎斑乌贼胚胎表面颜色的影响

研究结果显示不同光照强度对虎斑乌贼胚胎表面的颜色有显著影响，低光照组［10 μmol/（m^2·s）、30 μmol/（m^2·s）］胚胎表面颜色从卵裂期至出膜期均呈乳白色（图3.2.2-A、B），而高光照组［大于等于50 μmol/（m^2·s）］胚胎表面颜色从胚体形成期至出膜期渐渐从淡黄褐色变成黄褐色，且随着光照强度增强而逐渐加深（图3.2.2-C、D、E），取胚胎表面卵膜镜检发现：胚胎表面颜色变成黄褐色的主要原因是卵膜表面附着了许多底栖硅藻，光照强度越强组附着的藻种类越多，藻密度越高。虎斑乌贼受精卵最佳孵化光照强度为30 μmol/（m^2·s），在实际生产中，要避免阳光直射，采取适当的遮光措施。

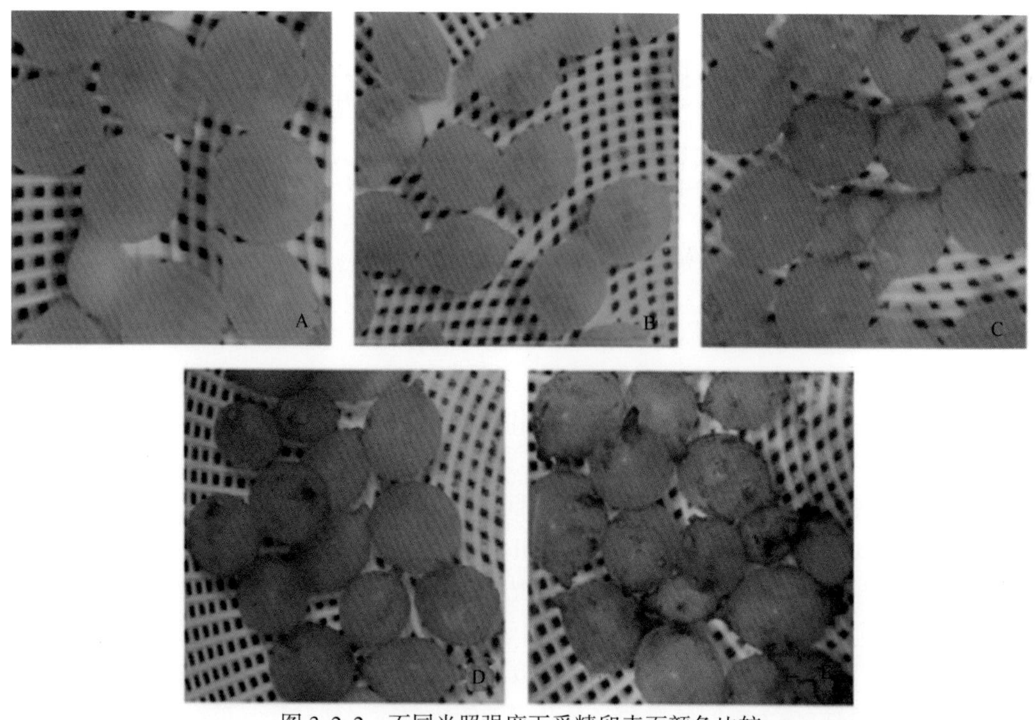

图3.2.2　不同光照强度下受精卵表面颜色比较

A：10 μmol/（m^2·s）组；B：30 μmol/（m^2·s）组；C：50 μmol/（m^2·s）组；D：70 μmol/（m^2·s）组；E：90 μmol/（m^2·s）组

（资料来源：周爽男提供，2018）

四、光周期对虎斑乌贼胚胎发育的影响

在水产动物生产育苗过程中，合理地控制光周期不但可以降低养殖成本，还能调控水生动物胚胎的发育状况，提高苗种孵化率。但是在水域环境中，光周期对动物的影响如同光照强度一样具有种属特异性，对不同生物的胚胎孵化也有不同影响，有的水产动物的胚胎发育速度随着光照时间增加而加快；有的水产动物胚胎发育速度随着光照时间增加反而减慢；也有一些水产动物的胚胎发育速度不受光周期影响。

1. 光周期对虎斑乌贼胚胎发育时序的影响

作者采用单因子试验方法，在光照强度为 30 μmol/（m^2·s）条件下，设置光照周期 L∶D(0 h∶24 h)、L∶D（6 h∶18 h）、L∶D（12 h∶12 h）L∶D（18 h∶6 h）和 L∶D（24 h∶0 h）五个梯度，对虎斑乌贼胚胎发育时序进行研究。研究结果显示，光周期 L∶D（18 h∶6 h）、(12 h∶12 h）、(6 h∶18 h）、(0 h∶24 h）4 个研究组的虎斑乌贼胚胎发育进程无显著差异，从卵裂期至出膜期历时 24.5 d。而光周期 L∶D（24 h∶0 h）时，从卵裂期至出膜期历经 25.5 d（表 3.2.9）。这可能由于长期稳定性的光照并未过度地刺激到虎斑乌贼胚胎的光感受器，从而未刺激胚胎分泌更多的孵化酶，相反，由于环境的稳定使胚胎建立起适应外部自然条件的发育模式。同时研究还发现，在孵化前夕，L∶D（24 h∶0 h）组胚胎并未有相比其他组胚胎更多的胚体运动而提早破膜。也有研究表明，大多数海洋动物在胚胎孵化时都有自己的内源性孵化节律，当外界环境较为稳定或相对适宜时，其内源性孵化节律就不易被打破。各组的大多数胚胎最后破膜都集中在黑暗时段，在光亮时段破膜的胚胎只占很少部分，这也可能导致 L∶D(24 h∶0 h）组胚胎出膜延迟 1 d。此外 L∶D（24 h∶0 h）组的稳定光照条件使胚胎发育更具同步性，尤其是孵出时几乎同时破膜，因而孵化周期显著低于其他组（表 3.2.9）。

表 3.2.9　光周期对虎斑乌贼胚胎发育时序的影响　（单位：d）

发育阶段	光周期（L∶D）(h)				
	0∶24	6∶18	12∶12	18∶6	24∶0
卵裂期	0.0	0.0	0.0	0.0	0.0
囊胚期	2.0	2.0	2.0	2.0	2.0
原肠胚期	4.0	4.0	4.0	4.0	4.0
胚孔封闭期	5.0	5.0	5.0	5.0	5.0
胚体形成期	6.0	6.0	6.0	6.0	6.0
器官形成期	7.0	7.0	7.0	7.0	7.0
红珠期	10.0	10.0	10.0	10.0	10.0
心跳出现期	12.0	12.0	12.0	12.0	12.0
内骨骼形成期	14.0	14.0	14.0	14.0	14.0
色素出现期	15.0	15.0	15.0	15.0	15.0
色素形成期	16.0	16.0	16.0	16.0	16.0

续表

发育阶段	光周期（L：D）（h）				
	0：24	6：18	12：12	18：6	24：0
骨板轮层三层期	17.0	17.0	17.0	17.0	17.0
骨板轮层四层期	18.5	18.5	18.5	18.5	19.0
骨板轮层五层期	20.0	20.0	20.0	20.0	20.5
骨板轮层六层期	21.0	21.0	21.0	21.0	21.5
骨板轮层七层期	22.5	22.5	22.5	22.5	23.5
骨板轮层八层期	23.5	23.5	23.5	23.5	24.5
骨板轮层九层期（出膜期）	24.5	24.5	24.5	24.5	25.5

资料来源：周爽男，2018。

2. 光周期对虎斑乌贼胚胎孵化率、卵黄囊断裂率、培育周期、孵化周期、初孵幼乌贼体重、胴长、出膜 7 d 后成活率的影响

作者采用单因子试验方法，设置光照周期 L：D（0 h：24 h）、L：D（6 h：18 h）、L：D（12 h：12 h）、L：D（18 h：6 h）和 L：D（24 h：0 h）五个梯度，研究光照周期变化对虎斑乌贼胚胎孵化率、卵黄囊断裂率、培育周期、孵化周期及初孵幼乌贼体重、胴长、出膜 7 d 后成活率的影响。研究结果显示，随着光照时间的延长，虎斑乌贼胚胎孵化率先增加后减小，光周期 L：D（12 h：12 h）组的孵化率与 L：D（6 h：18 h）组无显著性差异，但显著高于其他三组（图 3.2.3）。而不同光周期对卵黄囊断裂率无显著影响，各组的卵黄囊断裂率在 6.0%~8.7%范围内（表 3.2.3）。结合虎斑乌贼自然生活在低纬度地区，光照时间较高纬度地区稍长，因而其胚胎发育时期可能更加适应于稍长时间的光周期，且受精卵孵化最佳光照时长可能位于 12 h 与 18 h 之间。

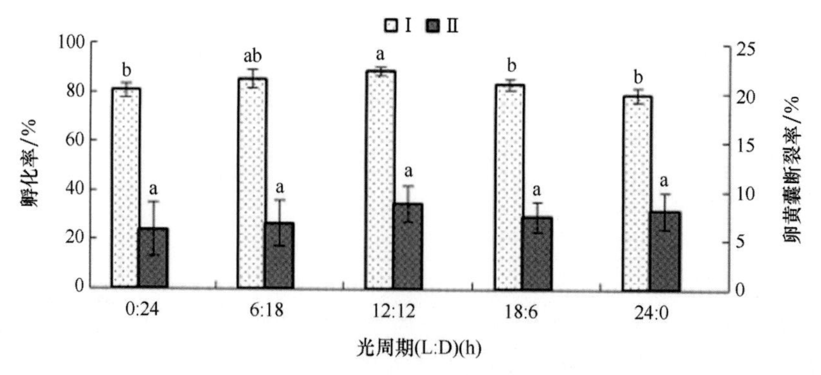

图 3.2.3 光周期对胚胎孵化率和卵黄囊断裂率的影响

Ⅰ：孵化率；Ⅱ：卵黄囊断裂率

（资料来源：周爽男提供，2019）

研究结果显示，培育周期按长短排序为：L：D（24 h：0 h）>（6 h：18 h）≥（12 h：12 h）≈（18 h：6 h）≥（0 h：24 h），即当光照周期为 L：D（24 h：0 h）时胚

胎的培育周期最长，说明长期光照不利于加快孵化速度（表 3.2.10）。但 L：D（24 h：0 h）孵化周期最短，即虎斑乌贼孵化同步最好（表3.2.10）。光周期对出膜7 d后成活率、初孵幼乌贼体重和胴长均没有显著影响，出膜 7 d 后成活率为 96.8%~98.3%，初孵幼乌贼体重为0.209~0.216 g，胴长为 0.998~1.021 cm（表 3.2.10）。5 个光周期试验组的胚胎整个发育过程中均没有出现喷墨卵，且破膜之后各组的初孵幼乌贼均静伏于框底，各组幼乌贼虽有足够的游泳能力，却并未表现出一定的藏匿行为或趋光行为。此外，L：D（24 h：0 h）组初孵幼乌贼体重和胴长稍大于其他四组，但都无显著性差异，可能是L：D（24 h：0 h）组胚胎在出膜前期胚体运动相对较少，更多能量用于生长发育。将初孵幼乌贼移至适宜环境，5 个组幼乌贼出膜 7 d 后成活率均较高，且无显著性差异，说明在适宜环境内，5 个组幼乌贼均具有较好的捕食能力。因此在虎斑乌贼胚胎发育过程中，选择L：D（12 h：12 h）为光周期条件，对提高苗种孵化效率、降低成本、节约能源具有重要意义。

表 3.2.10　光周期对虎斑乌贼胚胎发育的影响

评价指标	光周期（L：D）（h）				
	0：24	6：18	12：12	18：6	24：0
培育周期（d）	24.70±0.45^{c}	25.40±0.22^{b}	25.00±0.50^{bc}	24.90±0.55^{bc}	26.10±0.42^{a}
孵化周期（d）	7.70±1.30^{b}	8.10±1.34^{b}	7.00±3.20^{ab}	6.70±1.35^{ab}	4.60±1.98^{a}
出膜 7 d 后成活率（%）	95.9±2.9^{a}	97.7±2.1^{a}	96.8±7.1^{a}	96.9±3.2^{a}	98.3±2.3^{a}
初孵幼乌贼体重（g）	0.211±0.004^{a}	0.210±0.004^{a}	0.209±0.005^{a}	0.210±0.006^{a}	0.216±0.005^{a}
初孵幼乌贼胴长（cm）	1.008±0.020^{a}	1.002±0.013^{a}	0.998±0.026^{a}	1.005±0.013^{a}	1.021±0.017^{a}

资料来源：周爽男，2018。

五、孵化密度及溶解氧对虎斑乌贼胚胎发育的影响

孵化密度是影响孵化成功率的重要因素之一。当孵化密度过大，水中氧气不足会导致胚胎发育受阻、孵化率下降、畸形率增加等现象。作者采用单因子试验方法，设置 3 ind/L、6 ind/L、9 ind/L、12 ind/L 和 15 ind/L 五个密度梯度，并设充气和不充气（参考表 3.2.11）两个组对虎斑乌贼胚胎发育进行研究。研究结果显示，随着孵化密度增加，虎斑乌贼胚胎的孵化率下降，而孵化周期、培育周期变化不大（图 3.2.4）。在充气的条件下，孵化密度为 3~9 ind/L 时，孵化率为 95.57%~96.67%；12~15 ind/L 时，孵化率低于 80%；不同孵化密度对卵黄囊完全吸收率、幼乌贼体重影响显著，随着孵化密度增加，虎斑乌贼胚胎卵黄囊完全吸收率、幼乌贼体重下降（图 3.2.5），同时发现初孵幼乌贼的畸形率增加。当孵化密度为 3~6 ind/L 时，卵黄囊完全吸收率 89.64%~93.37%，幼乌贼体重 0.24~0.25 g。而当 9~15 ind/L 时，卵黄囊完全吸收率下降到了 18.39%~59.93%，幼乌贼体重也出现明显的下降，只有 0.19~0.21g。所以综合各方面因素分析，在育苗实践中在充气条件下虎斑乌贼胚胎孵化密度最好控制在3~9 ind/L 为宜，最适合为6 ind/L，以

保证较高的孵化率、卵黄囊完全吸收率，较短的孵化周期、培育周期，较大、活力强的个体。同时研究中发现同样孵化密度3~15 ind/L，不充气条件下孵化率明显下降。当水中溶解氧≤5.55 mg/L时，胚胎发育受阻，孵化率几乎为零。研究中发现，各个密度下从卵裂期到腕分化期的胚胎基本正常发育，当胚胎内乌贼个体基本成型、有明显心跳以后（心跳出现期），发现胚胎开始出现死亡现象。可见，伴随胚胎发育进程，对氧气的需要在不断增加，当氧气不足时，导致胚胎发育受阻。虎斑乌贼胚胎发育过程中，胚胎先减轻后增重，腕分化期胚胎重量、体积为最小，从心跳出现期开始又迅速增大，当出膜时胚胎达到最大，体积约为最小时的两倍，可见从心跳出现期开始对氧气的需要越来越高，这个阶段如果水中的溶解氧不足，最容易导致出现胚胎死亡，所以在孵化期需要加大充气。综上所述，水中含氧量≤5.55 mg/L时，会严重影响胚胎的正常发育，胚胎发育受阻。生产育苗中应采用充氧方式，在充气情况下使含氧量达到6 mg/L以上，适宜孵化密度为3~9 ind/L，最适宜孵化密度为6 ind/L。

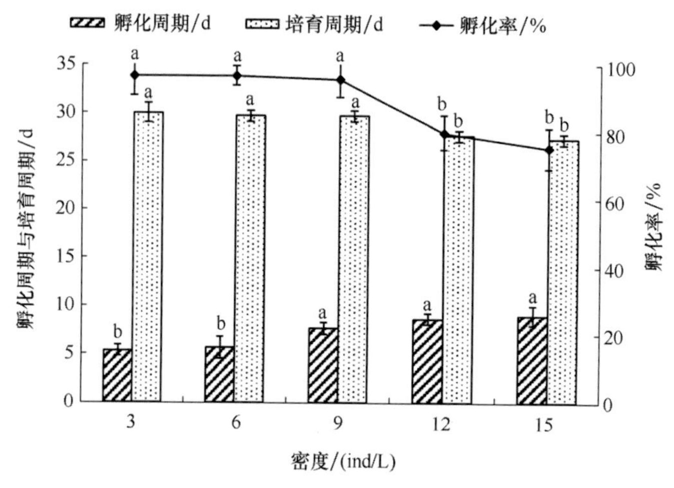

图 3.2.4 孵化密度对培育周期、孵化周期、孵化率的影响
（资料来源：彭瑞冰提供，2017）

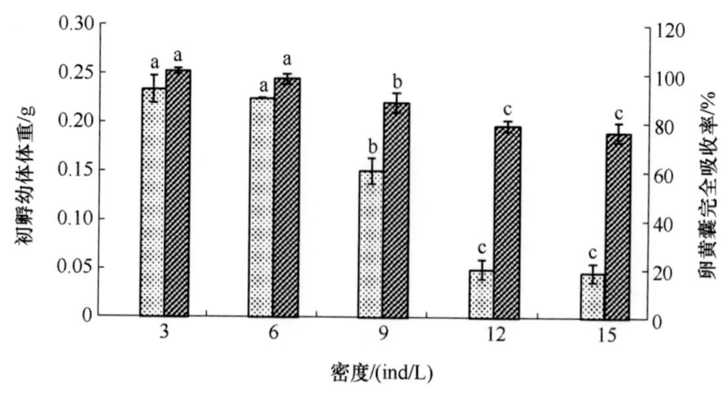

图 3.2.5 孵化密度对卵黄囊完全吸收率、初孵幼体体重的影响
（资料来源：彭瑞冰提供，2017）

表 3.2.11　不同孵化密度下换水前后的水中氧含量　（单位：mg/L）

		孵化密度（ind/L）				
		3	6	9	12	15
不充气	换水前（水中氧含量）	5.78	5.55	5.03	4.83	4.71
	换水后（水中氧含量）	7.63	7.67	7.38	7.32	7.34
充气	换水前（水中氧含量）	9.35	9.16	9.86	9.80	9.78
	换水后（水中氧含量）	10.23	10.25	10.15	10.18	10.21

资料来源：彭瑞冰，2017。

六、氨氮对虎斑乌贼胚胎发育的影响

氨氮作为含氮化合物的主要最终产物和水体中的重要无机污染物之一，被认为是诱发水产动物发病的主要环境因子之一，表现为影响水产动物的正常呼吸、摄食和生长。虎斑乌贼对氨氮极为敏感，与同规格水产养殖品种相比，其同规格大小的氨氮 LC_{50} 小于其他大多数物种。并且在虎斑乌贼受精卵孵化过程中，随着受精卵表皮的脱落分解和坏卵的腐烂分解，极易导致水中氨氮含量增加。虎斑乌贼受精卵的孵化期长达 25 d 左右，其孵化成功率易受水中的环境因素影响。作者采用单因子试验方法，设置氨氮浓度 0 mg/L、1 mg/L、3 mg/L 和 5 mg/L 四个梯度，研究氨氮浓度变化对虎斑乌贼胚胎发育的影响。研究结果显示，海水中的氨氮迅速地通过虎斑乌贼卵膜进入卵内部，胚胎组织液中的氨氮浓度与海水中的氨氮浓度一致或略高于海水中的氨氮浓度，氨氮的渗透速率与海水中氨氮的浓度呈正相关，如把虎斑乌贼胚胎置于氨氮浓度为 1 mg/L、3 mg/L、5 mg/L 的海水中后，分别经过 5~30 min 胚胎组织液中氨氮浓度与海水中氨氮浓度相近（图 3.2.6）。可见，水中的氨氮能够迅速地穿过卵膜，对虎斑乌贼的胚胎发育产生影响。当氨氮胁迫浓度大于 1 mg/L 时，氨氮显著抑制虎斑乌贼胚胎发育的速率，造成胚胎异常现象，包括卵黄囊细胞被瓦解破坏、卵黄囊表面出现裂纹、卵黄囊水肿、胚胎的动物极细胞自溶、卵黄外凸、

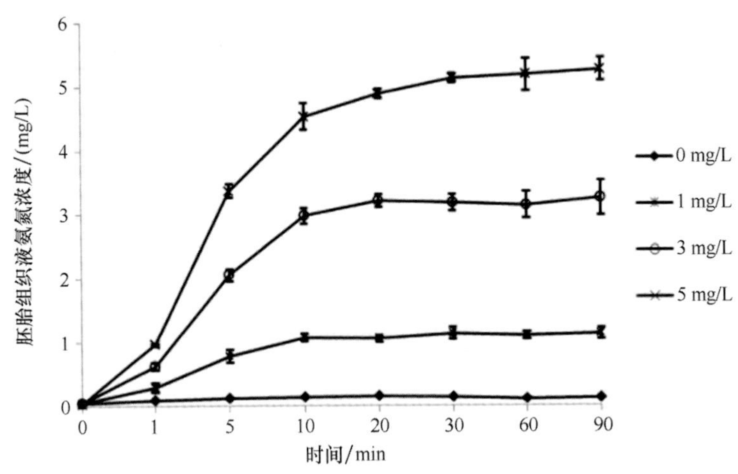

图 3.2.6　暴露在不同氨氮浓度海水中胚胎内组织液氨氮浓度变化

（资料来源：彭瑞冰提供，2018）

体表颜色降低等现象（图 3. 2. 10），当孵化过程中氨氮浓度达到 5 mg/L 时，最终导致胚胎发育终止于原肠胚期或胚体形成期（表 3. 2. 12）。氨氮胁迫会显著降低胚胎发育的速率、孵化率（图 3. 2. 7）、卵黄囊完全利用率和初孵幼乌贼体重（图 3. 2. 9）；而胚胎死亡率、幼乌贼的畸形率和培育周期显著增加，并呈剂量依赖的毒理学效应（图 3. 2. 8、图 3. 2. 9，表 3. 2. 12）。且这些评价指标均可以作为评估水体污染物对水产动物胚胎发育影响的生物标志。以上研究结果表明：氨氮对虎斑乌贼胚胎具有显著的发育毒性效应，当氨氮浓度超过 1 mg/L，我们须及时消除水中氨氮，以防止其在胚胎中积累，产生毒性作用，这将有利于保护胚胎正常发育，提高孵化成功率。

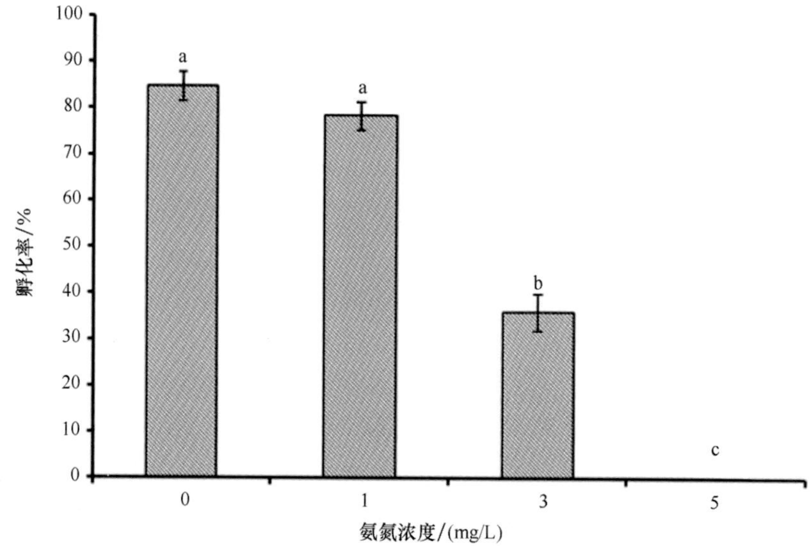

图 3. 2. 7　不同氨氮浓度对虎斑乌贼胚胎孵化率的影响

（资料来源：彭瑞冰提供，2018）

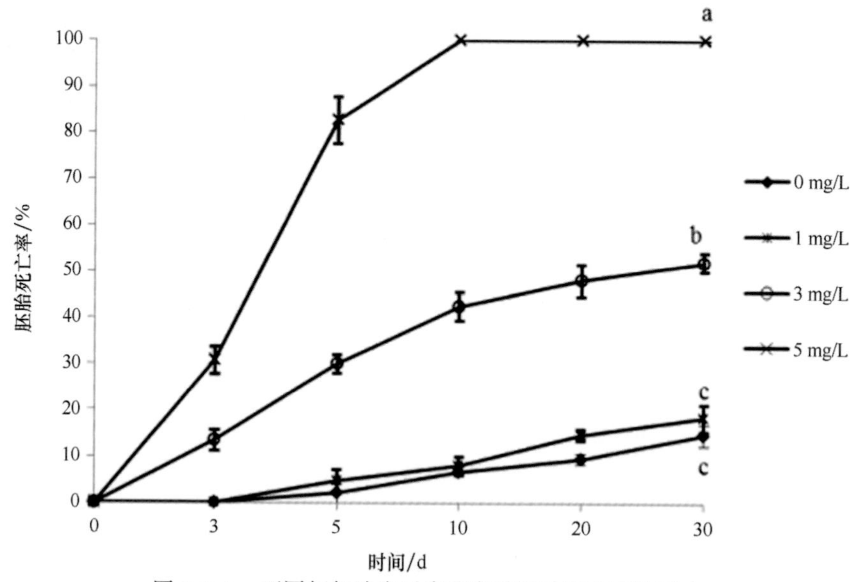

图 3. 2. 8　不同氨氮浓度对虎斑乌贼胚胎死亡率的影响

（资料来源：彭瑞冰提供，2018）

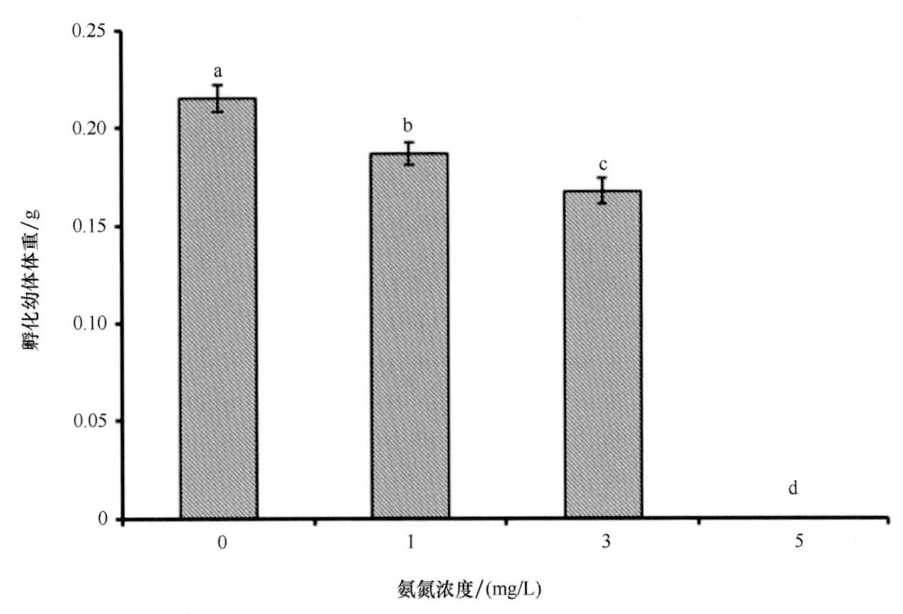

图 3.2.9　不同氨氮浓度对初孵幼乌贼体重的影响
（资料来源：彭瑞冰提供，2018）

表 3.2.12　不同氨氮浓度对虎斑乌贼胚胎发育时序的影响

发育阶段	0 mg/L	1 mg/L	3 mg/L	5 mg/L
囊胚期（d）	2.00	2.00	2.00~2.25	2.55~3.25
原肠胚期（d）	3.25~3.75	3.50~3.75	3.50~4.25	5.50~6.25
初具形态期（d）	5.75~6.25	5.75~6.50	6.50~7.75	8.25~9.50
器官形成期（d）	7.25~7.75	7.25~8.25	8.75~9.50	—
红珠期（d）	10.00~10.50	10.50~11.25	11.50~12.25	—
心跳出现期（d）	13.75~14.50	14.75~15.25	15.25~16.25	—
内骨骼形成（d）	15.75~16.25	16.75~16.25	17.00~18.75	—
色素形成（d）	17.45~18.00	18.25~19.00	20.75~21.75	—
孵化期（d）	23.25~23.75	24.25~25.50	26.75~28.00	—
出膜期（d）	25~29	28~32	34~36	—
培育周期（d）	27.00 ± 1.98^{a}	29.25 ± 2.27^{a}	34.67 ± 2.57^{b}	—

资料来源：彭瑞冰，2018。

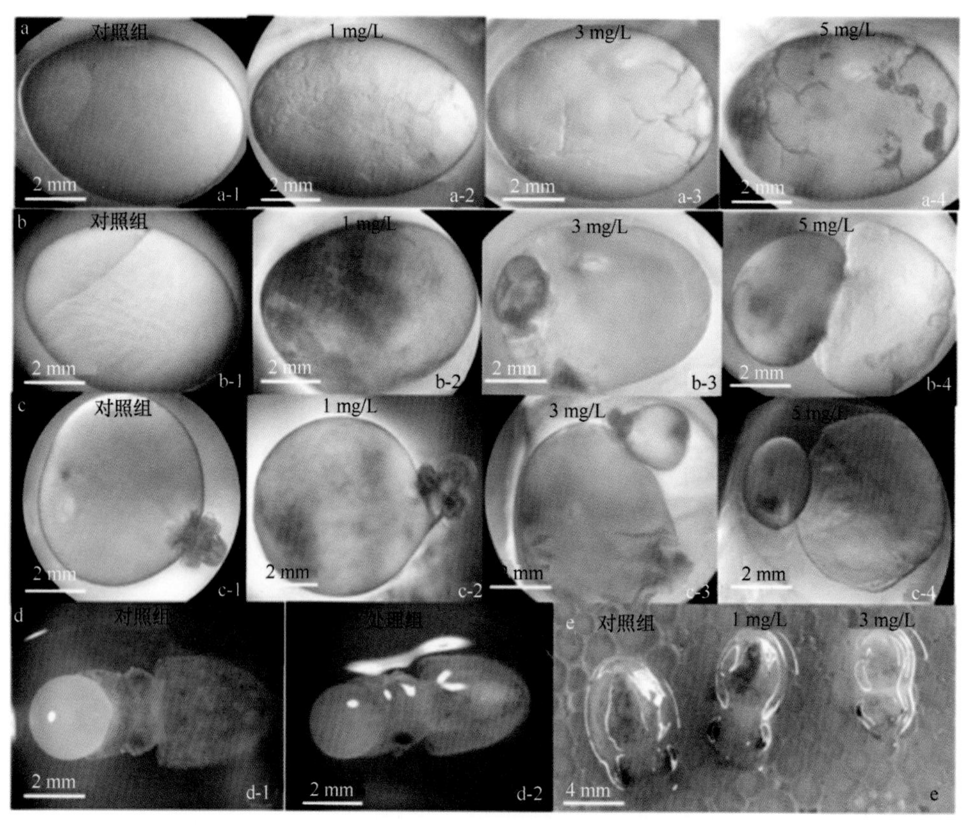

图 3.2.10　氨氮胁迫对虎斑乌贼胚胎发育影响

a-1～a-4：囊胚期；b-1～b-4：原肠期；c-1～c-4：初具形态期；d-1，d-2：内骨骼形成期；e：初孵幼乌贼。a-2，a-3：卵黄囊细胞结构受损，卵黄囊表面开裂；a-4：卵黄囊表面开裂，细胞自溶；b-1：卵黄囊肿大；b-2：胚胎动物极内的细胞自溶凝结；b-3，b-4：卵黄囊向外凸出，细胞自溶；c-2：卵黄囊表面细胞自溶凝结；c-3，c-4：卵黄囊自溶；d-2：初孵幼乌贼体表颜色发白；e：初孵幼乌贼体重下降

（资料来源：彭瑞冰提供，2018）

第三节　环境因子对虎斑乌贼幼乌贼的影响

一、温度对虎斑乌贼幼乌贼的影响

1. 温度对虎斑乌贼幼乌贼生长与成活的影响

温度作为生态环境中重要的影响因子之一，对生物体的存活与生长具有显著影响。特别对于幼乌贼尤其显著，未发育完善的生理机能，使它们对于外界环境的变化极为敏感，受外界的影响尤为突出。作者采用单因子试验方法，设置温度 18℃、21℃、24℃、27℃、30℃和 33℃六个梯度，研究温度变化对虎斑乌贼幼乌贼生长与代谢酶活的影响。研究结果显示虎斑乌贼幼乌贼受温度突变影响，在突变幅度为±4℃时，10 h 内成活率将下降 10%

左右，若突变幅度大于±8℃时，4 h 内就将全部死亡。18～33℃范围内，随着培养温度的上升，其幼乌贼的成活率呈现先上升后下降趋势，24～27℃组成活率最高（图 3.3.1）。当水温下降到 18℃时，虎斑乌贼幼乌贼极少主动捕食，几乎都是静卧不动，个体发白，瘦小；24℃与 27℃组幼乌贼活动正常，能主动捕食，且体色黑亮；而到 33℃时幼乌贼活力异常旺盛，不停游动、摄食（表 3.3.1）。虎斑乌贼幼乌贼在温度 18～33℃范围内，随着温度的上升，特定生长率呈现出先增大后减少的趋势，在 27℃时其特定生长率达到最大值，温度超过 27℃以后，幼乌贼的摄食强度仍在增大，但特定生长率却呈现下降趋势（图 3.3.1）。因此，虎斑乌贼幼乌贼的适应温度范围为 18～30℃，最适温度范围为 24～27℃。

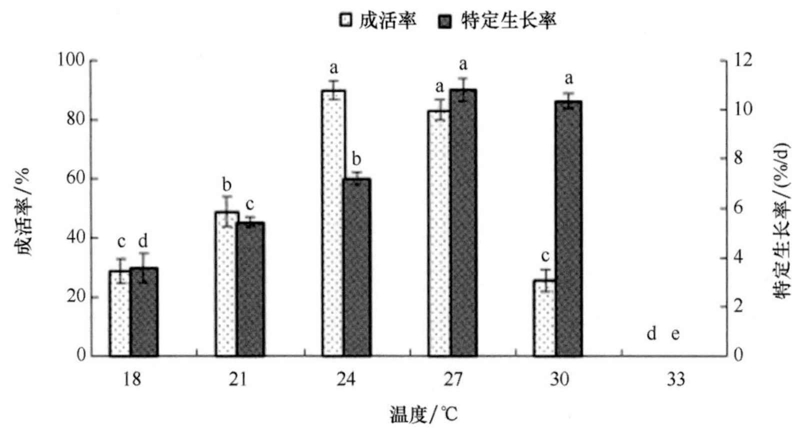

图 3.3.1　温度对虎斑乌贼幼乌贼成活率与特定生长率的影响
（资料来源：乐可鑫提供，2014）

表 3.3.1　虎斑乌贼幼乌贼不同温度下的行为观察

温度（℃）	现象
18	活力差，体色发白，静卧筐底，甚少游动，几乎不摄食
21	活力适中，体色些许发白，摄食欲低
24	活力正常，体色黑亮，摄食欲强
27	活力正常，体色黑亮，摄食欲强
30	活力充沛，体色黑亮，摄食欲较强，有出现抢食
33	活力过盛，摄食欲极强，不停地游动，捕食，于 16 d 时全部死亡

资料来源：乐可鑫，2014。

2. 温度对虎斑乌贼幼乌贼体内代谢酶活的影响

在抗氧化体系中，SOD 和 CAT 是生物体应对氧化损伤的重要抗氧化酶，其酶活力的改变对于维持氧化剂和抗氧化剂之间的平衡有重要作用。研究结果发现虎斑乌贼幼乌贼肝脏中 SOD 的活力随着温度的上升，呈现先上升后下降的趋势，温度 24～27℃时，SOD 的活力较高，这可能是由于在适宜的温度范围内，机体的耗氧率随着温度的上升而增大，氧自由基的产生也相应增加，为此机体需通过提高 SOD 的活力，来降低体内的氧化损伤（图 3.3.2）。当环境温度超过虎斑乌贼幼乌贼的最适温度范围时，机体的酶活力将受到抑制，蛋白质可能会失活，从而造成体内自由基不断积累，造成损伤甚至死亡，引起成活率、特定生长率的降低。

AKP 是在机体对营养物质的吸收、转化、运输等代谢活动中起重要作用的一种酶。虎斑乌贼体内的 AKP 活力随着温度的上升而增大，当处于 30℃环境中幼乌贼虽受到温度胁迫，成活率较低，但其 AKP 活力却显著高于处于最适温度（24～27℃）环境下（图 3.3.2）。这说明温度与生物体的新陈代谢直接相关，温度的升高能够促进生物体的新陈代谢，而温度的降低则会抑制其新陈代谢，影响机体的营养吸收，进而影响生物体的生长发育。GOT 和 GPT 是两种重要的转氨酶，多存在于肝脏组织细胞的线粒体中，对蛋白代谢具有重要作用，当机体受到损害时，细胞膜的通透性就会发生变化，细胞中的这两种酶就会释放至血液中，导致肝脏中这两种酶活力下降。研究所现：GOT 和 GPT 活力随温度上升而增加，30℃时达到最大值（图 3.3.3）。

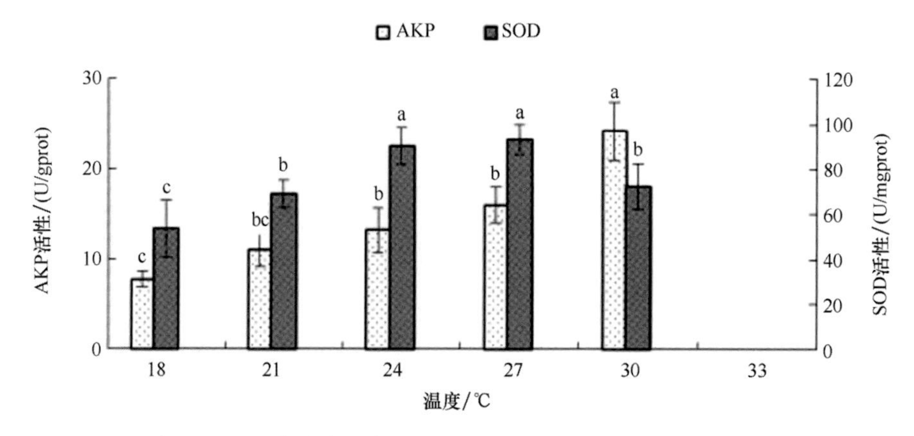

图 3.3.2 温度对虎斑乌贼幼乌贼肝脏 AKP 和 SOD 酶活的影响

（资料来源：乐可鑫提供，2014）

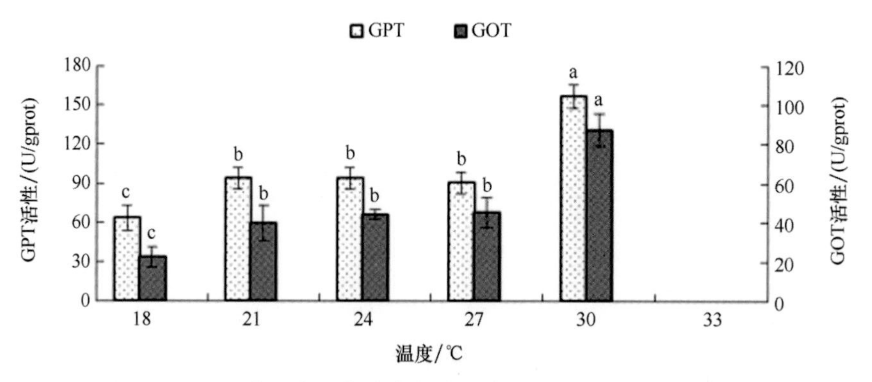

图 3.3.3 温度对虎斑乌贼幼乌贼肝脏 GPT 和 GOT 酶活的影响

（资料来源：乐可鑫提供，2014）

二、盐度对虎斑乌贼幼乌贼生长与相关酶活的影响

1. 盐度对虎斑乌贼幼乌贼生长、成活的影响

盐度作为生物体生命活动的重要环境因子，对生物体存活、生长的影响主要通过改变其内部生理反应而实现，当盐度处于适宜范围内时，不仅能降低水产动物病害爆发的频率，还能提高幼乌贼的生长率和成活率，但若超出这个范围，就可能导致生物体内外渗透压失衡，从而影响生物的代谢速率、能量需求，还将影响体内酶活和免疫防御能力，甚至死亡。虎斑乌贼对盐度变化极为敏感，如果盐度不适，在短时间内会表现出烦躁不安、体色发白、喷墨等反应。这是由于虎斑乌贼具有发达的神经系统，生性敏感，当外界环境（温度、盐度、光照强度等）发生改变或遇到不适时，会短时间引发应激反应。作者采用单因子试验方法，设置盐度 18、21、24、27、30 和 33 六个梯度的突变和渐变组，研究盐度变化对虎斑乌贼幼乌贼生长、抗氧化与代谢酶活的影响。研究结果显示，通过盐度突变（变化幅度 2/h）和渐变（变化幅度 2/d），这两种驯养模式下虎斑乌贼幼乌贼存活盐度范围和相同盐度下的成活率、增重率、特定生长率相互之间均存在差异。在盐度渐变模式下，幼乌贼存活的盐度范围为 18~33。而盐度突变模式下，幼乌贼存活的盐度范围仅为 21~30，在突变研究中发现调节能力差的个体，无法承受盐度胁迫，直接死亡，而调节能力强的虎斑乌贼幼乌贼，经过 8 h 左右驯化，就能适应环境，成活率不再大幅度波动（表 3. 3. 2；图 3. 3. 4~3. 3. 6）。当盐度突变至≤18 或≥33 时，虎斑乌贼幼乌贼表现异常，四处游动，出现喷墨、腕抽搐等现象，短时间内大量死亡（表 3. 3. 2）。可见其对盐度波动幅度的耐受能力有限，渐渐地改变盐度可以让其适应更低的盐度。盐度渐变模式下其成活率、增重率和特定生长率均优于盐度突变；如同样是盐度 21，盐度渐变模式下幼乌贼的成活率、特定生长率分别为 48. 6%、5. 2%/d（图 3. 3. 7，图 3. 3. 8），而盐度突变模式下幼乌贼的成活率、特定生长率分别为 19. 5%、4. 6%/d（图 3. 3. 5，图 3. 3. 6）。这表明盐度渐变能使幼乌贼适盐范围比突变更大，慢慢改变盐度，能让幼乌贼充分调节身体机能去适应环境改变。突变后幼乌贼的成活率、特定生长率低于盐度渐变，饵料系数高于盐度渐变，盐度突变带来影响更大。短时间内盐度变化幅度过大，可能对其身体机能产生一定程度的损伤，从而影响其生长、发育，导致盐度突变下其成活率、增重率、特定生长率和饵料系数均劣于盐度渐变法。从行为观察可见短时间内盐度变化幅度过大会导致其无法适应，表现出四处乱窜、体色改变、喷墨、腕伸展散开等现象。通过盐度渐变和盐度突变对虎斑乌贼幼乌贼的存活、生长和饵料系数影响结果来看，虎斑乌贼生长适宜盐度范围为 21~33，最适范围为 24~30。盐度渐变与盐度突变相比较，盐度渐变中幼乌贼的成活率更高，生长速度更快，且有望通过盐度渐变来拓宽幼乌贼的盐度适宜范围。因此，在养殖、育苗过程中，遇到台风、暴雨天气应及时做好防范设施，因为这些天气可能会导致养殖塘的盐度发生一定的变化，如果盐度的突变幅度超过一定范围，就会影响其生长、存活。

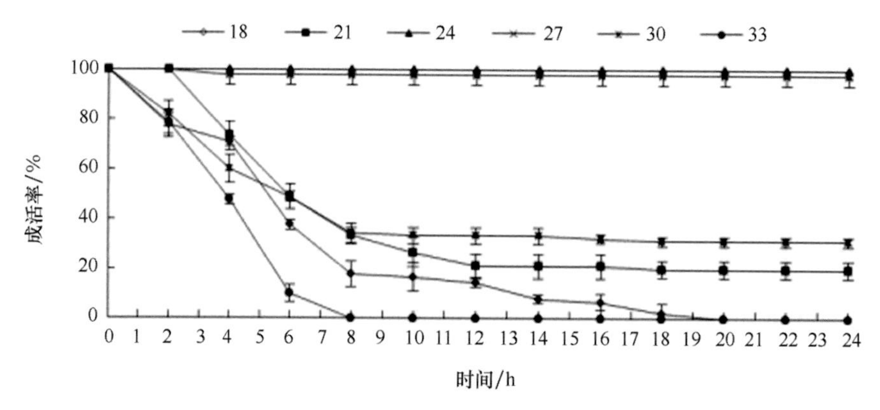

图 3.3.4 盐度突变对虎斑乌贼幼乌贼成活率的影响
（资料来源：乐可鑫提供，2015）

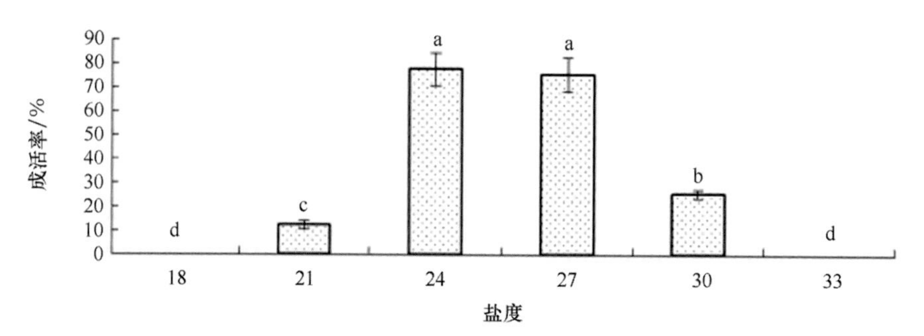

图 3.3.5 盐度突变 21 d 后对虎斑乌贼幼乌贼成活率的影响
（资料来源：乐可鑫提供，2015）

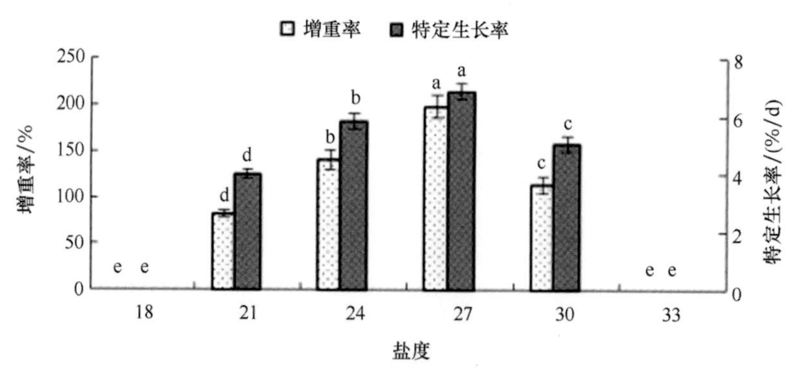

图 3.3.6 盐度突变 21 d 后对虎斑乌贼幼乌贼生长的影响
（资料来源：乐可鑫提供，2015）

表 3.3.2 盐度突变对虎斑乌贼幼乌贼行为的影响

盐度	现象
18	入水后，幼乌贼异常活跃，出现快速绕圈游动，喷墨，腕朝各个方向张开，且伴随抽搐现象
21	入水后，幼乌贼初始表现安静，然后陆续出现喷墨，逃窜现象
24	入水后，幼乌贼表现平静，静卧水底，无喷墨现象
27	入水后，幼乌贼表现平静，静卧水底，无喷墨现象
30	入水后，幼乌贼较为活跃，快速游动，互相撞击，出现喷墨
33	入水后，幼乌贼异常活跃，朝空中喷墨，快速旋转，个别跳出水面，乌贼墨不停地从口中流出

资料来源：引自乐可鑫，2015。

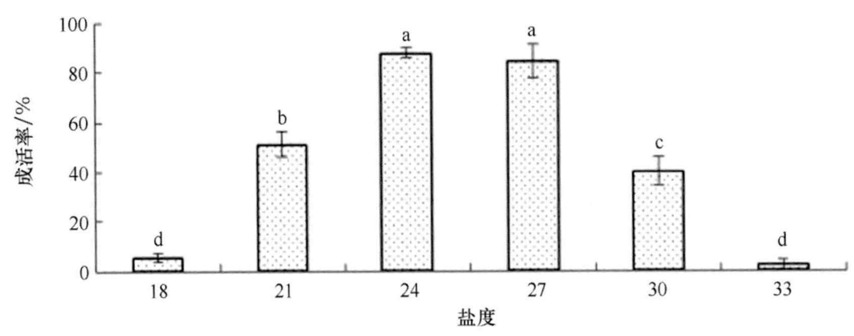

图 3.3.7 盐度渐变对虎斑乌贼幼乌贼成活率的影响
（资料来源：乐可鑫提供，2015）

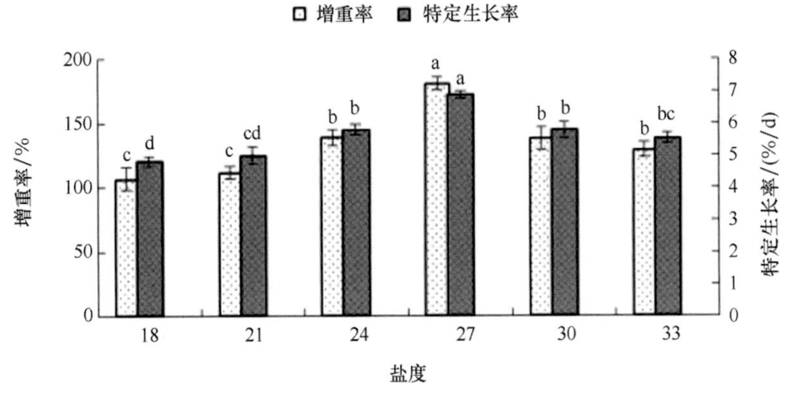

图 3.3.8 盐度渐变对虎斑乌贼幼乌贼生长的影响
（资料来源：乐可鑫提供，2015）

2. 不同盐度对虎斑乌贼幼乌贼肝脏 GOT、GPT、AKP 和 SOD 酶活的影响

研究发现经过 21 d 的盐度驯化后，盐度 27 组的 SOD 酶活最低，这说明盐度 27 是本试验中虎斑乌贼幼乌贼生长发育的最适盐度，在此环境下生物体内的自由基含量少，未产

生氧化压力，有利于幼乌贼生长；而盐度 18 和 33 组的 SOD 酶活将近为盐度 27 组的两倍，这说明在盐度 18 和 33 时，虎斑乌贼幼乌贼体内累积了大量的活性自由基，已经对机体造成了氧化损伤（图 3.3.9）。由此可见，虽然在这种极限盐度下，虎斑乌贼幼乌贼仍能存活生长，但长期处于此种胁迫环境，必将影响幼乌贼的健康状况，这也与高低盐度抑制虎斑乌贼幼乌贼的存活生长指标相一致。因此，在虎斑乌贼幼乌贼的培养阶段，应尽量减少养殖水体盐度的大幅度波动。盐度渐变研究发现，通过 21 d 的盐度驯化，虎斑乌贼幼乌贼的 AKP 酶活随着盐度升高而上升（图 3.3.10）。盐度对 AKP 的影响，可能是由于渗透压的影响，许多无机离子对于酶活具有刺激或抑制作用，在不同盐度条件下，其离子的作用不尽相同。随着盐度的上升，肝脏中的 GOT 和 GPT 酶活均呈现先上升后下降的趋势，在盐度 24 时 GOT 和 GPT 酶活达到最大值；盐度过低（<24）或过高（>27）均会导致幼乌贼的肝脏组织受损，肝细胞中的 GOT 和 GPT 流失（图 3.3.11）。同时试验还发现随着盐度的上升，肝脏的颜色由淡黄色变为橘黄色，最后变为橘红色，由其颜色的不同可推测出肝脏的损伤程度不同，进一步验证了盐度过低或过高均损害肝脏。在盐度 24~27 范围内，幼乌贼肝脏内 SOD 酶活处于较低值，GOT 和 GPT 的活性较高，AKP 酶活适中，表明幼乌贼体内自由基数量较少，肝功能正常，免疫防御功能较强，说明此环境适宜程度较高。

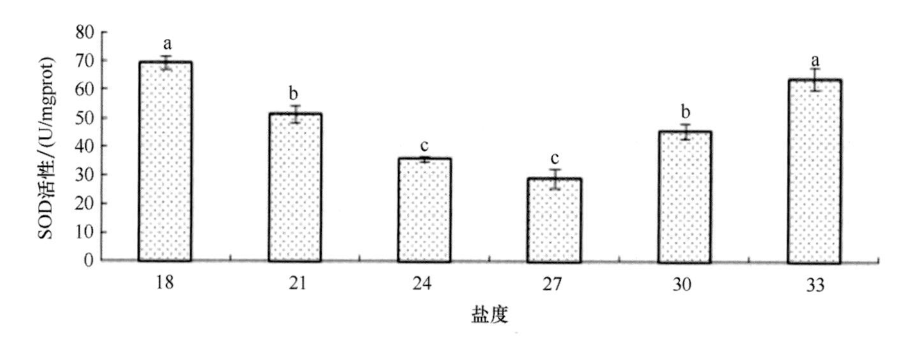

图 3.3.9 盐度渐变对虎斑乌贼幼乌贼肝脏 SOD 活性的影响

（资料来源：乐可鑫提供，2015）

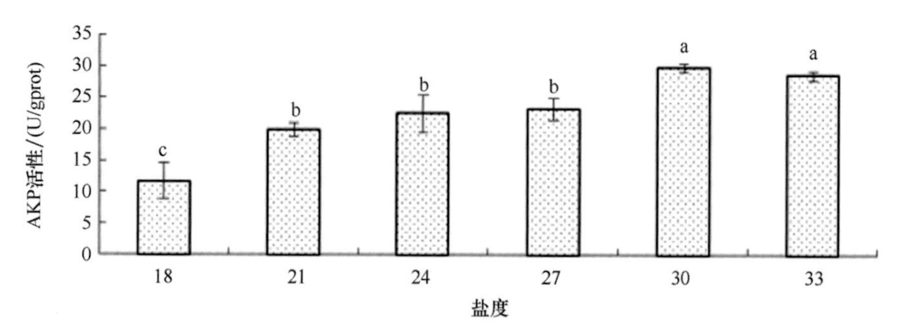

图 3.3.10 盐度渐变对虎斑乌贼幼乌贼肝脏 AKP 活性的影响

（资料来源：乐可鑫提供，2015）

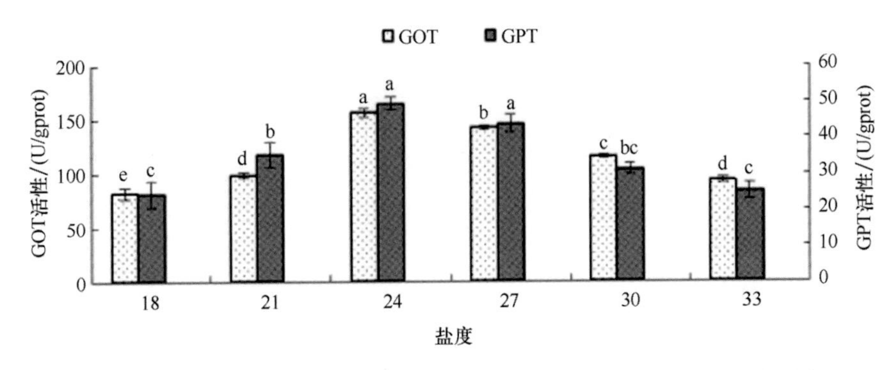

图 3.3.11　盐度渐变对虎斑乌贼幼乌贼肝脏 GOT 活性和 GPT 活性的影响
（资料来源：乐可鑫提供，2015）

三、光照强度对初孵乌贼生长、存活、代谢及相关酶活的影响

1. 光照强度对初孵乌贼入水行为，背部体色，生长和成活的影响

在水域环境中，光是一个复杂的生态因子，有多方面的生态作用，光照强度常通过影响水生生物的摄食和代谢来影响其生长和存活。任何水生动物都有一个确定的光强阈值，在该阈值内，水生动物能够正常生长、存活和发育，且具有对猎物最佳定位能力和捕食能力，一旦超过此光强阈值，水生动物便会产生生存压力，甚至会致死。作者采用单因子试验方法，设置光照强度 10 μmol/（m^2·s）、30 μmol/（m^2·s）、50 μmol/（m^2·s）、70 μmol/（m^2·s）和 90 μmol/（m^2·s）五个梯度，研究光照强度变化对初孵乌贼生长、存活、代谢及相关酶活的影响。研究结果显示，随着光照强度的增强，虎斑乌贼的特定生长率和成活率先稳定，后逐渐减小（图 3.3.13，图 3.3.14）。这说明初孵乌贼的光强阈值可能介于 10 μmol/（m^2·s）和 50 μmol/（m^2·s）之间，因此当乌贼由正常光照环境进入实验环境后，10 μmol/（m^2·s）和 30 μmol/（m^2·s）组乌贼均表现相对安静，而且背部体色较浅，而当乌贼进入较强光照环境［50 μmol/（m^2·s）］和强光照环境［70 μmol/（m^2·s）和 90 μmol/（m^2·s）］后，应激反应强烈，表现均较为活跃，背部体色较深，甚至部分乌贼出现轻微喷墨现象（图 3.3.12；表 3.3.3）。虎斑乌贼为视觉性肉食动物，主要依靠视觉来捕食，其生活早期阶段，主要生活在较明亮的浅水水域，眼睛直径与胴长的比值极大，眼睛晶状体对光照具有很好的汇聚作用，而且视网膜已经具有良好的视敏度，当生活在适宜光照条件下时，具备较佳的捕食能力，且体内生理状态稳定，消耗能量少，因而具有较高的特定生长率和成活率，而当幼乌贼生活在强光照环境时，其瞳孔会产生一定程度的压缩，视网膜的敏感度也会发生改变，捕食能力也会有一定程度的下降，且强光照下的乌贼体内生理状态不稳定，能量消耗大，生长和生存压力大，因此特定生长率和成活率较低（图 3.3.13，图 3.3.14）。

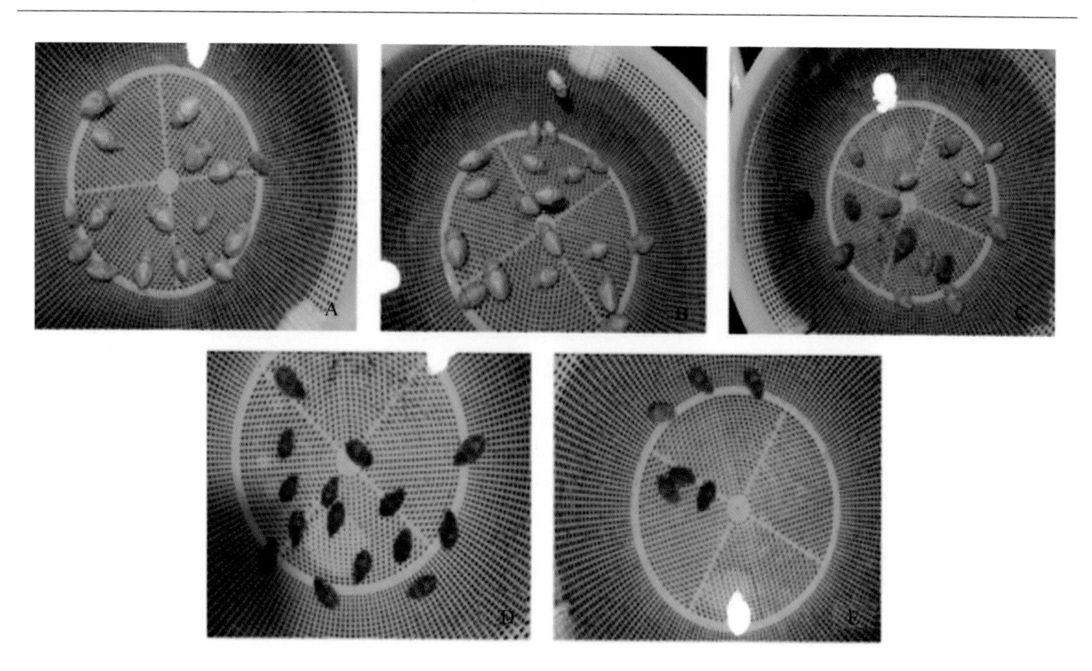

图 3. 3. 12　光照强度对初孵乌贼背部体色的影响

A：10 μmol/（m^2·s）组；B：30 μmol/（m^2·s）组；C：50 μmol/（m^2·s）组；D：70 μmol/（m^2·s）组；E：90 μmol/（m^2·s）组

（资料来源：周爽男提供，2018）

表 3. 3. 3　光照强度对初孵乌贼入水行为的影响

光照强度 [μmol/（m^2·s）]	行为表现
10	由正常光照环境入水后，小乌贼表现相对安静，鳍摆动幅度小，并沿着框周围缓慢游去，背部体色较浅，接着开始沉于水底，约 2 min 后均静伏于框底，于框底四处分散
30	由正常光照环境入水后，小乌贼表现相对安静，鳍摆动幅度小，并沿着框周围缓慢游去，背部体色较浅，接着开始沉于水底，约 3 min 后均静伏于框底，于框底四处分散
50	由正常光照环境入水后，小乌贼表现活跃，鳍摆动幅度大，并沿着框周围游动或悬浮于水面，背部体色略深暗，无喷墨现象，约 7 min 后静伏于框底，于框底四处分散
70	由正常光照环境入水后，小乌贼表现异常活跃，鳍摆动幅度大，并于水面上四处游蹿或沿着框壁不停地做绕圈游动，背部体色呈深暗，同时个别乌贼出现微量喷墨现象，对外界环境较为敏感，约 10 min 后静伏于框底，聚集于一处
90	由正常光照环境入水后，小乌贼表现异常活跃，鳍摆动幅度大，并于水面上四处游蹿或沿着框壁不停地做绕圈游动，背部体色呈深暗，同时部分乌贼出现少量喷墨现象，对外界环境极为敏感，约 15 min 后才静伏于框底，聚集于一处

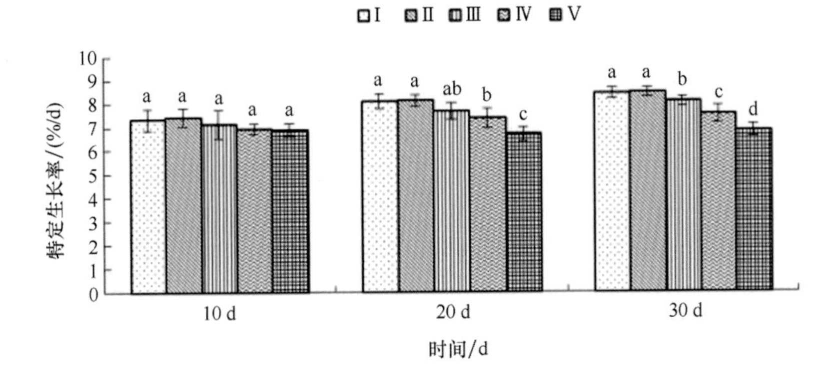

图 3. 3. 13　光照强度对初孵乌贼特定生长率的影响

Ⅰ：10 μmol/（m² · s）组；Ⅱ：30 μmol/（m² · s）组；Ⅲ：50 μmol/（m² · s）组；Ⅳ：70 μmol/（m² · s）组；Ⅴ：90 μmol/（m² · s）组

（资料来源：周爽男提供，2018）

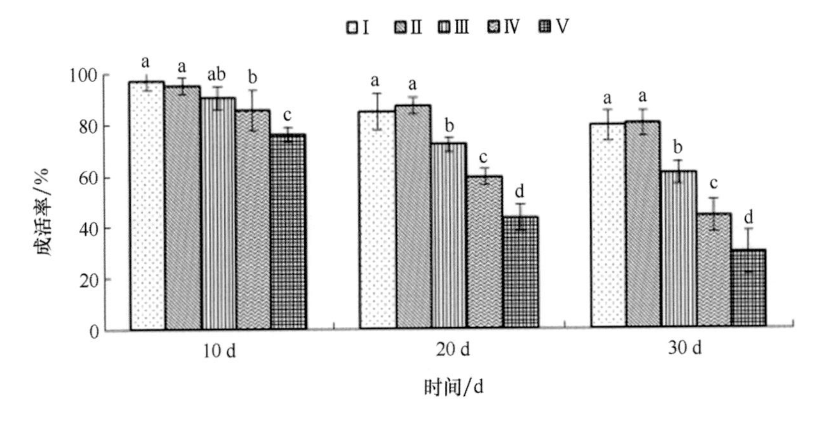

图 3. 3. 14　光照强度对初孵乌贼成活率的影响

Ⅰ：10 μmol/（m² · s）组；Ⅱ：30 μmol/（m² · s）组；Ⅲ：50 μmol/（m² · s）组；Ⅳ：70 μmol/（m² · s）组；Ⅴ：90 μmol/（m² · s）组

（资料来源：周爽男提供，2018）

2. 光照强度对初孵乌贼耗氧率、排氨率及肌肉中 LD 含量的影响

对于水生生物而言，耗氧率和排氨率是反应其体内代谢活动的重要指标。水生生物的呼吸代谢既受到自身内在因素的控制，又受外界环境因子的影响，其变化规律是生物体呼吸代谢的重要研究内容。研究结果显示随着光照强度的增强，虎斑乌贼的耗氧率和排氨率均呈现先不变后上升的趋势，虎斑乌贼在弱光照环境下一直处于基础代谢状态，除了必须的捕食活动之外，绝大多数时间喜静伏于框底，在外界光照较少刺激的条件下，体内代谢活动稳定，积累了较多的能量用于生长存活，而强光照下的乌贼对刺激较敏感，运动相对活跃，体内代谢强度过大，其通过捕食获得的能量大多用于维持体内的内稳态来适应环境，而用于生长存活的能量相对弱光照组乌贼来得少，因而耗氧率和排氨率较高。另一方

面，随着乌贼个体的生长，强光照组乌贼体重显著低于弱光照组，其体内直接维系生命的脏器和组织的比重要高于弱光照组，相对于单位体重的代谢水平就要比弱光照组乌贼来得高，因此耗氧率和排氨率也较高。此外，10 μmol/（m^2・s）和 30 μmol/（m^2・s）光照条件下，乌贼肌肉中 LD 含量较低，说明该光照条件下乌贼生理状态平衡，有利于乌贼的生长存活，而 70 μmol/（m^2・s）和 90 μmol/（m^2・s）光照条件下乌贼肌肉中 LD 含量较高，这可能与其相对较为活跃的运动状态和体内较高的无氧代谢水平有关（表 3. 3. 4）。

表 3. 3. 4 光照强度对初孵乌贼耗氧率、排氨率及肌肉中 LD 含量的影响

光照强度 [μmol/（m^2・s）]	耗氧率 [mg/（g・h）]	排氨率 [mg/（g・h）]	肌肉中 LD 含量 (mmol/gprot)
10	0. 463±0. 042[d]	0. 025±0. 003[d]	0. 212±0. 018[cd]
30	0. 483±0. 025[d]	0. 022±0. 002[d]	0. 197±0. 013[d]
50	0. 541±0. 031[c]	0. 029±0. 003[c]	0. 229±0. 012[c]
70	0. 645±0. 041[b]	0. 034±0. 004[b]	0. 250±0. 013[b]
90	0. 706±0. 057[a]	0. 042±0. 003[a]	0. 269±0. 014[a]

资料来源：周爽男，2018。

3. 光照强度对初孵乌贼呼吸代谢酶的影响

机体细胞进行糖代谢过程时，葡萄糖最初经糖酵解过程产生丙酮酸，HK 和 PK 是糖酵解过程中的两种限速酶，其活性的高低直接反映糖酵解水平的高低。研究结果显示强光照下乌贼的 HK 和 PK 的活性较低，是因为光照胁迫一定程度上抑制了乌贼体内的糖酵解过程，能量代谢受到阻滞，因而表现出较低的活性。而弱光照下的乌贼处于一种生理平衡状态，体内糖酵解速率较快，产生的能量更多，对环境的适应能力较强，因而 HK 和 PK 活性较高。强光照下虎斑乌贼体内无氧代谢水平较高，无氧代谢的终端产物为 LD，因此强光照下乌贼肌肉的 LD 含量较高一些（表 3. 3. 5）。这说明强光照下虎斑乌贼为抵抗环境胁迫需要更多的能量，这时其除了需要有氧代谢来获得能量外，也需要通过无氧代谢来获得能量。

表 3. 3. 5 光照强度对初孵乌贼呼吸代谢酶的影响

光照强度 [μmol/（m^2・s）]	鳃的 HK 活性 (U/gprot)	鳃的 PK 活性 (U/gprot)	肌肉中 LDH 活性 (U/gprot)
10	50. 013±3. 415[a]	100. 491±2. 585[a]	77. 864±5. 083[d]
30	50. 534±5. 445[a]	99. 883±4. 682[a]	78. 942±2. 410[d]
50	42. 099±5. 609[b]	87. 828±2. 374[b]	87. 094±4. 144[c]
70	35. 762±1. 041[c]	81. 394±3. 580[c]	96. 750±4. 757[b]
90	29. 715±3. 388[d]	69. 449±5. 303[d]	109. 202±6. 525[a]

资料来源：周爽男，2018。

4. 光照强度对初孵乌贼肝脏的 SOD 活性和 MDA 含量的影响

肝脏是水生动物重要的代谢器官，是自由基产生的重要场所，生物体中少量的自由基是必需的，当外界环境处于胁迫或发生骤变时，水生动物体内的自由基产生量就会发生改变，抗氧化系统也会随之改变以保护机体免受损伤。生物体主要通过两种防御物质对抗自由基的损害，一是 SOD 等抗氧化酶，二是维生素 C 和维生素 E 等低分子质量的抗氧化剂。SOD（超氧化物歧化酶）是抗氧化系统的重要组成部分，具有消除自由基，增强吞噬细胞防御能力和机体免疫的功能，普遍存在于需氧生物的组织细胞中，保护机体内环境的稳定。MDA（丙二醛）是自由基作用于脂质发生过氧化反应的代谢产物，具有细胞毒性，MDA 含量的高低间接反映了机体细胞受损伤的严重程度。研究结果显示，肝脏中 SOD 活性随着光照强度的增强呈现先升高后下降的趋势，在 70 μmol/（m^2·s）光照强度下活性最高；MDA 含量随光照强度的增强先稳定后逐渐增加，在光照强度为 90 μmol/（m^2·s）时含量最高，说明强光照下乌贼体内产生了大量的氧自由基，且超过了体内抗氧化系统所能承载的限度，导致其体内代谢紊乱，生物膜和酶系统遭到破坏，调控 SOD 酶活的基因的表达受到抑制，体内氧自由基无法形成动态平衡，因此 90 μmol/（m^2·s）光照强度下乌贼的成活率极低（图 3. 3. 15）。在光照强度 10 μmol/（m^2·s）和 30 μmol/（m^2·s）下，虎斑乌贼的 SOD 活性较低，MDA 含量也较低，说明这两种光照强度下乌贼机体内产生的氧自由基含量少，未产生氧化压力，乌贼生长、发育和免疫机能处于最佳状态，因此在 10 μmol/（m^2·s）和 30 μmol/（m^2·s）条件下适合规模化养殖，一旦超过此范围，光照越强，受到的胁迫越大，越不适合乌贼生长和存活，因而在实际养殖过程中，要注意避免太阳光直射，做好遮光措施。

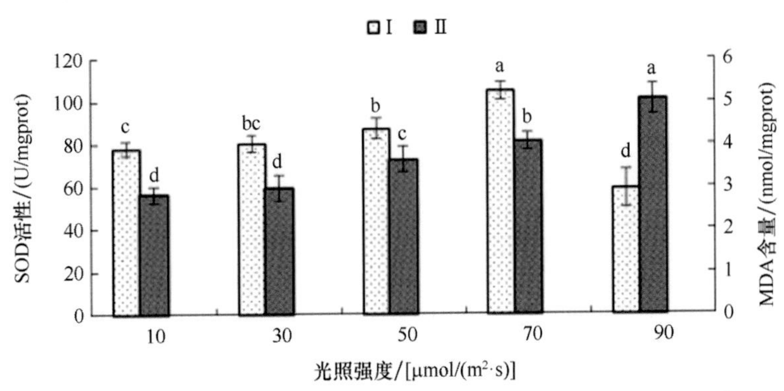

图 3. 3. 15　光照强度对初孵乌贼肝脏的 SOD 和 MDA 含量的影响

Ⅰ：超氧化物歧化酶（SOD）；Ⅱ：丙二醛（MDA）

（资料来源：周爽男提供，2018）

四、光照周期对初孵乌贼生长、存活、代谢及相关酶活的影响

1. 光周期对初孵乌贼特定生长率和成活率的影响

光周期主要通过影响水生生物的摄食节律来影响其生长和成活率。不同于胚胎时期的虎斑乌贼主要依靠内源性营养，初孵幼乌贼时期的虎斑乌贼主要通过捕食来获得能量。其

对食物和营养有巨大的需求，在长期进化过程中，初孵乌贼眼睛直径与胴长的比值极大，这就保证了乌贼眼睛尽可能地吸收光线，进而进行捕食活动。乌贼作为视觉性水生动物，其捕食活动需要一定的光照，有研究表明，处于黑暗中的乌贼，视觉功能发挥的作用有限，更多地依靠其他器官（如发达的神经系统、感觉器官、嗅觉器官、发光器等）来辅助其捕食糠虾，而且黑暗中的乌贼对糠虾的定位不够精确，捕食成功率低下，运动消耗能量大，捕食范围有限，只能捕食周围和附近的糠虾，因此长期处于黑暗中的乌贼会因饥饿累积效应出现较高的死亡率和较低的生长率，这种现象在早期乌贼中会更加普遍。作者采用单因子试验方法，设置光照周期 L：D（0 h：24 h）、L：D（6 h：18 h）、L：D（12 h：12 h）、L：D（18 h：6 h）、L：D（24 h：0 h）五个梯度，研究光周期变化对初孵幼乌贼生长、存活、代谢及相关酶活的影响。研究结果显示，在不同光周期的试验中发现虎斑乌贼在全黑（0 h：24 h）的环境下特定生长率和成活率均较低；而随着光照时间的增加，在一定范围内，由于乌贼可以进行捕食的时间增加，捕食范围扩大，捕食成功率也增加，因此特定生长率和成活率也逐渐增加。当光照时间超过 12 h 后，乌贼的特定生长率略微下降，成活率则呈现较大程度下降（图 3. 3. 16，图 3. 3. 17）。这可能是由于过长的光照时间偏离了其内源性光周期节律。虎斑乌贼在初孵幼乌贼时期由于对食物和营养的巨大需求，一般生活在较明亮的浅水区域，其此时较适应于自然光周期，因而过长的光照时间可能对其自身的运动节律、摄食节律、内源性生理节律、代谢和生存都产生了影响，生长受到了一定程度的影响，而成活率则受到了极大的抑制。

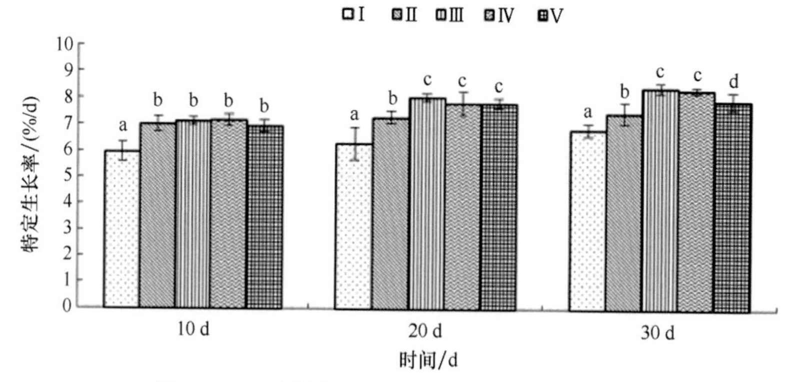

图 3. 3. 16　光周期对初孵乌贼特定生长率的影响

Ⅰ：L：D（0 h：24 h）组；Ⅱ：L：D（6 h：18 h）组；Ⅲ：L：D（12 h：12 h）组；Ⅳ：L：D（18 h：6 h）组；Ⅴ：L：D（24 h：0 h）组

（资料来源：周爽男提供，2018）

2. 光周期对初孵乌贼耗氧率、排氨率及肌肉中 LD 含量的影响

研究结果显示，随着光照时间的增加，虎斑乌贼耗氧率和排氨率均先增加，后稳定，再增加，虎斑乌贼在全黑暗环境中较少活动，摄食行为较少，捕食运动的强度较小，随着光照时间的增加，乌贼可以捕食的时间增加，日捕食的相对强度加大，整个个体的代谢活动也相对增加，因此耗氧率和排氨率也随之增加（表 3. 3. 6）。LD 为水生动物无氧代谢的终端产物，一直以来被视作胁迫的指标，研究发现随着光照时间的增加，L：D（12 h：12 h）

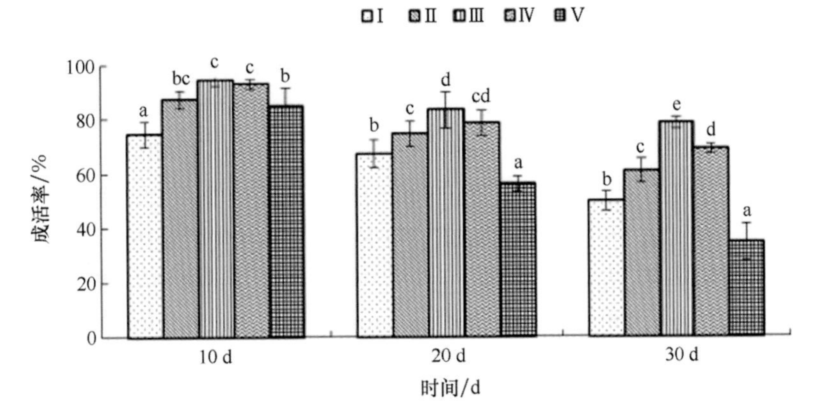

图 3. 3. 17　光周期对初孵乌贼成活率的影响

Ⅰ：L：D（0 h：24 h）组；Ⅱ：L：D（6 h：18 h）组；Ⅲ：L：D（12 h：12 h）组；Ⅳ：L：D（18 h：6 h）组；Ⅴ：L：D（24 h：0 h）组

（资料来源：周爽男提供，2018）

组和 L：D（18 h：6 h）组乌贼肌肉中 LD 含量显著低于其他组，说明这两种光周期下乌贼体内的无氧代谢水平较其他组低，受到的环境胁迫较小。

表 3. 3. 6　光周期对初孵乌贼耗氧率、排氨率及肌肉中 LD 含量的影响

光周期 L：D (h)	耗氧率 [mg/（g·h）]	排氨率 [mg/（g·h）]	肌肉中 LD 含量 (mmol/gprot)
0：24	0.407 ± 0.031^{a}	0.018 ± 0.001^{a}	0.237 ± 0.002^{c}
6：18	0.464 ± 0.021^{b}	0.028 ± 0.005^{b}	0.228 ± 0.005^{b}
12：12	0.472 ± 0.014^{b}	0.025 ± 0.002^{b}	0.211 ± 0.011^{a}
18：6	0.480 ± 0.008^{b}	0.030 ± 0.006^{b}	0.216 ± 0.004^{a}
24：0	0.509 ± 0.016^{c}	0.044 ± 0.005^{c}	0.348 ± 0.006^{d}

资料来源：周爽男，2018。

3. 光周期对初孵乌贼呼吸代谢酶的影响

水生动物的呼吸代谢能反映动物机体的代谢特征、生理状况以及对外界环境的适应能力。PK 不仅能加快糖酵解的反应速率，而且还能对细胞中 ATP 的含量产生影响。HK 与细胞膜中的葡萄糖转运蛋白质功能相互偶联，对细胞中的能量代谢和葡萄糖总流量产生影响。此两种酶是糖酵解反应过程的关键限速酶，其活性的变化在调节糖代谢过程中有重要作用，反应糖酵解水平的高低。作者研究发现 L：D（12 h：12 h）组和 L：D（16 h：8 h）组虎斑乌贼的 PK 和 HK 的活性均维持在一个较高水平，这两种光周期下乌贼体内糖酵解速率较快，能产生更多的能量用于生长，对环境的适应能力更强（表 3. 3. 7）。无氧糖酵解是软体动物的厌氧代谢途径，LDH 可催化丙酮酸转化为 LD，是机体无氧代谢的标志酶，一直以来都被视作胁迫指标。研究发现 L：D（12 h：12 h）环境下虎斑乌贼的 LDH 活性处在较低水平，说明该光周期下乌贼的生存环境好，对机体的胁迫小。

表 3.3.7　光周期对初孵乌贼呼吸代谢酶的影响

光周期 L：D（h）	鳃的 HK 活性（U/gprot）	鳃的 PK 活性（U/gprot）	肌肉中 LDH 活性（U/gprot）
0：24	27.174±3.421[a]	68.059±3.623[a]	100.092±2.105[d]
6：18	36.703±2.214[b]	75.444±3.783[b]	91.415±6.434[c]
12：12	48.166±4.449[c]	96.625±4.211[d]	75.766±4.290[a]
18：6	46.985±4.409[c]	92.824±2.386[d]	83.241±5.758[b]
24：0	41.189±3.147[b]	83.162±6.127[c]	111.522±5.302[e]

资料来源：周爽男，2018。

4. 光周期对初孵乌贼肝脏的 SOD 活性和 MDA 含量的影响

作者研究发现随着光照时间的增加，虎斑乌贼肝脏的 SOD 活性呈现先下降后上升的趋势，MDA 含量先下降，后稳定（图 3.3.18）。两者均在光照时间为 12 h 时存在最小值。L：D（12 h：12 h）组的 SOD 活性显著低于除 L：D（18 h：6 h）组外的其他组，说明该光周期下乌贼体内的氧自由基产生量较少，氧化压力较小，乌贼生长存活较为适宜，且该光周期下乌贼肝脏的 MDA 含量也较少，说明乌贼机体内细胞膜脂质的过氧化反应相对较低，机体受到的损伤相对较小，而 L：D（24 h：0 h）组的 SOD 活性和 MDA 含量均显著高于其他组，说明该光周期下乌贼体内的氧自由基产生量较多，氧化压力较大，机体细胞受到的损伤较为严重，因此受到的胁迫较大，不利于乌贼的生长存活。

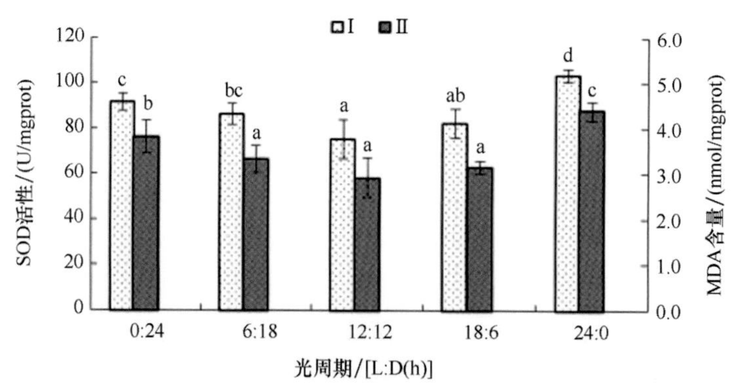

图 3.3.18　光周期对初孵乌贼肝脏的 SOD 活性和 MDA 含量的影响

Ⅰ：超氧化物歧化酶（SOD）；Ⅱ：丙二醛（MDA）

（资料来源：周爽男提供，2018）

五、氨氮对虎斑乌贼幼乌贼的影响

虎斑乌贼对氨氮的胁迫表现异常敏感，水中氨氮稍高，就会引起乌贼喷墨，严重时会导致大量死亡。在目前虎斑乌贼苗种繁育与养殖过程中，主要是投喂动物性饵料，由于投饵过量或投喂方法不当常会造成饵料浪费，而残饵中的含氮有机物在水体中氧化分解会产生大量的氨氮，导致水中的氨氮含量增加，同时在氧化分解过程中大量消耗水中的溶解氧并产生一些其他有害物质，造成水体缺氧与水质败坏。因此育苗与养殖过程中，我们需要做好工作，防止因水中氨氮含量过高，导致乌贼大面积死亡甚至全池死亡的现象。

1. 氨氮胁迫对虎斑乌贼幼乌贼的急性毒性效应

作者研究显示，虎斑乌贼幼乌贼（体重 6.52 g）96 h 的氨氮 LC_{50} 为 18.33 mg/L（UIA-N 为 0.96 mg/L），安全浓度为 1.83 mg/L（UIA-N 为 0.10 mg/L）（表 3.3.8）。虎斑乌贼对氨氮的耐受性显著低于大部分水产养殖品种（表 3.3.9）。虎斑乌贼对水环境的氨氮耐受性低，因此在虎斑乌贼苗种繁育和养殖过程中需特别注意如下六个方面。①加强日常管理：养殖人员要经常对养殖水体进行氨氮含量检测，可以提前发现问题并解决；②放养的密度适宜，搭配比例科学合理，以减少氨氮的来源；③使用优质饲料：饲料营养全面，易消化吸收，饵料系数低，投饵后残饵少，粪便少，氨氮产生的浓度也就相对较低；④施用有益菌，促进水体硝化菌的硝化作用，减少氨氮的产生；⑤注意调节水体的 pH 值，pH 值与氨氮呈正相关关系，pH 值越高，分子氨浓度也越高，其毒性就越大；⑥保持养殖水体的溶氧充足：氧气可以加快硝化反应，降低氨氮的毒性。

表 3.3.8 氨氮对虎斑乌贼幼乌贼的半致死浓度（LC_{50}）和安全浓度（SC）

时间（h）	氨氮（mg/L）		非离子氮（mg/L）	
	LC_{50}	SC	LC_{50}	SC
24	31.72	1.833	1.66	0.096
48	25.77		1.35	
72	23.33		1.22	
96	18.33		0.96	

资料来源：彭瑞冰，2018。

表 3.3.9 氨氮对几种水产养殖动物的半致死浓度和安全浓度

品种	规格	半致死浓度（mg/L）	
		24 h	96 h
虎斑乌贼 *Sepia pharaonis*	体重 6.52 g	25.77	18.33
脊尾白虾 *Exopalamon carincauda*	体长 1.2 cm	155.81	80.40
脊尾白虾 *E. carincauda*	体长 4.3 cm	178.80	120.86
克氏原螯虾 *Procambarus clarkii*	体长 2.8 cm	167.54	79.4
凡纳滨对虾 *Litopenaeus vannamei*	体长 5.0 cm	62.23	26.67
锯缘青蟹 *Scylla serrata*	体重 20.8 g	177.55	未检
大黄鱼 *Larimichthys crocea*	体重 11.5g	37.34	19.59
团头鲂 *Megalobrama amblycephala*	体重 14.5 g	56.49	未检
鲢鱼 *Hypophthalmichthys molitrix*	体重 4.0 g	33.61	20.92
白斑狗鱼 *Esox lucius*	体重 4.8 g	34.36	未检

资料来源：彭瑞冰，2018。

2. 亚急性氨氮对虎斑乌贼幼乌贼生长性能和抗氧化防御系统的影响

作者采用单因子试验方法，设置氨氮浓度 0 mg/L、1 mg/L、1.8 mg/L、3 mg/L 和 5 mg/L 五个梯度，研究氨氮浓度对虎斑乌贼的生长性能和抗氧化防御系统的影响。研究结果显示，在氨氮 1 mg/L、1.8 mg/L、3 mg/L、5 mg/L 处理组养殖 60 d 后，虎斑乌贼幼乌贼的成活率与对照组相比分别减少了 3.5%、9.3%、28.5% 和 60.4%（图 3.3.19）；特定生长率与对照组相比分别减少了 0.9%、2.2%、6.1%和 13.1%（图 3.3.20）。可以看出氨氮胁迫应激的环境下，会影响机体的能量分配，机体需要重新调整用于各大组织的能量分配，首先动员肌肉蛋白和脂肪的异化以满足不断增长的能量需要，这种代谢妥协的严重程度与随后的养分转移和不良环境的胁迫程度成正比。基础代谢随环境污染物胁迫强度的增加和胁迫时间的延长而增强，生长往往只有在基础代谢得到满足之后才能实现，故随着应激强度加剧和时间延长，动物的生长发育和存活受到一定程度的抑制，同时氨氮可以通过细胞膜扩散，造成器官和组织的损伤，导致成活率下降。氨氮胁迫除了会导致虎斑乌贼生长缓慢和死亡率增加，还会导致幼乌贼饵料利用效率降低，饵料系数增加，且饵料系数与胁迫的浓度呈正相关（图 3.3.21）。这可能是由于长期氨氮胁迫下，会导致虎斑乌贼组织受损，一方面会影响其对营养物质的吸收率，另一方面会导致其要花费一部分能量用于组织受损的修复与维护，从而用于生长的能量减少了。

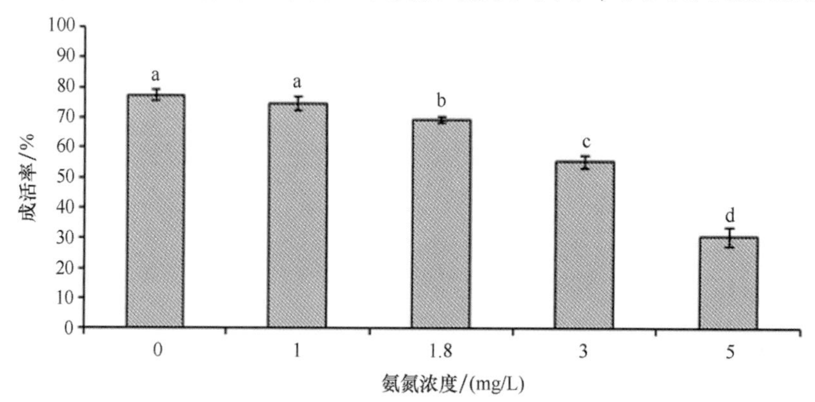

图 3.3.19 不同浓度的氨氮亚急性胁迫对虎斑乌贼幼乌贼成活率的影响
（资料来源：彭瑞冰提供，2018）

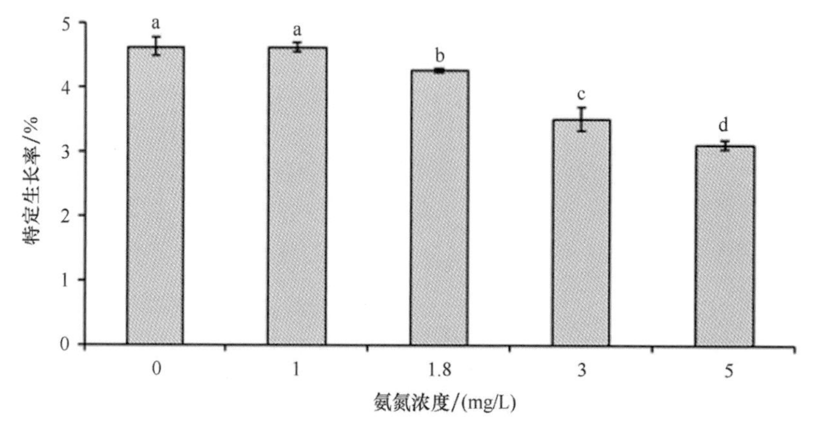

图 3.3.20 不同浓度的氨氮亚急性胁迫对幼乌贼特定生长率的影响
（资料来源：彭瑞冰提供，2018）

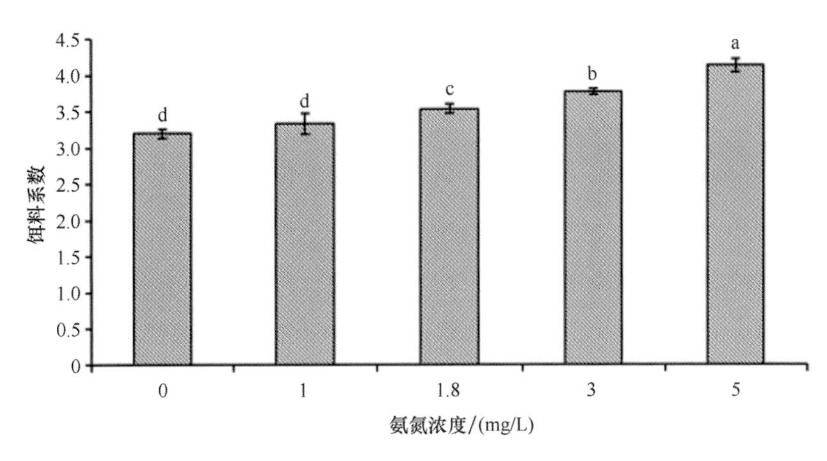

图 3.3.21　不同浓度的氨氮亚急性胁迫对幼乌贼饵料系数的影响
（资料来源：彭瑞冰提供，2018）

虎斑乌贼长期生活在氨氮胁迫的环境下，会导致虎斑乌贼肝脏肿大，肝体比系数增加，并且肝体比系数随着氨氮浓度增加而增加，暗示着氨氮胁迫会引起肝脏组织发生病变，功能异常。同时亚急性氨氮胁迫对虎斑乌贼抗氧化防御系统影响显著，氨氮胁迫下抗氧化酶系统受到破坏，氧自由基过多积累造成氧化受损，正常代谢活动受损，导致虎斑乌贼肝脏出现水肿。研究发现虎斑乌贼长期生活在氨氮浓度为 1.8 mg/L 及以上水环境条件下，会导致其抗氧化酶系统的抗氧化能力降低（图 3.3.22），使机体免疫力下降，这些变化可能是虎斑乌贼在长期氨氮胁迫下死亡率高的主要原因之一。因此，从生长、存活、摄食和抗氧化酶相关评价数据来看，虎斑乌贼的氨氮安全浓度为 1 mg/L。当虎斑乌贼长期生活在 1.8 mg/L 及以上氨氮浓度的水环境条件下，会导致其生长减慢、饵料利用率下降、免疫力下降、对不良环境应激能力下降、死亡率增加。

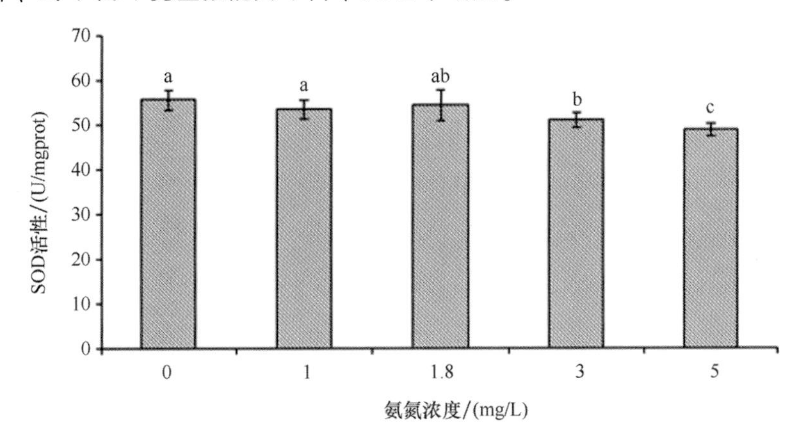

图 3.3.22　不同浓度的氨氮亚急性胁迫对幼乌贼 SOD 活性的影响
（资料来源：彭瑞冰提供，2018）

第四章 虎斑乌贼生理学

第一节 虎斑乌贼的耗氧率

一、虎斑乌贼胚胎的耗氧率

1. 不同发育时期虎斑乌贼胚胎耗氧率的变化

耗氧率是体内生理代谢活动的一项重要指标，不同发育时期胚胎的耗氧率不同，水体中的溶氧对胚胎的正常发育和成功孵化至关重要。作者采用单因子实验方法测定了虎斑乌贼不同发育时期（受精卵期、囊胚期、原肠胚期、胚孔封闭期、胚体形成期、器官形成期、红珠期、心跳出现期、色素出现期、内骨骼形成期、孵化期、仔乌贼期）胚胎的耗氧率，结果表明虎斑乌贼胚胎在不同的发育时期对溶解氧有不同的要求，各个发育时期的耗氧率变化随发育时期的进程呈直线上升趋势，其中有四个较明显的上升期，分别为原肠胚期、器官形成期、内骨骼形成期和孵化期。受精卵期的耗氧率为 0.082 mg/（100 eggs · h），原肠胚期的耗氧率为 0.279 mg/（100 eggs · h），是囊胚期的 3.35 倍，器官形成期的耗氧率为 0.819 mg/（100 eggs · h），内骨骼形成期的耗氧率为 1.176 mg/（100 eggs · h），而到孵化期时耗氧率为 1.367 mg/（100 eggs · h），是受精卵期耗氧率的 16.67 倍（表 4.1.1）。这表明随着虎斑乌贼神经组织及器官组织等的形成，新陈代谢加强，对氧的需求也越来越大，这四个发育时期胚胎的新陈代谢最为旺盛，胚胎发育过程对水体的溶解氧也有较高的要求，因此也最容易受到水体溶解氧变化的影响。在虎斑乌贼胚胎发育过程中，其通过增加胚胎表面积和减小卵膜的厚度来满足对 O_2 的需求，如当胚胎内乌贼发育到红珠期后，卵膜开始逐渐变薄，从虎斑乌贼胚胎耗氧率的测定结果来看，出现了较高的耗氧率。因此，在虎斑乌贼胚胎孵化过程中，要保证水体足够的氧气供应，尤其在四个耗氧率升高较为明显的时期。当水体溶解氧偏低时，胚胎就会出现发育迟缓、代谢紊乱、提前脱膜、畸形或死亡等现象。所以，加大充气，保证孵化水体充足的溶氧供应，这对虎斑乌贼胚胎的发育将起到至关重要的作用。

表 4.1.1　虎斑乌贼胚胎不同发育时期耗氧率

发育时期	耗氧率［mg/（100 eggs · h）］
受精卵	0.082±0.001[a]
囊胚期	0.083±0.001[a]
原肠胚期	0.279±0.034[b]
胚孔封闭期	0.421±0.035[c]
胚体形成期	0.523±0.038[d]
器官形成期	0.819±0.031[e]
红珠期	0.958±0.035[f]
心跳出现期	1.002±0.035[f]
色素出现期	0.984±0.035[f]
内骨骼形成期	1.176±0.000[g]
孵化期	1.367±0.029[h]
仔乌贼期	1.394±0.083[h]

资料来源：王鹏帅提供，2016。

2. 盐度对虎斑乌贼胚胎耗氧率的影响

不同的生态因子对胚胎耗氧率有不同程度的影响，水体中的氧气含量以及相应水体环境的变化是胚胎能否正常发育和成功孵化的关键因素。通过研究不同盐度对虎斑乌贼胚胎呼吸作用的影响，有利于实际生产中了解胚胎发育不同时期的需氧规律，找到不同孵化条件下最适合胚胎发育的溶氧大小，为虎斑乌贼胚胎的运输和人工孵化提供实际指导。

作者采用单因子试验方法，研究不同盐度（21、24、27、30 和 33）对虎斑乌贼胚胎不同发育时期（受精卵期、原肠胚期、器官形成期、内骨骼形成期）的耗氧率的影响，结果显示不同盐度对受精卵期和原肠胚期的耗氧率没有显著影响（$P>0.05$），但对器官形成期、内骨骼形成期影响显著（$P<0.05$），盐度 24~30 组胚胎耗氧率显著高于其他两组。随着盐度的上升，各个发育时期的耗氧率均呈现先增大后减小的趋势，当盐度为 30 时，四个发育时期（受精卵期、原肠胚期、器官形成期、内骨骼形成期）均达到最大值，分别为 0.082 mg/（100 eggs · h）、0.200 mg/（100 eggs · h）、0.768 mg/（100 eggs · h）和 1.301 mg/（100 eggs · h），这可能与虎斑乌贼生存及繁殖水体盐度有关（图 4.1.1）。在胚胎发育过程中，氧气通过卵膜扩散来实现气体交换，盐度过高会引起氧气扩散，影响胚胎与水体之间的气体交换；而盐度过低会引起胚胎膨胀，导致发育受阻，进而影响胚胎新陈代谢。

3. 温度对虎斑乌贼胚胎耗氧率的影响

采用单因子试验，研究了不同温度（18℃、21℃、24℃、27℃、30℃）对虎斑乌贼胚

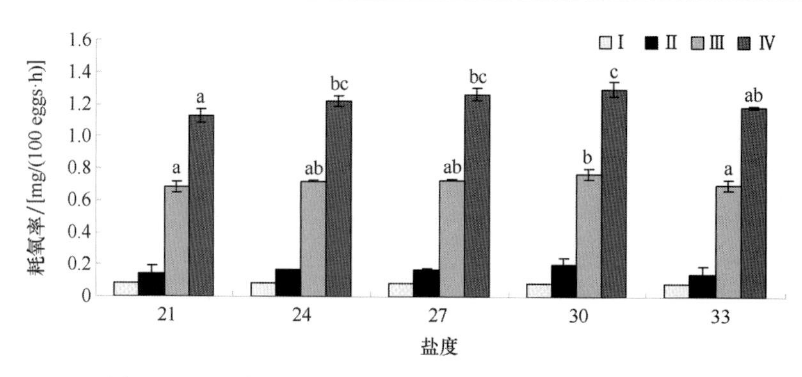

图 4.1.1 盐度对虎斑乌贼胚胎不同发育时期耗氧率的影响

Ⅰ：受精卵期；Ⅱ：原肠胚期；Ⅲ：器官形成期；Ⅳ：内骨骼形成期

（资料来源：王鹏帅提供，2016）

胎不同发育时期（受精卵期、原肠胚期、器官形成期、内骨骼形成期）的耗氧率的影响，结果表明在水温 18~27℃范围内，受精卵期、原肠胚期、器官形成期和内骨骼出现期耗氧率均随水温的升高而增加，在 27℃时，四个胚胎发育时期（受精卵期、原肠胚期、器官形成期、内骨骼形成期）均达到最大值，分别为 0.082 mg/（100 eggs · h）、0.286 mg/（100 eggs · h）、0.806 mg/（100 eggs · h）和 1.338 mg/（100 eggs · h）（图 4.1.2）。这反映了变温动物呼吸代谢强度随环境温度改变而改变的基本特征，当水温升高时，胚胎新陈代谢作用增强，各种生理生化反应加快，对溶氧的需求量增大，相应的耗氧率也随之增大，在 27℃时达到最大值。30℃时，其中原肠胚期、器官形成期和内骨骼形成期的耗氧率显著低于 27℃，这可能是由于超过 30℃时，乌贼胚胎内酶的活力下降，新陈代谢变慢，从而对胚胎的呼吸代谢产生了抑制作用，引起耗氧率下降。

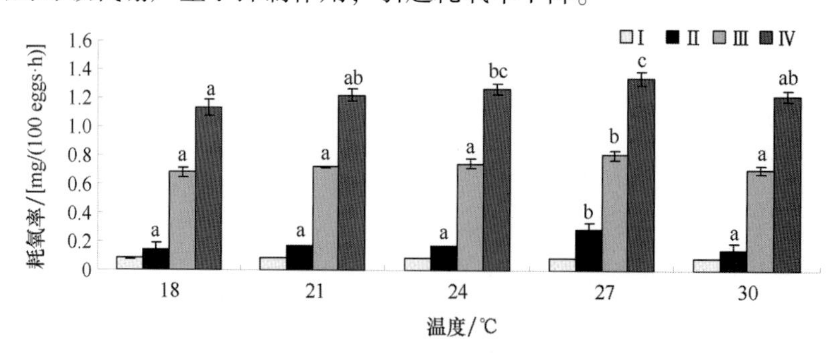

图 4.1.2 温度对虎斑乌贼胚胎不同发育时期耗氧率的影响

Ⅰ：受精卵期；Ⅱ：原肠胚期；Ⅲ：器官形成期；Ⅳ：内骨骼形成期

（资料来源：王鹏帅提供，2016）

4. pH 值对虎斑乌贼胚胎耗氧率的影响

海水酸碱度是养殖海水水质检测的一个重要指标，它能直接影响海洋生物的代谢机能，还能影响生物生存水体的各种理化因子，从而间接影响海洋生物的生长发育。pH 值对胚胎发育的影响主要表现在氢离子对胚胎发生的毒性作用，而卵膜本身应对水体酸碱性也有一定的调节能力，pH 值到底会对胚胎造成多大影响？作者采用单因子试验方法，研究了不同 pH 值（7.0、7.5、8.0、8.5 和 9.0）对虎斑乌贼胚胎不同发育时期（受精卵期、原肠胚期、器官形成期、内骨骼形成期）的耗氧率的影响，结果表明不同 pH 值条件下胚胎发育的各个时期的耗氧率无显著性差异（图 4.1.3）。受精卵期在 pH 值 8.0 时达到最大值，为 0.116 mg/（100 eggs · h）；而原肠胚期、器官形成期、内骨骼形成期在 pH 值 8.5 时达到最大值，分别为 0.281 mg/（100 eggs · h）、0.799 mg/（100 eggs · h）和 1.130 mg/（100 eggs · h）（如图 4.1.3）。这可能是由于虎斑乌贼胚胎对 pH 值的调节能力较强，在 pH 值为 7.0~9.0 时能够保证正常的新陈代谢，在耗氧率上表现为差异不显著。

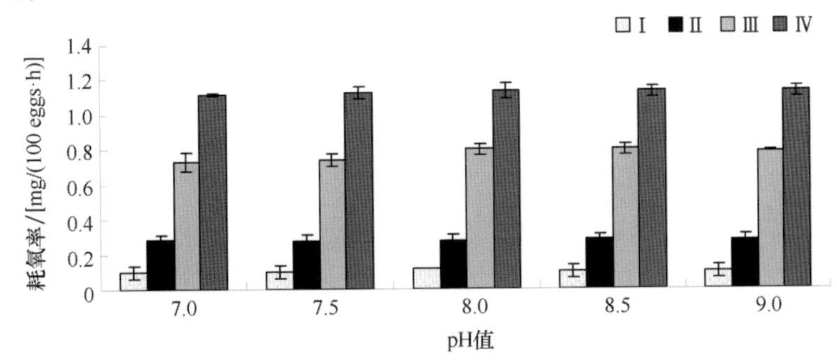

图 4.1.3　pH 值对虎斑乌贼胚胎不同发育时期耗氧率的影响

Ⅰ：受精卵期；Ⅱ：原肠胚期；Ⅲ：器官形成期；Ⅳ：内骨骼形成期

（资料来源：王鹏帅提供，2016）

二、虎斑乌贼幼乌贼的耗氧率

耗氧率是水生生物体内生理代谢活动的一项重要指标，它不但可以表现水生生物的生理代谢，也可以表现环境因素对其活动代谢的作用水平。尤其是窒息点，它是水生动物对水体低氧耐受能力的重要参数，不仅在生理和发育不同阶段方面的研究有着重要的意义，而且在养殖实际中也有重要的应用价值。目前，关于虎斑乌贼幼乌贼呼吸和排泄方面的研究尚未见有报道。作者对孵化后一个月内不同大小的虎斑乌贼以及不同规格幼乌贼的耗氧率、排氨率和窒息点着手研究，旨在探讨不同体重下虎斑乌贼幼乌贼的生理反应机制，为其生理生态学研究提供理论基础，并对虎斑乌贼的生产提供实际指导。

1. 虎斑乌贼幼乌贼体重与耗氧率的关系

采用单因子实验方法对不同体重（0.212 g、0.385 g、0.476 g、0.597 g、0.754 g、0.946 g）的虎斑乌贼幼乌贼进行耗氧率和排氨率的实验，结果表明：在相同的环境条件下，虎斑乌贼幼乌贼体重对耗氧率有显著影响（$P<0.05$）。随着虎斑乌贼幼乌贼体重的增长，耗氧率显著下降，体重与耗氧率之间呈幂函数关系，其方程式为 $Y=0.3552x^{-0.7175}$（$R^2=0.9395$）（图 4.1.4）。本试验采用虎斑乌贼幼乌贼湿重建立耗氧率的回归关系，结果均呈负相关幂函数关系，即随着虎斑乌贼幼乌贼体重的增长，耗氧率减小。这可能是由于虎斑乌贼在个体较小时，生长速度相对较快，需要摄食更多的营养物质，新陈代谢循环速率也相对较快，代谢程度相对于单位体重来讲就显得较高，因此，个体较小的幼乌贼耗氧率反而较高。

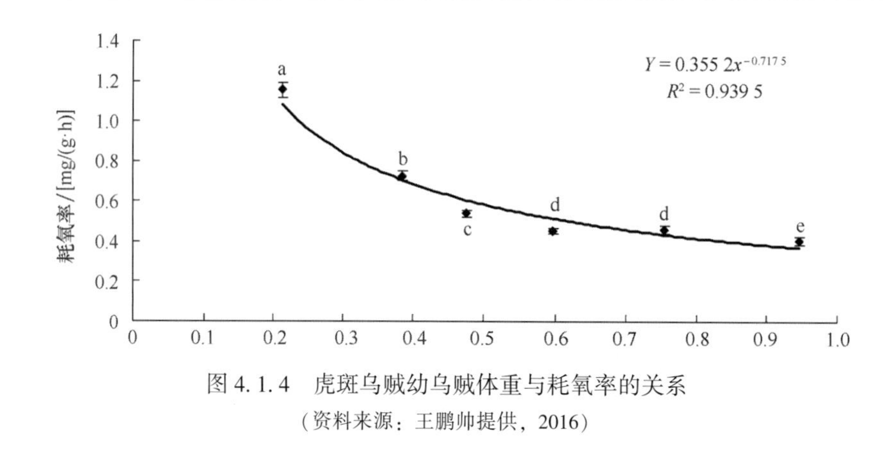

图 4.1.4 虎斑乌贼幼乌贼体重与耗氧率的关系
（资料来源：王鹏帅提供，2016）

2. 温度对不同规格虎斑乌贼幼乌贼耗氧率的影响

温度是引起水生无脊椎动物生理活动变化的重要因素之一，水生无脊椎动物的耗氧率会随着温度的升高而增长，当超过适宜范围，生理功能会出现紊乱，其耗氧率反而下降，原因是随着温度的升高，水生动物体内的氧化酶活性得到增强，从而使其生物体内的生化反应速率、呼吸速率逐渐加强，导致需氧量的增加，然而一旦超过了适宜的温度范围，体内的酶活性将会受到抑制，导致生物体内的生理代谢功能出现紊乱，耗氧率就会出现下降的趋势。作者采用单因子试验，研究了不同温度（18℃、21℃、24℃、27℃、30℃）对不同规格虎斑乌贼苗种的耗氧率的影响，结果显示温度对不同规格虎斑乌贼苗种的耗氧率有显著影响（$P<0.05$），均随温度的升高呈先上升后降低的趋势。其中，A 规格（0.37 g）和 C 规格（0.84 g）虎斑乌贼苗种的耗氧率均在水温 27℃时取得最大值，分别为 0.654 mg/（g·h）和 0.399 mg/（g·h），B 规格（0.56 g）在水温 24℃时，取得最大值［0.457 mg/（g·h）］（图 4.1.5）。可见，其最高点出现在温度为 24℃或 27℃两组，30℃时，耗氧率已开始出现明显的下降趋势，说明 30℃可能已经超过了虎斑乌贼苗种适温范围，引起体内酶活力下降，新陈代谢减慢，从而对虎斑乌贼苗种的呼吸代谢产生了抑制作用，引起耗氧率和排氨率的下降。这与乐可鑫等（2014）得出的虎斑乌贼苗种最适生长温度 24～27℃一致。

3. 盐度对不同规格虎斑乌贼幼乌贼耗氧率的影响

盐度是水体中重要的环境因素，对海洋生物的生长代谢有显著的影响，盐度对水生动物耗氧率的影响方面，有两种看法，一种看法认为，在适宜的盐度范围内，耗氧率随着盐度的上升呈先升高后降低的趋势；另一种看法认为，高于或低于这个适宜的盐度范围，耗氧率都会上升，水体盐度对水生动物机体存在一个等渗点，在这个等渗点时的能量消耗最少，成长最快，在偏离这个等渗点时，水生动物为了确保内外渗透压的平衡，必然会消耗大量的能量来维持机体内环境的稳定，引起耗氧率升高。盐度对虎斑乌贼的耗氧率产生什么影响呢？作者采用单因子实验方法，设置了 5 个盐度梯度（19、22、25、28、31），对虎斑乌贼苗种三种规格进行耗氧率影响测定。结果显示，三种规格的虎斑乌贼幼乌贼耗氧率都随着盐度的升高呈先下降后上升的趋势，盐度对不同规格虎斑乌贼苗种的耗氧率有显著影响，均随盐度的

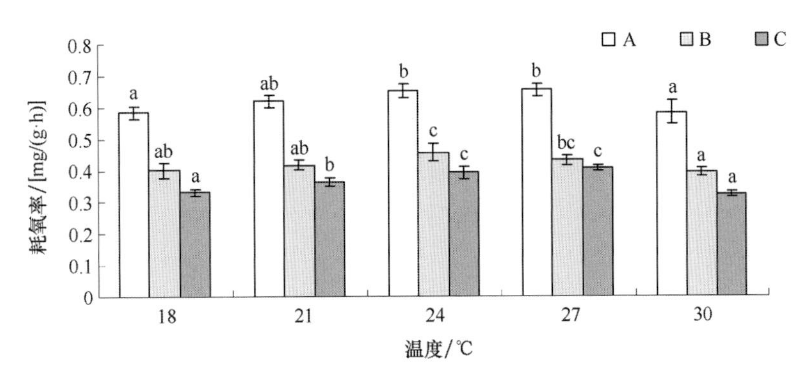

图 4.1.5　温度对不同规格虎斑乌贼幼乌贼耗氧率的影响

A：体重 0.37 g；B：体重 0.56 g；C：体重 0.84 g

（资料来源：王鹏帅提供，2016）

增长，呈先下降后上升的趋势。其中，A 规格和 B 规格虎斑乌贼苗种的耗氧率均在盐度 25 时，达到最小值，分别为 0.617 mg/（g・h）和 0.424 mg/（g・h），C 规格在盐度 28 时，达到最小值［0.352 mg/（g・h）］（图 4.1.6）。从结果来看最低点均出现在盐度为 25 或 28 两组，这结果与虎斑乌贼苗种最适生长盐度 25～27 相近，表明虎斑乌贼在适宜的盐度范围内耗氧率少；高于或低于其盐度最适宜范围时，耗氧率都会上升。因此，在虎斑乌贼养殖过程中，要确保其盐度在适宜的范围内变动，特别要留意台风天气或强降雨等造成海水盐度发生较大幅度的变动，防止虎斑乌贼出现缺氧的想象。

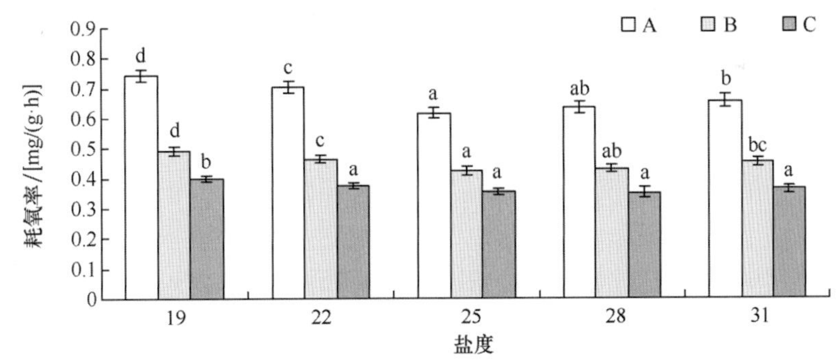

图 4.1.6　盐度对不同规格虎斑乌贼幼乌贼耗氧率的影响

A：体重 0.37 g；B：体重 0.56 g；C：体重 0.84 g

（资料来源：王鹏帅提供，2016）

4. pH 值对不同规格虎斑乌贼幼乌贼耗氧率的影响

水体中 pH 值过高或过低都能够影响水生动物的皮肤和腮的感觉神经，进而影响到呼吸作用，使其摄取水中溶氧的能力下降。水体环境 pH 值对水生动物的生长、发育及新陈代谢活动均有较大影响。作者采用单因子实验方法，研究了不同 pH 值（7.0、7.5、8.0、8.5、9.0）对不同规格虎斑乌贼［体重 A 规格（0.417±0.075 g）、B 规格（0.817±0.098 g）、C 规格（1.033±0.081 g）］耗氧率的影响。结果显示，三种规格的虎斑乌贼的耗氧率随 pH 值的升高大致呈上升的趋势，pH 值对不同规格虎斑乌贼的耗氧率有显著影响，均随

pH 值的升高，呈逐渐上升的趋势。其中，A 规格和 C 规格虎斑乌贼的耗氧率均在 pH 值 7.0 时达到最小值，分别为 0.468 mg/（g·h）和 0.162 mg/（g·h），B 规格在 pH 值 7.5 时有最小值［0.221 mg/（g·h）］；三种规格均在 pH 值 9.0 时达到最大值（图 4.1.7）。对虎斑乌贼体重与 pH 值的交互作用分析表明，pH 值和规格对虎斑乌贼的耗氧率都有显著性影响，但二者的交互作用对虎斑乌贼的耗氧率没有显著性影响。

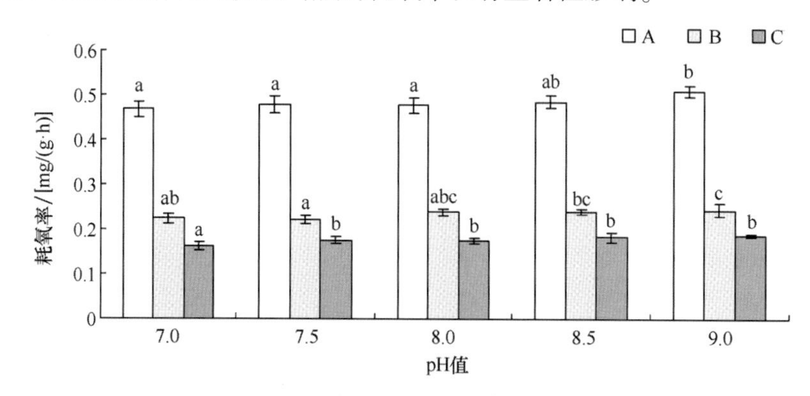

图 4.1.7　pH 值对不同规格虎斑乌贼幼乌贼耗氧率的影响

A：体重 0.417±0.075 g；B：体重 0.817±0.098 g；C：体重 1.033±0.081 g

（资料来源：王鹏帅提供，2016）

第二节　虎斑乌贼的窒息点

窒息点是鱼类生理学研究中一个比较重要的内容。尤其窒息点是反映不同鱼类对溶氧量的要求和对低氧的耐受力的重要参数。研究虎斑乌贼的窒息点，弄清虎斑乌贼对水中溶氧的最低需求量，在养殖生产实践中是非常重要的。除种类外，虎斑乌贼窒息点的高低还可能与体重、温度、性腺成熟、水的理化特性、氧张力等因素有关。作者采用单因子试验研究了不同体重（0.476 g、0.673 g、1.341 g、3.873 g、4.205 g）的虎斑乌贼的窒息点。结果显示：不同体重（0.476～4.205 g）的虎斑乌贼的窒息点为 0.84～1.62 mg/L，平均为 1.24 mg/L；虎斑乌贼的窒息点随体重的增加呈下降的趋势，即个体较大的乌贼对水体的低溶氧耐受能力更强，但同时由于个体较大的乌贼（体重 4.205 g）对水体的溶氧消耗较快，在较短的时间里就达到了乌贼的窒息点（0.84 mg/L），而相对较小的个体（体重 0.673 g）对水体溶氧消耗地相对较慢，在较长的时间内达到其窒息点（1.62 mg/L）（图 4.2.1）。因此，大个体的虎斑乌贼幼乌贼致死时间要明显短于小个体的。虎斑乌贼个体越大，窒息点越低，说明了个体的增长使其对水体低氧的耐受性比小个体的乌贼要强，但是，在虎斑乌贼的养殖过程中，尤其是后期个体较大时耗氧量和耗氧速度要明显地大于小个体乌贼，因此，一方面在虎斑乌贼幼乌贼运输过程中，要尽量选择个体较小的苗种，因为其窒息时间较长；另一方面在养殖过程中，尤其个体较大后，要合理控制养殖密度以保证养殖水体中足够的溶氧量。

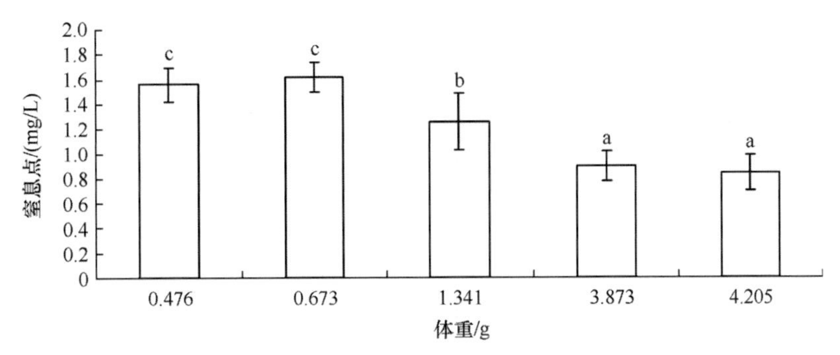

图 4.2.1 虎斑乌贼幼乌贼体重与窒息点的关系

（资料来源：王鹏帅提供，2016）

第三节 虎斑乌贼的排氨率

排泄是乌贼代谢活动的重要特征之一，也是乌贼生物能量学研究的重要内容之一，对于评估乌贼在生态系统中的作用、养殖容量、能量流动以及物质循环等具有十分重要的意义。通过研究虎斑乌贼的排氨率与各种环境因子的相互关系及变化规律，可为了解虎斑乌贼的代谢水平和活动规律提供理论依据，同时为虎斑乌贼的苗种繁育和养殖生产中水质调控和活体运输等提供科学依据。

一、虎斑乌贼幼乌贼体重与排氨率的关系

作者采用单因子实验方法对不同体重（0.212 g、0.385 g、0.476 g、0.597 g、0.754 g、0.946 g）的虎斑乌贼幼乌贼进行排氨率的实验，结果显示随着乌贼体重的增长，排氨率均显著下降，体重与排氨率之间也呈幂函数关系，其方程式为 $Y=0.0156x^{-0.6846}$（$R^2=0.9459$），其中，Y 为排氨率，x 为体重。从虎斑乌贼体重与排氨率的回归方程来看，显示负相关幂函数关系，即随着乌贼体重的增长，排氨率呈减小趋势（图 4.3.1）。这可能是由于小个体生长速度相对较快，需要摄食更多的营养物质，新陈代谢和消化系统等循环速率也相对较快，代谢程度相对于单位体重来讲就显得较高，因此，个体较小乌贼的排氨率就反而较高。

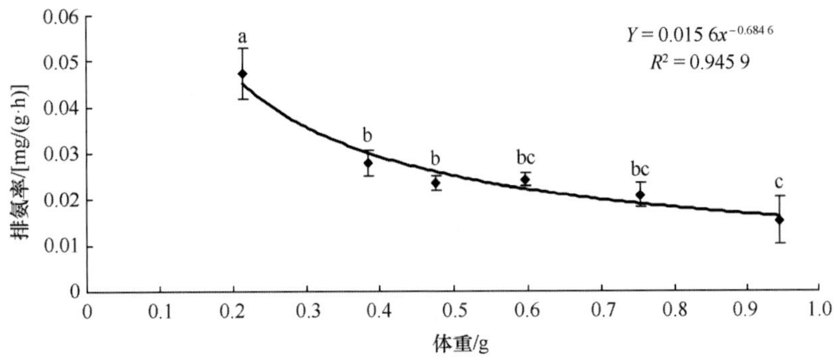

图 4.3.1 虎斑乌贼幼乌贼体重与排氨率的关系

（资料来源：王鹏帅提供，2017）

二、温度对虎斑乌贼幼乌贼排氨率的影响

温度是引起虎斑乌贼生理活动变化的重要因素之一。作者采用单因子实验方法和密闭静水法，设置温度 18℃、21℃、24℃、27℃、30℃五个梯度，研究温度变化对三种规格虎斑乌贼排氨率的影响。结果显示温度对不同规格（0.37~0.84 g）虎斑乌贼的排氨率影响显著（$P<0.05$），在水温 18~30℃范围内，虎斑乌贼的排氨率均随着温度的增加呈先增加后减少趋势，均在 24~27℃时达到最大值，0.37~0.84 g 乌贼排氨率为 0.018~0.028 mg/(g·h)（图 4.3.2）。但当温度超过 30℃以后，其排氨率则开始受到抑制。这可能是由于水温过高，超过该种类的最适范围，引起体内酶活力下降，导致新陈代谢减慢。

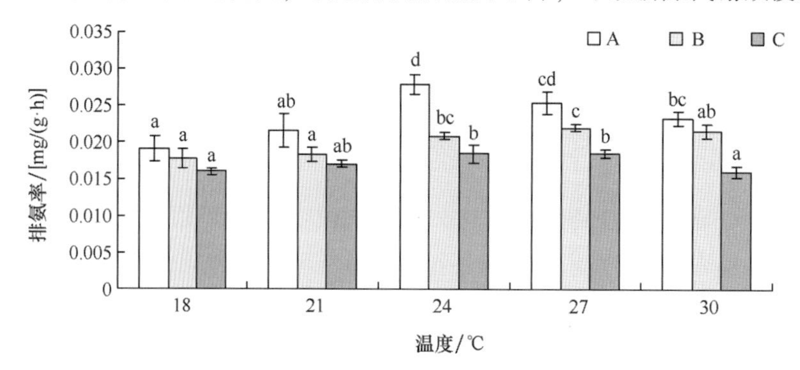

图 4.3.2 温度对不同规格虎斑乌贼幼乌贼排氨率的影响

A：体重 0.37 g；B：体重 0.56 g；C：体重 0.84 g

（资料来源：王鹏帅提供，2017）

三、盐度对虎斑乌贼幼乌贼排氨率的影响

海水盐度是影响乌贼新陈代谢的环境因素之一。生物体所表现的生命活动主要依靠新陈代谢，排氨率是生物代谢的重要参数。作者采用单因子实验方法和密闭静水法，研究了不同盐度（19、22、25、28、31）对三种规格虎斑乌贼排氨率的影响，结果显示在盐度 19~31 范围内，虎斑乌贼的排氨率均随着盐度的增加呈先减少后增加的趋势，其最低点均出现在盐度为 25~28 时（图 4.3.3）。这与相关研究表明虎斑乌贼幼体最适宜生长盐度为 25~27 相近。因此，在养殖过程中，保证适宜盐度，有利于保证其正常的生理代谢活动。

四、pH 值对虎斑乌贼幼乌贼排氨率的影响

pH 值是海水养殖水质检测的一个重要指标，它能直接影响海洋生物的代谢机能，pH 值超出水生动物的适宜范围将直接导致其内环境的紊乱，而排氨率的变化也从侧面反映出水生动物机体产生应激反应、对抗恶劣环境的表现。作者采用单因子实验方法和密闭静水法，研究了不同 pH 值（7.0、7.5、8.0、8.5、9.0）对三种规格虎斑乌贼排氨率的影响，结果显示 pH 值对不同规格虎斑乌贼幼乌贼的排氨率也有显著性影响，均随 pH 值的增长

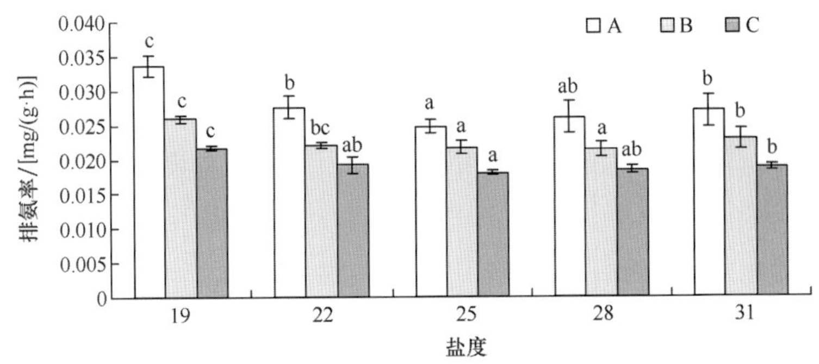

图 4.3.3　盐度对不同规格虎斑乌贼幼乌贼排氨率的影响

A：体重 0.37 g；B：体重 0.56 g；C：体重 0.84 g

（资料来源：王鹏帅提供，2017）

大致呈上升的趋势，A 规格与 B 规格虎斑乌贼幼乌贼的排氨率在 pH 值 7.0 时，取得最小值，分别为 0.017 mg/（g·h）和 0.12 mg/（g·h）；三种规格虎斑乌贼排氨率在 pH 值 9.0 时取得最大值，分别为 0.028 mg/（g·h）、0.017 mg/（g·h）、0.013 mg/（g·h）（图 4.3.4）。

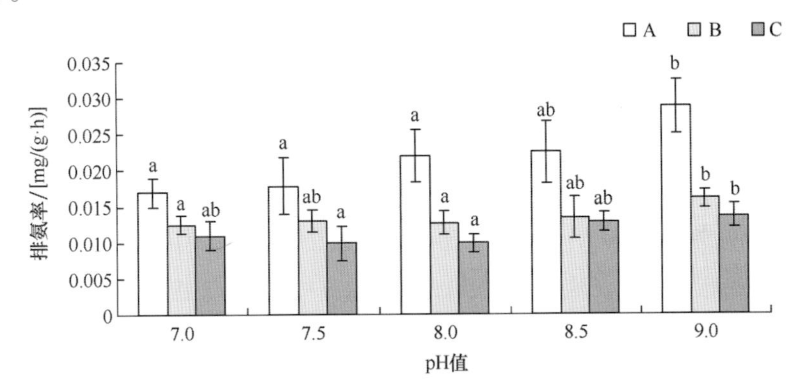

图 4.3.4　pH 值对不同规格虎斑乌贼幼乌贼排氨率的影响

A：体重 0.37 g；B：体重 0.56 g；C：体重 0.84 g

（资料来源：王鹏帅提供，2017）

第四节　虎斑乌贼的氧氮比（O/N）

氧氮比（O/N）是生物体内蛋白质与脂肪和碳水化合物分解代谢的比率，是动物利用能源物质配比的一个重要指标。通过 O/N 值能够估计海洋动物代谢中能源物质的化学本质以及海洋动物能量消耗情况。如果机体消耗的能量完全由蛋白质提供，O/N 值约为 7；如果机体完全由蛋白质和脂肪氧化供能，O/N 值约为 24；如果机体耗能主要由脂肪或碳水化合物提供，O/N 值将大于 24，甚至无穷大。

一、温度对虎斑乌贼幼乌贼 O/N 的影响

作者采用单因子实验方法，研究了不同温度（18℃、21℃、24℃、27℃、30℃）对三

种规格（A：0.37 g；B：0.56 g；C：0.84 g）虎斑乌贼幼乌贼 O/N 的影响，结果显示在温度 18~30℃的范围内，虎斑乌贼幼乌贼的 O/N 范围为 18.373~30.771，表明虎斑乌贼幼乌贼在实验温度条件下，呼吸代谢均主要由蛋白质和脂肪混合供能，实验发现 0.37 g 虎斑乌贼幼乌贼（图 4.4.1）的氧氮比（O/N）在温度为 18℃时显著高于 24℃和 30℃。对于虎斑乌贼幼乌贼呼吸代谢底物来说，体重较小的幼乌贼受温度变化的影响要大于体重较大的幼乌贼。

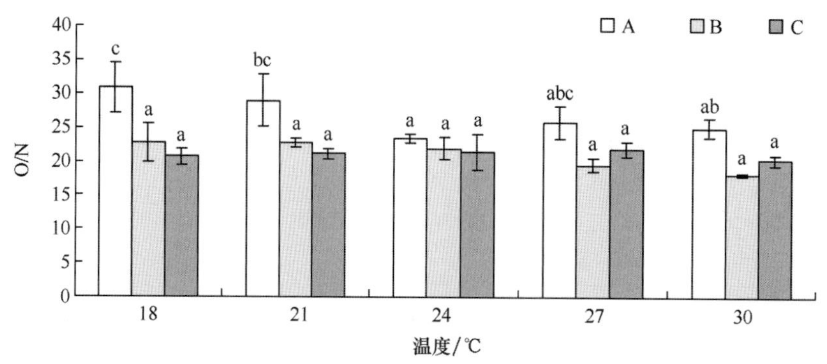

图 4.4.1 温度对不同规格虎斑乌贼幼乌贼 O/N 的影响

A：体重 0.37 g；B：体重 0.56 g；C：体重 0.84 g

（资料来源：王鹏帅提供，2017）

二、盐度对虎斑乌贼幼乌贼 O/N 的影响

作者采用单因子实验方法，研究了不同盐度（19、22、25、28、31）对三种规格虎斑乌贼幼乌贼 O/N 的影响，结果显示虎斑乌贼幼乌贼在各实验盐度条件下，呼吸代谢能量均主要由蛋白质和脂肪联合供应。其中，0.37 g 虎斑乌贼幼乌贼呼吸代谢的 O/N 值在盐度 22 时显著高于盐度 19 时；0.56 g 虎斑乌贼幼乌贼和 0.84 g 虎斑乌贼幼乌贼的 O/N 值在各实验组间均没有显著性差异，但分别在盐度 22 和 25 时有最大值（图 4.4.2）。由此可见，对于虎斑乌贼幼乌贼呼吸代谢底物来说，体重较小的幼乌贼受盐度变化的影响要大于体重较大的幼乌贼。

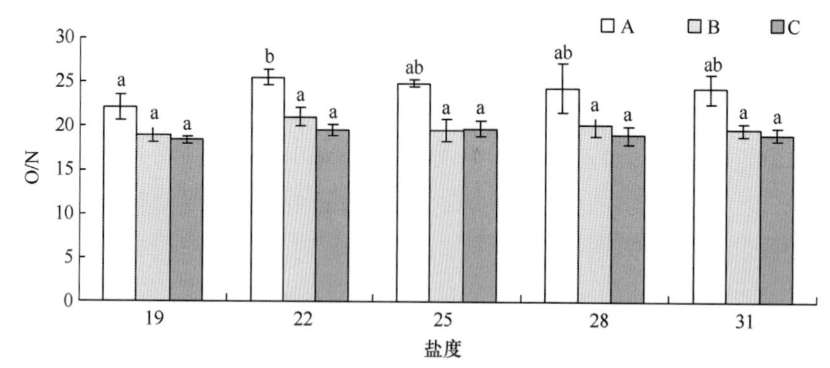

图 4.4.2 盐度对不同规格虎斑乌贼幼乌贼 O/N 的影响

A：体重 0.37 g；B：体重 0.56 g；C：体重 0.84 g

（资料来源：王鹏帅提供，2017）

三、pH 值对虎斑乌贼幼乌贼 O/N 的影响

作者采用单因子实验方法，研究了不同 pH 值（7.0、7.5、8.0、8.5、9.0）对三种规格虎斑乌贼幼乌贼 O/N 的影响，结果显示虎斑乌贼幼乌贼在不同 pH 值条件下，O/N 值大致随 pH 值的上升逐渐呈下降的趋势，在 pH 值 8.0~9.0 时，O/N 值相对要小于 pH 值 7.0 和 7.5 时的 O/N 值，虎斑乌贼幼乌贼在 pH 值较高时，体内代谢相对稳定（图 4.4.3）。由此可见，对于虎斑乌贼幼乌贼呼吸代谢底物来说，体重较小的幼乌贼受 pH 值变化的影响要大于体重较大的幼乌贼。

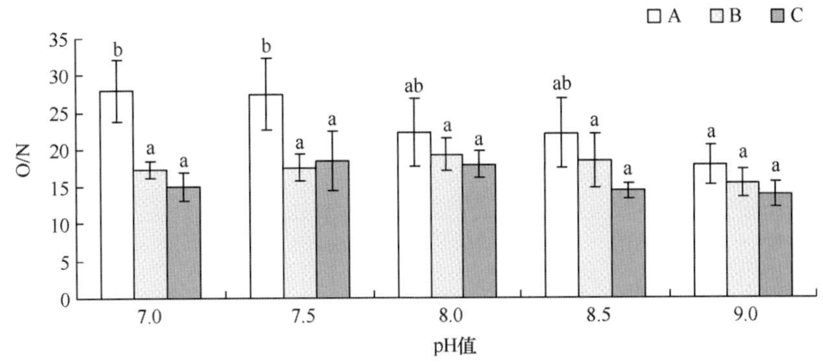

图 4.4.3　pH 值对不同规格虎斑乌贼幼乌贼 O/N 的影响

A：体重 0.37 g；B：体重 0.56 g；C：体重 0.84 g

（资料来源：王鹏帅提供，2017）

第五节　虎斑乌贼的饥饿与阈值

虎斑乌贼在人工育苗与养殖过程中，受到各种因素的影响，往往导致饵料供不应求，使之常常面临饥饿胁迫。相关研究表明水生动物处于饥饿状态下，可通过调节自身的能量分配、代谢水平和物质能源消耗来应对饥饿胁迫，再投喂后其机体生理生化各方面得以逐渐恢复，但胁迫加重或持续时间延长，机体调节和免疫保护能力超出其正常水平，其机体正常生理状态将出现紊乱，免疫机能也会受到显著影响。因此，研究饥饿胁迫和再投喂对其存活、生长、行为、摄食情况、肝功能和相关酶活力的影响，探讨饥饿处理对其的胁迫程度及再投喂后其的恢复情况，对制订科学合理的饥饿-再投喂方案至关重要。

一、饥饿对幼乌贼成活率、生长、行为及肝体比的影响

从行为上看，体色发黑与静卧于筐底是正常生活的幼乌贼所固有的生活习性。随着饥饿时间的增加，这些固有生活习性的表现水平开始降低。探究饥饿胁迫对虎斑乌贼幼乌贼成活率、生长、行为、肝体比、摄食率以及消化酶活力的影响，可以为幼乌贼培养中饵料投喂策略提供理论依据。在室内控制条件下，对幼乌贼（初重：4.95±0.48 g）进行了不

同时间饥饿处理（0 d、1 d、2 d、3 d、4 d、5 d、6 d）试验。结果显示：饥饿 1 d，幼乌贼活力、形态均正常，与对照组无明显差异；饥饿 2 d，幼乌贼开始不停地碰撞筐壁；饥饿 3 d，幼乌贼出现互相残杀、喷墨等现象；饥饿 4 d，幼乌贼体色发白；饥饿 5 d，幼乌贼胴部由椭圆形变成三角形，无法潜入水底；饥饿 6 d，幼乌贼多数失去活力，漂浮于水面。不同饥饿时间对虎斑乌贼幼乌贼的肝体比影响显著，饥饿会导致肝体比系数下降（图 4.5.1）。总的来说，表现为 3 d 后幼乌贼的体色发白，出现互相残杀，6 d 后漂浮于水面上（表 4.5.1）。

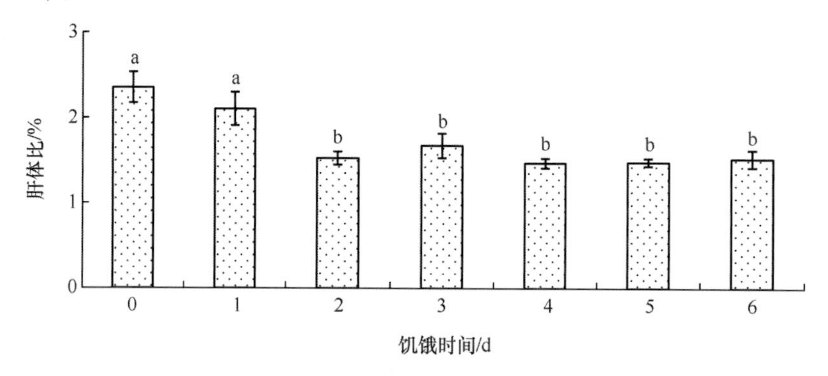

图 4.5.1 饥饿胁迫对虎斑乌贼幼乌贼的肝体比影响
（资料来源：乐可鑫提供，2016）

表 4.5.1 虎斑乌贼幼乌贼不同饥饿时间的行为观察

饥饿时间（d）	现象
0	活力强，游泳、体色正常，静卧于筐底部
1	活力强，形态、活动正常，少数出现上下浮动
2	活力下降，幼乌贼不停地碰撞筐壁
3	活力下降，出现互相残杀、喷墨等现象
4	活力差，个别体色开始发白，互相追逐攻击情况频发
5	活力差，胴部变三角形，无法潜入水底，尾部一直露出水面
6	多数失去活力，体色发白，漂浮于水面，对刺激反应迟缓

资料来源：乐可鑫，2016。

随着饥饿时间的增加，虎斑乌贼幼乌贼成活率呈现下降趋势，从饥饿 3 d 起，成活率出现明显下降，饥饿 6 d 后最低（33.31±8.50%）。不同饥饿时间对幼乌贼相对减重率影响显著，随着饥饿时间增加幼乌贼相对减重率呈现上升趋势，其相对减重率的排序为：6 d（22.86%±2.51%）>5 d（14.60%±0.67%）>4 d（11.68%±1.69%）>3 d（3.96%±0.83%）= 2 d（3.32%±0.50%）≥ 1 d（1.33%±0.28%）= 0 d（0%），饥饿第 4 天起，相对减重率明显增大（图 4.5.2）。

在饥饿条件下，生物体缺少外源性能量的摄入，开始内源性能量物质的消耗以维持自身

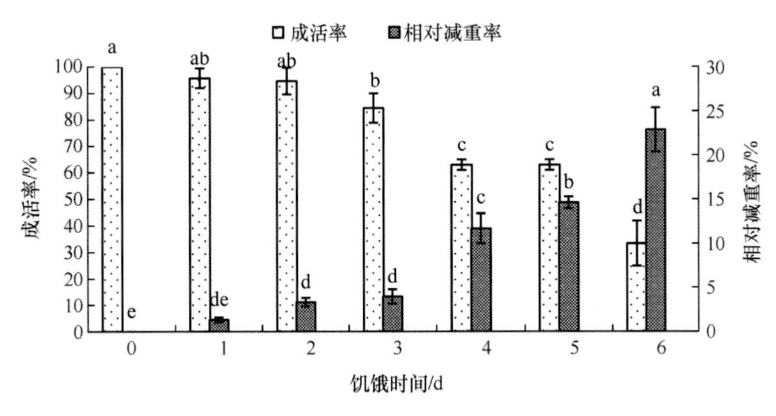

图 4.5.2 饥饿胁迫对虎斑乌贼幼乌贼生长与成活的影响
（资料来源：乐可鑫提供，2016）

的生命活动。当虎斑乌贼受到饥饿胁迫时，其体重会表现出明显的负增长趋势。1～3 d 体重变化速率较后期低，这可能是由于前期幼乌贼的生理活动仍处于正常水平，而后期由于出现互相追逐攻击，加剧了体内营养物质的消耗。同时发现幼乌贼在饥饿胁迫下，其肝体比下降，出现肝脏萎缩现象，随着胁迫时间延长，肝脏萎缩愈加严重，可以看出胁迫加重或持续时间延长，机体调节压力过大，其机体一些器官受损，导致其机体正常生理状态出现紊乱。虎斑乌贼幼乌贼饥饿 3 d 后开始出现明显死亡，饥饿 3～4 d 再投喂后，幼乌贼几乎都能进行食物捕捉，但部分虚弱的个体摄食量极少，且在投喂第 2 天死亡加剧，这可能是由于长时间饥饿后，消化道管腔变窄，管壁变薄，胃的褶皱减少，肝脏出现萎缩，重新摄入营养物质以后，导致胃扩张和代谢紊乱，致使死亡加剧，确切原因仍需进一步研究。再投喂结束时，4 d 组成活率为 46.49%，即 50%致死时间（生理死亡）为 4 d。饥饿 6 d 组大多数个体失去摄食能力，再投喂结束时成活率仅为 13.64%。“不可逆点”（the point of no-return，PNR）是指饥饿幼乌贼抵达该点时，虽仍能存活一段时间，但已失去摄食能力，也称“生态死亡”。因此，虎斑乌贼幼乌贼的 PNR 为饥饿 6 d 以后。

二、再投喂对幼乌贼成活率、特定生长率、肝体比、摄食率及消化酶的影响

由于自然界中季节更替、环境剧变或食物分布不均等原因，动物经常受到饥饿或营养不足的胁迫。作为生理生态学上的一种适应性，动物继饥饿或营养不足后，在恢复正常摄食时表现出超过未受饥饿或营养不足胁迫的正常个体的生长速度，称为补偿生长现象（compensatory growth）。有学者将鱼类的补偿生长现象从量的角度分为 4 类：超补偿生长，完全补偿生长、部分补偿生长和不能补偿生长。目前情况下，判断补偿生长主要是依据恢复生长期间的特定生长率、再投喂的体重与对照组的比较。为探究饥饿胁迫与饥饿后再投喂对虎斑乌贼幼乌贼成活率、生长、行为、肝体比、摄食率以及消化酶活力的影响，作者在室内控制条件下对幼乌贼（初重：4.95±0.48 g）进行了不同时间饥饿处理（0 d、1 d、2 d、3 d、4 d、5 d、6 d）和再投喂（15 d）恢复生长试验。结果显示虎斑乌贼幼乌贼经

过饥饿后，用小杂鱼进行再投喂 15 d，实验结束时各组幼乌贼成活率呈现下降趋势，饥饿 0~2 d 成活率无显著差异，饥饿 3~6 d，随着饥饿时间增长成活率明显下降，各组成活率的排序为：0 d（92. 68%±2. 78%） = 1 d（91. 99%±2. 69%） = 2 d（83. 38%±4. 81%） > 3 d（58. 68%±4. 13%） > 4 d（46. 49%±4. 02%） > 5 d（31. 53%±1. 68%） = 6 d（13. 64%±2. 64%）（图 4. 5. 3）。

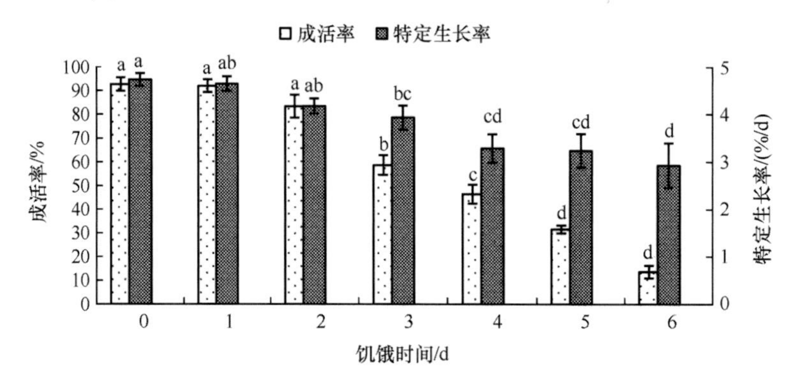

图 4. 5. 3 再投喂对虎斑乌贼幼乌贼生长与成活的影响
（资料来源：乐可鑫提供，2016）

各组特定生长率也随饥饿时间增长呈现下降趋势，对照组最高（4. 73±0. 13）%/d，饥饿 3~6 d 组与对照组差异显著，饥饿 6 d 组最低（2. 93±0. 46）%/d（图 4. 5. 3）。

各组肝体比随饥饿时间增长呈下降趋势，对照组最高 8. 61%±0. 58%，饥饿 3~6 d 组与对照组差异显著，饥饿 6 d 组最低 6. 29%±0. 26%（图 4. 5. 4）；再投喂对摄食率具有显著影响，除对照组外，随着饥饿时间增长各组摄食率呈现先上升后下降的趋势，各组摄食率的排序为：1 d（4. 32%±0. 41%）>2 d（3. 63%±0. 32%）>0 d（2. 81%±0. 31%） = 3 d（2. 78%±0. 57%） ⩾ 4 d（2. 39%±0. 29%） = 5 d（2. 41%±0. 24%） > 6 d（1. 82%±0. 15%），且饥饿 1~2 d 组摄食率明显高于对照组（0 d），饥饿 6 d 组摄食率最低（1. 82%±0. 15%）（图 4. 5. 4）。虎斑乌贼饥饿再投喂后，各饥饿组的个体体重均明显小于对照组（图

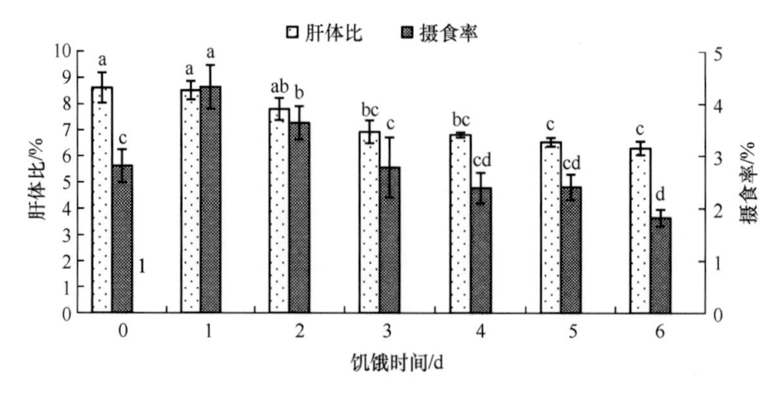

图 4. 5. 4 再投喂对虎斑乌贼幼乌贼肝体比和摄食率的影响
（资料来源：乐可鑫提供，2016）

4.5.5)。由此可见，虎斑乌贼幼乌贼在饥饿后属于不能补偿生长。因此，在虎斑乌贼幼乌贼的培育过程中，要尽量保证充足适口的饵料，避免幼乌贼生长越来越慢，最终导致体型瘦小。

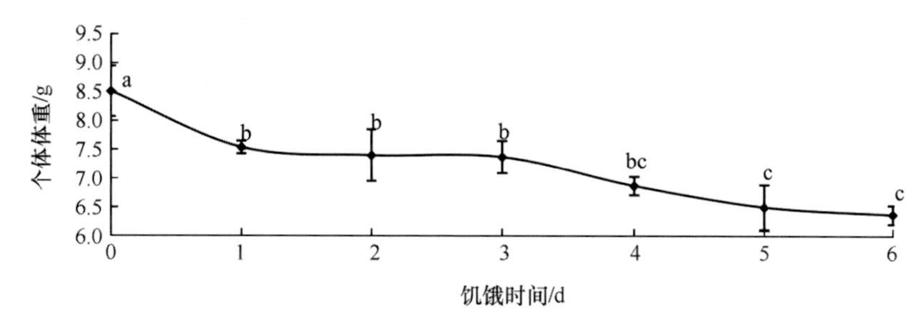

图 4.5.5　再投喂后虎斑乌贼幼乌贼个体体重

（资料来源：乐可鑫提供，2016）

作者研究结果显示，虎斑乌贼幼乌贼随着饥饿时间的增加，胃蛋白酶、淀粉酶、胰蛋白酶和脂肪酶均呈现显著下降后略有升高的趋势（表 4.5.2）。

表 4.5.2　不同饥饿时间对虎斑乌贼幼乌贼消化酶活力的影响

饥饿时间（d）	胃蛋白酶（U/mgprot）	胰蛋白酶（U/mgprot）	淀粉酶（U/mgprot）	脂肪酶（U/gprot）
0	6.92 ± 0.40^{a}	921.67 ± 29.87^{a}	0.27 ± 0.02^{a}	24.79 ± 2.93^{cd}
1	5.75 ± 0.35^{a}	782.59 ± 26.32^{b}	0.28 ± 0.02^{a}	20.16 ± 3.43^{d}
2	4.20 ± 0.23^{b}	690.63 ± 15.74^{c}	0.25 ± 0.03^{a}	18.47 ± 2.07^{d}
3	2.75 ± 0.63^{bc}	382.13 ± 25.33^{d}	0.15 ± 0.02^{b}	29.03 ± 3.36^{c}
4	2.68 ± 0.63^{c}	186.68 ± 20.72^{f}	0.07 ± 0.02^{c}	43.68 ± 3.12^{b}
5	1.98 ± 0.59^{c}	245.58 ± 24.33^{ef}	$0.12 \pm 0.03b^{c}$	51.49 ± 2.60^{ab}
6	2.37 ± 0.33^{c}	315.40 ± 30.97^{de}	0.18 ± 0.02^{b}	57.60 ± 3.98^{a}

资料来源：乐可鑫，2016。

作者研究结果显示，再投喂 15 d 后，4 种消化酶活力出现不同变化。各饥饿组的淀粉酶和脂肪酶活力与对照组无显著差异；胃蛋白酶活力除饥饿 1 d 组外，其他各组与对照组差异显著，且随饥饿时间增长呈下降趋势，饥饿 6 d 组胃蛋白酶活力最低（3.21±0.57）U/mgprot；胰蛋白酶活力饥饿 0~3 d 各组间无显著差异，饥饿 4 d 组胰蛋白酶活力与对照组差异显著，而饥饿 4~6 d 组间无显著差异（表 4.5.3）。

表 4.5.3 再投喂对虎斑乌贼幼乌贼消化酶活力的影响

饥饿时间 (d)	胃蛋白酶 (U/mgprot)	胰蛋白酶 (U/mgprot)	淀粉酶 (U/mgprot)	脂肪酶 (U/gprot)
0	$7.06±0.64^{a}$	$914.67±26.54^{a}$	$0.26±0.04^{a}$	$25.00±2.00^{a}$
1	$6.07±0.75^{a}$	$889.00±46.57^{a}$	$0.30±0.01^{a}$	$23.48±2.01^{a}$
2	$4.89±0.47^{bc}$	$844.30±41.97^{a}$	$0.27±0.02^{a}$	$22.37±1.37^{a}$
3	$4.48±0.41^{cd}$	$829.36±41.97^{a}$	$0.26±0.01^{a}$	$22.82±1.91^{a}$
4	$4.36±0.20^{cd}$	$689.02±49.24^{b}$	$0.28±0.02^{a}$	$21.37±3.00^{a}$
5	$3.54±0.41^{cd}$	$694.76±24.31^{b}$	$0.27±0.03^{a}$	$22.65±1.65^{a}$
6	$3.21±0.57^{d}$	$660.04±37.92^{b}$	$0.29±0.02^{a}$	$21.09±3.21^{a}$

资料来源：乐可鑫，2016。

虎斑乌贼饥饿胁迫前后胃蛋白酶和胰蛋白酶活力一直占据主导地位，淀粉酶和脂肪酶的活力远远低于胃蛋白酶和胰蛋白酶。四种消化酶活力均表现为先降后升趋势，最低点出现的时间有些差异，这主要是由于虎斑乌贼幼乌贼体内的储能物质不同、饵料营养结构不同等因素，引起体内消化酶活力变化不一致。关于饥饿引起蛋白酶活力下降的原因主要有：第一，饥饿使动物体内胃的机械蠕动停止，促使酶分泌减少；第二，食物能通过视觉、嗅觉等影响消化腺的分泌，但在饥饿的情况下，缺乏这种刺激；其三，饥饿使动物体质变弱，影响酶分泌。从研究结果看，经过 15 d 的恢复投喂后，胃蛋白酶活力在第 5 天出现最低值［1.98±0.59 U/（mg · prot）］，胰蛋白酶活力在第 4 天出现最低值［186.68±20.72 U/（mg · prot）］。恢复投喂后，动物体质的改善，促使酶活恢复正常；经过 15 d 的恢复投喂，淀粉酶与脂肪酶活力恢复至正常水平，而胃蛋白酶除了饥饿 1 d 组与对照组无显著差异外，其余组酶活力较低，胰蛋白酶活力在饥饿 4 d、5 d、6 d 组仍处于较低水平，这可能是由于幼乌贼个体较小，酶活的恢复速率较低，而两种蛋白酶活力恢复的不一致性，可能是由于饵料的组成所引起，有待进一步研究。

因此在人工育苗或饵料驯化过程中，饥饿是引起幼乌贼死亡的一个主要原因，与育苗、驯化成败关系密切。根据本实验的结果，在虎斑乌贼育苗前期或驯化过程中要注意以下几点：①储备充足的饵料，避免幼乌贼饥饿后无法补偿生长；②幼乌贼的饥饿不可逆点为 6 d，驯化时需注意；③幼乌贼饥饿状态下易出现互相残杀、喷墨等现象，所以在培育过程中尽量避免其处于饥饿状态；④可通过观察幼乌贼的体色与行为，判断幼乌贼健康状态：体色发黑与静卧，说明乌贼健康和饱食状态良好；而体色白，或者出现上下浮动或浮在水面，则说明乌贼健康和饱食状态不佳。

第五章　虎斑乌贼的繁殖与人工育苗

第一节　虎斑乌贼的繁殖生物学

为了恢复、开发和利用乌贼资源，国内外学者相继开展了虎斑乌贼人工繁育理论的报道，主要集中在虎斑乌贼的繁殖习性、繁殖规律（Nabhitabhata et al.，1999；Gabr et al.，1988；Minton et al.，2001）、孵化与养殖（Anil et al.，2005）。国内主要进行了虎斑乌贼胚胎发育（陈道海等，2012）、繁殖行为（陈道海等，2013）等研究。作者于2011—2019年对虎斑乌贼的繁殖生物学进行了较为全面的研究，主要集中在繁殖期与繁殖行为、繁殖力、性腺发育、卵子发生、精子发生、胚胎发育等方面，详细介绍如下。

一、繁殖期与繁殖行为

1. 繁殖期

繁殖期是乌贼类生命周期的重要阶段，作者研究发现，不管是野生的虎斑乌贼还是养殖的虎斑乌贼，一年只有一个繁殖期，野生虎斑乌贼（南海海域）产卵时间为1—5月，产卵盛期3—4月；养殖的虎斑乌贼（在浙江象山港一带）的产卵时间为1—3月，产卵盛期为2月，养殖产卵盛期时间早于野生虎斑乌贼一个月左右。例如，象山来发水产育苗场2017年进行亲体培育试验，10月挑选个体大（500 g以上）、无受伤、活泼的养殖乌贼200只入池，雌雄比3∶2，培养条件控制：室内水泥池，顶盖两层遮阳网，面积32 m^2，两只，培养水位60～80 cm，水温20～22℃，盐度20～28。每日换水1次，换水量1/3～1/4，尽量保持加入水与池水等温等盐，每天在加水前吸污1次。投喂冰鲜杂鱼虾，投喂量占乌贼体重的15%～20%。结果如图5.1.1所示，培育虎斑乌贼于1月16日开始零星出现雌雄个体交配行为，约占总养殖亲体9%，交配盛期在2月2日至2月16日；而产卵于1月22日才开始，产卵盛期在2月3日至2月25日，产卵个体最多是在2月18日至2月19日，产卵个体占总养殖亲体的65%～73%。整个繁殖季节共产卵51 kg，卵重1.54～1.81 g/颗，获卵31 875颗。从中可见，养殖虎斑乌贼的产卵盛期早于自然野生虎斑乌贼，这可能是因为水泥池培养条件下，冬季水温一直维持在20～22℃，高于野外海域环境，导致乌贼产卵有效积温明显高于自然水温所致。此外，虎斑乌贼性腺发育所需养分主要通过摄食获取，而非消耗原有营养储备（Hanlon et al.，1999），养殖环境下饵料充足，可能也是性早熟的原因。

2. 繁殖行为

虎斑乌贼在繁殖期内有比较复杂的繁殖行为，譬如求偶行为、交配行为、争斗行为、伴游护卫行为、产卵行为等（图 5. 1. 1）。

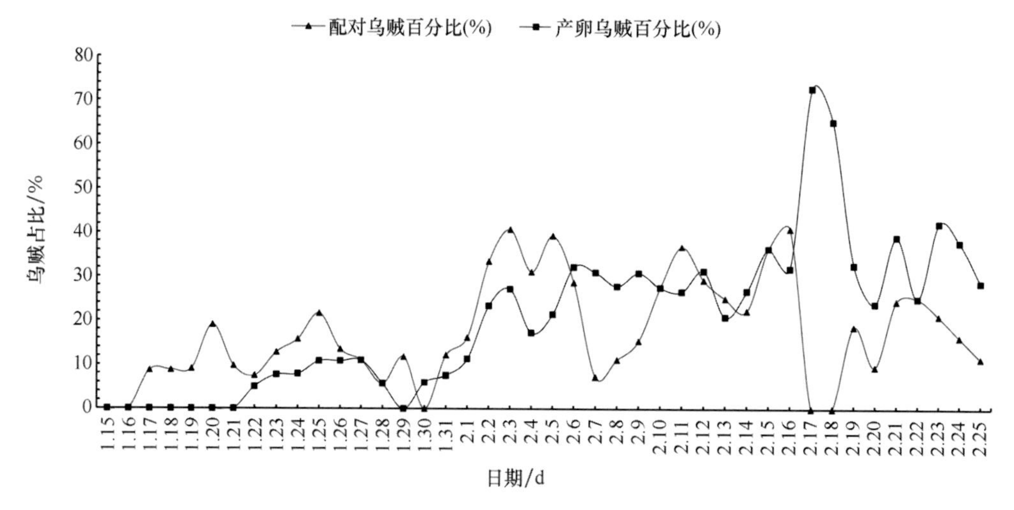

图 5. 1. 1 养殖虎斑乌贼的交配与产卵情况
（资料来源：黄晨提供，2019）

求偶行为：在繁殖期，成熟的雄性虎斑乌贼体色比雌性鲜艳，雄性个体的胴部背面直至头部背面具许多较密的横条斑纹，颜色鲜艳，呈褐红色。求偶时，雄性乌贼出现明显的婚姻色，常常舒展其头前方的 10 条腕，张牙舞爪，腕上出现明显粗细镶嵌的白色横纹，较粗；背鳍周生，呈透明色，比雌性宽，靠近胴部边缘的有一圈明显褐白镶嵌的条带。当选定雌性后就会对其穷追不舍，身上的体色变得更加鲜艳（图 5. 1. 2）。

图 5. 1. 2 雄性虎斑乌贼
（资料来源：彭瑞冰提供，2019）

而雌性乌贼个体相对较小，体色较淡，呈淡褐色，胴部背面呈现一个个椭圆形斑纹，腕上白色横纹不明显，周鳍边缘的褐白条带也不明显，十腕常常前端收拢。当雄性乌贼靠近雌体时，雌性乌贼常表现出畏畏缩缩，躲而避之，特别是雌性乌贼无意配对，就会急速躲避游走，甚至出现喷墨现象或将背部的两腕伸向雄性与之格斗，直到雄性退却，此时雄性会寻找其他雌性（图 5. 1. 3）。

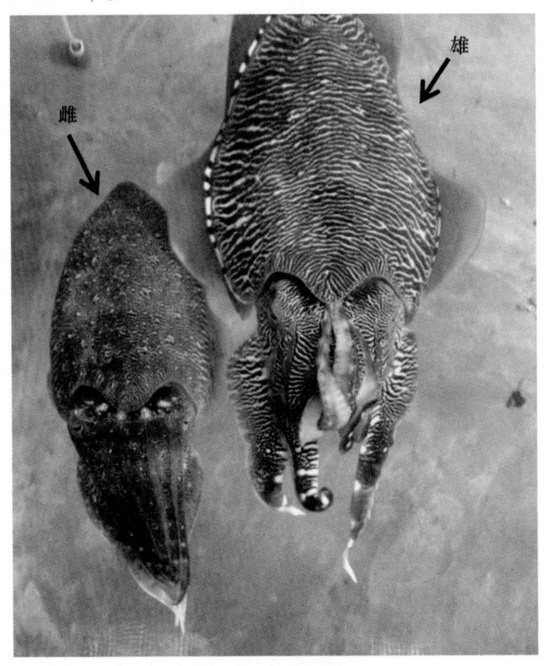

图 5. 1. 3　雌雄虎斑乌贼
（资料来源：彭瑞冰提供，2019）

交配行为：雄性乌贼会不断追逐寻找雌性配对，发现合适的雌性就急急忙忙地紧追不舍（图 5. 1. 4-1），同时雄性乌贼在此过程中会不断地改变体色、展示其婚姻色（图 5. 1. 4-2），并快速地靠近追上雌体（图 5. 1. 4-3），若雌性接受求偶，便会伴游一段距离后停下来，雄性乌贼迅速游到雌性旁边，用身体紧靠上去（图 5. 1. 4-4），雄性用第 1 对和第 2 对腕抱握雌性的头部（图 5. 1. 4-5），有时雄体甚至趴在雌体的背部，张开第 2 对腕抱住雌体（图 5. 1. 4-6），或游到前方，转体 180°，利用茎化腕将精荚输送至雌性纳精囊，雌乌贼的第 1 对腕被分别夹在雄乌贼的第 1 对和第 2 对腕间（图 5. 1. 4-7），与雄性头对头交配（图 5. 1. 4-8），交配过程中雄乌贼的鳍不断摆动，交配的时间一般不超过 3 min，然后雌性挣脱完成交配。具体交配时间与雄性的个体大小和外来的干扰等因素有关，雌性乌贼愿意与比自己体型大的雄性交配，体型小的雄性获得较少的交配机会。虎斑乌贼交配持续时间在 1~3 min，高于日本无针乌贼交配持续时间。

争斗行为：随着乌贼长大，相互争斗的现象就会加剧，特别是繁殖季节，主要表现为雄性间争夺雌性配偶的行为，有时个别雄性会瞄准正在配对的雌性，慢慢地游近这对乌贼，张开并伸直四对腕（触腕除外）进行挑衅，并呈现极为鲜艳的警戒色，这时配对的雄

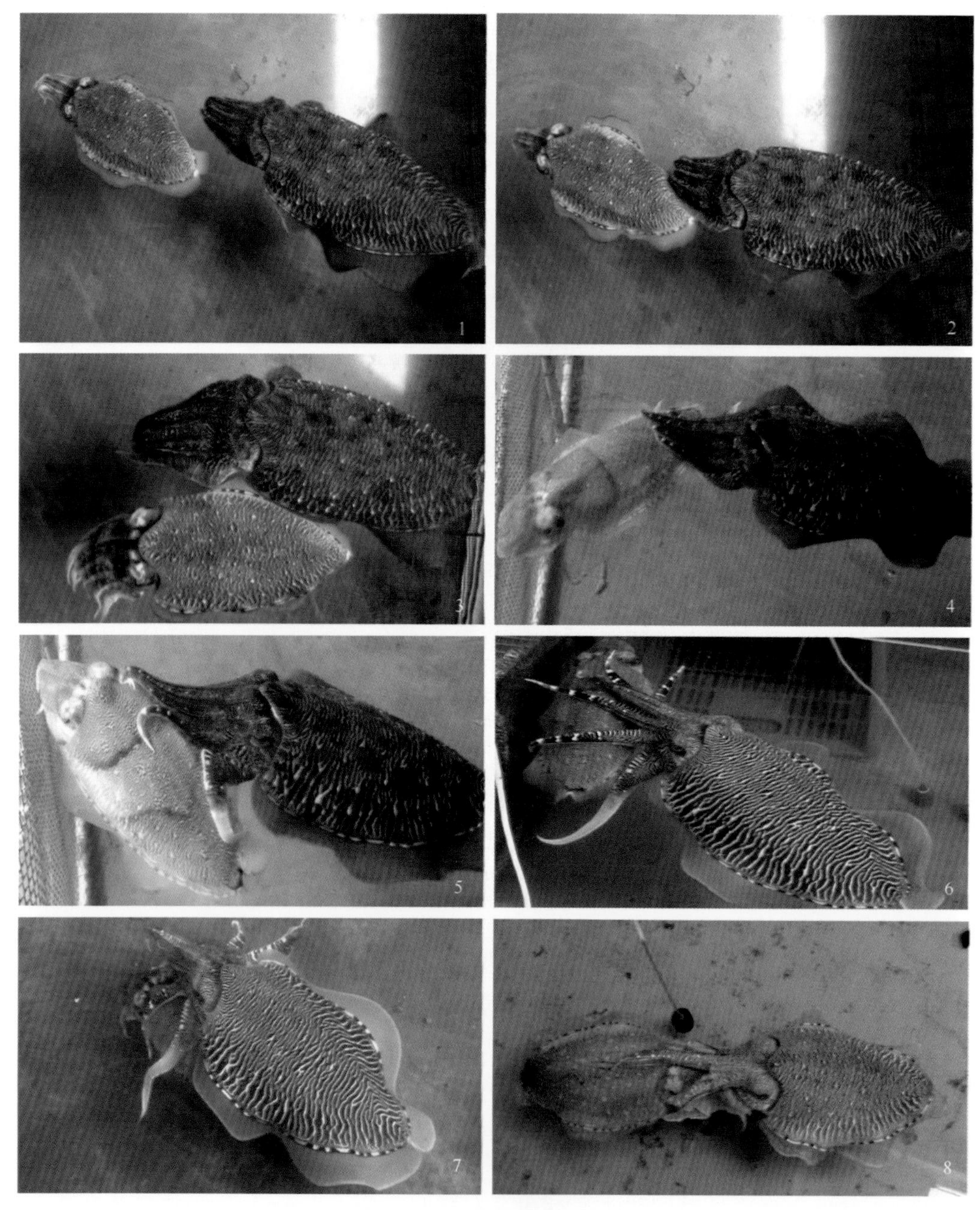

图 5.1.4 虎斑乌贼交配行为
（资料来源：彭瑞冰提供，2019）

性乌贼也变得极为敏感，变换体色更鲜艳，并竖起前方的腕，张牙舞爪地反击、驱赶；有些已经在调情的乌贼会被第三者打扰，被第三者打扰之后，雌性乌贼会马上逃开，雄性乌贼则会张牙舞爪地与第三者怒视，有时两头雄性乌贼头部接触在原地转动，表现出对峙行为，防御和对峙过程持续 5~50 s，失败的雄性会离开，否则会展开搏斗，双方的腕互相接触，用腕互相鞭笞对方胴体，有时会出现身体碰撞，甚至撕咬对方头部，造成受伤。例如，象山来发水产育苗场2017年亲体越冬培养，共培育200只，繁殖季节亲体越冬培育池乌贼的死亡率增大，繁殖前期（2017年1月7日至2018年1月28日）死亡乌贼的80%是雄乌贼，解剖死亡乌贼发现大都是受伤或内壳断裂腐烂或眼睛被咬去（图5.1.5）。在争斗过程中，如果是体型大小悬殊的雄性之间争斗，体型较大的雄性乌贼明显占优势，轻而易举取胜，体型较小的雄性乌贼常常落荒而逃；而如果是体型相近的雄性之间争斗，打斗程度会十分激烈，常常打得你死我活，有的会咬掉对方的腕或头。

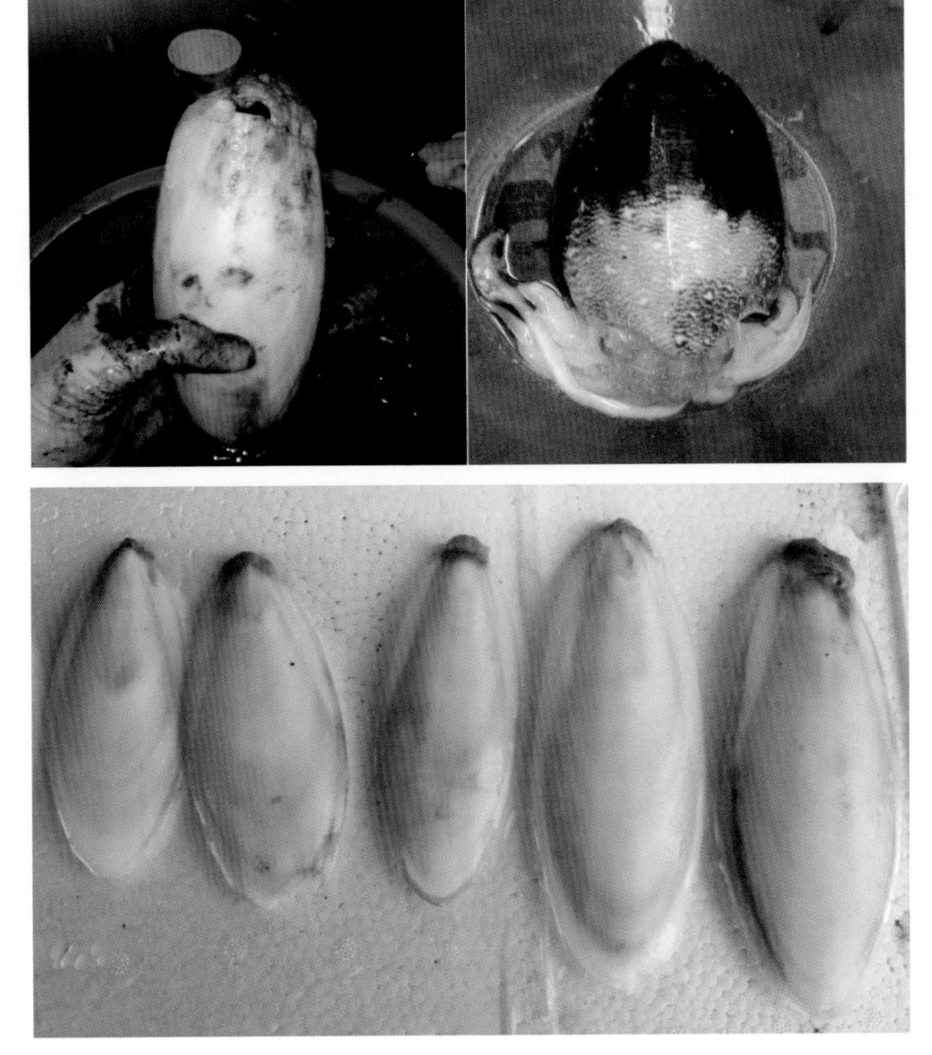

图5.1.5　死亡乌贼的内壳

（资料来源：蒋霞敏提供，2019）

伴游护卫行为：虎斑乌贼雌雄交配后，雄乌贼对雌乌贼照顾有加，表现明显的伴游护卫行为，其目的可能是保护雌性不受其他雄性干扰。常常雄性与雌性伴游的距离不超过

0.5 m，雄性在游动的时候会不断地变换游姿，时左时右，或紧随雌性身后，不游动时，雄性的头部和腕会靠在雌性的背上，以保护雌性，伴游过程中还会进行 2~3 次交配（图 5.1.6-1）。

图 5.1.6 虎斑乌贼的产卵

（资料来源：蒋霞敏，彭瑞冰提供，2019）

产卵行为：在交配不久之后，雌性虎斑乌贼便开始产卵，产卵前雌性乌贼会对产卵地进行仔细的选择，一般会选择固着垂直的塑料绳、网片、竹竿等附卵基，找不到附卵基也会在底部零星产卵（图 5.1.6-1）。找到附卵基后，有些雌性会先用漏斗对准附卵基喷水 2~3 次，进行试探性的观察，以确定附卵基是否结实，认为比较合适时才开始产卵。整个产卵过程经历：雌性游近附卵基 5~15 cm 时，停下几秒，选好产卵位置，十腕前伸，并用腕围成一个产卵的通道，腕的末端触及附卵基，外套腔收缩，卵从生殖孔射出，缠绕到附卵基上（图 5.1.6-2）。从腕接触附卵基到产卵结束，持续大约 10 s，然后后退，再过

1~2 min，重复以上动作，进行第2次产卵，后离开附卵基稍作休息（图5.1.6-3）。其他雌性虎斑乌贼一旦发现有一雌体在附卵基上附卵，就会蜂拥而上，在选好的附着基上轮流产卵，从而形成公共产卵区，表现为集体产卵（图5.1.6-4），卵有单个分散状和成链状黏结在附着基上，卵链的每一个分枝处可以接受多头雌性产卵，卵链上所有卵都粘在一起，呈葡萄状（图5.1.6-5，6），刚产出的受精卵柔软，特别透明，里面的胚胎一清二楚，卵呈长椭圆形，一提会拉长、变形；随着发育，卵膜加厚、变硬，卵呈乳白色，卵中部加粗，呈乳头状，此时卵径为15~22 mm，长径为19~27 mm（图5.1.7）。

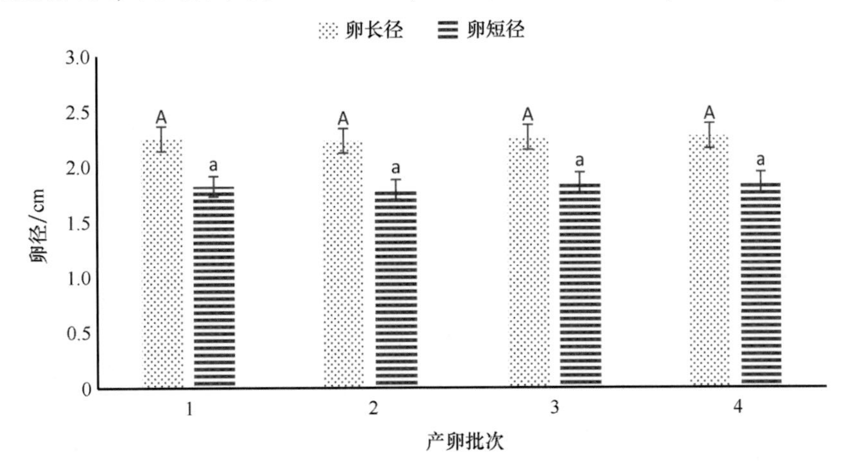

图5.1.7　养殖虎斑乌贼受精卵产出1d后的平均卵径大小

（资料来源：黄晨提供，2019）

在交配完成后，大部分雄乌贼会离开，寻找新的目标进行求偶行为，但也有部分雄乌贼会一直守护在配对的雌乌贼旁边，依偎伴游，守候配对的雌乌贼寻找附卵基、产卵，守护雌乌贼完成产卵的一系列动作。时而张开4对腕，护在雌乌贼背部，时而向入侵者发出警告，以保护雌性乌贼不受外来侵犯干扰。雌乌贼产卵完成后，雌、雄乌贼会双双离开公共产卵区，在水层中休息，周鳍不断摆动，腕自然下垂。

二、繁殖力

亲体怀卵量决定了其后代的数量和质量，制约着补充群体的数量、质量以及多样性水平的高低（郑小东等，2009）。国外报道虎斑乌贼的怀卵量一般为500~3 000粒（Nabhitabhat et al.，1999），作者于2013—2018年从湛江硇洲岛海域捕获野生虎斑乌贼研究发现：一般雄性的体重为2 500~5 000 g，平均3 110 g，雄性胴长为28.5~48.5 cm，平均33.8 cm，雌性的体重为500~2 600 g，平均1 566 g，雌性胴长为16.5~34.5 cm，平均28.8 cm；雌性乌贼怀卵量为1 000~3 000粒，平均1 800粒，主要分布在1 200~2 000粒，占总样品数的87.8%，体长相对生殖力为60.6~86.9粒/cm，平均62.5粒/cm，体重相对生殖力为1~2粒/g，平均1.3粒/g。

养殖乌贼成熟雄性体重为550~2 000 g，平均955 g，胴长为15.5~30.5 cm，平均20.1 cm。雌性体重为550~1 200 g，平均826 g，胴长为16.2~22.4 cm，平均18.4 cm。

怀卵量为480~1 300粒，平均824粒，主要分布在634~986粒，占总样品数的75.6%。养殖乌贼体长相对生殖力为30.8~53.5粒/cm，平均44.8粒/cm，体重相对生殖力为0.87~1.1粒/g，平均1粒/g。

从表5.1.1可以看出：性成熟期虎斑乌贼雄体明显大于雌体，而野生乌贼明显大于养殖乌贼。

表5.1.1 野生与养殖性成熟雌雄虎斑乌贼的个体形态参数比较

野生				养殖			
平均体重（g）		平均胴长（cm）		平均体重（g）		平均胴长（cm）	
雌	雄	雌	雄	雌	雄	雌	雄
1 566	3 110	28.8	33.8	826	955	18.4	20.1

同时从表5.1.2发现养殖虎斑乌贼的生殖力明显低于野生乌贼，野生乌贼的怀卵量约是养殖乌贼怀卵量的2.18倍；平均体长相对生殖力，野生乌贼是养殖乌贼的1.40倍；体重相对生殖力，野生乌贼是养殖乌贼的1.30倍。

表5.1.2 野生与养殖性成熟雌雄虎斑乌贼的生殖力比较

野生			养殖		
平均怀卵量	平均体长相对生殖力（粒/cm）	平均体重相对生殖力（粒/g）	平均怀卵量	平均体长相对生殖力（粒/cm）	平均体重相对生殖力（粒/g）
1 800	62.5	1.3	824	44.8	1.0

三、性腺的发育

性腺是产生生殖细胞的器官，性腺的发育关乎生殖细胞的质量。研究性腺发育的过程对丰富繁殖生物学理论及提升人工繁殖技术都具有重要意义。

近年来国内外学者相继对头足类的性腺发育开展了研究，品种主要集中在：曼氏无针乌贼（龚启祥等，1988）、金乌贼（宋训民，1963）、拟目乌贼（文青等，2012）等。而对虎斑乌贼的性腺发育鲜有报道，仅见苏伊士运河野生虎斑乌贼的性腺发育初步研究，将虎斑乌贼性腺发育分为4个时期，缺少早期性腺发育的相关描述（Gabr et al.，1998）。迄今为止，未见养殖条件下虎斑乌贼性腺发育过程相关报道。作者采用解剖学和组织学的方法，研究了水泥池养殖条件下虎斑乌贼性腺发育的过程，以期为虎斑乌贼的人工繁殖提供参考。

实验所用虎斑乌贼于2017年3—4月捕自广东省湛江市周边海域。待其自然交配产卵后，采用尼龙袋充氧运输受精卵，至浙江省宁波市象山来发水产育苗场进行孵化，运输时间36~48 h。孵化水温为21~24℃，盐度为24~26，pH值为7.9~8.1。取同一日孵化的乌贼幼体（胴长1.0~1.1 cm、体重0.18~0.22 g）在水泥池（4.0 m×8.0 m×1.2 m）中进行培养，前期（初孵～胴长 5 cm）培养密度 300 ind/m^2，中期（胴长 5～10 cm）60～70 ind/m^2，后期（胴长>10 cm）2～10 ind/m^2。培养水位 60～100 cm，连续充气，充气头 1 ind/m^2。培养条件：水温为 20～33℃，盐度为 22～26，pH 值为 7.9～8.1，溶解氧 4 mg/L 以上。每天吸污、换水 1 次，换水量 60%～80%。日龄 0～5 d，投喂卤虫，日龄 5～60 d，投喂活糠虾（*Acanthomysis brevirostis*），日龄 60 d 之后，投喂冰鲜鱼虾。日龄 0～80 d，每日投饵 3 次，每次投喂量为体重 10%～15%；日龄 80 d 后，每日投饵两次，每次投喂量为体重 10%～15%。

从初孵乌贼到日龄 11 d 乌贼，每天取样 1 次，每次随机取样 10 只；日龄 12～45 d，每 3 天取样 1 次，每次随机取样 10 只；日龄 45 d 以后，每 15 天取样 1 次，每次取雌雄个体各 3 只。日龄 45 d 之前的样品共 230 只，难以通过肉眼分辨性腺，所以先使用 Bouin 氏固定液将乌贼整体固定 6 h，再切取胴部后半段，更换新鲜固定剂进行固定。日龄 45 d 之后的样品共 126 只，称量体重后，取性腺和副性腺称量。用 Bouin 氏固定液固定性腺和副性腺，固定 10 min、24 h 后分别更换一次新固定剂。

使用乙醇对样品进行梯度脱水，正丁醇透明，石蜡包埋，KD-202 型轮转式切片机连续切片，切片厚度 8 μm，HE 染色，中性树胶封片。使用荧光显微镜（Ni-U 研究级）对组织切片进行观察、拍照。

1. 卵巢发育

依据卵巢外观形态的变化特征以及通过利用组织切片观察最外层卵母细胞的发育特征，将虎斑乌贼的卵巢发育分为Ⅰ～Ⅵ期（图 5.1.8，表 5.1.3）。

Ⅰ期乌贼日龄 2～30 d，体重 0.24～1.94 g，胴长 1.08～2.31 cm。这个时期无法以肉眼观察到卵巢。卵巢最早于日龄 2 d 的组织切片被观测到，由内壳末端表面的体腔膜特化而成。体腔膜向体腔内增生形成柱状突起，柱状突起内部可见少量滤泡细胞，表面附着了少量卵原细胞和无滤泡期的卵母细胞（图 5.1.8 -1、2、3）。

Ⅱ期乌贼日龄 30～90 d，体重 1.79～77.99 g，胴长 2.19～8.85 cm。可通过肉眼在乌贼胴部末端体腔膜表面观察到卵巢。外观为直径约 1 mm 的透明小圆片，难以将其与体腔膜完全分离，质量在 0.02 g 以下。由组织切片观察到体腔膜的柱状突起末端出现分支，表面附着了多层卵母细胞，最外层的卵母细胞已经进入单层滤泡期（图 5.1.8 -4、5）。柱状突起内部可见大量滤泡细胞（图 5.1.8 -6）。

Ⅲ期乌贼日龄 90～105 d，体重 44.23～199.75 g，胴长 6.42～10.08 cm。可通过肉眼轻易观察到胴部末端体腔膜表面的卵巢，卵巢质量在 0.25 g 以下。卵巢呈乳白色，条状，平行于体纵轴。由组织切片观察到体腔膜突起形成的生殖索已经出现了大量的分支。卵巢表面的卵母细胞已经进入双层滤泡期（图 5.1.8 -7、8）。

Ⅳ期乌贼日龄 105～240 d，体重 83.32～757.6g，胴长 7.39～18.39 cm。卵巢呈乳白色，扁平长条状，质量为 0.25～1.48 g。卵巢表面的卵子进入滤泡内折阶段，体积也不断增大（图 5.1.8 -9、10）。卵巢表面逐渐可以通过肉眼观察到凹凸不平的小颗粒。

Ⅴ期乌贼日龄 240～280 d，体重 508.3～1 205.1 g，胴长 16.22～22.46 cm。卵巢呈乳白色，形似葡萄串，质量为 2.49～17.41 g。这个时期可以用手将卵巢表面的卵粒剥离。组织切片显示，卵巢表面的卵母细胞已经进入卵黄发生阶段，卵黄物质迅速积累，将滤泡细胞层内陷形成的褶皱撑开（图 5. 1. 8 -11）。

Ⅵ期乌贼日龄 280 d 以上，体重为 552. 3～1 250. 6 g，胴长 16. 25～22. 43 cm。卵巢充满胴部末端的体腔，质量为 31. 61～84. 67 g。卵巢外表面为游离的成熟卵子，取下游离卵子后，可见生殖索表面有少量未成熟的乳白色卵粒（图 5. 1. 8 -12）。

表 5. 1. 3 养殖虎斑乌贼的卵巢发育

性腺发育时期	日龄（d）	胴长（cm）	体重（g）	卵巢质量（g）
Ⅰ期	2～30	1. 08～2. 31	0. 24～1. 94	—
Ⅱ期	30～90	2. 19～8. 85	1. 79～77. 99	<0. 02
Ⅲ期	90～105	6. 42～10. 08	44. 23～199. 75	<0. 25
Ⅳ期	105～240	7. 39～18. 39	83. 32～757. 6	0. 25～1. 48
Ⅴ期	240～280	16. 22～22. 46	508. 3～1205. 1	2. 49～17. 41
Ⅵ期	>280	16. 25～22. 43	552. 3～1250. 6	31. 61～84. 67

从表 5. 1. 3 可见，养殖虎斑乌贼在水温为 20～33℃的条件下，卵巢发育从 2 日龄Ⅰ期开始，经历 280 d 以上达到Ⅵ期，即从 2017 年 5 月底孵化出膜，到 2018 年的 1 月达到性成熟，历时 8～9 个月，这期间的胴长从 1. 08～2. 31 cm 长到 16. 25～22. 43 cm，体重从 0. 24～1. 94 g 长到 552. 3～1 250. 6 g，养殖雌性最小繁殖个体的体重为 500g 左右；卵巢质量从无到有（31. 61～84. 67 g），最后产卵，进一步证明了养殖虎斑乌贼一年只有一个繁殖期，且养殖乌贼的繁殖盛期在 1 月后。

2. 精巢发育

依据精巢外观形态的变化特征以及组织切片中精小叶结构与各时期精细胞的出现时间，将虎斑乌贼的精巢发育分为Ⅰ～Ⅴ期（图 5. 1. 9，表 5. 1. 4）。

Ⅰ期乌贼日龄 27～75 d，体重 4. 17～55. 52 g，胴长 2. 92～7. 51 cm。这个时期的精巢无法用肉眼直接观察。组织切片显示精巢同样由内壳末端表面的体腔膜特化而成，被体腔膜包裹（图 5. 1. 9-1）。精巢内可见形状不规则的精原细胞（图 5. 1. 9-2、3）。

Ⅱ期乌贼日龄 75～105 d，体重 39. 44～191. 41 g，胴长 6. 43～8. 85 cm。可通过肉眼在胴部末端体腔膜表面观察到精巢。外观为白色的小圆片，难以与体腔膜、副性腺完全分离，质量在 0. 04 g 以下。组织切片显示精巢中央存在空隙（图 5. 1. 9-4）。精巢表面出现一层致密结缔组织组成的白膜（图 5. 1. 9-5）。精巢内部可见正在分裂中的精原细胞（图 5. 1. 9-6）。

Ⅲ期乌贼日龄 105～120 d，体重 85. 62～210. 42 g，胴长 8. 15～11. 60 cm。精巢呈白色椭球状，质量为 0. 04～0. 11 g。组织切片显示精巢内部的精原细胞出现有规则的排列，形成由中央向四周辐射的精小叶（图 5. 1. 9-7、8、9）。

Ⅳ期乌贼日龄 120～150 d，体重 89. 11～351. 23 g，胴长 8. 35～15. 01 cm。精巢呈白色椭球状，质量为 2. 22～7. 25 g。组织切片显示精巢内部精小叶已经完全成型，精小叶中央

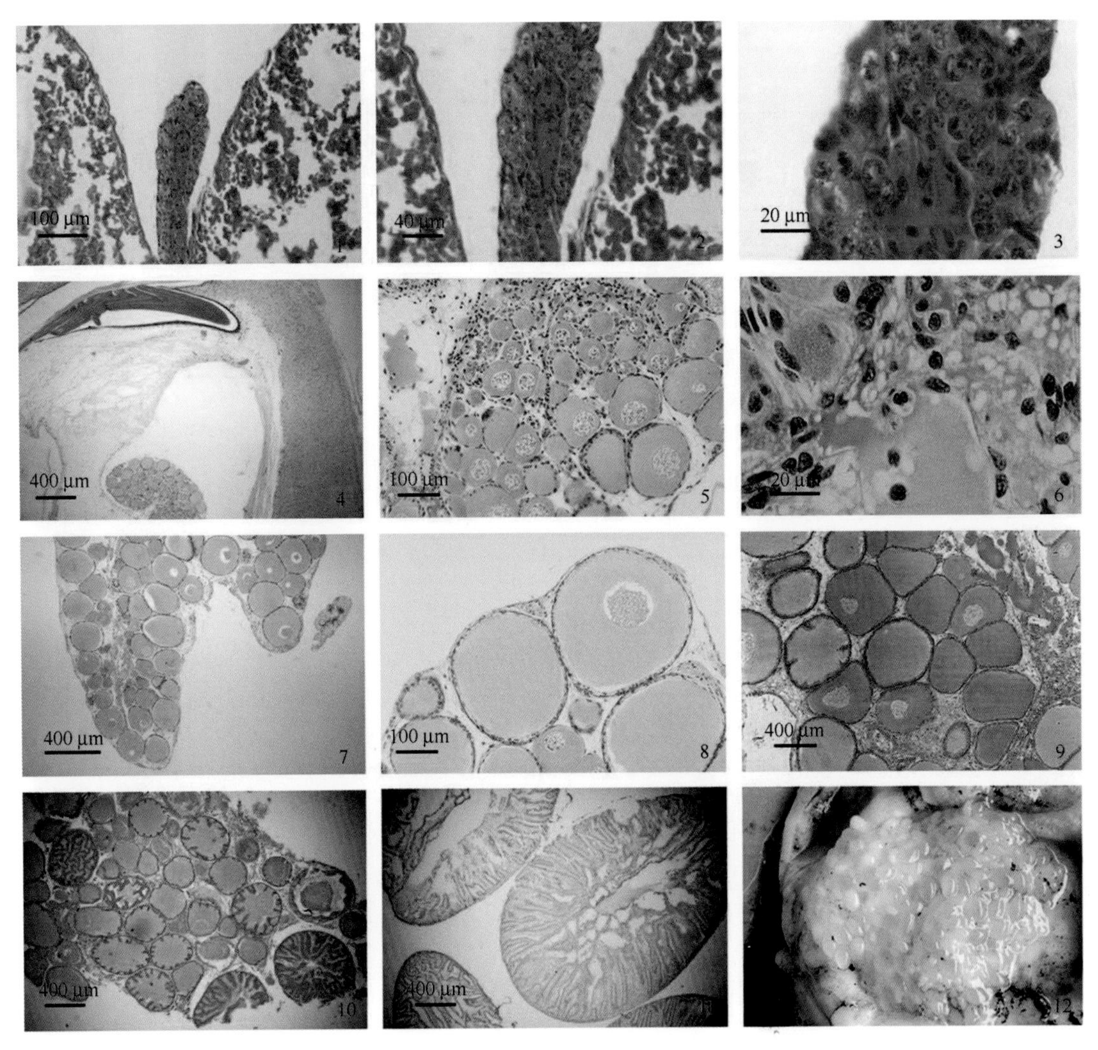

图 5.1.8　虎斑乌贼卵巢发育

1：Ⅰ期卵巢；2：1 放大；3：滤泡细胞、卵原细胞和初级卵母细胞；4：Ⅱ期卵巢；5：单层滤泡期卵母细胞；6：滤泡细胞；7：Ⅲ期卵巢；8：双层滤泡期卵母细胞；9：Ⅳ期卵巢；10：Ⅳ期卵巢；11：Ⅴ期卵巢；12：Ⅵ期卵巢

（资料来源：陈奇成提供，2019）

出现明显的空隙（图 5.1.9-10、11）。精小叶内主要为精原细胞与初级精母细胞（图 5.1.9-12）。

Ⅴ期乌贼日龄 150 d 以上，体重 304.92~1 500 g，胴长 14.26~24.75 cm。此时精巢已经完全成熟，呈白色椭球状，质量为 2.87~9.38 g。组织切片显示精小叶排列紧密，横截面形状不规则（图 5.1.9-13）。精小叶由管壁向内依次排列着精原细胞、初级精母细胞、次级精母细胞、精细胞、精子（图 5.1.9 -14、15）。

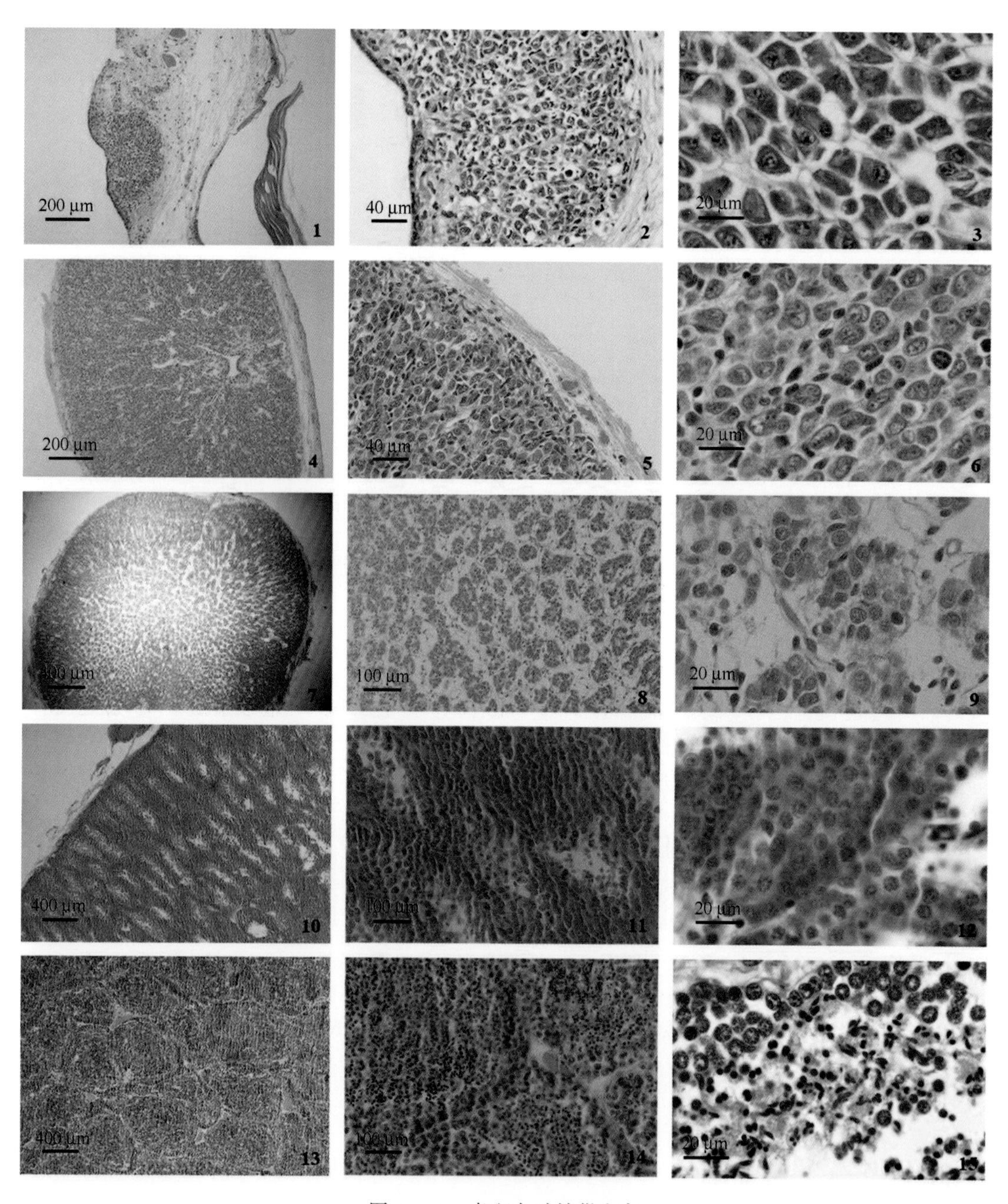

图 5.1.9 虎斑乌贼精巢发育

1：Ⅰ期精巢；2：1 放大；3：精原细胞；4：Ⅱ期精巢；5：白膜；6：精原细胞；7：Ⅲ期精巢；8：精小叶；9：精原细胞；10：Ⅳ精巢；11：精小叶；12：精原细胞和初级精母细胞；13：Ⅴ期精巢；14：精小叶；15：精原细胞、精母细胞、精细胞和精子

（资料来源：陈奇成提供，2019）

表 5.1.4　养殖虎斑乌贼的精巢发育

性腺发育时期	日龄（d）	胴长（cm）	体重（g）	精巢质量（g）
Ⅰ期	27~75	2.92~7.51	4.17~55.52	—
Ⅱ期	75~105	6.43~8.85	39.44~191.41	<0.04
Ⅲ期	105~120	8.15~11.60	85.62~210.42	0.04~0.11
Ⅳ期	120~150	8.35~15.01	89.11~351.23	2.22~7.25
Ⅴ期	>150	14.26~24.75	304.92~1 500.00	2.87~9.38

从表 5.1.4 可见，养殖虎斑乌贼在水温为 20~33℃的条件下，精巢发育从 27 日龄Ⅰ期开始，经历 150 d 以上达到Ⅴ期，即从 2017 年 5 月底孵化出膜，到 2018 年的 9—10 月达到性成熟，历时 5 个月，这期间的胴长从 2.92~7.51 cm 长到 14.26~24.75 cm，体重从 4.17~55.52 g 长到 304.92~1 500.00 g，养殖雄性最小繁殖个体的体重为 300g 左右；精巢质量从无到有（2.87~9.38 g），在当年的 9 月中旬（即日龄 150 d 之后）出现性成熟，而雌性性腺在次年的 1 月初之后（即日龄 280 d）才性成熟。雄性先于雌性性成熟，与野生虎斑乌贼一致（Gabr et al.，1998）。这种现象在头足类中较为普遍，乌贼（Guerra et al.，1988）、拟目乌贼（罗江，2014）、粉红乌贼（*Sepia orbignyana*）、雅乌贼（*Sepia elegans*）（Mangold-Wirz，1963）和玛雅蛸（*Octopus maya*）（Avila-Poveda et al.，2009）中均存在类似的现象。

3. 性腺指数和副性腺指数

在虎斑乌贼性腺发育过程中，Ⅰ期卵巢无法用肉眼观察，Ⅱ期卵巢体积极小，解剖时难以将卵巢与体腔膜完全分离，无法准确称量，缠卵腺与副缠卵腺同样由于体积较小难以分离，因而未取得日龄 1~90 d 的数据。Ⅲ、Ⅳ、Ⅴ、Ⅵ期的卵巢性腺指数呈现指数增长，由 0.03%增长至 10.58%，于日龄 362 d 达到最高值（$GSI_f = 0.009e^{0.0167 Age}$，$n = 42$，$R^2 = 0.8451$）。日龄 362~387 d 卵巢性腺指数迅速下降，日龄 387 d 之后所有雌体均死亡，未取得数据（图 5.1.10）。

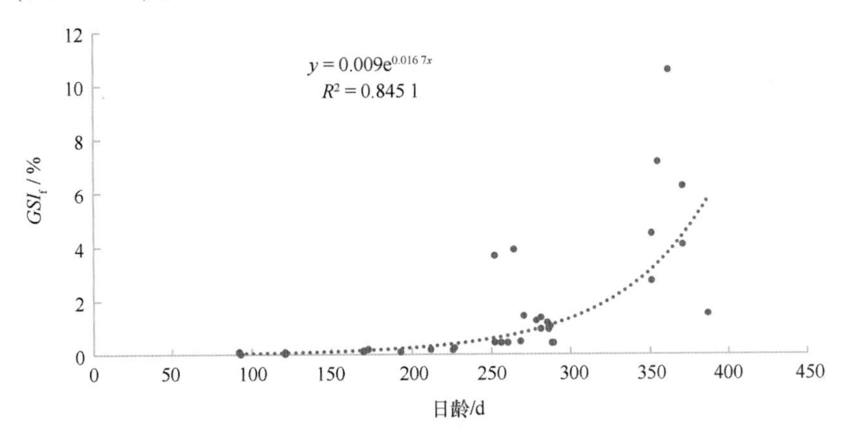

图 5.1.10　虎斑乌贼卵巢性腺指数的变化

（资料来源：陈奇成提供，2019）

雌性卵巢的副性腺指数与性腺指数的变化趋势相似，在 362 d 之前呈指数增长，之后迅速下降（$NGI=0.007e^{0.0198\,Age}$，$n=42$，$R^2=0.9197$）（图 5. 1. 11）。

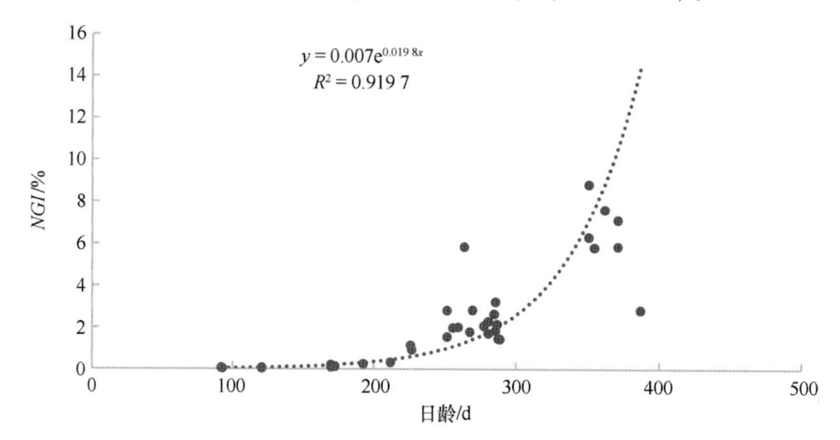

图 5. 1. 11 虎斑乌贼卵巢副性腺指数的变化
（资料来源：陈奇成提供，2019）

Ⅰ、Ⅱ期精巢的体积极小，被体腔膜包裹，难以分离测量，Ⅲ～Ⅳ期精巢的重量急剧增长，此后精巢重量一般在 2. 87～9. 38 g 范围内。在虎斑乌贼精巢发育的Ⅰ、Ⅱ期，精荚器、精荚囊与精巢三者紧密结合。在精巢发育Ⅲ～Ⅳ期，精巢性腺指数小于 0. 13%，在Ⅴ期精巢性腺指数为 0. 27%～1. 18%，与日龄之间没有明显相关性（图 5. 1. 12）。

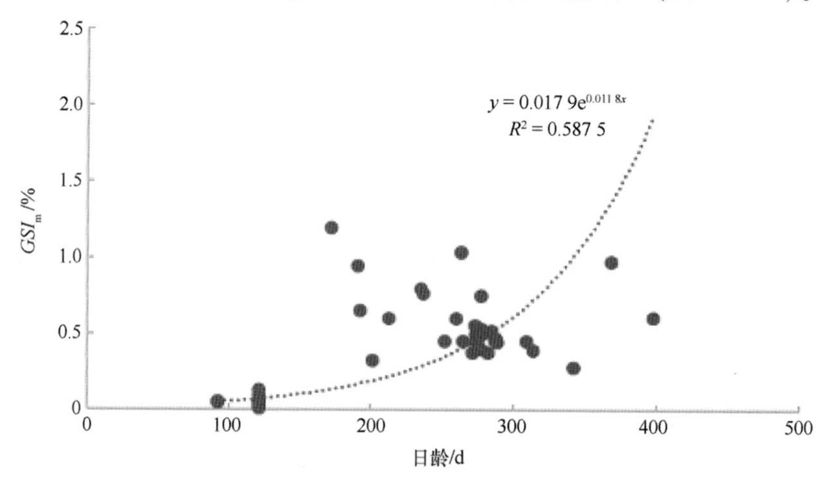

图 5. 1. 12 虎斑乌贼精巢性腺指数的变化
（资料来源：陈奇成提供，2019）

Ⅲ～Ⅳ期雄性精巢副性腺指数小于 0. 61%，Ⅴ期副性腺指数为 0. 39%～2. 48%，与日龄之间也没有明显相关性（图 5. 1. 13）。

野生虎斑乌贼雌性的卵巢性腺指数和副性腺指数在 2 月开始上升，4 月达到顶点；雄性精巢性腺指数和副性腺指数有着相似的变化趋势，在 2 月开始上升，5 月达到顶点（Gabr et al.，1998）。养殖条件下，雌性虎斑乌贼卵巢性腺指数和副性腺指数变化与野生

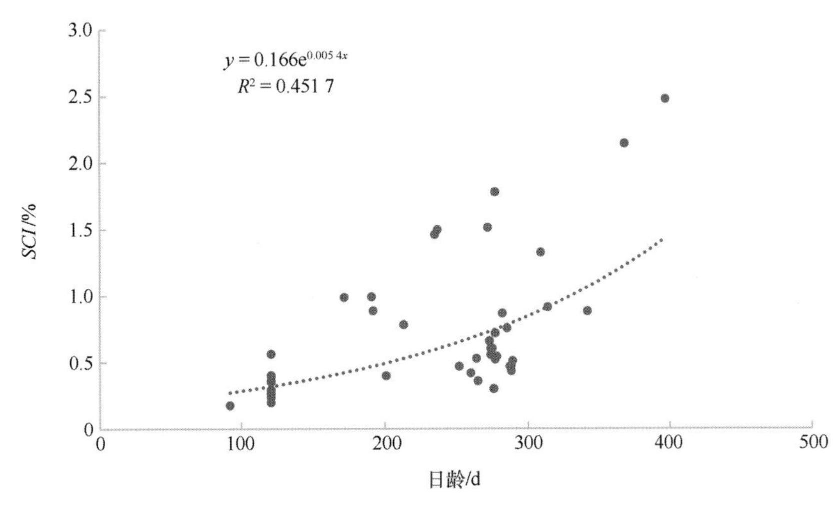

图 5.1.13　虎斑乌贼精巢副性腺指数的变化
（资料来源：陈奇成提供，2019）

虎斑乌贼类似，随着性腺的成熟呈现明显的上升趋势，并在繁殖季节临近结束时下降。而雄性精巢性腺指数和副性腺指数与野生虎斑乌贼不同，在性成熟之前随着日龄增加而上升，但是性成熟之后的变化与日龄无明显相关性。一般认为头足类雌性和雄性的性腺指数变化一致，均会在繁殖季节上升（Gabr et al.，1998；Hernández-García et al.，2002；Salman et al.，1998）。仅见野生哈勃氏蛸（*Octopus hubbsorum*）两性的性腺指数变化不一致，雌性哈勃氏蛸的性腺指数在繁殖季节迅速上升，雄性哈勃氏蛸的性腺指数全年无明显变化（Alejo-Plata et al.，2015）。虎斑乌贼雄性与雌性性成熟的时间不一致，性腺指数的变化也不一致。雄性性成熟之后性腺指数的变化可能是由于精液排出导致精巢质量变化以及个体间的差异造成的。

四、卵子发生

头足类卵子发生过程分期尚未有统一的标准。Boyle 等根据卵黄发生的过程，将尖盘艾尔斗蛸的卵子发生过程分为 3 期：卵黄发生前期、卵黄发生中期和卵黄发生后期（Boyle et al.，1992）。Laptikhovsky 等根据滤泡细胞和卵黄的出现时间点，将巴塔哥尼亚乌贼（*Loligo gahi*）的卵子发生过程分为：卵原细胞期、原生质生长期、间质生长期和营养质生长期（Laptikhovsky et al.，2001）。这与 Hoving 等对狼乌贼的卵子发生分期类似（Hoving et al.，2014）。蒋霞敏等根据细胞的大小、细胞核的形态及卵母细胞与滤泡细胞关系将曼氏无针乌贼的卵子发生过程分为 4 期：卵原细胞期、卵母细胞期、成熟期和退化吸收期，其中卵母细胞期又细分为无滤泡期、单层滤泡期、两层滤泡期、滤泡增厚期、滤泡内折期（蒋霞敏等，2007）。罗江根据细胞形态、细胞大小、滤泡细胞形态和卵黄形成情况，将拟目乌贼的卵子发生过程细分为卵原细胞阶段（卵原细胞期）、原生质生长阶段（无滤泡期、单层滤泡期和双层滤泡期）、间质生长阶段（滤泡内折早期、滤泡内折中期和滤泡内折晚期）和营养质生长阶段（卵黄发生早期、卵黄发生晚期和成熟期）（罗江，2014）。

卵子发生是一个连续的过程，没有绝对的界限性。不同研究者的取样、测量、描述方式各不相同，基于各自研究对象的卵母细胞发育的特点对卵子发生过程进行了划分，因而对卵子发生的分期也各不相同，但基本上都以细胞大小变化、滤泡细胞变化与卵黄变化作为界限。虎斑乌贼的卵子发生不同步，因此作者根据卵子的大小和形态、滤泡细胞形态以及卵黄物质的形成将其分为 4 个阶段：卵原细胞阶段（卵原细胞期）、原生质生长阶段（无滤泡期、单层滤泡期、双层滤泡期、滤泡层增厚期）、滤泡内折阶段（滤泡内折早期、滤泡内折中期、滤泡内折晚期）和卵黄发生阶段（卵黄发生早期、卵黄发生中期、卵黄发生晚期、成熟期）。

1. 卵原细胞阶段

卵原细胞呈圆形或椭圆形，直径为 27.55~32.49 μm，细胞膜不明显。细胞核呈椭圆形，长径为 21.37~24.03 μm，短径为 15.66~21.66 μm，*NP* 为 0.991~1.072，核膜清晰，可见 3~4 个核仁（图 5.1.14-1）。

2. 原生质生长阶段

卵原细胞分化为卵母细胞以后，体积逐渐增大，周围开始有滤泡细胞附着。根据滤泡细胞层的厚度，将原生质生长阶段分为无滤泡期、单层滤泡期、双层滤泡期、滤泡层增厚期 4 个时期。

（1）无滤泡期卵母细胞呈椭圆形，长径为 66.85~78.17 μm，短径为 42.27~78.19 μm。细胞核近圆形，核直径为 33.78~55.15 μm，*NP* 为 0.472~0.514，细胞外侧未附着滤泡细胞（图 5.1.14-2）。

（2）单层滤泡期卵母细胞因互相挤压呈现不规则的形状，直径为 144.37~332.47 μm。细胞核近圆形，核直径为 79.89~157.47 μm，*NP* 为 0.101~0.232。卵母细胞周围开始有滤泡细胞附着（图 5.1.14-3），直至包围整个卵母细胞，滤泡细胞形状不规则，略呈椭圆形，直径为 15.23~23.17 μm。

（3）双层滤泡期卵母细胞呈椭圆形，长径为 483.88~514.01 μm，短径为 443.89~482.46 μm。细胞核呈圆形，开始向一侧偏移（图 5.1.14-4），直径为 195.66~217.22 μm，*NP* 为 0.052~0.082。滤泡细胞继续附着于第一层滤泡细胞外，形成双层滤泡细胞（图 5.1.15-1），内层的滤泡细胞呈椭圆形，短径为 5.10~7.35 μm，长径为 18.23~29.12 μm，外层滤泡细胞呈杆状，长为 13.71~25.07 μm。

（4）滤泡层增厚期卵母细胞呈椭圆形，长径为 597.98~762.16 μm，短径为 565.56~643.66 μm。细胞核呈圆形，偏向一侧（图 5.1.14-5），直径为 237.84~269.79 μm，*NP* 为 0.031~0.056。滤泡层和细胞膜之间开始出现了空隙（图 5.1.15-2）。

3. 滤泡内折阶段

卵母细胞周围附着了双层滤泡细胞以后，卵母细胞核偏移，细胞形状随之变化，靠近细胞核一端较小。滤泡细胞层开始逐渐向卵母细胞中央内折。根据滤泡细胞层内陷程度，将滤泡内折阶段划分为滤泡内折早期、滤泡内折中期、滤泡内折晚期三个时期。

（1）滤泡内折早期卵母细胞呈卵形，长径为 903.52~982.38 μm，短径为 610.13~648.26 μm。细胞核呈椭圆形，偏向一侧，长径为 292.64~334.68 μm，短径为 268.08~272.33 μm，*NP* 为 0.058-0.072。内层的滤泡细胞开始向细胞内陷，与细胞核相对一侧的滤

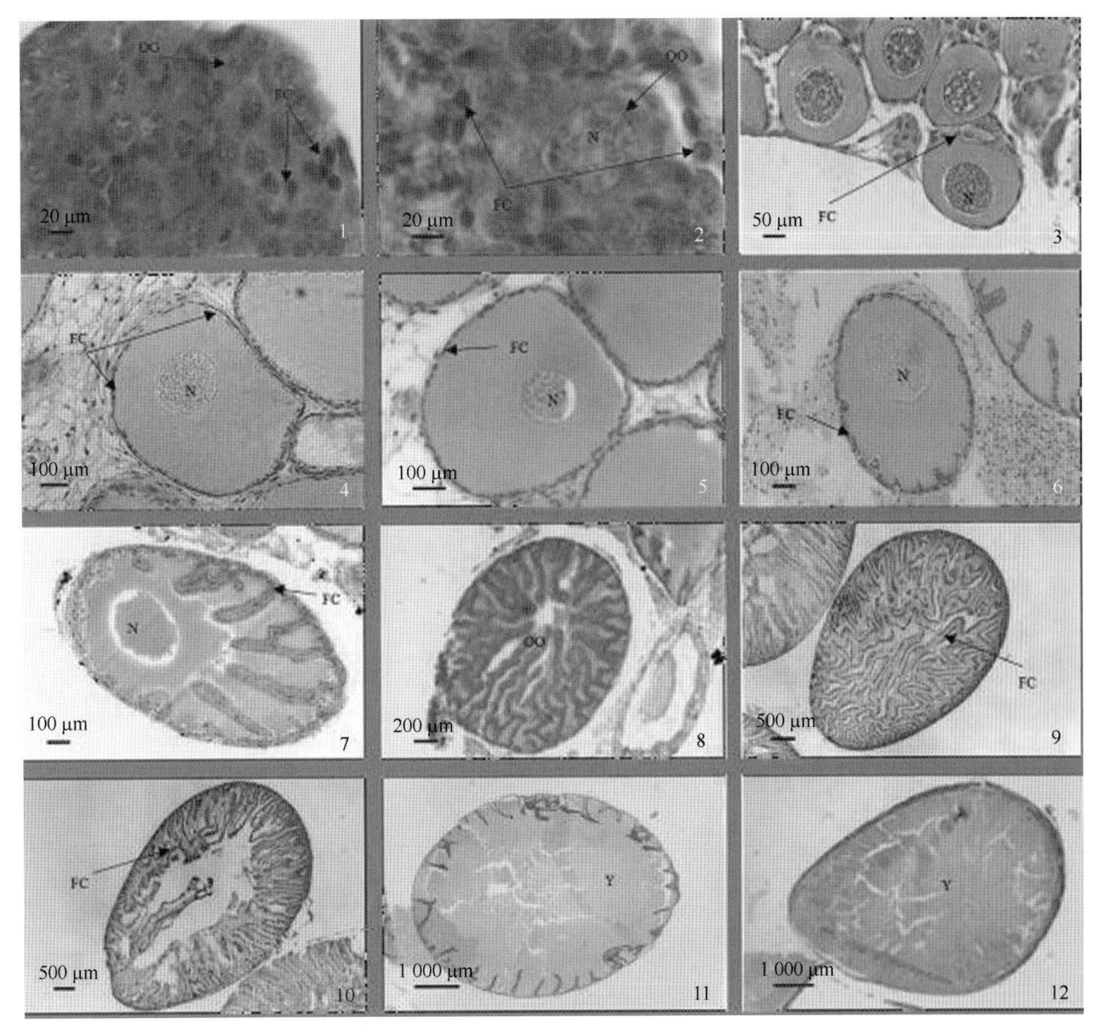

图 5.1.14　虎斑乌贼卵子发生

1：卵原细胞期；2：无滤泡期；3：单层滤泡期；4：双层滤泡期；5：滤泡层增厚期；6：滤泡内折早期；7：滤泡内折中期；8：滤泡内折晚期；9：卵黄发生早期；10：卵黄发生中期；11：卵黄发生晚期；12：成熟期

（资料来源：陈奇成提供，2019）

泡细胞内陷的距离最长，靠近细胞核一侧的滤泡细胞内陷距离相对较短（图 5. 1. 14 -6）。

（2）滤泡内折中期卵母细胞呈卵形，长径为 1 332. 43 ~ 1 429. 29 μm，短径为 808. 49 ~ 838. 06 μm。细胞核呈椭圆形，偏向一侧，核长径为 376. 22 ~ 406. 00 μm，短径为 275. 76 ~ 286. 43 μm，*NP* 为 0. 032 ~ 0. 035。滤泡形成的突触向细胞内继续延伸，占据细胞一半，并且出现了分支，各个突触出现相互连接的现象（图 5. 1. 14-7）。且随着突触深入，外层的滤泡细胞也一并陷入卵母细胞内，位于每个突触的中央（图 5. 1. 15 -3）。

（3）滤泡内折晚期卵母细胞呈卵形，长径为 1 836. 30 ~ 1 962. 12 μm，短径为 1 487. 36 ~ 1 526. 92 μm。细胞核解体消失。滤泡细胞形成的突触相互接触，几乎占据了整个卵母细胞（图 5. 1. 14 -8）。

4. 卵黄发生阶段

卵母细胞内布满突触后，滤泡细胞开始萎缩、脱落、解体，卵黄物质开始出现。当滤泡细胞近乎完全解体时，卵黄颗粒与滤泡细胞层之间形成一层透明带。根据滤泡细胞解体程度、卵黄颗粒的变化、透明带的出现将卵黄发生阶段分为卵黄发生早期、卵黄发生中期、卵黄发生晚期、成熟期 4 个时期。

（1）卵黄发生早期卵母细胞呈卵形，长径为 1 789. 00~1 826. 02 μm，短径为 1 437. 92~1 489. 63 μm（图 5. 1. 14 -9）。滤泡细胞形成的突触间隙出现嗜酸性物质，并且出现了散落、萎缩的滤泡细胞（图 5. 1. 15 -4）。滤泡细胞近圆形，直径为 20. 02~25. 76 μm。

（2）卵黄发生中期卵母细胞呈卵形，长径为 2 407. 75~2 520. 39 μm，短径为 1 453. 04~1 501. 23 μm。由于细胞卵黄物质的积累，折叠的滤泡细胞层被撑开，突触逐渐消失（图 5. 1. 14-10）。

（3）卵黄发生晚期卵母细胞呈卵形，白色透明，长径为 5 175. 52~5 262. 36 μm，短径为 3 685. 61~3 736. 64 μm。Bouin 氏液固定以后，肉眼可观测到表面因突触内陷形成的纹路。细胞内部充满了卵黄颗粒（图 5. 1. 14-11），卵黄颗粒与滤泡细胞层之间形成了一层约 4. 81 μm 厚的分隔带（图 5. 1. 15 -5）。

（4）成熟期卵母细胞呈卵形，白色透明，长径为 5 539. 98~5 613. 36 μm，短径为 3 797. 37~3 852. 42 μm。滤泡细胞零散分布于最外层薄膜中（图 5. 1. 14 -12），细胞内部充满卵黄颗粒，被一层约 29. 72 μm 厚的薄膜包裹（图 5. 1. 15 -6）。

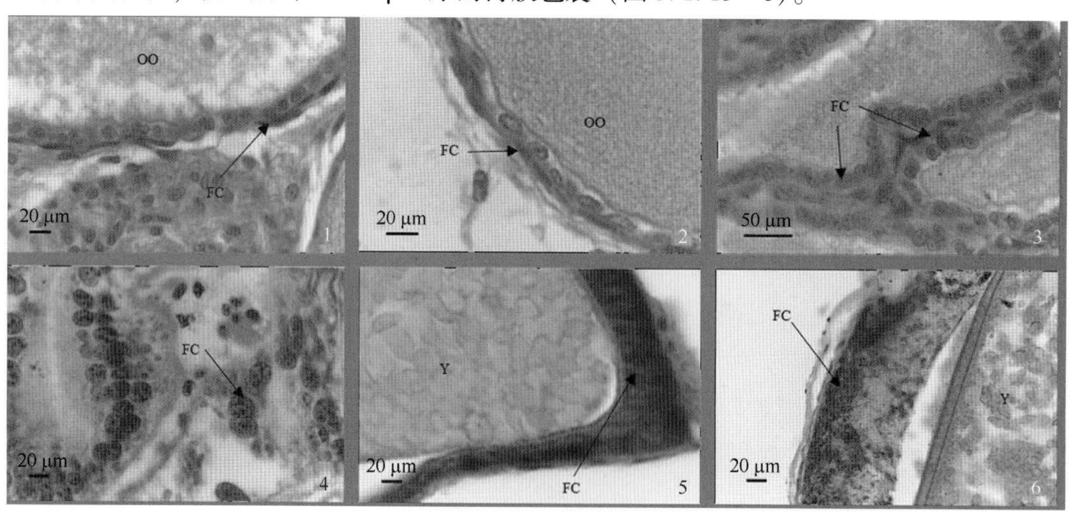

图 5. 1. 15　虎斑乌贼卵子发生过程中的滤泡变化

1：双层滤泡期；2：滤泡层增厚期；3：滤泡内折中期；4：卵黄发生早期；5：卵黄发生后期；6：成熟期。FC：滤泡细胞；OO：卵母细胞；Y：卵黄

（资料来源：陈奇成提供，2019）

虎斑乌贼滤泡细胞的变化贯穿了整个卵子发生的过程。在这个过程中，滤泡细胞逐渐包裹卵母细胞，形成双层滤泡细胞层。随着滤泡细胞不断累积，滤泡细胞层的面积越来越大，逐渐内折，细胞核随之偏移直至解体消失。而后卵黄物质出现，将折叠在一起的滤泡

细胞层撑开。这与其他头足类的滤泡细胞变化类似。部分研究者认为滤泡细胞层内折形成的指状突起能够相互连接形成网状（郝振林，2010；罗江，2014；尹亚南，2018），应该是切片角度的问题，并未切到卵母细胞中心。滤泡细胞的起源主要有两种观点：①滤泡细胞来源于卵巢基质细胞（Nakamura et al.，1982）；②滤泡细胞与卵母细胞同源，起源于生殖细胞（Bolognari et al.，1976）。在头足类卵子发生的研究中，罗江发现拟目乌贼的卵原细胞和滤泡细胞同时出现于卵巢发育第Ⅰ期，滤泡细胞形态和大小均不同于卵原细胞，认为滤泡细胞起源于卵巢基质（罗江，2014）；蒋霞敏等对曼氏无针乌贼的研究中也有类似发现（蒋霞敏等，2007）。而本研究发现滤泡细胞最早出现于日龄2d卵巢中，未能观察到更早期的卵巢，无法判断滤泡细胞起源。

Bottke认为滤泡细胞主要产生卵黄（Bottke et al.，1974）；罗江等认为滤泡细胞在解体的同时分泌卵黄物质（罗江，2014）；蒋霞敏等观察到滤泡细胞分泌了卵黄颗粒（蒋霞敏等，2007）。作者发现，在卵黄发生前期，随着卵黄出现，滤泡细胞逐渐解体，卵母细胞内出现了散落、萎缩的滤泡细胞。因此认为滤泡细胞在解体的同时分泌出了卵黄物质。在卵黄发生晚期到成熟期，外层卵膜中依旧观察到少量滤泡细胞，推测滤泡细胞也参与了卵膜形成。

在成熟期的虎斑乌贼卵子中，可以清晰地观察到两层卵膜。外层卵膜推测为滤泡细胞层发育形成，卵膜内可观察到少量滤泡细胞。内层卵膜形成晚于外层卵膜，呈均质状，推测为滤泡细胞分泌物形成。

张炯认为曼氏无针乌贼的三级卵膜是由输卵管腺和缠卵腺的分泌物通过漏斗包被卵子而成（张炯等，1965）。陈道海等观察到刚产出的虎斑乌贼卵具有三级卵膜（陈道海等，2012），而卵巢中的成熟卵子仅有两层卵膜。由此可推测，第三层卵膜是在卵巢到漏斗之间形成。虎斑乌贼三级卵膜形成可能和曼氏无针乌贼具有相同机制。

五、精子发生

虎斑乌贼的精子根据细胞形态、细胞核形态、染色质和线粒体的变化，可将整个精子发生过程分为精原细胞、初级精母细胞、次级精母细胞、精细胞、成熟精子5个阶段。精子由精原细胞发育而来，精原细胞分化为初级精母细胞后，经两次减数分裂产生精细胞，精细胞经过一系列形态变化形成精子。在初级精母细胞第一次减数分裂时，可能出现细胞核分裂而胞质不分裂的情况，因此可观察到双核细胞。少数情况下可见三核细胞，作者推测该细胞实际上为四核细胞，四细胞核以三棱锥四个顶点位置排列，形成原因可能是初级精母细胞在两次减数分裂当中胞质都未发生分裂。

1. 精原细胞

精原细胞呈椭圆形，胞体大小约为7.22 μm×6.36 μm；细胞核呈圆形，直径约5.25 μm，核质比约为0.98。胞质内可见线粒体、高尔基体和中心体（图5.1.16-1）。线粒体嵴少，近乎空泡状，基质电子密度低。精原细胞中往往能观察到两个中心体（图5.1.16-2）。细胞核内可观察到核仁（图5.1.16-3）

2. 初级精母细胞

初级精母细胞由精原细胞分化形成，呈圆形或椭圆形，是最大的生精细胞，大小约为

9. 63 μm×9. 23 μm；细胞核呈圆形，大小约为 6. 33 μm×6. 26 μm，核质比约为 0. 43（图 5. 1. 16-4）。胞质内线粒体嵴的数量增多（图 5. 1. 16-5）。部分高尔基体囊泡当中可见致密的颗粒，是形成顶体囊的物质基础（图 5. 1. 16-6）。

3. 次级精母细胞

次级精母细胞由初级精母细胞经过第一次减数分裂形成，细胞呈圆形或椭圆形，胞体远小于初级精母细胞，约为 7. 42 μm×7. 34 μm，核质比约为 1. 86（图 5. 1. 16-7）。染色质呈现絮块状，胞质内高尔基体囊泡数量增加，线粒体的嵴继续增加（图 5. 1. 16-8）。次级精母细胞之间通过细胞间桥相互连接（图 5. 1. 16-9）。

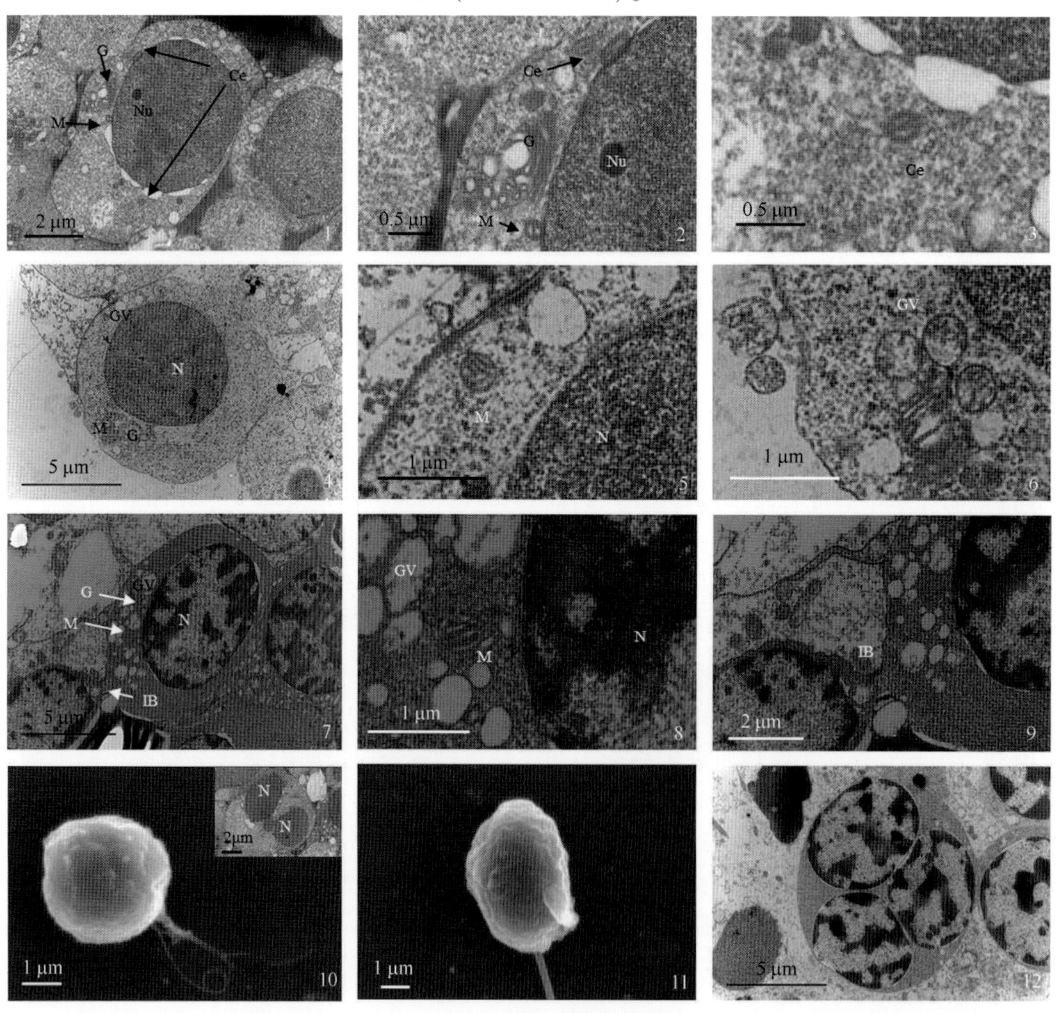

图 5. 1. 16 虎斑乌贼的精子发生

1：精原细胞；2：1 放大，示中心体、高尔基体、核仁和线粒体；3：1 放大，示中心体；4：初级精母细胞；5：4 放大，示染色质；6：4 放大，示高尔基体囊泡中的前顶体颗粒；7：次级精母细胞；8：7 放大，示染色质和线粒体；9：7 放大，示细胞间桥；10：双核细胞；11：单核细胞；12：三核细胞。Ce：中心体；G：高尔基体；GV：高尔基体囊泡；IB：细胞间桥；M：线粒体；N：细胞核；Nu：核仁

（资料来源：陈奇成提供，2019）

4. 精细胞

精细胞由次级精母细胞经过第二次减数分裂形成，分裂时常出现核分裂在前、胞质分裂在后的状况，因此经常能见到两个精细胞核在同一个细胞内发育（图 5. 1. 16-10）。扫描电镜结果显示也存在单核发育的情况（图 5. 1. 16-11）。少数情况下，可以观察到三核细胞（图 5. 1. 16-12）。精细胞发育过程中，染色质形态、顶体形态及细胞核形状发生了明显的变化，据此将精细胞发育分为Ⅰ期、Ⅱ期、Ⅲ期、Ⅳ期和Ⅴ期共 5 个时期。

精细胞Ⅰ期早期的细胞核近圆形，大小约为 3. 93 μm×3. 72 μm，染色质呈絮状，分布较为均匀（图 5. 1. 17-1）。胞质中出现一个圆形顶体囊，直径约为 1. 08 μm，内容物电子密度不均匀（图 5. 1. 17-2）。随着顶体囊发育，内容物电子密度逐渐变得均匀。顶体囊周围可见高尔基体、线粒体、高尔基体囊泡以及内质网（图 5. 1. 17-3）。精细胞Ⅰ期晚期，顶体囊发育成熟后，逐渐靠近细胞核，最终与之结合，与顶体囊相对的细胞核另一侧可见中心体（图 5. 1. 17-4、5）。之后，由细胞核附近的中心体侧向长出鞭毛，鞭毛直径约为 0. 18 μm（图 5. 1. 17-6）。

精细胞Ⅱ期早期的细胞核为椭圆形，大小约为 4. 28 μm×3. 74 μm（图 5. 1. 17-7）。顶体囊塌陷，形成环状褶皱，核内染色质呈现颗粒状均匀分布（图 5. 1. 17-8）。细胞核周围开始观察到均匀分布的微管（图 5. 1. 17-8，9）。后期细胞核横向收缩，纵向拉长，略弯曲，核后窝出现，其中可见中心体，核末端线粒体大量聚集（图 5. 1. 17-10、11）。顶体囊逐渐隆起，环状褶皱消失，形成一个电子密度较低的空腔，部分颗粒状染色质开始凝集成细纤维状（图 5. 1. 17-12）。

精细胞Ⅲ期细胞核继续拉长，弯曲程度减小，呈橄榄形，大小约为 5. 99 μm×3. 09 μm（图 5. 1. 18-1）。染色质全部凝集成细纤维状，排列方向不规则（图 5. 1. 18-2、3）。核周微管依旧均匀分布（图 5. 1. 18-3）。顶体囊与细胞核之间出现空隙，形成亚顶体腔（图 5. 1. 18-4）。细胞核末端，线粒体聚集于鞭毛一侧包围鞭毛，线粒体距已具雏形（图 5. 1. 18-5、6）。

精细胞Ⅳ期细胞核继续拉长，大小约为 6. 67 μm×2. 21 μm（图 5. 1. 18-7）。核内染色质继续凝缩，部分细纤维染色质凝集为较粗的纤维状，染色质纤维方向平行于细胞纵轴（图 5. 1. 18-8、9）。亚顶体腔扩大（图 5. 1. 18-10），核后端线粒体距成型（图 5. 1. 18-11、12）。

精细胞Ⅴ期早期细胞核未发生明显变化（图 5. 1. 19-1）。染色质进一步凝缩，所有染色质凝集为粗纤维状，微管依旧均匀分布于核周（图 5. 1. 19-2，3）。顶体接近成熟，形似头盔，扣在细胞核上（图 5. 1. 19-4）。核后端线粒体距无明显变化（图 5. 1. 19-5）。精细胞Ⅴ期晚期，粗纤维状染色质继续聚集，形成高电子密度的均质状，在此期间微管一直存在（图 5. 1. 19-6、7、8、9）。

5. 精子

虎斑乌贼精子由头部和尾部组成（图 5. 1. 20-1、2）。一般情况下，精子以单个细胞的形式存在，但也观察到了四核的合胞体（图 5. 1. 20-3）。

头部：呈长辣椒状，长约 7. 64 μm，直径约 0. 90 μm，核末端一侧内陷形成核后窝（图 5. 1. 20-4）。核周微管已经消失，细胞核周围可见裙边状质膜（图 5. 1. 20-5）。顶体

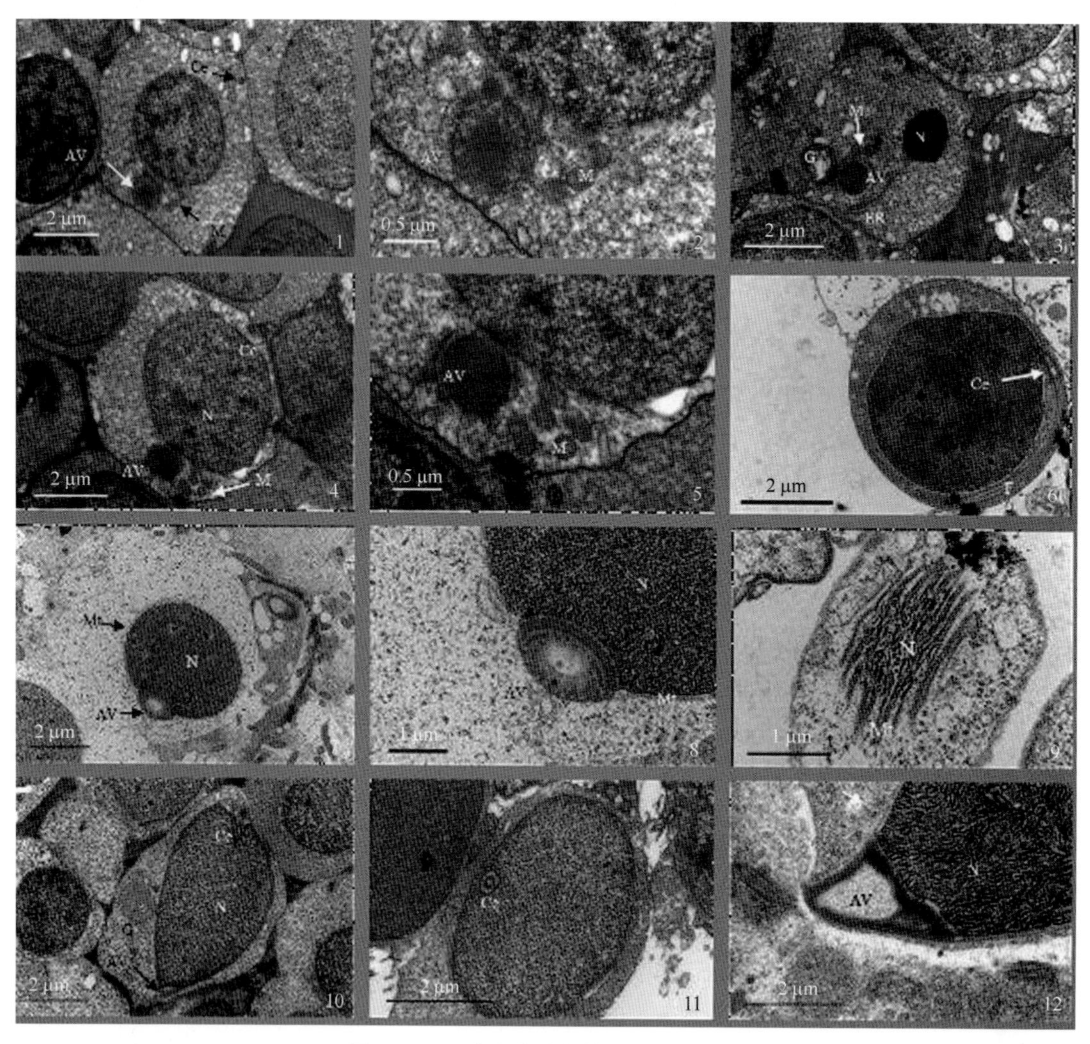

图 5.1.17 虎斑乌贼的精子发生（续）

1：精细胞Ⅰ期；2：1 放大，示未成形顶体囊、线粒体和絮状染色质；3：精细胞Ⅰ期，示顶体囊周围高尔基体、线粒体和内质网；4：精细胞Ⅰ期，示顶体囊和中心体；5：4 放大，示顶体囊与细胞核；6：精细胞Ⅰ期，示鞭毛和中心体；7：精细胞Ⅱ期；8：7 放大，示顶体囊、微管和染色质；9：精细胞Ⅱ期，示微管；10：精细胞Ⅱ期，示核后窝和中心体；11：精细胞Ⅱ期，核横切，示核后窝和中心体；12：精细胞Ⅱ期，示顶体囊和染色质。AV：顶体囊；Ce：中心体；ER：内质网；F：鞭毛；G：高尔基体；M：线粒体；Mt：微管；N：细胞核

（资料来源：陈奇成提供，2019）

位于最前端，双层膜结构，顶部圆润，呈头盔形扣在细胞核上，长度约为 0.83 μm，直径约为 0.96 μm，亚顶体腔突入顶体约 0.28 μm（图 5.1.20-6、7、8）。

尾部：由线粒体距和鞭毛组成。线粒体距一侧含大量线粒体，前端完全包围鞭毛，后端不完全包围鞭毛，线粒体未发生融合（图 5.1.20-9、10）。鞭毛长约 86.3 μm，主段直径约 0.27 μm，由轴丝、粗纤维和质膜组成，其中轴丝由微管组成，为典型的“9+2”结构（图 5.1.20-11）。鞭毛末段直径约 0.16 μm，粗纤维消失，仅由轴丝和质膜组成（图

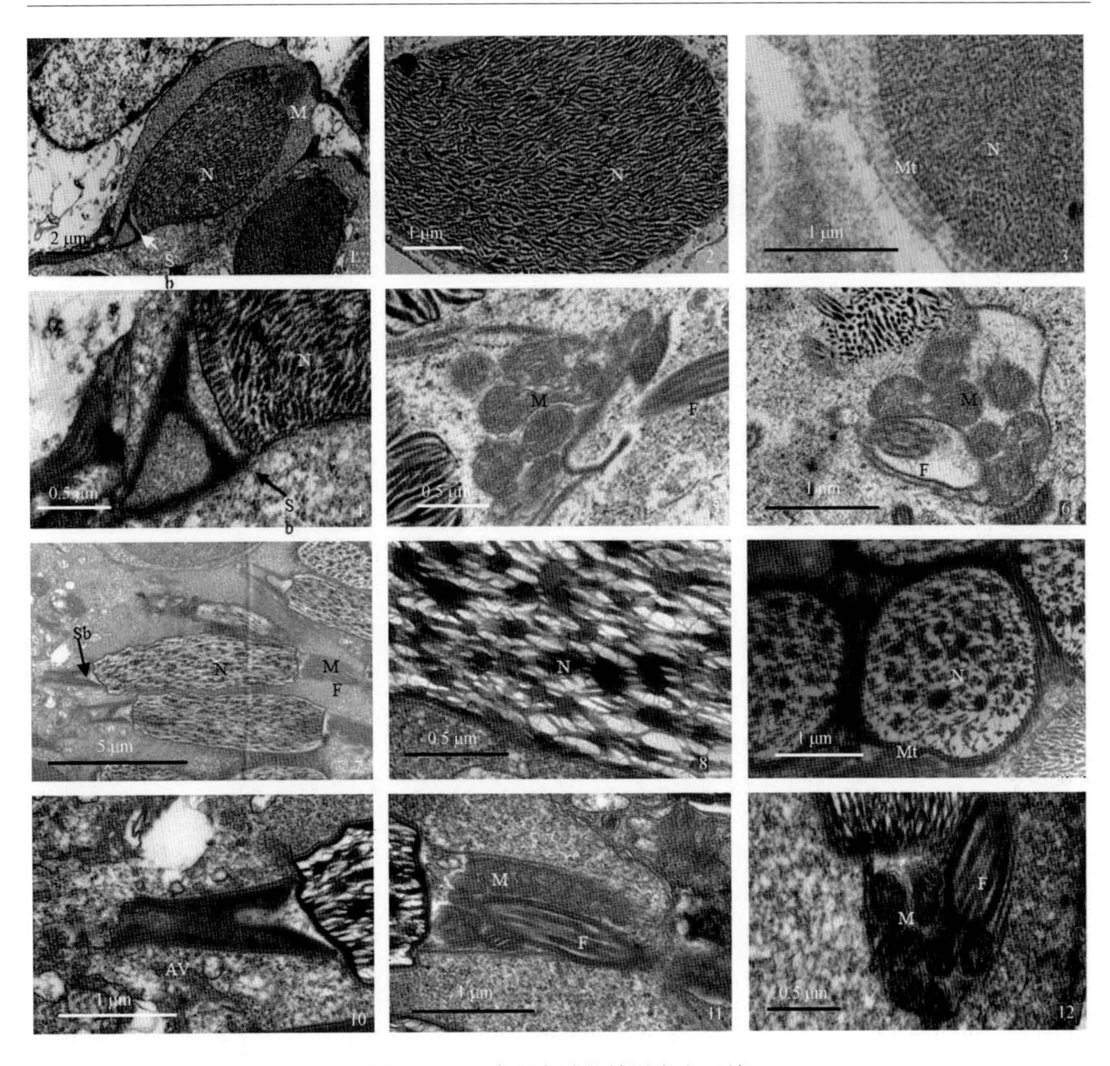

图 5.1.18　虎斑乌贼的精子发生（续）

1：精细胞Ⅲ期；2：精细胞Ⅲ期，示染色质；3：精细胞Ⅲ期，核横切，示微管；4：精细胞Ⅲ期，示亚顶体腔；5：精细胞Ⅲ期尾部，示线粒体和鞭毛；6：精细胞Ⅲ期尾部横切，示线粒体和鞭毛；7：精细胞Ⅳ期；8：精细胞Ⅳ期，示染色质；9：精细胞Ⅳ期，核横切，示染色质；10：精细胞Ⅳ期，示顶体囊；11：精细胞Ⅳ期尾部，示线粒体和鞭毛；12：精细胞Ⅳ期尾部横切，示线粒体和鞭毛。AV：顶体囊；F：鞭毛；M：线粒体；Mt：微管；N：细胞核；Sb：亚顶体腔

（资料来源：陈奇成提供，2019）

5.1.20-12）。

在虎斑乌贼精子发生过程中，精原细胞和精母细胞时期细胞核一般呈圆形，由于处于分裂过程中，核内染色质分布状态不定。从精细胞时期开始，染色质先是由凝集状态解体，均匀分布于核内，接着逐渐凝缩，经历点状、细纤维状、粗纤维状的变化过程，最后完全融合。随着染色质凝缩成纤维状，并且沿核纵轴排列，细胞核横向收缩，纵向拉长，逐渐由弯核变成直核。两者的变化可一一对应，推测染色质状态与细胞核形状之间有密切

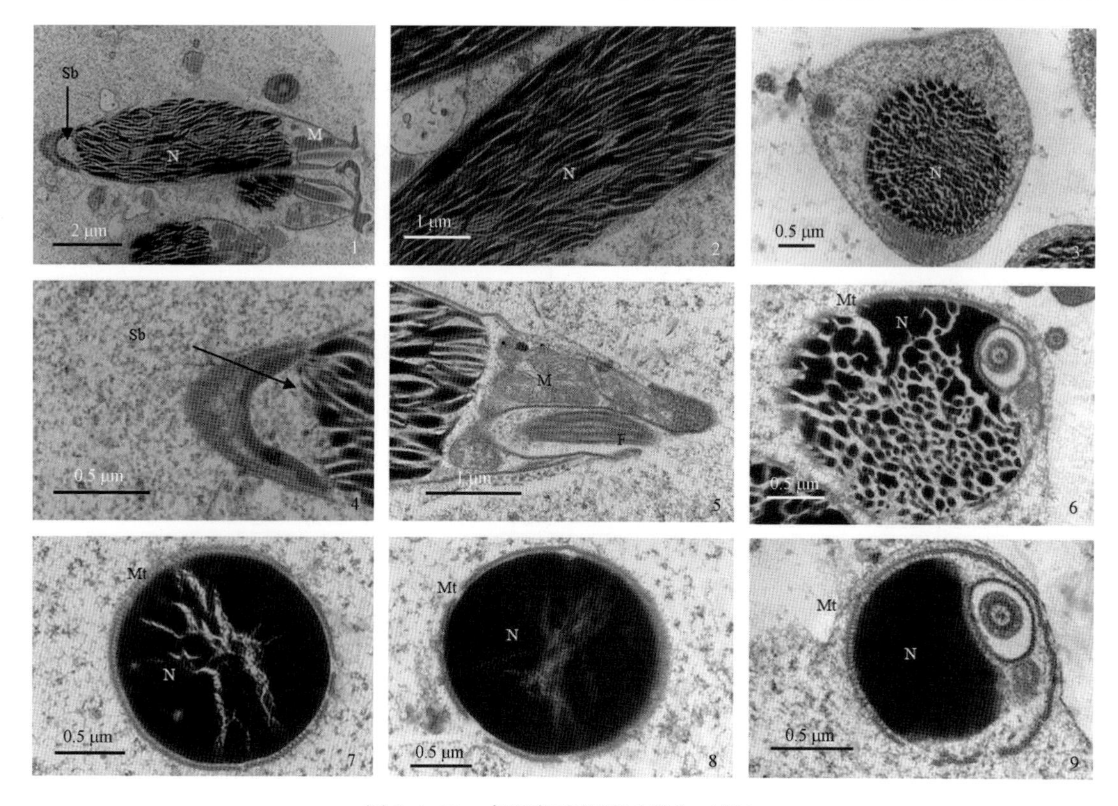

图 5.1.19 虎斑乌贼的精子发生（续）

1：精细胞Ⅴ期；2：精细胞Ⅴ期，示染色质；3：精细胞Ⅴ期，核横切，示染色质；4：精细胞Ⅴ期，示顶体囊；5：精细胞Ⅴ期尾部，示线粒体；6：精细胞Ⅴ期，核横切，示染色质和微管；7：精细胞Ⅴ期，核横切，示染色质和微管；8：精细胞Ⅴ期，核横切，示染色质和微管；9：精细胞Ⅴ期，核横切，示染色质和微管。M：线粒体；Mt：微管；N：细胞核；Sb：亚顶体腔

（资料来源：陈奇成提供，2019）

联系。虎斑乌贼染色质变化过程类似于乌贼（Martinez et al.，2007）、旋壳乌贼（Healy et al.，1990a），但与曼氏无针乌贼（叶素兰等，2008）、欧洲横纹乌贼（Maxwell et al.，1975）等略有不同，具有一定属种特异性。

虎斑乌贼精子发生过程中核周微管在顶体囊与细胞核结合后出现，与核纵轴平行，均匀分布于核周，在染色质完全融合成均质状后消失。核周微管均匀分布，细胞核则经历了由曲到直的变化。说明微管并非以机械力使精子发生形变，否则为了矫正弯曲的精核，应当在细胞核两侧施以大小不同的力，微管不会是均匀分布。

在虎斑乌贼精子发生过程中，线粒体内部嵴的数量增多，说明精子发生过程中对能量需求是不断增加的。顶体囊与细胞核结合之前，四周有着丰富的线粒体，推测顶体囊移动并与细胞核结合的过程中可能需要较多的能量。

在虎斑乌贼精子末端横切面中，可以观察到10多个线粒体，排列不规则，集中于一侧，不与鞭毛纵轴平行。可能是因为虎斑乌贼精子的鞭毛形成之初，紧贴细胞核，此时线粒体在核后端聚集，导致线粒体分布于鞭毛一侧。这种不完全包围鞭毛的线粒体结构被称

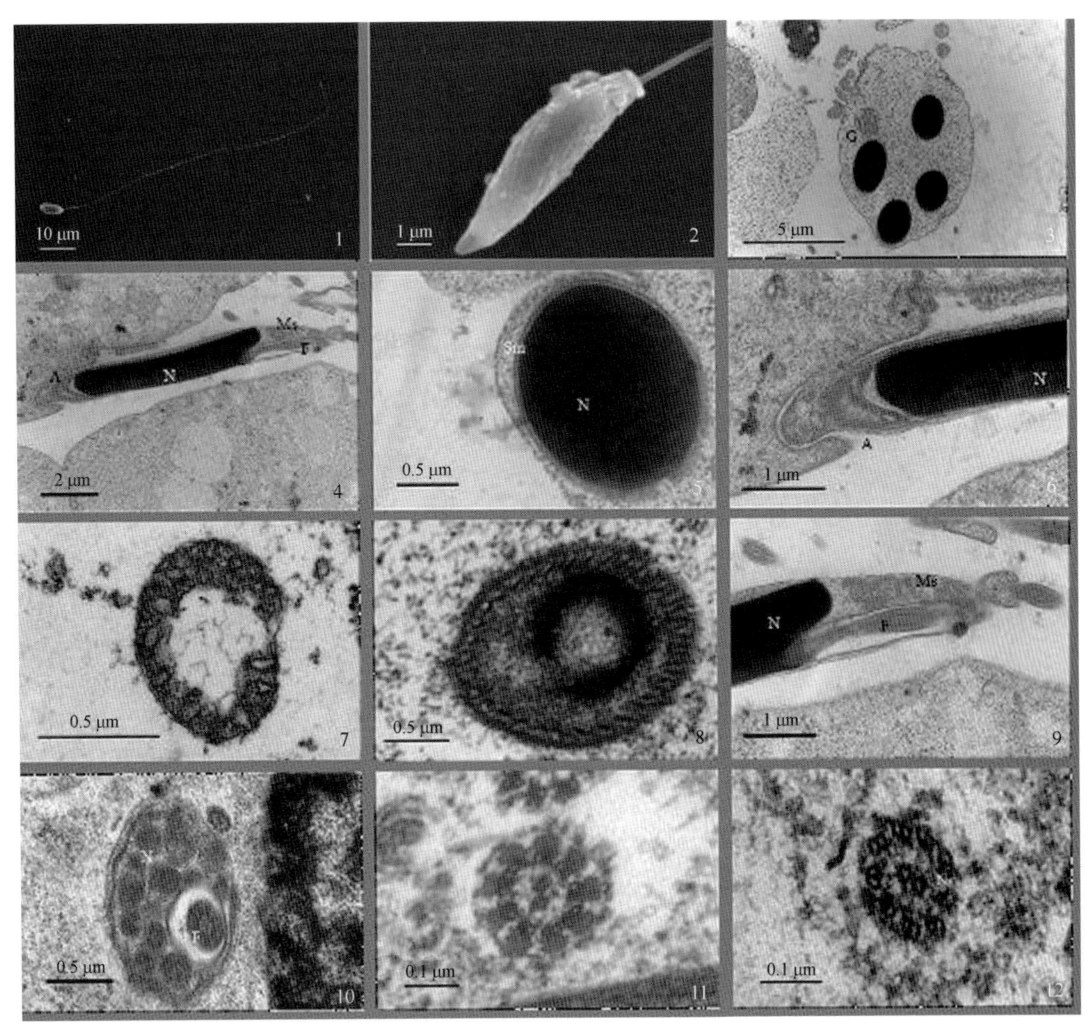

图 5. 1. 20　虎斑乌贼的精子超微结构

1：精子；2：精子头部；3：四核细胞；4：精子；5：精子，核横切，示染色质和裙边状质膜；6：精子，头部纵切，示顶体；7：顶体前段横切；8：顶体中段横切；9：精子尾部，示线粒体距和鞭毛；10：线粒体距横切，示线粒体和鞭毛；11：鞭毛主段横切；12：鞭毛末段横切。A：顶体；Ms：线粒体距；N：细胞核；Sm：裙边状质膜

（资料来源：陈奇成提供，2019）

为线粒体距，与金乌贼（刘长琳等，2011）、拟目乌贼（罗江，2014）、乌贼（Martínez-soler et al.，2007）、太平洋僧头乌贼（Fields et al.，2011）、曼氏无针乌贼（叶素兰等，2008）、福氏枪乌贼（Maxwell et al.，1975）类似。而旋壳乌贼（Healy，1990a）、幽灵蛸（Healy，1990b）线粒体排列松散不与鞭毛平行，形成完全包围鞭毛的线粒体袖套；嘉庚蛸（竺俊全等，2006）、尖盘艾尔斗蛸（Maxwell et al.，1974）线粒体排列紧密与鞭毛平行，形成了完全包围鞭毛的线粒体鞘。竺俊全等和叶素兰等认为头足类的线粒体结构比营体外受精的双壳纲动物精子线粒体结构更为高级，可以反映头足类对体内受精方式的适应过程（竺俊全等，2006；叶素兰等，2008）。

虎斑乌贼顶体形成过程中，经历了顶体囊塌陷、重新隆起的过程，最终变为顶端圆润的倒U形，与拟目乌贼类似（罗江，2014）。在初级精母细胞以及次级精母细胞的部分高尔基体囊泡中，就可观察到颗粒状物体（推测为前顶体颗粒）。在精细胞Ⅰ期中，可观察到电子密度不均匀的球状体，周围有大量高尔基体囊泡和线粒体。进一步可发现电子密度均匀的顶体囊，周围有发达的高尔基体、线粒体以及内质网，推断高尔基体与内质网共同参与顶体囊的形成，这与竺俊全等观点一致（竺俊全等，2006）。

六、胚胎发育

胚胎发育是繁育生物学重要研究内容之一，研究头足类的胚胎发育有助于把握育苗关键环节，可为苗种生产提供参考。目前，国内外学者对头足类胚胎发育的研究种类有短蛸（*Octopus ocellatus*）（张学舒等，2002；王卫军等，2010；Yamamoto et al.，1941）、长蛸（*O. variabilis*）（谢淑瑾等，2011）、真蛸（*O. vulgaris*）（徐实怀等，2009；郑小东等，2011）、嘉庚蛸（*O. tankahkeei*）（焦海峰等，2005；Naef et al.，1928）、章鱼（*O. aegina*）（Ignatius et al.，2006）、枪乌贼（*Loligo chinensis*）（欧瑞木等，1981）、金乌贼（*Sepia esculenta*）（陈四清等，2010）、曼氏无针乌贼（*Sepiella maindroni*）（刘振勇等，2009；常抗美等，2009；蒋霞敏等，2011）、拟目乌贼（*Sepia lycidas*）（陈道海等，2013），而迄今为止关于虎斑乌贼胚胎的研究仅见陈道海等（2012）将虎斑乌贼胚胎发育划分为卵裂、囊胚期、原肠期、器官芽原基出现、眼色由无色到黑色等30期，并且认为虎斑乌贼受精卵在水温23±0.5℃、盐度28时，孵化期为20~24 d，孵化率达85.3%。作者根据生产上操作方便，将虎斑乌贼的胚胎发育分为19个期（表5.1.5），即：受精卵期、卵裂期、囊胚期、原肠前期、原肠后期、胚体形成期、器官形成期、红珠期、心跳出现期、内骨骼形成期、色素出现期、色素形成期、骨板轮层三层期、骨板轮层四层期、骨板轮层五层期、骨板轮层六层期、骨板轮层七层期、骨板轮层八层期、骨板轮层九层期（出膜期）。

1. 受精卵期

刚产出的受精卵，长椭圆形，表面光滑，半透明状，柔软有弹性，内部卵黄可见。较尖的一端为动物极，野生虎斑乌贼受精卵在产出第1天，短径为15~22 mm，长径为19~27 mm。卵膜由三层组成，由内到外分别是卵膜、初级卵膜和三级卵膜。三级卵膜较厚，呈胶质状。卵一端具有分叉的柄，黏附在附着基上，卵粒黏在一起成葡萄状（图5.1.21-1）。

2. 卵裂期

在水温24~27℃、盐度28、光照强度10~30 μmol/（m^2·s）的条件下，胚胎动物极开始卵裂，卵裂仅在卵黄表面的一端进行，卵裂方式为不完全卵裂的盘状卵裂。可分为2细胞期、4细胞期、8细胞期、32细胞期、128细胞期、多细胞期等，各个细胞期特征明显，主要变化如下所述。

2细胞期：受精卵产出10 h，第一次卵裂形成两个分裂球，一条分裂沟（图5.1.21-2）。

4细胞期：受精卵产出12 h，第二次卵裂沟与第一次卵裂沟垂直，形成4个分裂球（图5.1.21-3）。

8细胞期：受精卵产出14 h，第三次卵裂沟与第一、第二次卵裂沟交叉，形成8个分裂球（图 5. 1. 21-4）。

32 细胞期：受精卵产出 16 h，第五次卵裂沟与第一、第二、第三、第四次卵裂沟交叉，形成 32 个分裂球（图 5. 1. 21-5）。

128 细胞期：受精卵产出 20 h，进一步分裂形成 128 细胞期（图 5. 1. 21-6）。

多细胞期：受精卵产出 36~42 h，进入多细胞期，中央细胞小，边缘细胞大，边缘卵裂沟较多且呈辐射状（图 5. 1. 21-7）。

3. 囊胚期

在水温 24~27℃、盐度 28、光照强度 10~30 μmol/（m^2·s）的条件下，54 h 进入囊胚期，在胚盘处形成一层囊胚，细胞数量明显增多，细胞体积变小，中央为明区，边缘为暗区，一侧稍内凹（图 5. 1. 21-8），外围有辐射状花纹，随着分裂的继续，细胞界限越来越不清晰，囊胚层边缘细胞开始向植物极下包。胚胎边缘细胞内卷而逐渐加厚，下包卵子比例接近 1∶8（图 5. 1. 21-9）。

4. 原肠胚早期

4 d 后进入原肠胚早期，囊胚层边缘细胞继续分裂，从四周向植物极延伸而下包，逐渐将卵黄包在内部，将形成卵黄囊。卵黄膜下包卵子比例 1∶4（图 5. 1. 21-10），胚盘处出现马蹄形花纹，但腕突起未出现（图 5. 1. 21-11）。

5. 原肠胚晚期

5 d 后进入原肠胚晚期，胚盘处有不规则的隆起，形成深浅不一的沟，开始出现腕突起、触腕突起、视环突起（图 5. 1. 21-12）。卵黄膜下包卵子比例 1∶2，其他器官芽相继出现。

6. 胚体形成期

6 d 后进入胚体形成期，外器官芽处于发育阶段，漏斗、鳃、腕、平衡囊等原基出现，眼柄较长，突出；胚体开始从卵黄囊上向外突出，卵黄囊和胚体通过食道相连，外套膜、漏斗、口、腕、平衡囊等结构显露（图 5. 1. 22-1）。

7. 器官形成期

6. 5~7 d 后进入器官形成期，胚胎清晰可辨，头部与胴体连接处（内、外卵黄囊分界处）向内凹陷，腕明显，无吸盘（图 5. 1. 22-2）。出现漏斗褶，漏斗形成，眼由无色变为浅红色，腕较前期增长（图 5. 1. 22-2）。胚体与卵黄囊长度比为 0. 20∶1~0. 30∶1（图 5. 1. 22-3）。

8. 红珠期

9. 5~10 d 后进入红珠期，眼柄缩短，鲜红色眼形成，虹膜呈一显著的红色圆圈，外有一层透明膜（图 5. 1. 22-4），漏斗具开口，平衡囊内平衡石清晰可见，腕末端钝圆，外套膜在腹面游离（图 5. 1. 22-5）。乌贼胴体逐渐与卵黄脱离，仅靠各腕与卵黄相连，整个胚胎隆起呈十字形。卵黄囊继续收缩，逐渐变为梨形，胚体与卵黄囊长度比为 0. 33∶1~0. 40∶1（图 5. 1. 22-6）。

9. 心跳出现期

11. 5~12. 5d 后进入心跳出现期，眼睛色素增加，变为红棕色，乌贼体形已接近成体。

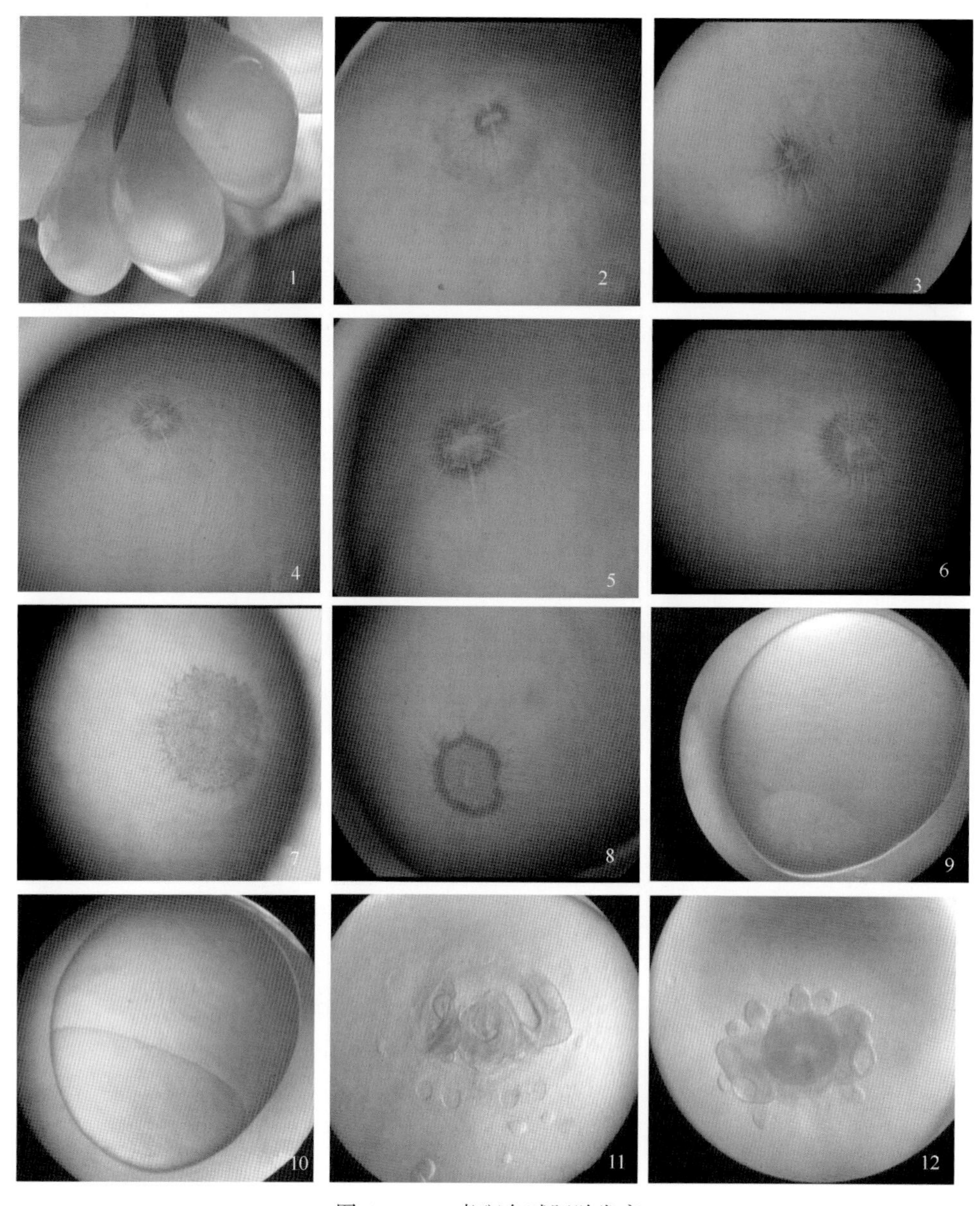

图 5. 1. 21　虎斑乌贼胚胎发育

1：刚产受精卵期；2：2 细胞期；3：4 细胞期；4：8 细胞期；5：32 细胞期；6：128 细胞期；7：多细胞期；8、9：囊胚期；10、11：原肠胚早期；12：原肠胚晚期

（资料来源：彭瑞冰、周爽男提供，2018）

该时期最明显的特征是心脏开始跳动，20~30 次/min。胴体有规律地收缩，并且可以清晰地看见乌贼吮吸一丝丝卵黄。此时胚体变得肥大，胚体与卵黄囊长度比为 0.40：1~0.45：1（图 5.1.22-7）。

10. 内骨骼形成期

13.5~14 d 后进入内骨骼形成期，内骨骼开始生长，眼红色，胴体出现淡黄色色素颗粒，色素斑在每条腕基部、两平衡石上方膜上出现，在胴体部上呈现均匀分布，呈橙红色(图5.1.22-8)。腕末端尖细，腕具吸盘。胚体与卵黄囊长度比为0.45：1~0.55：1（图5.1.22-9)。

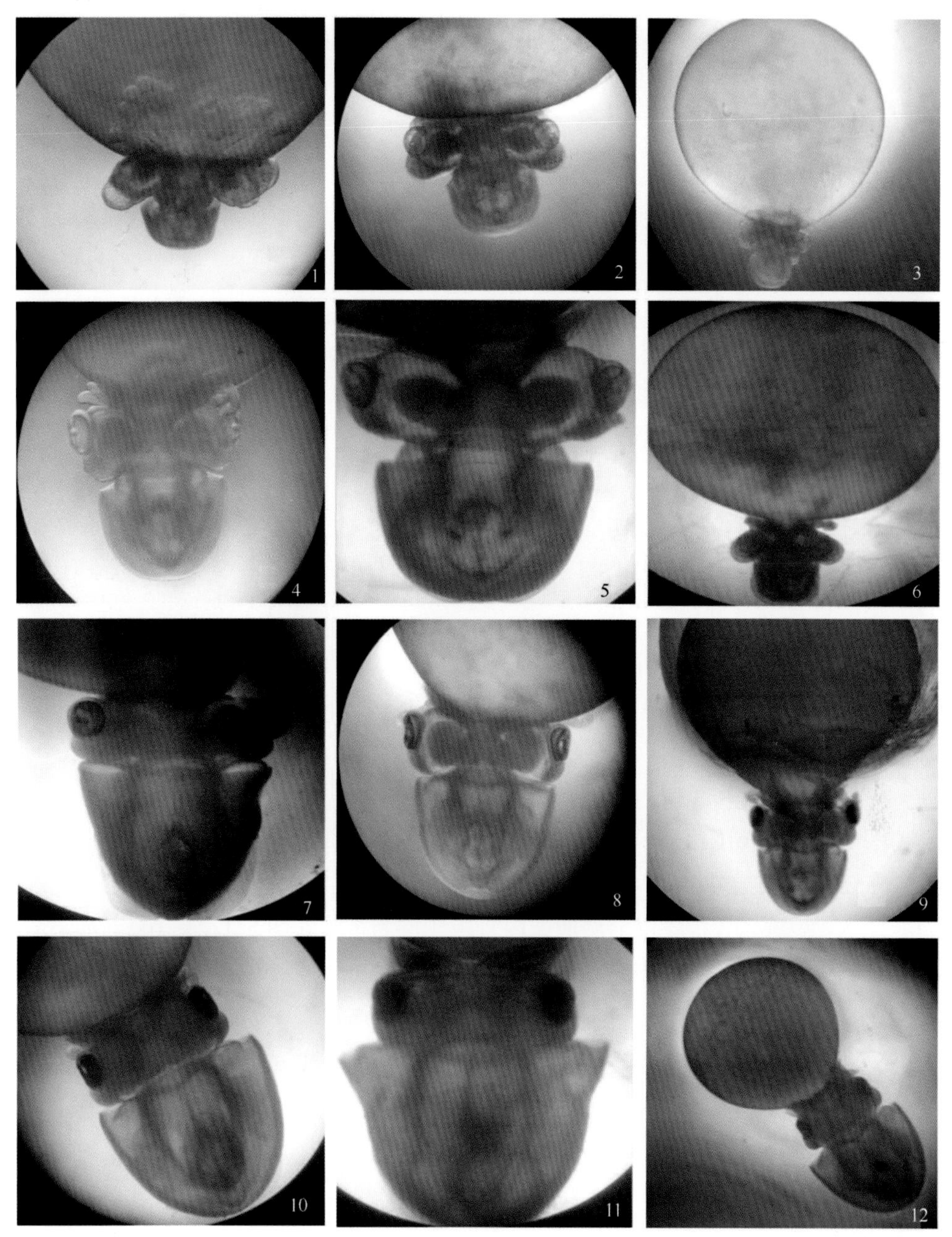

图5.1.22 虎斑乌贼胚胎发育

1：胚体形成期；2、3：器官形成期；4~6：红珠期；7：心跳出现期；8、9：内骨骼形成期；10：色素出现期；11、12：色素形成期

（资料来源：彭瑞冰、周爽男提供，2018）

11. 色素出现期

14.5~15 d 后进入色素出现期，眼间距接近胴宽，最明显的变化是乌贼背部出现点状的色素斑点。乌贼胴部明显增大，墨囊内有墨汁，色素斑在每条腕基部各有两个，平衡石上方色素斑变大，在胴体部背面规则分布，颜色加深。外部卵黄囊进一步缩小，胚体与卵黄囊长度比为 0.56∶1~0.71∶1（图 5.1.22-10）。

12. 色素形成期

15.5~16 d 后进入色素形成期，黑色眼形成，鳍出现，胴体背面色素斑数目增多（图 5.1.22-11），卵膜内卵柄端空间变小，胚体与卵黄囊长度比为 0.72∶1~0.91∶1（图 5.1.22-12）。

13. 骨板轮层三层期

16.5~17 d 后进入骨板轮层三层期，眼黑色，主眼睑完全覆盖了视囊泡，且一部分转变成透明的角膜。胴体色素颗粒增多，内骨板轮层为 3 层（图 5.1.23-2），卵黄囊进一步缩小，胚体与卵黄囊长度比为 0.95∶1~1∶1（图 5.1.23-1）。

14. 骨板轮层四层期

18~18.5 d 后进入骨板轮层四层期，内骨板轮层为 4 层（图 5.1.23-4），卵黄囊进一步缩小，胚体与卵黄囊长度比为 1∶1~1.2∶1（图 5.1.23-3）。

15. 骨板轮层五层期

19~20 d 后进入骨板轮层五层期，内骨板轮层为 5 层（图 5.1.23-6），卵黄囊进一步缩小，胚体与卵黄囊长度比为 1.2∶1~1.56∶1（图 5.1.23-5）。

16. 骨板轮层六层期

20~21 d 后进入骨板轮层六层期，内骨板轮层为 6 层（图 5.1.23-8），卵黄囊进一步缩小，胚体与卵黄囊长度比为 1.60∶1~2.50∶1（图 5.1.23-7）。

17. 骨板轮层七层期

21~22.5 d 后进入骨板轮层七层期，内骨板轮层为 7 层（图 5.1.23-10），卵黄囊进一步缩小，胚体与卵黄囊长度比为 3.60∶1~4.38∶1（图 5.1.23-9）。

18. 骨板轮层八层期

22.5~23.5 d 后进入骨板轮层八层期，内骨板轮层为 8 层（图 5.1.23-12），卵黄囊进一步缩小，胚体与卵黄囊长度比为 10∶1~12∶1（图 5.1.23-11）。

19. 骨板轮层九层期（出膜期）

23.5~24.5 d 后进入骨板轮层九层期，内骨板轮层为 9 层（图 5.1.23-14），卵黄囊进一步缩小、完全吸收、消失（图 5.1.23-13）。形态结构与成体基本相似，心脏跳动≥30 次/min，胴体腹部斑点由淡黄色转变成黑色，鳍分化且在尾端分开，尾端可见骨针，胚胎在孵化前已能在卵膜中轻微活动，幼体怕强光，若受刺激，墨囊中的墨汁会喷到卵膜内，孵出前胚体用胴体的顶部顶撞卵膜，卵膜变得薄而透明，然后破膜而出，初孵幼体触腕明显长于其他腕，每条腕上具 4 列吸盘（图 5.1.23-15）。

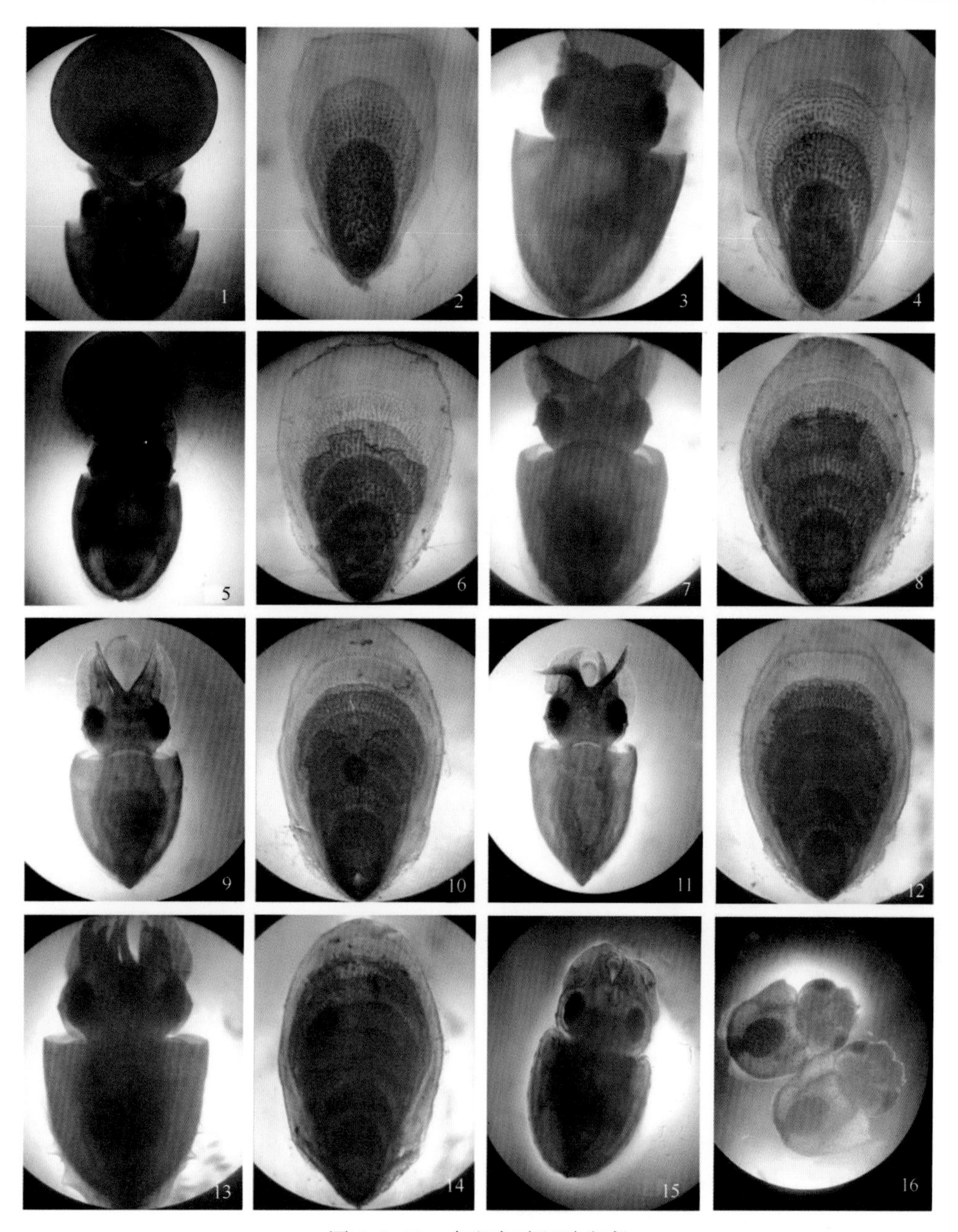

图 5.1.23　虎斑乌贼胚胎发育

1、2：骨板轮层三层期；3、4：骨板轮层四层期；5、6：骨板轮层五层期；7、8：骨板轮层六层期；9、10：骨板轮层七层期；11、12：骨板轮层八层期；13、14：骨板轮层九层期；15：出膜 1 日龄；16：膜内双胞胎

（资料来源：彭瑞冰、周爽男提供，2018）

在水温为 24~27℃、盐度为 28 条件下，虎斑乌贼受精卵经历了柔软—定形—缩小—膨大的过程。野生虎斑乌贼受精卵在产出第 1 天，短径为 15~22 mm，长径为 19~27 mm，体重为 1.9~2.2 g；养殖虎斑乌贼受精卵在产出第 1 天，短径为 7.2~9.5 mm，长径为

8. 8~11. 5 mm，体重为 1. 8~2. 2 g；三级卵膜为奶白色，第 2 天开始卵收缩，外形变硬，体重保持不变，但第 3 天起卵质量随着孵化时间的增加而上升，卵黄由椭圆形逐渐变成近圆形；第 13 天以后卵膜开始膨大并逐渐变薄，卵黄囊继续缩小，受精卵呈透明状，膜内仔乌贼清晰可见，仔乌贼出膜前受精卵长径达 25. 7±0. 8 mm，短径为 19. 3±0. 6 mm，卵质量可达 5. 5~6. 4 g（表 5. 1. 5）。

表 5. 1. 5　野生虎斑乌贼的胚胎发育时序

发育阶段	发育时间	卵质量（g）	图
受精卵	0	1. 8~2. 2	5. 1. 21-1
卵裂期——2 细胞期	10 h	1. 8~2. 2	5. 1. 21-2
卵裂期——4 细胞期	12 h	1. 8~2. 2	5. 1. 21-3
卵裂期——8 细胞期	14 h	1. 8~2. 2	5. 1. 21-4
卵裂期——32 细胞期	16 h	1. 8~2. 2	5. 1. 21-5
卵裂期——128 细胞期	20 h	2. 0~2. 2	5. 1. 21-6
卵裂期——多细胞期	36~42 h	2. 1~2. 2	5. 1. 21-7
囊胚期	54 h	2. 2~2. 3	5. 1. 21-8、9
原肠胚早期	4 d	2. 3~2. 4	5. 1. 21-10、11
原肠胚晚期	5 d	2. 4~2. 5	5. 1. 21-12
胚体形成期	6 d	2. 5~2. 8	5. 1. 22-1
器官形成期	6. 5~7 d	3. 0~3. 2	5. 1. 22-2、3
红珠期	9. 5~10 d	3. 5~3. 7	5. 1. 22-4、5、6
心跳出现期	11. 5~12. 5 d	3. 7~3. 8	5. 1. 22-7
内骨骼形成期	13. 5~14 d	3. 8~4. 0	5. 1. 22-8、9
色素出现期	14. 5~15 d	4. 0~4. 2	5. 1. 22-10
色素形成期	15. 5~16 d	4. 2~4. 5	5. 1. 22-11、12
骨板轮层三层期	16. 5~17 d	4. 5~4. 8	5. 1. 23-1、2
骨板轮层四层期	18~18. 5 d	4. 8~5. 0	5. 1. 23-3、4
骨板轮层五层期	19~20 d	4. 8~5. 0	5. 1. 23-5、6
骨板轮层六层期	20~21 d	5. 0~5. 2	5. 1. 23-7、8
骨板轮层七层期	21~22. 5d	5. 2~5. 3	5. 1. 23-9、10
骨板轮层八层期	22. 5~23. 5 d	5. 5~6. 4	5. 1. 23-11、12
骨板轮层九层期（出膜期）	23. 5~24. 5 d	5. 5~6. 4	5. 1. 23-13、14

第二节　虎斑乌贼的人工育苗技术

宁波大学于2011年起开展了虎斑乌贼的繁殖生物学、人工育苗和养殖的相关理论与技术的研究，经过不懈努力，在国内率先突破了虎斑乌贼规模化人工育苗和养殖技术，目前已培育出胴长2 cm以上乌贼苗种120余万只，利用水泥池、土池、网箱等设施养殖成功，养殖3~4个月就达到商品规格（500 g以上），养殖成活率高达65%。并于2017年在象山来发水产育苗场进行越冬试验，挑选养殖虎斑乌贼200余只（体重500 g以上），采用保温促熟和饵料强化等技术，于2017年12月3日开始出现交配与零星产卵，产卵高峰期为2018年2月23日至3月5日，产卵时乌贼亲体体重达1.05~2.30 kg，越冬亲乌贼共产卵51 kg，卵重1.54~1.81 g/颗，获卵31 875颗，突破了全人工育苗技术。

近年来宁波市已建立了虎斑乌贼育苗基地和养殖基地，作者根据多年的研究与苗种生产经验总结出一套行之有效的虎斑乌贼的人工育苗技术，主要包括亲体强化培育、交配与产卵、受精卵运输、孵化、苗种培育、出苗、包装与运输等环节。

一、亲体强化培育

亲体培养室为玻璃钢瓦或尼龙薄膜大棚，屋顶最好盖遮阳网1~2层，光照强度以10~30 μmol/（m^2·s）为宜。培养池以室内圆形或长方形水泥池，面积≥30 m^2、池高1.2~1.8 m为宜，培育池四周最好设置软质防碰网，池中均匀铺充气石，一般1~2个/m^2。培育池和所用工具在乌贼亲体入池前一天用80~100 g/m^3的漂白粉或450~500 mL/m^3的次氯酸钠消毒干净。培育用水采用经沉淀、砂滤、室内滤水袋过滤的自然海水，培育水温20~25℃，特别是越冬不能低于20℃，盐度25~33，溶解氧≥4 mg/L，pH值7.8~8.3。

虎斑乌贼在我国主要分布在南海与东海南部，苗种繁育场的亲乌贼有两种来源，一是每年春季（2月下旬至4月上旬）捕捞野生资源，一是秋季挑选人工养殖的亲乌贼越冬。为了保证卵的数量和质量，一般以野生乌贼为主，因为野生虎斑乌贼成熟个体（2~5 kg）明显大于养殖乌贼个体（0.5~1 kg），且野生虎斑乌贼怀卵量和质量也凸显优势。

海捕亲体：每年2月下旬至4月上旬，用张网等方法采捕南海或东海南部自然海区成熟的虎斑乌贼亲体。亲体要求：雄体体重≥2.05 kg，胴长≥27.9 cm；雌体体重≥0.50 kg，胴长≥17.8 cm。入选的亲体宜放入活水仓运输或尼龙袋盛水充氧运输。尼龙袋运输方法：一般尼龙袋规格50 cm×50 cm×80 cm，每袋装1尾，装海水1/3，充氧2/3，外套黑色塑料袋或泡沫箱，并尽快送到附近育苗场培育或临时水泥池暂养。暂养水的温度、盐度应与其生活海区接近；控制光强20~50 μmol/（m^2·s）、噪音<65 dB，放养密度为2~3 ind/m^2。培养中一旦发现有喷墨个体，应立即将墨汁捞去或换水。海捕亲体雌雄混养，雌雄比例为2∶1~3∶1。雌雄乌贼的鉴别方法见图5.2.1，在繁殖季节，雄体个体较大，体色鲜艳，背部白色花纹呈不规则的波纹状，周鳍较宽，头部前端的腕常伸展放开，张牙舞爪；雌体个体相对较小，体色不太鲜艳，背部花纹呈不规则的细纹状，且有白色斑点不规则分布，周鳍较窄，头部前端的腕常伸展不开，呈收拢保护状。

图 5.2.1 雌雄乌贼亲体形态
（资料来源：蒋霞敏提供，2019）

养殖亲体：10—11 月，从养殖土塘或水泥池群体中挑选体重 500 g 以上，无伤、摄食力强、健康活泼的亲体。入选亲体宜采用的尼龙袋规格（长×宽×高）为 40 cm×40 cm×80 cm 或 50 cm×50 cm×80 cm，充氧、外套黑色塑料袋遮光运输。盛水 1/3，每袋装 1 尾亲体，充氧 2/3，宜在水温 20～25℃条件下运输。雌雄混养，雌雄比例为 2∶1～3∶1，放养密度为 3～5 ind/m^2。

不管是海捕亲体还是养殖亲体，入池后，每日投喂冰鲜鱼虾，以冰鲜虾为主，饵料鱼虾以整条为宜，一般小于或等于乌贼胴长。日投喂量为亲体总体重的 5%～10%，日投饵两次，早晚各一次。为了提高乌贼的怀卵量和质量，最好间隔 10～15 d 投喂活沙蚕（*Perinereis aibuhitensis*），日投喂量为乌贼体重的 5%～10%，连续投喂 3～6 d。

乌贼亲体培养水位一般保持 0.8～1.2 m，每日上午投饵后 1 h 将残饵捞去，并吸污 1 次，日换水量 20%～50%，换水温度差<1℃，盐度差<2，保持水温≥20℃，盐度 22～32，最适盐度 24～30，溶解氧>4 mg/L，pH 值 7.8～8.4，换水排放按 SC/T 9103—2007 规定。一般间隔 10～20 d 翻池 1 次，具体操作流程为：先将培养的水位排至 20 cm，如果池子较大（面积≥50 m^2），为避免追赶捕捞使乌贼受伤，可先用排网（以池宽为长，高 1 m 左右，10～20 目尼龙网）将乌贼亲体赶至池一角，后用 60 目制作的手抄网捞捉乌贼，用塑料盆（盆直径大于乌贼胴长）带水移至其他新池继续培养，要轻捕轻放，为避免翻池水位太低操作不便，新翻入的池水水位可适当加高，保持 1.2～1.5 m，水温差<1℃，盐度差<2，次日换水起可以恢复到原来的水位（0.8～1.2 m）。

二、交配与产卵

一般海捕亲体 2—4 月，养殖亲体 12 月开始出现追逐、交配。室内养殖亲体在繁殖季节容易出现斗殴和驱赶，造成乌贼受伤，内壳断裂，死亡数增加。特别是面积小于 30 m^2 的长方形水泥池，由于追逐和驱赶，快速后退碰壁，易造成死亡率明显增加，所以池四周最好设置软质防碰网。亲体交配后，一般雌体数小时或 1～2 d 后开始寻找附卵场所。在自然界中，一般将受精卵产在水草或柳珊瑚等附着物上。为此，室内人工培养一旦发现有交配行为，就应尽快放置附卵器。如果没有及早放置附卵基，雌性乌贼就会表现出急躁不安，胡乱产卵、附卵，有的产在池底，有的会产在水管或充气管等附着物上（图 5.2.2）。

图 5.2.2　虎斑乌贼的交配与产卵
（资料来源：蒋霞敏提供，2019）

附卵基的材质、规格与放置高低直接影响产卵数量和质量。作者使用不同直径（Φ）（2 mm、4 mm、8 mm、10 mm）的尼龙绳和不同网目（2.5 mm、15 mm、27 mm）的聚乙烯网片作为附卵基进行试验，具体操作办法为：在 5.0 m×4.3 m×1.0 m 的水泥池顶端拉 7 根主绳，主绳间距为 80 cm，每根主绳上悬挂 4 个同一规格的附着基，其末端绑系上石块，每个石块重约 0.2 kg，防止附着基飘动，附着基相互间隔距离为 1 m，每个附着基与池底留有约 5 cm 的空隙（图 5.2.3）。

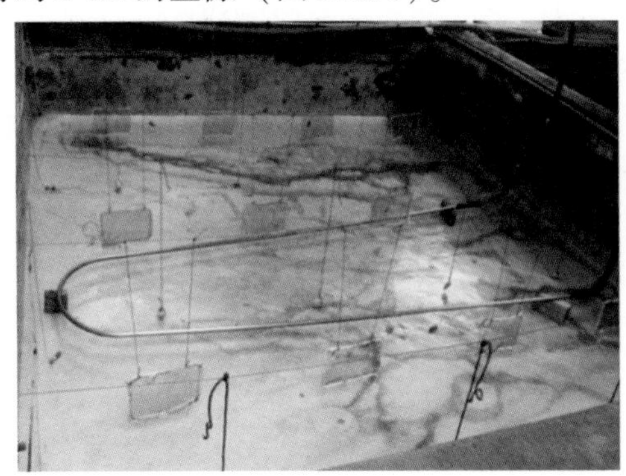

图 5.2.3　虎斑乌贼附卵基与附卵
（资料来源：蒋霞敏提供，2019）

结果见图 5.2.4，从图中可以看出：不同附卵基对附卵量的影响十分显著（$P<0.05$）。用尼龙绳作为孵卵基，绳的直径在 2～10 mm 范围内，附卵量为（5.5±2.0）～（120.0±14.3）粒/绳。直径粗的 8 mm 和 10 mm 尼龙绳附卵量较为接近，分别为（119.6±11.3）粒/绳和（120.0±14.3）粒/绳，最多可附卵 1.25 kg/绳（313 粒），与细绳 2 mm 和 4 mm 存在显著差异（$P<0.05$）；直径小的 2 mm 和 4 mm 尼龙绳附卵效果明显较差，基本不附着卵。

用聚乙烯网片作为孵卵基，网片的网目在 2.5～27 mm 范围内，附卵量较少，为

(19.6±6.4) ~ (193.4±6.3) 粒/片。网目大的 (27 mm) 聚乙烯网片附卵效果最佳，平均附卵量为 (193.4±6.3) 粒/片，最多网片附卵 2.7 kg/片 (675 粒)，与网目细的 (2.5 mm 和 15 mm) 网片存在显著差异 ($P<0.05$)。网目为 15 mm 的网片，平均附卵量为 (137.5±11.9) 粒/片，最多网片附卵 1.3 kg/片 (325 粒)。网目为 2.5 mm 的网片附卵效果最差 (图 5.2.4)。

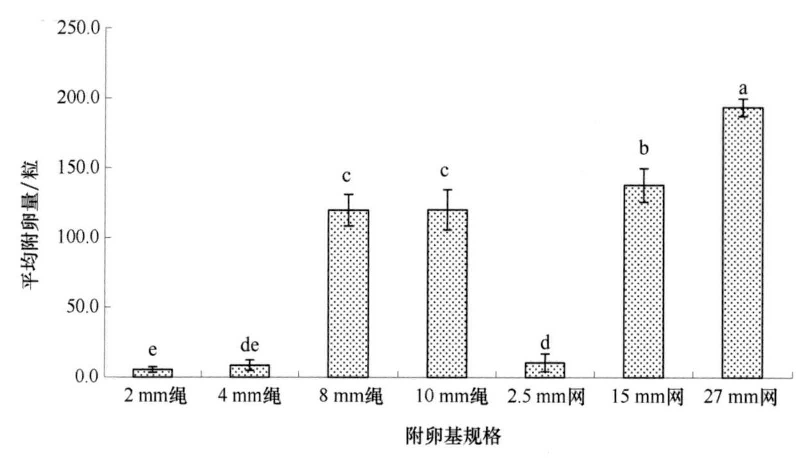

图 5.2.4 不同附着基的附卵量
(资料来源：唐峰提供，2019)

不同附卵基对附卵率的影响十分显著 ($P<0.05$) (图 5.2.5)。在尼龙绳直径 2~10 mm 范围内，直径为 8 mm 和 10 mm 的附卵率显著高于 2 mm 和 4 mm ($P<0.05$)，其附卵率分别为 20.09%±1.74% 和 20.13%±1.85%；而直径为 2 mm 和 4 mm 的附卵率明显较低，分别为 0.92%±0.33% 和 1.45%±0.62%。同样，聚乙烯网片网目 2.5~27 mm，网目大 (27mm) 的网片附卵率最高，平均附卵率 32.51%±0.55%，显著高于其他附卵基 ($P<0.05$)；其次是网目为 15mm 的网片，平均附卵率 23.14%±2.21%；2.5mm 的网片附卵率明显较低，平均附卵率为 1.76%±1.04% (图 5.2.5)。

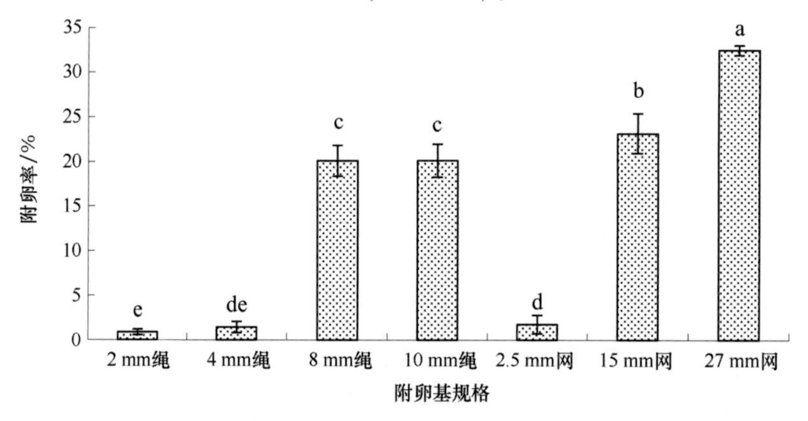

图 5.2.5 不同附卵基的附卵率
(资料来源：唐峰提供，2019)

综上所述，虎斑乌贼的附卵基以Φ 8~10 mm的塑料绳或网目Φ 15~27 mm的塑料网片为宜，塑料绳太细（直径Φ≤8 mm）或网片的网目太密（网目Φ≤15 mm）都不利于虎斑乌贼产卵与附卵。另外，附卵基放置太密或紧贴墙壁和池底也不利于虎斑乌贼的产卵行为。所以正确的操作是：附卵基放置前，先经次氯酸钠（450~500 mL/m^3）或80~100 g/m^3的漂白粉消毒、晾干；放置时，每个附卵基与池底留有约10 cm的间隙，附卵基间距约50 cm，离池壁约50 cm，上端固定，下端系沉子，呈拉直展开状。一般附卵基放置1~2 d，成熟交配的雌乌贼就会围着附卵器，争先恐后地将卵通过头部的生殖孔射出，缠绕到附卵基上。产卵期间，应保持安静，光照控制在20~50 μmol/（m^2・s），产卵适宜水温为21~27℃，适宜盐度24~30。附卵基上附满卵后，应及时移至孵化池，未附卵的附卵基应每隔5~10 d清洗消毒，后重新悬挂使用，反之易因附着细菌等影响附卵数量和质量。

三、受精卵的运输

野生亲体目前均从南海海域采捕，由于野生亲体个体大，野性足，非常容易喷墨，造成长途运输困难，一般均在当地就近暂养产卵，受精卵收集后再进行运输。受精卵的运输适合密度和适合时间到底怎么样？作者进行了运输密度试验与运输时间试验。

1. 运输密度试验

采用双层薄膜袋（90 cm×90 cm×70 cm）充氧运输，在运输时间为36 h的条件下，设受精卵运输密度为100 ind/L、200 ind/L、300 ind/L、400 ind/L四个梯度，各三平行，每个薄膜袋中装过滤自然海水4 L，水温22℃，盐度30，氧气充足，海水与氧气的体积比约为1∶3，后装入泡沫箱（50 cm×50 cm×25 cm）。

运输后分别将受精卵置于孵化框（1.78 m×0.65 m×0.5 m）中孵化，各三平行，所有试验孵化框均置于水泥池（4.85 m×3.85 m×1.4 m）中。孵化条件：水温22℃，盐度30，pH值为8.03，孵化密度为10 ind/L，连续充气。统计孵化率、卵黄囊完全吸收率、初孵幼体体重和24 h内的成活率。

结果表明：受精卵运输密度对孵化率的影响显著（$P<0.05$），受精卵运输密度为100~400 ind/L时，孵化率为64.21%~86.85%，孵化率随着密度的增加而降低，密度为100 ind/L时，孵化率最大（86.85%），与其余密度之间差异显著（$P<0.05$），受精卵运输密度200 ind/L和300 ind/L之间的孵化率差异不显著（$P>0.05$）（图5.2.6）。

受精卵运输密度为100~400 ind/L时，孵出的幼体在24 h内的成活率为67.10%~90.62%，成活率随着密度的增加而降低，受精卵运输密度为100 ind/L时，成活率最大（90.62%），与其余密度之间差异显著（$P<0.05$），200 ind/L和300 ind/L之间的成活率差异不显著（$P>0.05$）（图5.2.6）。

运输密度对卵黄囊完全吸收率及初孵乌贼体重的影响显著（$P<0.05$）。运输密度为100~400 ind/L时，卵黄囊完全吸收率为68.72%~90.85%，卵黄囊完全吸收率随着运输密度的增加而降低，100 ind/L时的卵黄囊完全吸收率最高（90.85%），显著高于其他组（$P<0.05$），密度200 ind/L和300 ind/L之间的卵黄囊完全吸收率差异不显著（$P>0.05$）。初孵乌贼体重为0.241~0.263 g，密度为400 ind/L时的初孵乌贼体重最轻（0.241 g），与

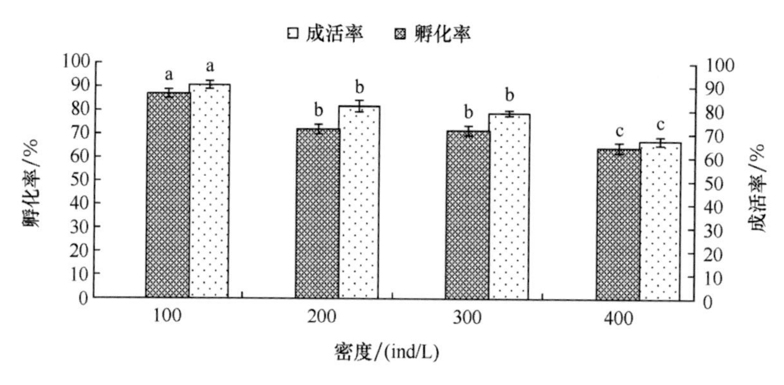

图 5.2.6 运输密度对受精卵孵化率及幼体成活率的影响

（资料来源：唐峰提供，2019）

300 ind/L 时的初孵乌贼体重（0.246 g）接近，但显著低于 100 ind/L 和 200 ind/L 组（$P<0.05$）（图 5.2.7）。经回归分析，初孵乌贼体重与卵黄囊完全吸收率的回归方程为 $y = 0.0986x + 0.1719$，$R^2=0.9613$。

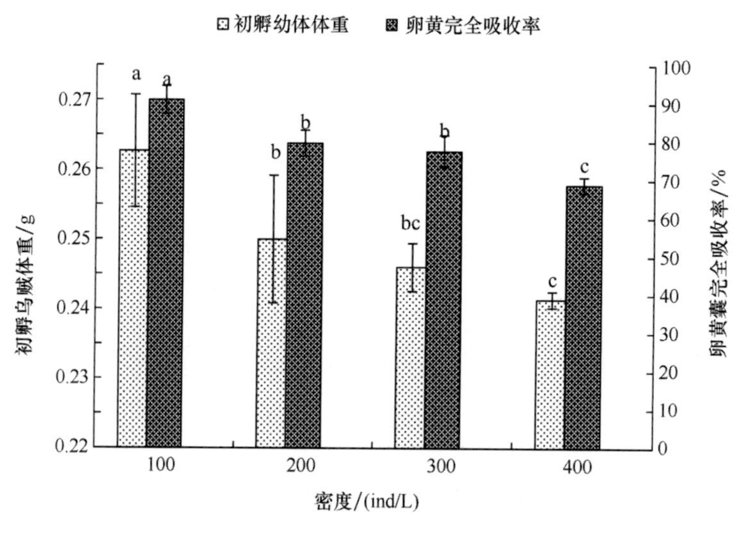

图 5.2.7 运输密度对卵黄囊完全吸收率及初孵乌贼体重的影响

（资料来源：唐峰提供，2019）

2. 运输时间实验

设运输时间为 24 h、30 h、36 h、42 h，各三平行，采用双层薄膜袋（90 cm×90 cm×70 cm）充氧运输，运输密度为 200 ind/L，其他条件同运输密度试验。运输后分别将受精卵置于孵化框（1.78 m×0.65 m×0.5 m）中孵化，各三平行，所有试验孵化框均置于水泥池（4.85 m×3.85 m×1.4 m）中。孵化条件：水温 22℃，盐度 30，pH 值为 8.03，孵化密度为 10 ind/L，连续充气。统计孵化率、卵黄囊完全吸收率、初孵乌贼体重和 24 h 内的成活率。

结果表明：运输时间对受精卵孵化率的影响显著（$P<0.05$），运输时间为 24～42 h 时，孵化率随着运输时间的增加而降低，运输时间为 24 h 时，孵化率最大；运输时间对出膜后的幼乌贼的生长发育也有影响，运输时间 24～42 h 范围内，幼乌贼成活率为 66.77%～89.62%，成活率随着时间的增加而降低，运输时间为 24 h 时，成活率最大（89.62%），与 30 h 组的成活率（87.75%）接近，但显著高于 36 h 和 42 h 组（$P<0.05$）（图 5.2.8）。

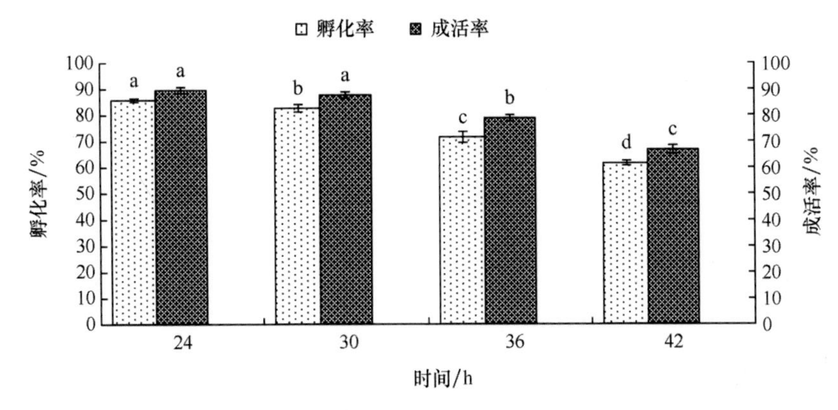

图 5.2.8　运输时间对孵化率及初孵乌贼成活率的影响
（资料来源：唐峰提供，2019）

运输时间对卵黄囊完全吸收率和初孵乌贼体重的影响显著（$P<0.05$）。运输时间为 24～42 h 时，卵黄囊完全吸收率为 64.29%～90.95%，卵黄囊完全吸收率随着运输时间的增加而降低，时间为 24 h 时的卵黄囊完全吸收率最高（90.95%），与 30 h 组的吸收率（87.36%）接近（$P>0.05$），但显著高于其他组（$P<0.05$）（图 5.2.9）。初孵乌贼体重为 0.241～0.269 g，初孵乌贼体重随着运输时间的增加而降低。运输时间为 42 h 时的初孵乌贼体重最轻（0.241g），显著低于 24 h、30 h 和 36 h 组（$P<0.05$）（图 5.2.9）。经回归分析，初孵乌贼体重与卵黄囊完全吸收率的回归方程为 $y = 0.1008x + 0.1741$，$R^2 = 0.9183$。

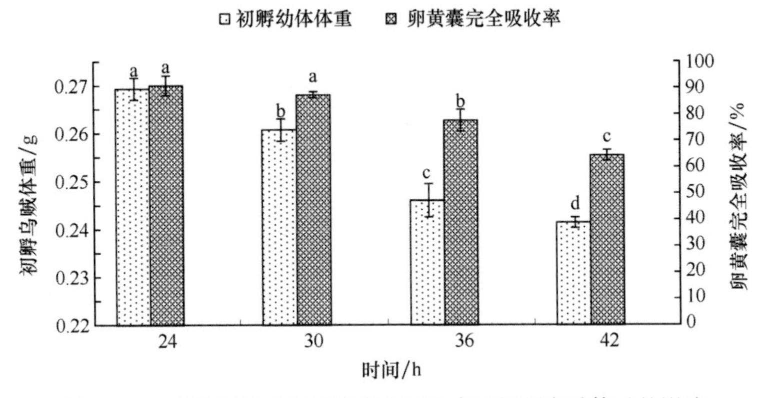

图 5.2.9　运输时间对卵黄囊完全吸收率及初孵乌贼体重的影响
（资料来源：唐峰提供，2019）

运输受精卵最好采用尼龙袋充氧运输，尼龙袋规格如果采用25 cm×25 cm×60 cm，放海水1/3，充氧气2/3，运输密度根据时间长短而定，运输时间在24~40 h，每袋可装刚产的受精卵约0.75 kg，此时受精卵发育最好正处卵裂期或囊胚期的胚胎，大小为2.5~3 g/枚，每千克含卵300~400枚。一般在尼龙袋外面再套泡沫箱，每箱可装4~5袋。运输过程中为防止卵子放入袋后水温上升，可将冰袋放入泡沫箱中，如果运输时间≤40 h，孵化率可达80%~96%。成活率和运输时间长短、温度高低、装袋密度、胚胎发育的早晚期密切相关，运输时间≥40 h、水温高于30℃、装袋密度超过0.75 kg/袋、胚胎发育至眼点出现期后等情况下成活率明显下降。特别值得一提的是，发育至后期的胚胎（卵大小已发育至4.5~6.0 g/枚），在运输途中特别不耐震动，会导致膜内幼乌贼卵黄囊脱落，造成胚胎营养不足，影响生长与胚胎发育，致使孵化出膜的幼乌贼畸形率较高，呈现初孵幼乌贼个体特别纤细（胴长0.3~0.5 cm），比正常初孵幼乌贼（胴长0.8~1.0 cm）小2~3倍，最终因先天不足大部分夭折，在孵化后6~7 d出现大量死亡，育成率很低，有的甚至全军覆没。

四、孵化

孵化池以室内长方形水泥池，面积30~50 m^2、池高1.5~1.8 m为宜，池中均匀铺充气石，一般充气头1~2个/m^2。孵化装置以圆形塑料筐（直径0.6 m，高0.2 m，筛孔直径为≤0.5 cm）四周加泡沫制成。受精卵孵化入池前一天将池子和孵化装置用80~100 g/m^3的漂白粉或450~500 mL/m^3的次氯酸钠消毒干净。孵化用水为自然海水，经沙滤、筛绢过滤，水位保持120~150 cm。孵化装置悬浮于水泥池水面，孵化时将附卵器上的卵一粒粒采摘下来，平摊在孵化装置内，也可直接将附卵器吊挂在孵化池中（图5.2.10）。

图5.2.10 虎斑乌贼受精卵的孵化
（资料来源：蒋霞敏提供，2019）

孵化控制的适宜条件：孵化密度为3~9 ind/L，最适孵化密度为6 ind/L；孵化适合水温为21~30℃，最适水温为24℃；适宜盐度为24~35，最适盐度为27~30；适合光照强度为10~50 μmol/（m^2·s），最适光照强度为30 μmol/（m^2·s）；pH值8.0~8.2；溶解氧≥4 mg/L，24 h不间断充氧。日换水1次，换水量50%。如果卵质量较佳，孵化条件适合，从卵裂期至孵化出膜需 17~34 d，孵化率可高达 96%。

在适宜的温度范围内，温度越高，孵化所需时间越短，最适温度 24℃条件下，孵育周期为 24.3 d，孵化周期 6 d，其他温度条件下具体见表 5.2.1。

表 5.2.1　虎斑乌贼孵化所需的时间

	孵化水温（℃）			
	21	24	27	30
孵育周期（d）	34.0±1.0	24.3±0.6	19.7±0.6	16.3±1.2
孵化周期（d）	7.3±1.5	6.0±1.0	5.7±1.5	5.3±1.3
孵化率（%）	75.0±10.0	93.3±2.9	81.7±5.8	41.7±2.9

虎斑乌贼孵化出膜后，喜伏于孵化筐底部，躲藏在卵膜空壳之间（图 5.2.11），如果不及时挑选，幼乌贼会因饥饿而影响生长与成活率，同时卵膜空壳在水中极易腐败，污染水质，所以应尽快将幼乌贼与卵膜空壳挑出、分离。分离方法：一旦发现有孵化出膜的幼乌贼，每日至少 1 次采用软捞网（圆形，20~40 目尼龙筛绢网，直径 8~10 cm）逐个挑选幼乌贼，移至幼乌贼培育池（图 5.2.11）；也可采用自制圆形筛网（直径 50~60 cm，高 8~10 cm，孔径 0.8~1.0 cm）分离幼乌贼，通过来回旋转圆筛，筛漏幼乌贼，剔除空卵膜。未孵化出膜的胚胎继续原池孵化。

图 5.2.11　初孵乌贼的分离与空卵膜的剔除

（资料来源：蒋霞敏提供，2019）

五、苗种培育

以室内长方形水泥池，面积 30~50 m^2、池高 1.5~1.8 m 为宜，池中均匀铺充气石，一般 1~2 个/m^2。初孵幼乌贼入池前一天，将池子和工具用 80~100 g/m^3的漂白粉或 450~500 mL/m^3的次氯酸钠消毒干净。培养用水为自然海水，经沙滤、筛绢过滤，培养水位 80~120 cm。

1. 培养条件

初孵幼乌贼培养密度以 250~300 ind/m^2 为宜，适合水温 21~30℃，最适水温 24~

27℃，适合盐度24~30，最适盐度27，pH值7.6~8.6，溶解氧≥4 mg/L，氨氮≤0.4 mg/L。全过程以弱光［10~30 μmol/（m^2·s）］为宜，切忌直射光，24 h不间断充气。

2. 日常管理

主要是投饵、换水、吸污、翻池与分池、饵料驯化。

1）投饵

幼乌贼一出膜卵黄囊就脱落，开口摄食，初孵乌贼前3天的开口饵料以小球藻等单细胞藻强化的卤虫（*Artemia nauplii*）无节幼体为宜，卤虫无节幼体投喂密度为300~400 ind/L。第3天开始投活糠虾（*Acanthomysis* sp.），糠虾的大小以体长0.3~1.0 cm为宜，活糠虾（湿重）日投喂量占幼乌贼体重总和的12%~15%，若水泥池（32 m^2）初孵幼乌贼放养密度为10 000尾（3日龄幼乌贼平均胴长1.05 cm，平均体重0.22 g），每日每池最好投喂活糠虾（湿重）250~300 g，日投喂2次，上下午各投日总量的1/2，以后随着乌贼的生长和放养密度变化调整活糠虾日投喂量，每日每池投喂活糠虾（湿重）500~750 g，具体见表5.2.2。在整个育苗期中，影响虎斑乌贼育成率高低的关键因素是饵料，胴长1~3 cm乌贼最理想的饵料是活糠虾，如果糠虾充足，育苗就有保证，糠虾的培养方法和捕捞方法在第九章详述。

表5.2.2 虎斑乌贼人工育苗各期饵料投喂方法及培育密度

日龄	平均体重（g）	平均胴长（cm）	饵料种类	投喂量占幼乌贼体重总和百分比（%）
1~3	0.17~0.21	0.83~1.05	强化卤虫无节幼体	5~10
3~5	0.21~0.25	1.05~1.07	活糠虾（体长0.3~0.6 cm）	10~15
5~10	0.25~0.29	1.07~1.34	活糠虾（体长0.3~1.0 cm）	12~15
10~20	0.29~0.48	1.34~1.56	活糠虾（体长0.3~1.0 cm）	12~15
20~35	0.48~2.21	1.56~2.56	活糠虾、冰鲜小鱼虾（体长1~2 cm）	12~15
35~40	2.21~2.95	2.56~3.04	冰鲜小鱼虾（体长2~3 cm）	20~40

2）换水

初孵幼乌贼入池后前2天，每日加新鲜海水10~15 cm，以后每日换水1次，换水量50%~70%。因为虎斑乌贼吃饱后喜欢伏底生活，很少游动，所以换水时以免乌贼吸入或受伤，一般采取虹吸法，吸水的前方需套上撑开的网罩，加水时在进水阀门套滤水袋，下方挂一钻孔的泡沫箱，以缓冲水流，减少冲击波，加入的新鲜海水尽量保持与原池水等温、等盐（图5.2.12）。

3）吸污

每天至少吸污1次，一般在上午换水水位下降后进行，吸污主要清除残饵与粪便等，可以用自制平推网，也可因地制宜用各种吸污工具进行，但因为虎斑乌贼喜伏底，吸污操作不当，就会将幼乌贼吸入，碰伤乌贼，所以操作时尽量轻柔，一边吸一边驱赶幼乌贼。后期投喂冰鲜饵料时，最好投喂一次吸污一次。

图 5.2.12 虎斑乌贼苗种培育换水方法

（资料来源：蒋霞敏提供，2019）

4）翻池与分池

随着乌贼生长，会出现大小参差不齐，大个体乌贼会凭借其自身的优势优先得到食物和空间资源，影响小个体乌贼的摄食与生长。为此，乌贼生长至胴长 1.50 cm 以后，隔 10~15 d 要翻池和分池 1 次，方法：先准备两个池子，用 80~100 g/m^{3}的漂白粉或 450~500 mL/m^{3}的次氯酸钠消毒干净；培养用水为自然海水，经沙滤、筛绢过滤，培养池水位一池放高（130~150 cm），一池放低（80~100 cm），高水位池主要用于分拣乌贼，具体操作：用软手抄网将乌贼苗捞至圆塑料筐，每筐内放苗≤200 ind，尽快移至高水位池，进行大小乌贼分拣，大小个体各养一池，养殖密度随着乌贼长大逐渐稀释，具体见表 5.2.3。

表 5.2.3 虎斑乌贼人工育苗放养密度

平均胴长（cm）	放养密度（ind/m^2）
0.83~1.05	250~300
1.05~1.50	200~250
1.50~2.00	150~180
2.00~3.00	100~60
3.00~4.00	40~60

5）饵料驯化

随着苗种的生长，乌贼对活糠虾的需求量不断增加，活糠虾常常供不应求，所以要对虎斑乌贼进行饵料驯化，即从只摄食活糠虾转变成摄食冰鲜小杂鱼虾。一般胴长 2.0 cm 以下的虎斑乌贼喜摄食活糠虾，且口径比较小，不宜驯化。到底何规格开始驯化合适？怎么驯化？

作者在室内控制条件下，研究了不同规格（胴长 2.4 cm、2.8 cm、3.2 cm）虎斑乌贼的饵料驯化对其生长与存活的影响，结果见图 5.2.13。实验表明：从规格 2.8 cm 和 3.2 cm 组开始驯化，其成活率显著高于 2.4 cm 组（$P<0.05$），规格 2.8 cm 和 3.2 cm 组之间成活率差异不显著（$P>0.05$）。各组乌贼成活率排序为：2.8 cm 组（98.33%±2.36%）= 3.2 cm 组（96.67%±2.36%）>2.4 cm 组（70.00%±4.08%）。

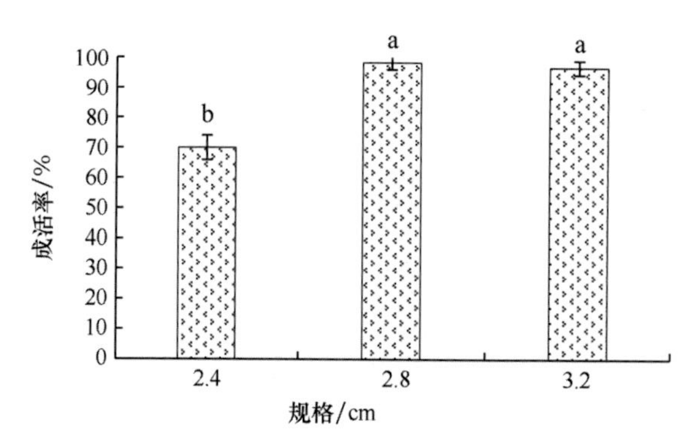

图 5.2.13 不同驯化规格对虎斑乌贼成活率的影响

图中不同字母表明差异性显著（$P<0.05$），相同字母表明无显著差异（$P>0.05$）

（资料来源：韩子儒提供，2019）

采用单因子试验研究了驯化阶段冰鲜小虾不同日投喂量（占乌贼体重的25%、30%、35%、40%和45%）对其成活率、特定生长率、增重率、饵料转化率、饵料系数的影响，结果见图 5.2.14。实验表明：不同饵料日投喂量对虎斑乌贼的影响显著（$P<0.05$），从乌贼增重率、特定生长率看，驯化阶段冰鲜小虾日投喂量占体重40%组和45%组显著高于其他组（$P<0.05$），而40%组和45%组之间差异不显著（$P>0.05$），最佳日投喂量为40%（图 5.2.14），其特定生长率为（5.28 ± 0.05）%/d，增重率为69.63% ± 0.92%。

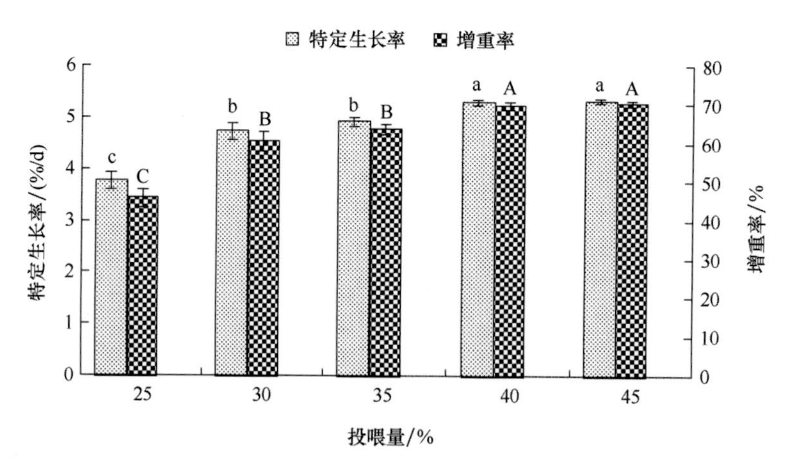

图 5.2.14 饵料不同日投喂量对虎斑乌贼特定生长率和增重率的影响

（资料来源：韩子儒提供，2019）

饵料不同日投喂量对虎斑乌贼的成活率的影响如图 5.2.15 所示。冰鲜小虾不同日投喂量（25%、30%、35%、40%和45%）对虎斑乌贼的成活率影响显著，随着投喂量的增加，乌贼的成活率呈增加趋势。日投喂量占体重40%组和45%组成活率显著高于其他组（$P<0.05$），40%组和45%组之间成活率差异不显著（$P>0.05$），40%组成活率为98.33%±2.36%。

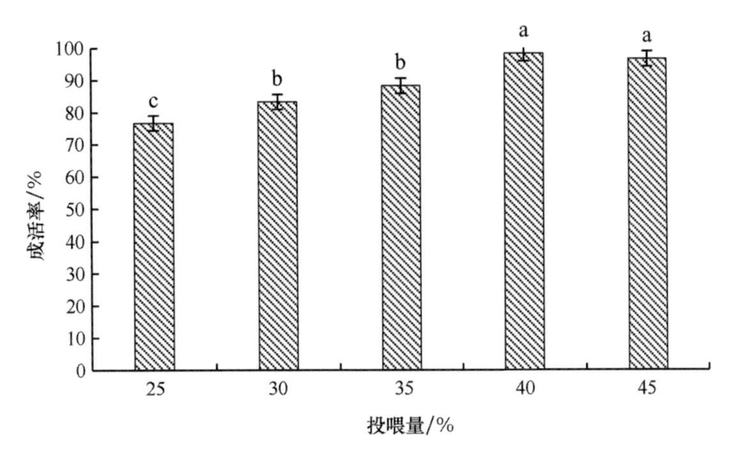

图 5.2.15　饵料不同日投喂量对虎斑乌贼成活率的影响
（资料来源：韩子儒提供，2019）

饵料不同日投喂量对虎斑乌贼的饵料转化率、饵料系数的影响如图 5.2.16 所示。冰鲜小虾不同日投喂量（25%、30%、35%、40%和 45%）对虎斑乌贼的饵料转化率、饵料系数影响显著。随着投喂量的增加，乌贼的饵料转化率不断增高，饵料系数先降低后增高。日投喂量占体重 40%组和 45%组的饵料转化率显著高于其他组（$P < 0.05$），40%组和 45%组之间饵料转化率差异不显著（$P > 0.05$），乌贼饵料转化率排序为：45%组（46.26% ± 1.02%）= 40%组（45.91% ± 1.16%）> 35%组（42.41% ± 1.17%）= 30%组（39.93% ± 0.69%）> 25%组（30.45% ± 2.55%）。日投喂量占体重 30%组、35%组、40%组之间的饵料系数无显著差异（$P > 0.05$），但显著低于 25%组和 45%组（$P < 0.05$），乌贼饵料系数排序为：30%组（6.78 ± 0.17）= 35%组（6.94 ± 0.16）= 40%组（7.04 ± 0.10）< 25%组（7.65 ± 0.33）= 45%组（8.51 ± 0.08）。

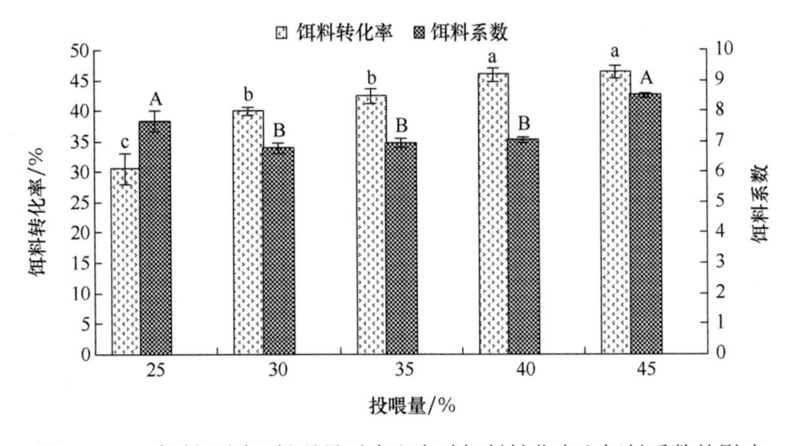

图 5.2.16　饵料不同日投喂量对虎斑乌贼饵料转化率和饵料系数的影响
（资料来源：韩子儒提供，2019）

将不同驯化模式（悬浮网筐驯化、水泥池驯化）对两种规格（胴长 2.4 ± 0.08 cm 和 2.8 ± 0.1 cm）乌贼的驯化效果进行比较，结果表明：不同驯化模式对乌贼成活率影响显著（$P < 0.05$）（图 5.2.17）。

无论是小规格（2.4 ± 0.08 cm）乌贼还是大规格（2.8 ± 0.1 cm）乌贼均是水泥池驯化优于塑料筐驯化，同时发现两种驯化模式均是大规格乌贼的成活率高（98%以上）。

不同驯化模式对乌贼生长影响显著（$P < 0.05$）。不管是胴长的特定生长率，还是增重率，两种规格的比较均是水泥池驯化优于塑料筐驯化（图 5.2.17，图 5.2.18）。

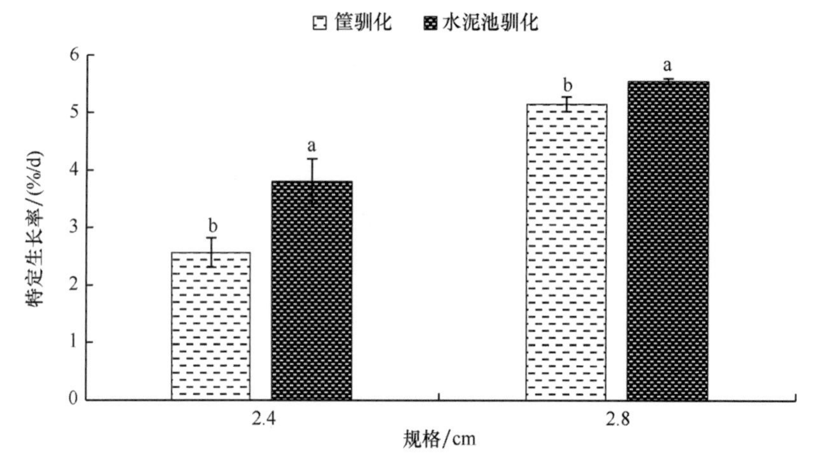

图 5.2.17　不同驯化模式对虎斑乌贼特定生长率的影响

（资料来源：韩子儒提供，2019）

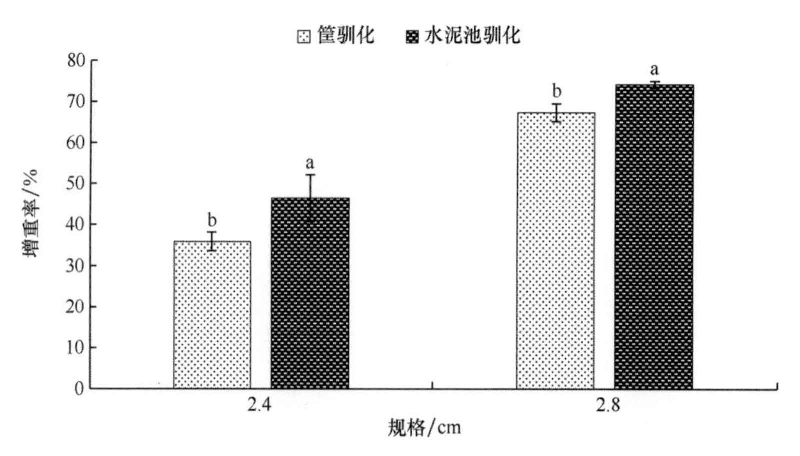

图 5.2.18　不同驯化模式对虎斑乌贼增重率的影响

（资料来源：韩子儒提供，2019）

同时也进一步表明两种驯化模式的最佳规格均为 2.8 cm，特定生长率为（5.14 ± 0.13）%/d 与（5.55 ± 0.05）%/d，增重率为 67.31% ± 2.16%与 74.17% ± 0.81%。

不同驯化模式对幼乌贼饵料转化率影响不显著（$P > 0.05$）。但不管是塑料筐驯化还是水泥池驯化，小规格（2.4 ± 0.08 cm）乌贼饵料转化率（17.43%~17.94%）均低于大规格（2.8 ± 0.1 cm）乌贼饵料转化率（44.87%~45.83%）（图 5.2.19）。

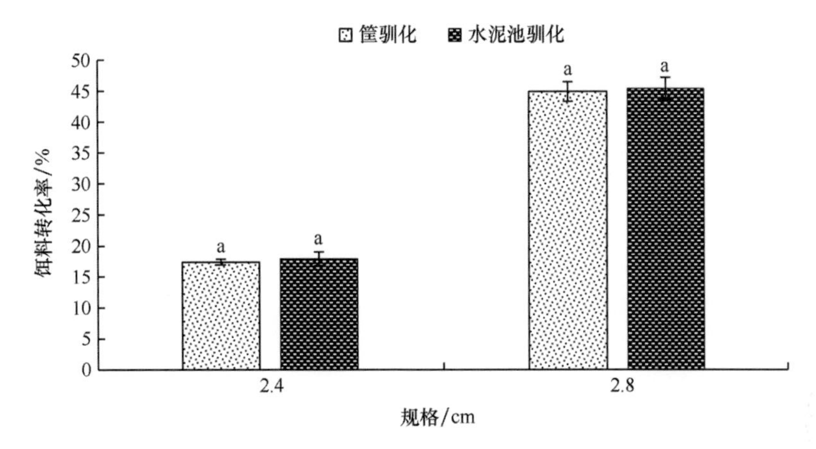

图 5.2.19 不同驯化模式对虎斑乌贼饵料转化率的影响

（资料来源：韩子儒提供，2019）

不同驯化模式对乌贼饵料系数影响显著（$P < 0.05$）。且两种规格乌贼饵料系数均是水泥池驯化优于塑料筐驯化。同时发现不管是塑料筐驯化还是水泥池驯化均是小规格（2.4 ± 0.08）cm 乌贼饵料系数大于大规格（2.8 ± 0.1）cm 乌贼饵料系数。大规格（2.8 ± 0.1）cm 乌贼饵料系数为 6.97~10.80，小规格（2.4 ± 0.08）cm 乌贼饵料系数为 15.50~19.49。这可能是由于小规格乌贼的口径与冰鲜鱼的大小不太吻合，饵料摄食不完全，造成饵料浪费，影响饵料转化率，导致饵料系数高于大规格乌贼 2~3 倍（图 5.2.20）。

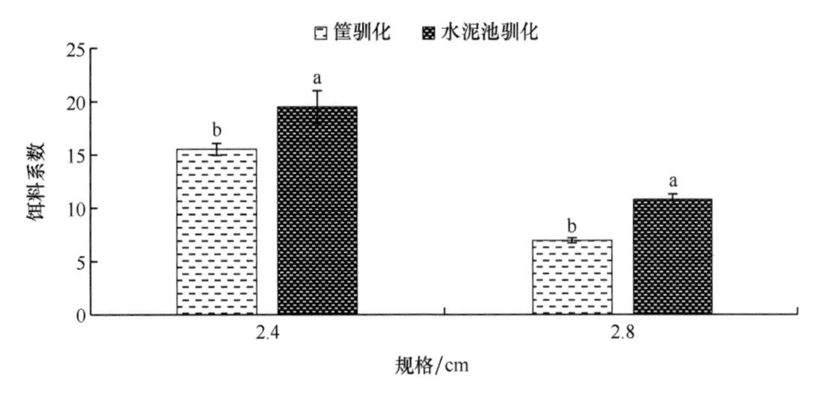

图 5.2.20 不同驯化模式对虎斑乌贼饵料系数的影响

（资料来源：韩子儒提供，2019）

由此可见，当幼乌贼长至胴长 2.4 cm 后，可以开始驯化，幼乌贼最佳驯化投喂规格为胴长 2.8 cm。每日逐渐增加投喂冰鲜小鱼虾，大约驯化 6~10 d，成活率可高达 98%。驯化的具体操作办法如下所述。

开始驯化前停止投喂糠虾，饥饿培养 1 d。饵料为冰鲜小鱼虾，饵料规格为：体重

0.4±0.1 g，饵料大小（长 2~4 cm，宽 0.2~0.4 cm），投喂前冰鲜小鱼虾先解冻、冲洗、去除杂物，而后挑选完整、大小与乌贼胴长相当的饵料进行投喂。日投饵 3~4 次，在驯化期间日投喂量尽量超量，不要怕浪费，第 1~2 天按乌贼体重的 20%投喂，第 3 天按体重的 30%投喂，第 4~10 天按体重的 40%投喂。因为乌贼喜摄食活动的饵料，不动或沉入水底的饵料乌贼不喜摄食，所以尽量慢慢投喂，尽量让投入的饵料在水中飘动，引起乌贼的注意，以投入水中饵料大部分被幼乌贼抱住为宜，沉入水底的残饵可以捞起，挑选完整的个体再次反复投喂（图 5.2.21）。一般投喂 1 h 后清理残饵，以免败坏水质，清除残饵的办法是直接用长操网捞起。一般驯化 4~6 d，幼乌贼就能抢食投喂的冰鲜小鱼虾。驯化成功后，冰鲜小鱼虾投喂量可以降低为幼乌贼体重的 15%~22%。

图 5.2.21　虎斑乌贼的苗种培育

（资料来源：蒋霞敏提供，2019）

3. 出苗、包装与运输

1）出苗

虎斑乌贼出苗规格多少合适？若在室外养殖，基础饵料丰富，特别是土塘和海区网箱养殖，放苗规格可以在胴长 2.0 cm 左右，但在室内水泥池养殖或基础饵料匮乏的土塘、网箱，最好放养育苗场饵料驯化好的大规格苗种（胴长为 2.5~3.5 cm）。

出苗最好选择阴凉天气和早晚进行。育苗池与养殖（池）塘如果水温差≥2℃、盐度差≥3，出池前 2~3 d 需进行温度、盐度的过渡。过渡时，水温隔 12 h 升降 1℃，盐度升降 2，过渡到符合养殖区要求（温度≥20℃、盐度 20 以上）。出苗时预先准备 1~2 池消毒干净的池子，加水位高约 150 cm，将培育池水排至 30 cm 后，用软抄网带水集苗至圆塑料网筐，立即移至准备好的池子，进行每筐数量的清点，按个计数，每筐装一样的数量。一般装 50 ind 或 100 ind，然后数筐的数量，计数准确，便于养殖户随机取样计数（图 5.2.22）。

2）包装与运输

虎斑乌贼具喷墨习性，幼乌贼的窒息点为 0.84~1.62 mg/L（王鹏帅，2017），当环境条件恶化或突变（缺氧等）就会引起喷墨，互相影响，甚至死亡。所以，不宜采用帆布桶充气等方法进行运输，否则只要有一只乌贼喷墨，就会将整桶染成黑色，导致全军覆没。一般以采用尼龙袋充气包装为宜。

图 5.2.22　虎斑乌贼集苗与计数
（资料来源：蒋霞敏提供，2019）

虎斑乌贼的包装密度与苗种大小、运输时间和水温息息相关，个体越大，运输时间越长，水温越高，包装密度就要越稀。

作者于 2014 年对虎斑乌贼苗种（平均胴长 2 cm）在室内运输密度为 20 ind/L 的条件下进行了不同运输时间（3 h、6 h、9 h、12 h）对其成活率的影响试验。采用双层尼龙薄膜袋（41 cm×36 cm×36 cm）充氧运输，每个薄膜袋中装过滤海水 2.5 L，水温 22℃，盐度 25，运输前 6 h 投喂糠虾饵料，尼龙薄膜袋海水与氧气的体积比约为 1：3。各组充氧打包后，装入泡沫箱（50 cm×50 cm×25 cm），封口。各设三平行。统计乌贼苗种的喷墨情况与成活率，然后将运输试验后存活苗种分别放在水泥池悬浮的塑料框（直径 54 cm，高 16 cm）中统一暂养，培养条件：水温 22℃，盐度 25，投喂糠虾，观察乌贼活力及暂养 24 h 后的成活率。同时进一步进行实际运输试验，于 2014 年将舟山朱家尖的乌贼苗种分别采用汽车和渡轮运输到舟山六横岛（3 h）、奉化桐照（6 h）、台州玉环（9 h）、台州大陈岛（12 h）海域，试验条件与方法同室内模拟运输相同，抵达目的地后，立即统计乌贼苗种的成活率及在网箱或水泥池中暂养 24 h 后的成活率。结果如表 5.2.4 所示，同一运输时间条件下，模拟运输的成活率均高于实际运输的成活率。由表 5.2.4 可见，室内模拟运输，因为处于静止状态，不同运输时间对幼乌贼成活率影响显著（$P<0.05$）。在密度为 20 ind/L，运输时间为 3~9 h 的条件下，运输的乌贼无喷墨现象，成活率无差异（$P>0.05$），为 96.67%~99.33%；运输时间为 12 h 时，乌贼出现严重喷墨，成活率明显降低，为 91.67%（图 5.2.23）。

表 5.2.4　不同运输时间对虎斑乌贼苗种喷墨的影响

密度（ind/L）	时间（h）			
	3	6	9	12
20（室内模拟）	-	-	-	++
20（实际运输）	-	-	+	++

注：“-”表示不喷墨，“+”表示轻微喷墨，“++”表示严重喷墨。

而采用汽车和渡轮实际运输，尽管包装条件和运输时间同室内一致，在运输时间为3~6 h 的条件下，实际运输的乌贼无喷墨现象，成活率无差异（$P>0.05$），为 95.13%~97.53%，但随着时间的增加，运输 9 h 乌贼苗种就开始少量喷墨，运输 12 h 大量喷墨，乌贼喷墨现象越加严重，成活率明显下降，运输时间为 9~12 h 时，成活率仅为 80.73%~87.93%（图 5.2.23）。

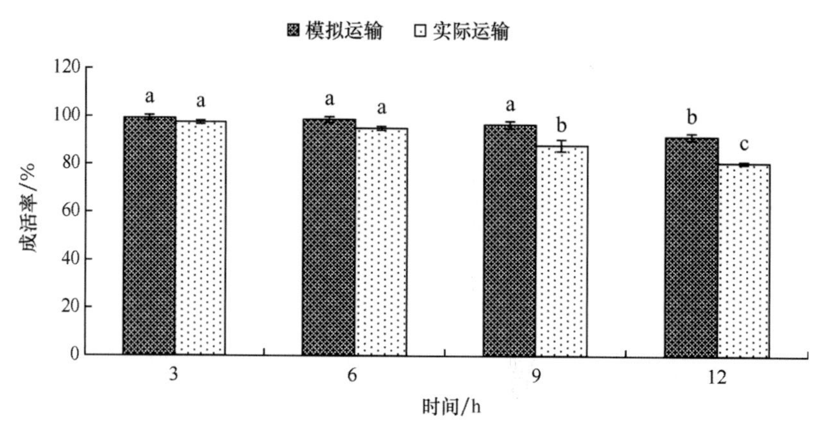

图 5.2.23　运输时间对虎斑乌贼幼乌贼成活率的影响

（资料来源：唐峰提供，2019）

采用单因子试验方法研究了不同运输密度对虎斑乌贼苗种（平均胴长 2 cm）运输效果的影响。采用双层尼龙薄膜袋（41 cm×36 cm×36 cm）充氧运输，每个薄膜袋中装过滤海水 2.5 L，水温 22℃，盐度 25，设 20 ind/L、40 ind/L、60 ind/L 和 80 ind/L 四个运输密度梯度，各设三个平行，在不同运输时间后检测苗种喷墨情况，并检测运输成活率。结果见表 5.2.5 和图 5.2.24。可以看出，运输密度对乌贼苗种成活率的影响显著（$P<0.05$）。密度在 20~40 ind/L 条件下，运输成活率无差异，高达 98.33%~99.33%；乌贼成活率随着密度增加而降低，密度为 60 ind/L 的条件下，乌贼有轻微喷墨，成活率为 96.22%，80 ind/L 条件下，发现乌贼严重喷墨，成活率最低，只有 88.50%。

运输密度对乌贼苗种运输后暂养 24 h 成活率的影响显著（$P<0.05$）。运输密度为 20 ind/L 的条件下，暂养 24 h 后幼苗几乎无死亡，成活率高达 99.77%。密度为 40~60 ind/L 的条件下，暂养 24 h 后成活率无差异，为 97.14%~97.62%。当密度增大到 80 ind/L 时，暂养 24 h 后成活率只有 86.60%（图 5.2.24）。

表 5.2.5　不同运输密度对虎斑乌贼苗种喷墨的影响

密度（ind/L）	时间（h）			
	3	6	9	12
20	-	-	-	++
40	-	+	+	++
60	-	+	+	++
80	-	++	++	++

注：“-”表示不喷墨，“+”表示轻微喷墨，“++”表示严重喷墨。

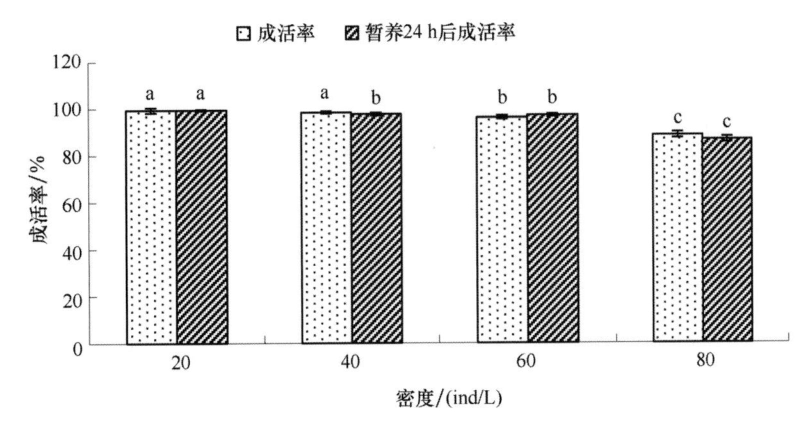

图 5.2.24　不同运输密度对虎斑乌贼苗种成活率的影响
（资料来源：唐峰提供，2019）

采用单因子试验方法研究了不同运输温度对虎斑乌贼苗种（平均胴长 2 cm）运输效果的影响。采用双层尼龙薄膜袋（41 cm×36 cm×36 cm）充氧运输，每个薄膜袋中装过滤海水 2.5 L，水温 22℃，盐度 25，在运输密度为 20 ind/L 的条件下，设置 20℃、22℃、24℃、26℃四个运输温度梯度，各设三平行，分别运输 3 h、6 h、9 h、12 h，统计苗种运输成活率。用电子电热棒（型号 AT-380）和冰瓶调节温度。结果如表 5.2.6 所示，运输水温对乌贼苗种成活率的影响显著（$P<0.05$）。成活率随着运输温度的增加而降低，在运输时间 3 h 以内，各温度条件下运输的乌贼均无喷墨现象，温度对乌贼成活率的影响差异不大；当时间增加到 6 h 时，运输温度为 24～26℃的乌贼开始喷墨，成活率为 91.33%～95.33%；当时间增加到 9～12 h 时，运输温度为 24～26℃的乌贼出现严重喷墨，成活率仅为 80.66%～85.33%，而运输温度为 20～22℃的乌贼则到 12 h 时才开始出现轻微喷墨，成活率也能达到 90%以上（表 5.2.6）。

表 5.2.6　运输温度对虎斑乌贼幼乌贼的影响

温度（℃）	3 h		6 h		9 h		12 h	
	成活率（%）	喷墨	成活率（%）	喷墨	成活率（%）	喷墨	成活率（%）	喷墨
20	99.33±1.15	-	99.33±1.15[a]	-	96.67±1.52[a]	-	91.33±1.15[a]	+
22	99.33±1.15	-	98.67±1.15[a]	-	96.67±1.52[a]	-	91.67±1.53[a]	+
24	99.33±1.15	-	95.33±1.15[b]	+	90.67±1.15[b]	++	85.33±1.15[b]	++
26	99.33±1.15	-	91.33±1.15[c]	+	86.67±3.06[c]	++	80.66±1.15[c]	++

注：“-”表示不喷墨，“+”表示轻微喷墨，“++”表示严重喷墨。

近年来，经反复实验证明：采用尼龙袋规格（长×宽×高）为 25 cm×25 cm×60 cm 或 30 cm ×30 m×60 cm，盛水 1/3，充氧 2/3，每袋可放胴长 2.0～4.0 cm 乌贼苗种 10～100 ind，具体包装密度根据苗种大小、运输时间和水温等而定，详见表 5.2.7。

表 5.2.7 虎斑乌贼运输包装的适合密度

运输时间（h）	胴长（cm）	运输水温（℃）	包装密度（ind）
≤2	≤2.0	20~25	50~100
	2.5	20~25	50
	2.5~3.0	20~25	30~50
	3.0~4.0	20~25	20~25
3~6	≤2.0	20~25	50~80
	2.5	20~25	30~50
	2.5~3.2	20~25	20~25
	3.2~4.0	20~25	10~15
7~10	≤2.0	20~25	25~50
	2.5	20~25	20~25
	2.5~3.2	20~25	10~12
	3.2~4.0	20~25	5~8
11~20	≤2.0	20~25	20~25
	2.5	20~25	10~15
	2.5~3.2	20~25	5~8
	3.2~4.0	20~25	2~3

例，2019 年 5 月 22 日，天气晴，气温 18~28℃，水温 24℃，在象山来发水产育苗场上午 8：30 开始出苗，共 3 000 只，苗种规格 2.8~3.3 cm，尼龙袋规格（长×宽×高）为 25 cm×25 cm×60 cm，每袋包装密度 10 ind，外套泡沫箱，每箱装 5 袋，采用保温车运输至浙江省温州市苍南县马占村，车内放两块冰块，运输时间 8 h，成活率达 99%（图 5.2.25）。

图 5.2.25 虎斑乌贼运输实例
（资料来源：蒋霞敏提供，2019）

值得一提的是为防止乌贼喷墨，苗种出苗装袋时，最好不要离水，具体操作是：一人将尼龙袋侧口紧贴水面，另一人将筐中苗紧贴水面，不要离水迅速倒入包装袋中（图5.2.26）。

图5.2.26　虎斑乌贼尼龙袋装袋方法
（资料来源：蒋霞敏提供，2019）

若打包装箱时发现有喷墨要立即更换新水。具体操作：立即将苗种倒入空的塑料筐中，浮于水中，让墨水散去，乌贼放入清水中暂养片刻，不要马上又装袋打包，否则容易引起二次喷墨，喷墨乌贼和袋中其他乌贼在短时间（≤1 h）还能存活，若长时间浸泡在墨汁中就会引起死亡。

另外，尼龙袋充气打包不宜在强光下操作，充气完毕，最好在出苗袋外再套一层黑色塑料袋，或尽快装入泡沫箱，避免乌贼见强光发生喷墨，一般每一泡沫箱装4~5袋，气温高于25℃时，在泡沫箱中间再放一冰袋（图5.2.27）。路途较远或高温天气，最好采用冷藏车运。

图5.2.27　虎斑乌贼运输包装
（资料来源：蒋霞敏提供，2019）

乌贼苗种经长途运输到养殖场地后，首先检查有否喷墨，如果发现有喷墨的包装袋，应尽快将乌贼倒至盛有清水的网筛中，滤去墨汁，并尽快将苗种放入清水中暂养。喷墨时间不长（≤1 h）、墨浓度不高，除喷墨乌贼外，其他乌贼还可以成活。但如果喷墨时间过长，长时间（>2 h）浸泡在墨汁中，就会引起整袋乌贼死亡。而没有喷墨的包装袋可以先不要打开袋口，在养殖水池中悬浮约 0.5 h，缓冲一下温差，如果育苗场和养殖地盐度相差较大（盐度≥5），最好将运输乌贼的包装袋内加当地新鲜海水一半，停留≥0.5 h，然后再倒入养殖池（塘）中，如果是室内水泥池养殖，最好准备 2~3 池水，以防水环境不适喷墨倒池。一般放入池中 1~2 h 后可以投喂小鱼虾，投喂量视摄食情况而定，一般投喂乌贼体重的 10%左右，如果虎斑乌贼能立即摄食，就表明水环境条件比较适合，摄食 1 h 后最好将残饵捞去。

第六章　虎斑乌贼养殖

乌贼是我国支柱海洋渔获量之一，也是百姓喜欢的高档海产品。随着现代捕捞业的发展与生存环境的恶化，如今乌贼资源日益减少，特别是我国东海四大海产之一的曼氏无针乌贼资源几近枯竭。乌贼具有肉质细嫩鲜美、营养价值高、市场价值高等特点，近年来市场对乌贼的需求量呈逐年上升的态势。同时随着我国社会经济的发展，人民生活水平的提高，对乌贼的食用消费方式已从过去的冰鲜、干制品逐步转变为追求活体和冷冻制品，为开展乌贼养殖提供了广阔的市场前景。

我国目前开发的乌贼品种主要有黄渤海的金乌贼（*Sepiaesculenta*）、东海的曼氏无针乌贼（*Sepiella maindroni*）以及东海、南海的拟目乌贼（*Sepia lycidas*）、虎斑乌贼（*Sepia pharaonis*）。关于乌贼的资源修复和养殖开发利用的相关研究已引起国内外学者的普遍关注。我国关于曼氏无针乌贼、金乌贼、虎斑乌贼和拟目乌贼的繁育与增养殖研究始于20世纪80年代，以宁波大学蒋霞敏教授为主的研究团队，从2001开始对我国的曼氏无针乌贼、拟目乌贼和虎斑乌贼的生物学和养殖技术相继开展研究。通过研究发现，曼氏无针乌贼在人工养殖过程中由于水层、光线、水温和饵料等原因，易性早熟、长不大，50~100 g就停止生长，且该物种比较敏感，容易喷墨。而虎斑乌贼相对其他乌贼（曼氏无针乌贼、金乌贼）来说，具有生长快（在自然条件下，虎斑乌贼一年可以长4~5 kg，人工养殖4个月可达500 g）、病害少、不好动（大部分时间伏于池底不动）、敏感性低、味道鲜美、营养丰富、全身是宝等优点，被视为极具养殖潜力的乌贼。

国内关于虎斑乌贼养殖技术研究始于2012年，其中以宁波大学蒋霞敏教授为首的乌贼研究团队从2012年开始先后在舟山六横、宁波象山港、台州大陈岛以及福建的霞浦、东山等地开展了海上网箱养殖技术（包括养殖海域选择、养殖网箱结构和网衣、日常管理)、室内水泥池养殖技术（养殖密度、饵料驯化、水环境条件)、室外池塘养殖技术（养殖密度、投饵方法、捕捞方法等）的研究，最终喜获成功，总结出各种模式的养殖技术流程。研究发现，在环境适应性方面，养殖中环境稳定对虎斑乌贼非常重要，与池壁的碰撞等机械性损伤、盐度和温度变化等都容易导致其死亡；在海上网箱养殖、室内水泥池养殖、室外池塘养殖三种模式中，室内水泥池养殖成活率最高（最高可达70%左右)，生长最快（120 d可达400~550 g)，海上网箱养殖关键在于养殖海域选择，养殖海域盐度稳定（25以上）和水流缓慢（如果水流过快，网箱网衣摆动会损伤乌贼）是关键环节。同时，2012年湛江师范学院教授陈道海的科研团队在室外原来养殖南美白对虾的虾塘养殖虎斑乌贼喜获成功，湛江师范学院陈道海教授报道：虎斑乌贼具有生长快、食性广、抗病力强等特点，比较适合在高位池和一些大的虾塘养殖。虎斑乌贼养殖最主要的技术难点是种苗的培育和养成过程当中食物的转化，虎斑乌贼养殖最大的优势是至今未发现病害。2015

年广东海洋大学的刘建勇提出探索中间暂养育肥提升虎斑乌贼价值，尝试对虎斑乌贼进行工厂化高密度暂养，目标是将体重 0.3 kg 的野生稚乌贼养至 2.5 kg 的大商品规格，经过几年的暂养试验，刘建勇取得两项成果：一是证明了虎斑乌贼能够进行高密度养殖；二是虎斑乌贼可从原来的只摄食活饵料驯化成摄动物性冰鲜饵料。

通过人们对不同养殖模式探索和养殖关键技术研究，目前虎斑乌贼的养殖模式主要有三种：室内水泥池养殖、室外池塘养殖和海上网箱养殖（图 6.0.1）。

图 6.0.1　虎斑乌贼养殖模式

第一节　虎斑乌贼养殖操作规程

一、虎斑乌贼室内水泥池养殖操作规程

1. 养殖场选址和配置

养殖环境：靠近海边，海水水质良好，附近无工业农业、废弃物及生活污水污染源，水质符合国家渔业水质标准，海水盐度稳定，且盐度全年不低于 25，海水 pH 值为 8.0～8.2，水温不超过 33℃为宜，最好是台风少登陆的地区，周围不靠近工业区和居民区为宜，环境相对比较安静为好。

交通便利：以便于养殖所需物资、饵料和苗种的运输，便于乌贼的销售。

供电充足：保证电力供应充足稳定，电力是虎斑乌贼养殖设备正常运行的动力，长时间断电可能会影响虎斑乌贼的养殖成活率，甚至造成全军覆没，养殖场最好自备发电机组以供应急使用。

设施完备：需要配备增氧、加热、照明等设备，最好配置一个小型的冷库，以便于用来储存虎斑乌贼的饵料，且需要建立水质分析和生物监测室。

2. 培养车间设计

室内养殖车间，屋顶最好为玻璃钢瓦或彩瓦，并配置遮阳网，调节室内光照强度，避免阳光直射，有通风换气装置。养殖水泥池设计以长方形或圆形，面积 30～100 m^2 以上为宜，池深 1.5 m 左右，配备增氧、控温、排污、水处理等装置。

3. 苗种来源与运输

目前的虎斑乌贼苗种大多数来源于野生亲体产卵所培育的人工苗种，少部分来源于人工养殖子一代亲体产卵所培育的苗种。苗种放养规格以胴长 2.0～3.0 cm 为宜，其中以胴长 2.5 cm 以上且已能摄食冰鲜饵料的苗种为宜。苗种运输：采用尼龙袋带水充氧的运输方式，运输过程关键是要保持环境稳定，忌强光直射、晃动与高温（不能超过 30℃）。运输密度：根据运输的距离所确定，如运输时间≤3 h，包装密度 30~50 只/袋为宜；运输时间 3~5 h，包装密度 20 只/袋；运输时间 5~10 h，包装密度 10 只/袋；运输时间 12~20 h，包装密度 5 只/袋为宜。

4. 养殖用水

所用的水取自无污染海区，为经过暗沉淀、沙滤、臭氧消毒或由筛绢布网袋过滤的自然海水，盐度常年变化不大，盐度保持在 25~33。

5. 苗种放养

苗种放养前 3 天，养殖池用 100~300 g/m^{3}漂白粉进行消毒，然后使用沙滤的海水冲洗干净。由于虎斑乌贼对环境变化很敏感，环境不适会引发应激反应而喷墨，严重时会导致死亡，所以要注意养殖池的水温、盐度与运输尼龙袋内的水温与盐度，相差不宜过大（尤其盐度相差不能大于 3）。苗种入池时，先将装有苗种的尼龙袋放于水面漂浮 0.5~1 h，待其慢慢适应池内水温后，再倒入池内；或者把尼龙袋内的苗种倒置在塑料桶内，慢慢添加池中水，使其逐步适应养殖池内的水温与盐度。养殖密度如表 6.1.1 所示，可根据实际情况进行适当调节。应尽量使一个养殖池内的苗种大小齐整，减少以强欺弱、相互干扰现象（图 6.1.1）。

表 6.1.1　虎斑乌贼的养殖密度

胴长（cm）	养殖密度（ind/m^2）
2.0~3.0	200~300
3.0~6.0	100~200
6.0~8.0	50~100
8.0~11.0	20~50
>11.0	10~20

图 6.1.1　虎斑乌贼室内养殖
（资料来源：蒋霞敏提供，2019）

6. 日常管理

1）水质条件控制

水温：虎斑乌贼能在水温环境15~33℃下生存，生长适宜温度20~32℃，水温越高，生长速度就越快。养殖水温低于18℃或者高于33℃情况下，虎斑乌贼基本不摄食。因此在养殖过程中，保持水温稳定，防止水温短时间内过度变化，可减少对乌贼的刺激，将有利于乌贼生长。

由于乌贼特殊的摄食行为，一般虎斑乌贼只会摄食在动的食物，如主要摄食水中下降过程中的食物，如果食物在下降过程中乌贼没有看见，停留池底后，乌贼一般不再去摄食。所以要保持一定的水深，有利于提高食物在水中运动的时间，增加被乌贼摄食的机会，水位前期为80~120 cm，后期60~80 cm为宜。

盐度和pH值：虎斑乌贼是典型的狭盐性物种，在盐度20~33下能生存，适宜生长盐度24~33。由于虎斑乌贼对盐度的变化尤其敏感，所以在养殖过程中保持盐度稳定尤为关键，盐度日变化不能超过3。每天换水前需要测量进水的盐度，如发现进水的盐度和池中盐度相差大于5时，应少量换水或者不进水。在台风下雨天，提前做好蓄水工作，雨天过后换水时应尤其注意盐度的变化。pH值要求为7.8~8.3。

溶解氧和氨氮：养殖用水的溶解氧应保持在5 mg/L以上，充气头布置1~2个/m^2；虎斑乌贼对氨氮较敏感，在养殖过程中氨氮的浓度以低于1.8 mg/L为宜。

透明度和光照：养殖池水要求清澈见底，有利于乌贼摄食。乌贼对声音和光照颇为敏感，且光照过强会导致乌贼性早熟，从而影响乌贼养殖效益。因此养殖过程中，需要保持养殖环境的安静，室内的光照在1 000 lx以下，避免阳光直射。室内光照过强时，需要利用室内的遮阳网调节光照。

2）饵料及投喂

乌贼养殖过程可投喂冰鲜小杂鱼虾和软颗配合饲料，目前主要以冰鲜小杂鱼虾为主。不同生长阶段，对饵料大小有着不同要求，需要饵料的量也不同。恰当饵料规格和合理的投饵量将有利于乌贼的生长，特别是初期饵料的规格大小特别重要，最好准备一定量小鱼虾（图6.1.2），饵料太大，不适合乌贼的口径，不但浪费饵料，而且直接影响乌贼养殖的成活率。各期的饵料种类与投饵量具体见表6.1.2。

图6.1.2 虎斑乌贼养殖初期的饵料
（资料来源：蒋霞敏提供，2019）

表 6.1.2　室内水泥池养殖虎斑乌贼不同阶段的饵料种类、大小与投饵量

胴长（cm）	饵料种类	饵料大小 （长×宽）（cm）	投饵量占体重比 （%）
3.0~7.0	冰鲜小杂鱼虾	（1.5~2.5）×（0.3~0.8）	15~20
7.0~11.0	冰鲜小杂鱼虾	（2.5~4.0）×（0.5~1.5）	10~15
11.0~15.0	冰鲜小杂鱼虾	（4.0~8.0）×（1.0~3.0）	8~10
15.0 以上	冰鲜小杂鱼虾	（5.0~10.0）×（2.0~5.0）	5~8

投喂方式采用少量多次，2~4 次/d，投喂饵料时，一般先用海水或自来水将冰鲜小杂鱼虾解冻、化开，用筛网将细小杂质剔除，再用海水冲净，采取先快后慢原则，直至虎斑乌贼吃饱不再抢食为止，需要做到定时、定点（图 6.1.3）。

图 6.1.3　虎斑乌贼饵料投喂
（资料来源：彭瑞冰提供，2019）

3）换水及去污

乌贼的养殖过程中需保持良好的水质，每日换水 1 次，换水量为 80%~100%，如果出现喷墨现象，应及时更换水。由于乌贼饱食后喜伏地安静生活，底质的清洁与否直接影响虎斑乌贼的养成率，所以每天换水前，将水排至离池底 20 cm 左右，用 200 目的底抄网将池底残饵和杂物捞出。且投饵 0.5~1 h 后，也应及时把池底残饵捞出（图 6.1.4）。

图 6.1.4　虎斑乌贼养殖中的去污方法
（资料来源：蒋霞敏提供，2019）

4）翻池与分级饲养

养殖过程中虎斑乌贼会出现大小差异，悬殊时，大个体乌贼存在明显的优越感，抢占先机，会严重影响小个体乌贼的摄食与生长，特别是饵料不足时还易引起互相残杀。所以需在养殖过程中进行翻池与分级（大小分开）饲养，以提高生长速率与成活率。一般隔 10~15 d 翻池 1 次，翻池时，将所有乌贼捞起，按大小分级、分池养殖。翻池分级的方法：将池水排至离池底 20 cm 左右，将塑料盆或塑料网筐浮在池水面，用手抄网尽快将乌贼捞起放在其中，虎斑乌贼体重小于 100 g，可以用塑料网筐不带水直接快速移至另一新池；虎斑乌贼体重大于 100 g，最好将乌贼捞至塑料盆中，带水移至另一新池（图 6.1.5）。如果养殖池大于 50 m^2，在翻池前最好用自制的排网将乌贼赶至池一角，再用抄网将乌贼捞起，这样可以避免全池追赶捉捞，减少乌贼受伤（图 6.1.5）。

图 6.1.5 养殖虎斑乌贼的翻池
（资料来源：蒋霞敏提供，2019）

5）其他

日常管理中需要每天观测记录水温、盐度、透明度、饲料状况等，特别注意水质与水色以及乌贼活动情况，发现池中有死亡的乌贼时，应立即捞出，分析死亡原因（图 6.1.6）。

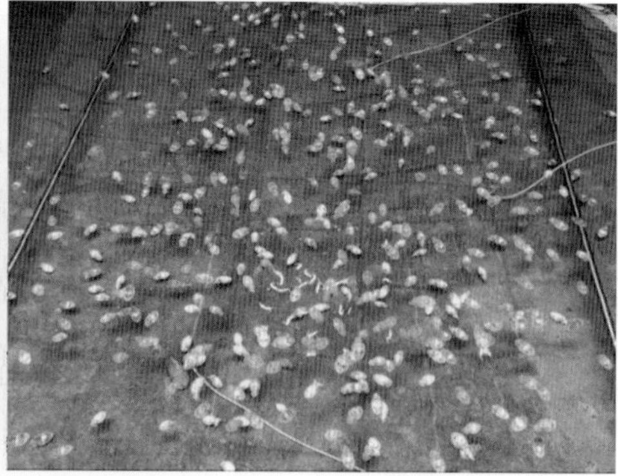

图 6.1.6 虎斑乌贼日常管理
（资料来源：彭瑞冰提供，2019）

7. 收获与运输

目前市场上基本看不到活体乌贼的供应，养殖活体虎斑乌贼深受消费者欢迎，特别是酒店饭店，不但可以烧烤，还可以生吃，味道可以和三文鱼媲美。一般经过 3~4 个月的饲养，虎斑乌贼的体重就可达约 0.5 kg，符合商品规格的要求，可以上市。收获时，将水位排至 10~20 cm，用手抄网小心捕捞，尽量减少对乌贼的干扰。虎斑乌贼活体以尼龙袋充氧包装运输为宜。包装密度以 1 只/袋为宜，外套黑塑料袋或泡沫箱，运输最好选用空调车，运输温度控制在 20℃左右，运输时间≤20 h，成活率可达 90%以上（图 6.1.7）。

图 6.1.7　虎斑乌贼打包运输

（资料来源：彭瑞冰提供，2019）

二、虎斑乌贼池塘养殖操作规程

1. 养殖场的选址和配置

池塘养殖模式，主要以室外土池（图 6.1.8）为主，由于室外池塘养殖易受到天气因素的影响，加上虎斑乌贼是狭盐性物种，所以对养殖场的选择显得尤为重要。所选择的养殖场附近海域海水的盐度在 25 以上，盐度稳定，水源充足、水质清新无污染，排灌方便。养殖池池深 1.5~2.5 m，面积 1~10 亩①为宜，每口池应有完整的进、排水系统，分设在池的两端，池底平坦，土质坚实、底质好，尽量避免在酸性或碱性土壤池底；坡度比 1∶2~1∶2.5，且最好是水泥护坡。在池塘四周和中间设有投饵台，投饵台上方要配置照明设施（用于晚上诱导乌贼，进行投饵）。养殖池塘周围环境尽量保持安静。

2. 放养前期工作

虎斑乌贼放养前（30 d）应对养殖池进行清整与消毒，一方面为杀灭敌害生物，另一方面清除池底腐泥以改善水质与底质。一般采用带水消毒，放水至 30~40 cm，清塘可使用生石灰，使用量一般为 100~150 kg/亩，也可以使用漂白粉，使用量为 40~50 kg/亩。清塘处理后，放养前 10~20 d 做好蓄水工作，培养基础饵料（接种糠虾或普通虾苗，在池

① 1 亩≈666.67 平方米。

图 6.1.8　虎斑乌贼池塘养殖
（资料来源：蒋霞敏提供，2019）

塘中每亩放养 10 万~15 万尾虾苗作为乌贼的贮备活饵料），池水深 1.2~2 m，投喂时间选择在每天早上 6：00~6：30（每天一次）。投喂饵料为南美白对虾配合饲料，南美白对虾配合饲料投喂量开始为 2.5~3.5 kg/亩，每天增加 0.25~0.325 kg/亩（最大投饵量 7.5 kg/亩）。

3. 苗种放养

如果基础饵料（糠虾等）丰富，可以选择健康、活力好、胴长为 2 cm 的虎斑乌贼苗种。因为个体小，可提高运输密度，降低运输成本。但如果基础饵料（糠虾等）不丰富，就必须放养已经驯化好的能摄食冰鲜饵料的虎斑乌贼大规格苗种（胴长 2.5~3 cm），运输密度明显降低，运输成本升高。放养时，首选阴天，如果天气比较炎热，选择早晨或晚上放苗。大塘内水温不宜低于 22℃，放苗时间福建、广东一带沿海 5 月中下旬，浙江地区 5 月下旬至 6 月中旬为宜，夏季最好能在养殖池顶加盖一层遮阳网，以防水温升高。放苗前必须测量池水盐度，与育苗场盐度差不宜超过 3，如果超过，必须采取过渡办法。放苗时，要注意池水与运输用尼龙袋内水温、盐度的差异，可用尼龙袋浮于池水中和添加池水逐步过渡的方法消除温度与盐度的差异。苗种放养时，先让装有苗种的塑料薄膜袋在养殖池中漂浮 10~15 min，再把苗种倒出。池塘养殖密度以 2 000~5 000 尾/亩为宜。

4. 养殖管理

1）水质管理

养殖过程中，避免水环境变化过大而使乌贼受到惊吓，出现喷墨现象。养殖期间水温控制在 22~33℃，盐度控制在 24~30，池水透明度控制在 30~40 cm，水色清至淡黄色，适宜 pH 值 7.9~8.2，溶解氧不低于 5 mg/L，氨氮含量不高于 0.1 mg/L。池水以保持稳定为主，如遇特殊情况不能换水，可以不投饵料，以减少水质败坏的影响。水深控制在 1.2~1.8 m（高温期水位要保持最高，而且应尽可能多换外海清凉新鲜的海水，使水温保持在 33℃以内）。在养殖过程中，作者发现虎斑乌贼具有饱食后喜趴在池底的习性，所以保持池底干净尤为重要。较佳的做法是：投饵（待乌贼饱食）1 h 后，用抄网将池底的残饵和乌贼排泄物清除干净，这样不仅可以保证水体中氨氮的含量保持在 0.02 mg/L 以下，而且可以防止饵料鱼虾残留下来的骨头、额刺等刮伤乌贼表皮而受感染。清污后立即换水，日换水量以60%~100%为宜，在换水前先测量池内和换进水的温度和盐度，慎防养殖池中水温和盐度的变化幅度过大，导致乌贼不适而喷墨。要根据实际情况确定换水量，乌贼养殖前期，乌贼规格较小，对环境的适应能力较差，应适当减少换水量；随着乌贼生长，投饵量增加，残饵及排泄物必然增加，此时应适当加大换水量和换水频率，必要时可以采用流水法，同时根据乌贼的生长状况和池底的清洁程度，及时地进行倒池，以防池底残饵及排泄物积累，滋生细菌和寄生虫等，导致水环境恶化和乌贼感染。

2）饲料投喂

在池塘四周各设饵料台，刚开始投喂时要注意投喂过程慢、少量，如果基础饵料丰富，放苗第1周内可以不投饵，经过5~8 d后乌贼适应养殖池摄食，可以正常投喂。投喂时间选择在每天上午6：30和刚刚天黑，一般晚上投喂前15~30 min，打开投饵点的灯（因虎斑乌贼有趋光性），开灯后乌贼和浮游生物就会迅速汇集在灯光周围（图6.1.9）。投喂过程需做到定时、定点。投喂饵料种类、大小和投饵量随着虎斑乌贼的生长不断调整，如表6.1.3所示，胴长3.0~7.0 cm时，饵料为长1.5~2.5 cm、宽0.3~0.8 cm的冰鲜小杂鱼或虾，每天饵料投喂重量为其体重的13%~17%；虎斑乌贼胴长7.0~11.0 cm时，饵料为长2.5~4.0 cm、宽0.5~1.5 cm的冰鲜小杂鱼或虾，每天饵料投喂重量为其体重的7%~10%；虎斑乌贼胴长11.0~15.0 cm时，饵料为长4.0~8.0 cm、宽1.0~3.0 cm的冰鲜小杂鱼或虾，每天饵料投喂重量为其体重的5%~8%；虎斑乌贼胴长15 cm以上时，饵料为整条冰鲜小杂鱼或虾，每天饵料投喂量为其体重的5%~8%。

图6.1.9　虎斑乌贼池塘养殖晚上投饵情景
（资料来源：彭瑞冰提供，2019）

表6.1.3　池塘养殖虎斑乌贼不同阶段的饵料种类、大小与投饵量

胴长（cm）	饵料种类	饵料大小（cm）（长×宽）	投饵量占体重比（%）
3.0~7.0	冰鲜小杂鱼虾	（1.5~2.5）×（0.3~0.8）	13~17
7.0~11.0	冰鲜小杂鱼虾	（2.5~4.0）×（0.5~1.5）	7~10
11.0~15.0	冰鲜小杂鱼虾	（4.0~8.0）×（1.0~3.0）	5~8
≥15.0	冰鲜小杂鱼虾	（5.0~10.0）×（2.0~5.0）	5~8

每天定时检查饲料台，若有残饵则及时清除，日投喂量主要根据乌贼的摄食、生长、互相残杀、水中活饵等情况，同时结合天气、水质等条件综合考虑。若发现乌贼的生长参差不齐，个体相差悬殊，就说明饵料生物投喂不足，应加大投喂量。

3）巡查观察

在养殖过程中，应每天定期巡查（尤其晚上），观察乌贼的摄食和活动情况，做好生产记录，如出现乌贼摄食量减少或乌贼壳浮在水面的量增多，应作出相应的处理。要留意池塘水质的变化，特别是防止水质恶化；要重点关注天气等因素引发池水盐度、水温的变化。隔 10~15 d 测量乌贼的生长（胴长和体重），取样与测量的方法是：采用地笼网捕捉乌贼，一般选择在清晨或下午太阳下山后进行，在地笼网内放少许冰鲜小杂鱼虾，将网放在塘内，0.5~1 h 后起网捞出乌贼，进行测量，胴长可以用圆规和尺子，将乌贼放在湿毛巾上测量；体重可以采用带水减量法测量（图 6.1.10）。

图 6.1.10 虎斑乌贼检测的取样与测量方法
（资料来源：蒋霞敏提供，2019）

5. 采捕和运输方法

塘养的虎斑乌贼要捕捞活乌贼，可采用地笼网和特制的乌贼采捕笼，捕捞方法：在起捕前 1~2 d 停止投喂饵料，采捕时在地笼网和特制的乌贼采捕笼内放些冰鲜杂鱼虾，将采捕笼放置在养殖塘投饵台附近水域，放置 0.5~1 h 后，两人合作操作，一人将采捕笼拉起，另一人用抄网将笼内乌贼捞出，带水放至网箱或塑料桶（图 6.1.11）。也可将养殖池水位排至 15~25 cm，利用围网将乌贼赶至池一角，用手抄网进行捕捉，此过程中需轻手轻脚，减少对乌贼的干扰。运输方法：采用尼龙袋充氧运输，尼龙袋规格为 50 cm×25 cm×25 cm，装水 1/4，每袋装乌贼 1~2 只（体重 250 g，包装密度 2 只/袋；体重 500 g，包装密度 1 只/袋）。

图 6.1.11　特制的乌贼采捕笼

（资料来源：蒋霞敏提供，2019）

三、虎斑乌贼网箱养殖操作规程

1. 海域的选择

虎斑乌贼海上网箱养殖应选择风浪较小、水下水流平缓的港湾或内海等地方。水质良好，附近无工业、生活、农业污水等污染源，水质符合国家渔业水质标准。水温不超过 32℃；养殖海区的盐度应该大于等于 25，且需要保持海水盐度的稳定。

2. 网箱的规格

虎斑乌贼养成阶段的网箱一般采用规格为 3 m×3 m×4 m 或 6 m×6 m×4 m，网眼大小在 0.7~3 cm，网目大小随着乌贼的生长逐渐加大（表 6.1.4）。为避免乌贼擦伤，网衣材料应选择质地较软的聚乙烯网布。渔排结构采用目前普遍推广使用的浮动式，即由框架、浮力装置、箱体及其他配件组成渔排。挡流网用 1.2 寸镀锌管焊接加工成 3.5 m×3.5 m×5 m 的方形框架，养殖网箱的深度一般在 3.0~5.0 m（图 6.1.12）。

表 6.1.4　不同规格乌贼使用的网目

	网目（cm）				
	0.7	1	1.5	2	3
乌贼规格（胴长 cm）	3~5	5~8	8~12	12~15	≥15

图 6.1.12 虎斑乌贼养殖网箱
（资料来源：蒋霞敏提供，2019）

3. 网箱设置

网箱设置地点好坏关系到乌贼养殖成败。周围环境要求：要尽量避免人为因素对养殖产生干扰的地方，避开航道和码头旁边；同时，保证人员和生产等活动便利。水域环境要求：避风条件好、风浪不大、水质清澈、无污染，旁边最好设海水鱼类养殖网箱（这样可以带来很多海上其他物种小鱼，可为乌贼提供天然饵料）；水流缓慢，海区流速以低于 0.3 m/s 为好，如水流过大，需要有阻流措施（最好鱼排上周围网箱养殖海上鱼类，中间的网箱养殖乌贼）；水深充足，水深要求 6 m 以上，足够的水深有利于箱内乌贼的残饵、代谢产物下沉水底，以免影响网箱内水环境，同时有利于底部水流畅通和防止底部杂物对网箱的磨损。海底要求：最好是泥沙海底，平坦、坡度小，利于网箱的固定以及乌贼的残饵和排泄物的吸收。

4. 苗种的放养

虎斑乌贼放苗的季节一般为每年的 5—7 月。网箱养殖的苗种的规格最好是胴长 2.5~3 cm，同一网箱中放养的乌贼苗种规格要求整齐一致，宜选择体型匀称、规格整齐、体质健壮、无病无伤无畸形、能摄食冰鲜饵料的健康乌贼苗种，宜早晨或傍晚投放（图 6.1.13）。

乌贼的放养密度根据网箱内水流畅通情况及乌贼苗种的规格来决定，适宜的放养密度能够提高产量和效益。虎斑乌贼网箱养殖放养密度太低不利于集群摄食，影响生长，而如果密度过高，会造成部分虎斑乌贼摄食不足，影响生长，且残饵增加，提高成本，一般每箱养 1 000~2 000 只为宜。

5. 饲养管理

1）投饵

目前，虎斑乌贼使用的饲料大多以冰鲜小杂鱼虾为主。人工投喂，投饵采用定时、定点、定质和定量原则。一般每天早上与下午各投喂一次，采取先快后慢原则，视饱食为止，在投喂前及投喂中，要尽量避免人员走动，以免影响乌贼摄食。虎斑乌贼胴长 3.0~6.0 cm 时，饵料为长 1.5~2.5 cm、宽 0.3~0.8 cm 的冰鲜小杂鱼虾，每天饵料投喂重量为其体重的 15%左右；虎斑乌贼胴长 6.0~10.0 cm 时，饵料为长 2.5~4.0 cm、宽 0.5~1.5 cm

图 6.1.13　虎斑乌贼网箱养殖苗种放养
（资料来源：彭瑞冰提供，2019）

的冰鲜小杂鱼虾，每天饵料投喂重量为其体重的 12%；虎斑乌贼胴长 10.0~15.0 cm 时，饵料为长 4.0~8.0 cm、宽 1.0~3.0 cm 的冰鲜小杂鱼虾，每天饵料投喂重量为其体重的 10%；虎斑乌贼胴长 15 cm 以上时，饵料为整条冰鲜小杂鱼虾（长 5.0~10.0 cm），每天饵料投喂量为其体重的 8%（表 6.1.5）。

表 6.1.5　网箱养殖虎斑乌贼不同阶段的饵料种类、大小和投饵量

胴长（cm）	饵料种类	饵料大小（cm）（长×宽）	投饵量占体重比（%）
3.0~6.0	冰鲜小杂鱼虾	（1.5~2.5）×（0.3~0.8）	15
6.0~10.0	冰鲜小杂鱼虾	（2.5~4.0）×（0.5~1.5）	12
10.0~15.0	冰鲜小杂鱼虾	（4.0~8.0）×（1.0~3.0）	10
≥15.0	冰鲜小杂鱼虾	5.0~10.0	8

2）分级养殖

虎斑乌贼网箱养殖过程中，单位网箱的负载量随着乌贼的生长不断增加，而且个体大小相差悬殊，不利于虎斑乌贼的生长，特别是小乌贼的生长。通过不定期分选，分级养殖，保持网箱合理的放养密度，同时对网箱中不同规格的苗种进行重新分箱，可以有效地促进虎斑乌贼生长。分选操作时应以减轻虎斑乌贼应激反应，不要引起乌贼喷墨为原则，在海区小潮，清晨或傍晚进行，确保分选成功。

3）移箱换网

虎斑乌贼养成生长最快的阶段正处高温期，这时也是网箱上最容易附生各种生物的季节，在养成期间，网箱上最好加盖遮阳网，有利于减少大型海藻等的附着和降低水温。根据网箱情况，清除附着物，保证网箱内外水流畅通。同时，要不定期移箱换网，一般隔 20~30 d 换洗一次。换洗网箱时，新换的网箱以就近为佳，乌贼翻箱时最好用桶等容器带水运送，不要用抄网直接离水操作，避免乌贼喷墨（图 6.1.14），造成死亡。

4）巡箱检查

在水流不畅、水质肥沃的连片网箱养殖区，要坚持每天早、中、晚 3 次检查乌贼生长和活动情况，一般情况下，虎斑乌贼吃饱后，喜伏地静卧，如果发现乌贼在表面游动较

图 6. 1. 14 虎斑乌贼网箱养殖翻箱操作
（资料来源：蒋霞敏提供，2019）

多，一般是饥饿或水环境不适造成，需立即投喂，如果乌贼摄食活跃，争先恐后地抢食，就需加大投喂量（图 6. 1. 15）。但如果乌贼摄食不积极，就可能是其他原因，尤其闷热天气，要特别注意凌晨的巡视工作，防止缺氧。

图 6. 1. 15 虎斑乌贼网箱养殖情景

6. 采捕与运输

1）采捕

一般网箱养殖 3~4 个月，虎斑乌贼就能达到商品规格（250~500 g），采捕最好选阴天或早晚进行，采捕时可将网箱一侧绳子解开，拉起，将乌贼集中赶至一处，直接用抄网捞起，如果活体运输最好不要离水。

2）运输

活体运输可采用尼龙袋充气打包运输，一般 30 cm×30 cm×40 cm 尼龙袋，装水 1/2，装乌贼 1 只/袋为宜，运输时间 5~12 h，成活率可达 80%以上。为防止喷墨，最好外套黑色塑料袋或泡沫箱（图 6. 1. 16）。

图 6.1.16　虎斑乌贼网箱养殖丰收
（资料来源：彭瑞冰提供，2019）

第二节　虎斑乌贼养殖技术实例

一、室内水泥池养殖实例

案例地点：象山县涂茨镇象山来发育苗场（图 6.2.1）。养殖设施：室内长方形水泥池，水泥池面积 30 m^2，池深 1.6 m，养殖车间为塑料薄膜屋顶，养殖池顶安装黑色遮阳网，可防止光照直射，池面光照强度不高于 1 000 lx。养殖水质：养殖用水取自象山港海区，经沉淀、沙滤、筛绢袋过滤，养殖期间盐度 24～33，水温 20～32℃，溶解氧大于 4 mg/L，氨氮含量低于 0.02 mg/L，pH 值 7.9～8.3。

养殖于 2018 年 6 月 6 日开始，在苗种放养前 1～2 d，养殖池和工具用 100～300 g/m^3 漂白粉进行消毒；选择健康、活力强、大小均匀、胴长 3.2 cm，已驯化能够摄食冰鲜饵料的乌贼苗种，苗种入池前先测量和调节池内盐度，将装有苗种的尼龙袋放置水面漂浮一段时间后，再倒入池内，共放苗种 2 000 只。养殖管理为分级养殖，尽量保持养殖池内虎斑乌贼大小齐整，减少相互残杀现象。每日换水 1 次，换水量为 50%～100%，换水时用 150～200 目的底抄网将池底残饵和污物捞出，隔 3～5 d 用扫帚清扫池底一次，隔 15～20 d 倒池一次。养殖密度：虎斑乌贼胴长 2.0～3.0 cm，养殖密度 200～300 ind/m^2；虎斑乌贼胴长 3.0～6.0 cm，养殖密度 100～200 ind/m^2；虎斑乌贼胴长 6.0～8.0 cm，养殖密度 50～

图 6.2.1 象山来发育苗场虎斑乌贼水泥池养殖
（资料来源：蒋霞敏提供，2019）

100 ind/m^2；虎斑乌贼胴长 8.0~11.0 cm，养殖密度 30~50 ind/m^2；虎斑乌贼胴长 11.0~13.0 cm，养殖密度 20~30 ind/m^2；虎斑乌贼胴长 13 cm 以上，养殖密度 10~20 ind/m^2。投喂饵料：虎斑乌贼放苗 3 d 内（平均胴长 3.2 cm），投喂饵料活糠虾（长 0.4~1.0 cm、宽 0.1~0.2 cm）和冰鲜小杂鱼虾（长 1.0~2.0 cm、宽 0.1~0.2 cm），日投喂量为虎斑乌贼总体重的 13%~15%；虎斑乌贼胴长 3.0~6.0 cm 时，完全投喂冰鲜小杂鱼虾（长 1.0~3.0 cm、宽 0.2~1.0 cm），日投喂量为虎斑乌贼总体重的 10%~15%；虎斑乌贼胴长 6.0~8.0 cm 时，投喂饵料为长 2.0~5.0 cm、宽 0.5~2.0 cm 的冰鲜小杂鱼虾，日投喂量为虎斑乌贼总体重的 10%~12%；虎斑乌贼胴长 8.0~11.0 cm 时，饵料为长 3.0~4.0 cm、宽 1.0~2.0 cm 冰鲜小杂鱼虾，日投喂量为虎斑乌贼总体重的 8%~12%；虎斑乌贼胴长 11.0 cm 以上，饵料为整条冰鲜小杂鱼、虾，日投喂量为虎斑乌贼总体重的 5%~8%；投喂方式采用少量多次方式，2~4 次/d，投喂采取先快后慢原则，视饱食为止。在养殖过程中，定期对乌贼进行分级养殖。

养殖至 9 月 9 日，将养殖池水位排至 10~20 cm，用抄网直接捕捉，经过 120 d 的饲养，共养成 1 230 只，胴长 15.3~18.6 cm，平均 16.9 cm；体重为 420~620 g，平均 513 g，达到商品规格；养殖成活率为 61.5%。通过采用尼龙袋充氧运输到酒店和大排档进行销售。运输采用的尼龙袋规格为 55 cm×30 cm×30 cm，装水 1/4，每袋装乌贼 1~2 只。运输水温控制在 20~30℃。长途运输时，若气温高，在泡沫箱内放置 1~2 个冰袋。

二、海上网箱养殖实例

案例地点：福建霞浦（图 6.2.2）。海上普通鱼排网箱，网箱规格为 3 m×3 m×3 m，网箱原来养殖大黄鱼（*Larimichthys crocea*）和海参（*Stichopus japonicus*），选择其中两口网箱养殖乌贼。网箱位于鱼排中间，有利于减少水流对养殖网箱的影响。

于 2018 年 5 月 28 日放苗，每一口网箱投放 1 000 尾虎斑乌贼苗种，苗种规格为胴长 3.0 cm，已驯化可摄食冰鲜小杂鱼。饵料采用人工投喂方式。每天早上与下午各投喂一次，投喂采取先快后慢原则，视饱食为止，在投喂前及投喂中，尽量避免人员走动，以免

图 6.2.2　福建霞浦虎斑乌贼网箱养殖区
（资料来源：蒋霞敏提供，2019）

影响乌贼摄食。当天的投喂量主要根据前一天的摄食情况，以及当天的天气、水色、潮流变化。投喂的饵料主要以冰鲜小杂鱼为主。虎斑乌贼胴长 3.0~6.0 cm 时，饵料为长 1.5~3 cm 的冰鲜小杂鱼，日投喂重量为其体重的 15%左右；虎斑乌贼胴长 6.0~12.0 cm 时，饵料为长 3.0~5.0 cm 的冰鲜小杂鱼，日投喂重量为其体重的 12%；虎斑乌贼胴长 12.0 m 以上时，饵料为长 6 cm 以上冰鲜小杂鱼，日投喂重量为其体重的 8%。在网箱养殖过程中，通过不定期分选，做到对网箱中的养殖乌贼进行挑大留小、分级养殖，保持网箱合理的放养密度和规格相近的乌贼。分选操作时，为了尽量减少虎斑乌贼应激反应，在海区小潮，清晨或傍晚进行。网箱上易附生各种藻类，根据网箱情况和乌贼规格，不定期更换网衣和网目，保证网箱内外水流畅通。在养成期间，网箱上加盖遮阳网。要坚持每天早、中、晚 3 次检查乌贼情况，暴雨天时，在网箱上面加盖防雨雨布，闷热天气时，要特别注意增加巡视次数，防止缺氧导致死亡。每天上午与下午各检测水温、盐度、pH 值和溶解氧含量一次。

养殖至 9 月 30 日，经过检测，网箱内虎斑乌贼达 450~510 g，成活率达 52%，养殖至 11 月 30 日，最大个体达 1 620 g。

三、室外土塘养殖实例

案例地点：宁海县长街镇王曲芬家庭农场（图 6.2.3）。养殖池为 25 亩室外土塘，放养前 1.5 个月，养殖池使用 100~150 kg/亩的生石灰进行消毒。消毒后，培养基础饵料，放养普通南美白对虾（*Penaeus vannamei*）虾苗（体长 1.5 cm），放养密度 15 万尾/亩，每天投喂南美白对虾配合饲料，日投喂量：开始为 5~7 kg/d，以后每天增加 0.25~0.33 kg。南美白对虾主要作为乌贼的贮备活饵料。在养殖池底部养殖缢蛏（*Sinonovacula constricta*）和菲律宾蛤仔（*Ruditapes philippinarum*）。分别于 5 月 11 日和 20 日共计放养人工繁育的虎斑乌贼苗种 37 627 只（胴长 2.0~2.37 cm）、缢蛏苗种 433.5 kg（40 000~60 000 颗/kg）、菲律宾蛤仔苗种 90 kg（1 000 颗/kg）。养殖过程的水质管理：养殖过程中换水时应掌握慢进慢出的原则，养殖期间水温控制在20~30℃，盐度控制在24~30，池水透明度控制在30~40 cm，适宜pH值8.0~8.3，溶解氧5 mg/L以上，氨氮含量不高于0.1 mg/L，水深控制在1.2~1.5 m（当水温大约30℃时，水位保持在1.5 m深度）。

图6.2.3　宁海县长街镇王曲芬家庭农场虎斑乌贼土塘养殖
（资料来源：蒋霞敏提供，2019）

每天测量水温、盐度、pH值、氨氮及亚硝酸氮等相关的水质指标，并做好记录。饲料投喂：在池塘四边各设计一个饵料台，投喂过程刚开始时投喂过程慢、少量，驯化5 d后乌贼适应养殖池摄食。投喂时间选择在每天晚上天黑不久后开始投喂（晚上投喂前30 min打开投饵点的灯）。投喂饵料种类、大小和投饵量：乌贼胴长3.0~7.0 cm时，饵料为长1.5~2.5 cm、宽0.3~0.8 cm的冰鲜小杂鱼，日投喂重量为乌贼体重的15%；乌贼胴长7.0~10.0 cm时，饵料为长2.5~4.0 cm、宽0.5~1.5 cm的冰鲜小杂鱼，日投喂重量为乌贼体重的10%；乌贼胴长10.0 cm以上时，饵料为长3.0~4.0 cm、宽1.0~2.0 cm的冰鲜小杂鱼，日投喂重量为乌贼体重的6%。每天定时检查饲料台，有残饵则及时清除。到了8月6号，大约经过100 d的养殖，对养殖塘的乌贼使用地笼网进行捕捉，一共获得虎斑乌贼8 108只，胴长范围为10.0~12.5 cm，平均胴长为11.4 cm，体重范围为100~250 g，平均体重为169.2 g，养殖成功率为21.5%。本实例养殖表明：①虎斑乌贼土塘养殖池塘不宜太大，以1~5亩为宜；②乌贼养殖池塘不宜混养贝类，因为乌贼养殖要求水质清新，需要换水量大，特别是高温季节最好大进大出，而贝类养殖要求水质肥沃，浮游植物丰富，换水量少或不换，否则影响贝类生长。

第三节　虎斑乌贼室内规模化养殖技术研究

为掌握虎斑乌贼室内规模化养殖关键技术，采用单因子试验，对室内水泥池（32 m^2）养殖的虎斑乌贼的生活习性、生长特性、饵料投喂以及养殖管理等进行了研究，以期为虎斑乌贼规模化养殖技术提供理论参考。

一、生长特性

在整个养殖周期内，虎斑乌贼体重 W 随养殖时间 d 呈指数增长，与函数 $W = 10.718e^{0.045d}$（$R^2 = 0.9928$）拟合，初放乌贼苗种平均胴长 3.8 cm，平均体重 9.45 g，养殖 90 d，平均体重达到 513 g（图 6.3.1），最大体重可达 620 g。

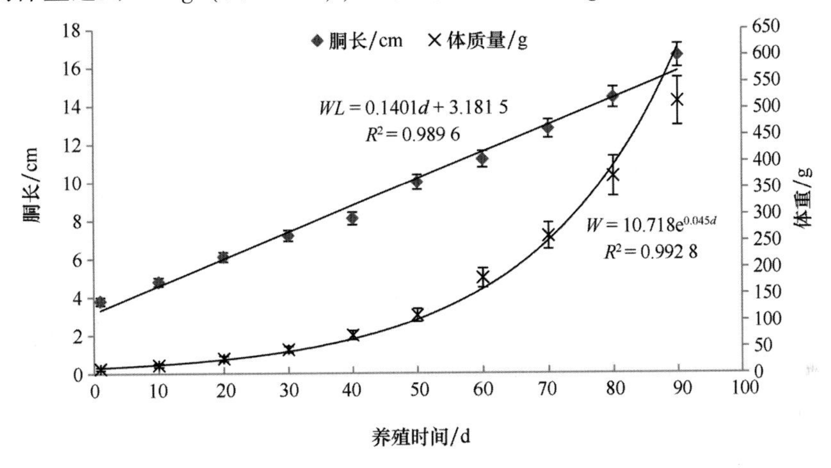

图 6.3.1 虎斑乌贼胴长和体重与养殖时间的关系

虎斑乌贼胴长 WL 随养殖时间 d 呈线性增长，与函数 $WL = 0.1401d + 3.1815$（$R^2 = 0.9896$）拟合，养殖 90 d，平均胴长达到 16.6 cm，最大胴长可达 18.6 cm。日均增重量（0.68~13.2 g）随养殖时间增加不断增加，养殖 80 d 起，日均增重量大于 10 g，最大可以达到 13.2 g；日均增长量在 0.1~0.21 cm 之间波动（图 6.3.2）。

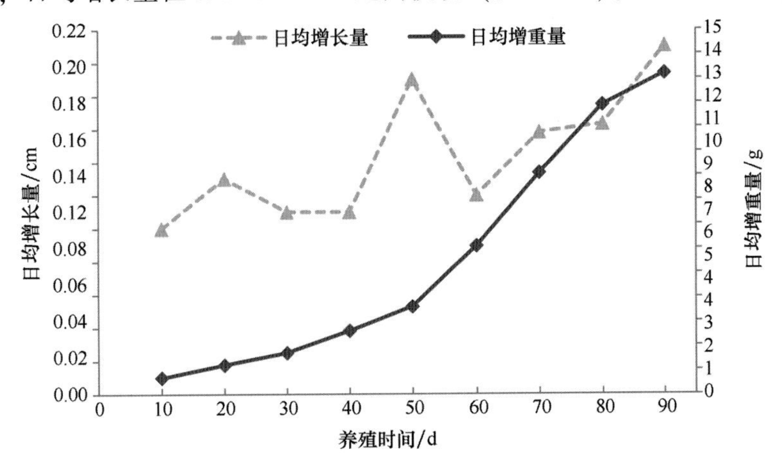

图 6.3.2 日均增重量和日均增长量

虎斑乌贼体重与胴长呈幂函数关系，与函数 $W = 0.1964WL^{2.8019}$（$R^2 = 0.9963$）拟合（图 6.3.3）。当胴长 3.8 cm 时，体重 9.3 g；胴长 16.6 cm 时，体重 513 g。

虎斑乌贼苗种在室内水泥池经过 90 d 的养殖，乌贼平均体重为 513 g，最大体重可达

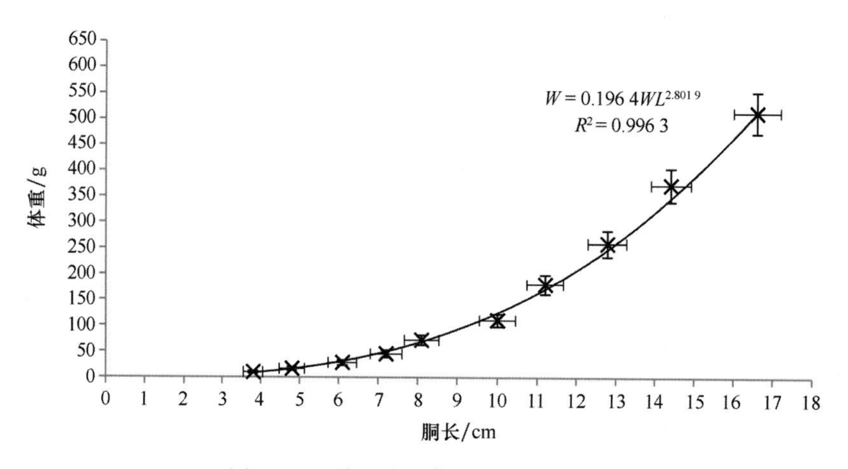

图 6.3.3 虎斑乌贼体重与胴长的关系

620 g；平均胴长 16.6 cm，最大胴长可达 18.6 cm。而金乌贼经过 5 个月的养殖，其体重只有 250 g 左右；曼氏无针乌贼经过 3 个月养殖，体重只能达到 100 g/ind 左右，且性早熟。与金乌贼和曼氏无针乌贼相比，虎斑乌贼生长速度快的优势凸显，因为虎斑乌贼具有饥饿时游动，饱食后伏底不动习性，其能量消耗相对较少，且连续养殖 6 个月未见性成熟，可见是一种极具养殖前景的经济头足类。

二、虎斑乌贼养殖成活率

养殖前期（小于 40 日龄），乌贼的淘汰明显，成活率明显下降，养殖 30 d 后，渐趋稳定，养殖 90 d 时，共养成 1 230 只乌贼，成活率达 61.5%（图 6.3.4）。

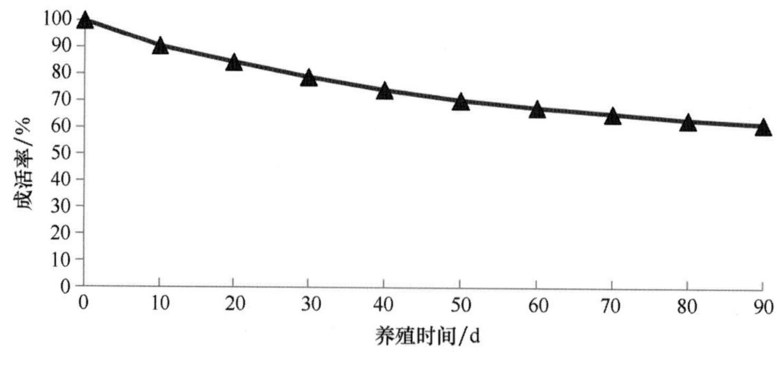

图 6.3.4 虎斑乌贼的养殖成活率

在虎斑乌贼养殖前期，乌贼（≤40 日龄）死亡率较大，成活率相对较低，主要原因是养殖前期连续阴雨，海区盐度较低，造成换水前后盐度变化较大，加上由于小乌贼对盐度变化的抵抗力不强导致。在养殖过程中，保证良好、稳定的水体环境是养殖成功的关键。虎斑乌贼适宜盐度范围为 20~33，这与金乌贼（*Sepia esculenta*）（29~34）有差异，而其耐受低盐能力与曼氏无针乌贼（*Sepiella maindroni*）和拟目乌贼（21~33）类似。养殖过程中，如果盐度渐变，虎斑乌贼在低盐度 18 中也能生存，但虎斑乌贼对盐度变化特别敏感，如果盐度突变超过一定盐度范围（通常盐度突变不宜超过 3），虎斑乌贼会出现快速旋转、喷墨、类似抽搐等现象，引起大量死亡，成活率明显下降。这可能是由于虎斑乌贼体表具有发达的神经系统，当外界环境（温度、盐度、光照强度等）发生改变或遇到不适时，会短时间内引发应激反应。

虎斑乌贼养殖适宜水温为 20~32℃，已试验证明：水温低于 18℃，摄食完全停止，大部分个体均匍匐池底，长时间低温，造成体质下降，死亡个体明显增加；水温高于 33℃，部分个体表现出不适，游动频繁、加速，死亡个体也明显增加。这与拟目乌贼和曼氏无针乌贼在非耐受温度下的生长情况类似。所以，在养殖过程中对水体应保持相对稳定，如遇高温期，在养殖池上方加盖遮阳网，水位保持一定高度（100 cm 以上），而且尽可能多换外海清凉新鲜的海水。如遇台风、暴雨等特殊情况时，要提前做好蓄水工作，如果不能勤换水，可以少投饵或者不投饵，以减少水质恶化。

三、养殖的饵料系数

养殖初期（10 d），饵料系数比较高（7. 6）；10 d 后，乌贼逐渐适应环境，随着机体发育完整，饵料的转化效率提高，饵料系数明显减小（6. 97）；20~40 d 时，饵料系数较稳定，维持在 6. 62~6. 97；40 d 后，虎斑乌贼摄取的能量大部分供肌肉生长，饵料损耗再次降低，养殖至 90 d 时，共投喂冰鲜杂鱼和虾 2 670 kg，乌贼总增重 613 kg，饵料效率为 4. 36，饵料的利用率大大提高（图 6. 3. 5）。

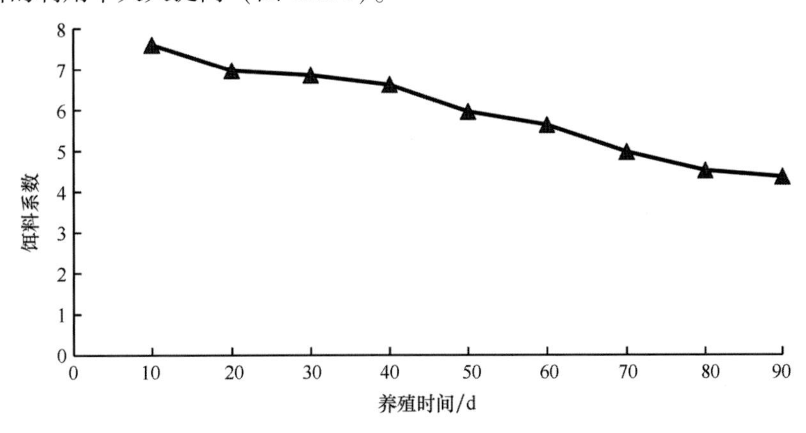

图 6. 3. 5 养殖期间虎斑乌贼的饵料系数

饵料是水产养殖业的重要物质基础，是动物机体维持生命的营养来源，对养殖的效益好坏起着关键作用。虎斑乌贼属肉食性海洋生物，对饵料的选择性较高，而且虎斑乌贼个体大，生长速度快，必须保证充足的蛋白质、维生素和不饱和脂肪酸供给。在本研究中，我们发现在目前乌贼配合饲料尚未研制成功的情况下，冰鲜小杂鱼虾是虎斑乌贼养成阶段较适合的饵料，虎斑乌贼养殖 3 个月，就可达商品规格（平均体重达 513 g），饵料系数为 4. 36，与海水主要养殖品种大黄鱼投冰鲜饵料的饵料系数 5. 10 和淡水养殖主要肉食鱼类乌鳢饵料系数 4. 92 相比，虎斑乌贼具有较高的饵料利用效率。另外，养殖过程中不要投喂单一品种鱼或虾，避免因营养不均造成生长受阻。同时，虎斑乌贼喜食动的饵料，而且其视觉特别灵敏，只要有一尾小鱼虾投入池中，所有乌贼就会汇聚于投饵处，所以投喂时要遵循少量多次的原则，尽量让饵料投入水中就被乌贼抢食，待其一次食完后再投喂，直至其不抢食为止，这样可以最大程度地提高饵料的利用率，减少饵料的损耗；同时，可以防止大量饵料沉底导致水质变坏。

虎斑乌贼在摄食饵料时会因为饵料投喂不足或者投喂不均匀等原因，发生相互追逐攻击的情况，导致喷墨现象，严重时甚至出现大乌贼吞食小乌贼的现象，这与有研究者表明的虎斑乌贼在饥饿胁迫下的表现相同。这就要求投喂时保证饵料充足，均匀投喂，避免其处于饥饿状态。特别是当虎斑乌贼的大小悬殊（胴长≥2 cm），且饵料不足时，小规格的虎斑乌贼的生长、存活和相关代谢酶活力都受到了显著的影响，对养殖十分不利，因此在人工养殖虎斑乌贼的过程中必须及时将大小乌贼进行分级饲养（胴长≤2 cm），保证养殖规格的均一性，避免相互打斗，提高虎斑乌贼的成活率和饵料效率。

综合以上实验研究结果，可得出以下结论：

（1）虎斑乌贼养殖周期短，生长速度快，在室内水泥池养殖 90 d 便可达商品规格（平均体重 513 g），平均成活率高达 61.5%，平均饵料系数为 4.36，是一种经济价值较高的水产养殖新品种。

（2）在养殖过程中，保持良好的水质（水温 20～32℃、盐度 22～33、pH 值 7.6～8.4）、科学的饵料投喂（日投喂两次，投饵量 6%～18%）和及时的分级养殖（胴长≤2 cm）对提高虎斑乌贼的成活率和养殖效益至关重要。

第四节 虎斑乌贼大规格苗种放养效果的研究

近年来，虎斑乌贼规模化人工繁育技术已取得突破（蒋霞敏等，2013），但规模化养殖技术还处于探索阶段，特别是放养小规格苗种（胴长 2 cm），放苗初期淘汰率高达 30% 以上，这已成为制约虎斑乌贼养殖发展的瓶颈之一。为此，本研究采用单因子实验，在室内水泥池放养不同规格的虎斑乌贼苗种，研究虎斑乌贼在人工养殖过程中的生长特性，以期完善其养殖技术，为其规模化养殖提供理论依据和科学指导。

实验于 2018 年 7 月 6 日至 8 月 5 日在浙江象山来发水产育苗场的室内水泥池（4 m×8 m×1.5 m）中进行。放养三种大规格苗种（规格 1：胴长 4.09±0.15 cm，体重 11.39±1.71 g，日龄 60 d；规格 2：胴长 5.25±0.48 cm，体重 19.05±3.74 g，日龄 70 d；规格 3：胴长 6.16±0.19 cm，体重 30.35±2.76 g，日龄 80 d），每种规格的乌贼苗种分三个池养殖，每池放养 600 只苗种。养殖用海水取自象山港海域，经沉淀、沙滤、筛绢袋过滤后使用。水位保持在 60～80 cm，连续充气。水质条件：水温 26.0～31.0℃、盐度 26～29、溶解氧（6.0±0.5）mg/L、pH 值 8.0～8.2。

养殖期间，投喂冰鲜小杂鱼虾［长×宽：（2.0～3.5）cm ×（0.5～1.5）cm］，每天上午 8：00 和下午 3：00 各投喂一次，日投喂量为乌贼体重的 20%～30%，投喂从乌贼抢食至不再摄食为宜，在每次虎斑乌贼摄食结束后及时用抄网将池底残饵捞出。每日换水 1 次，日换水量 50%。隔 10～15 d 翻池 1 次，每次翻池后用漂白粉对水泥养殖池进行消毒。试验 30 d，结果如下所述。

一、不同规格苗种生长比较

经过 30 d 的养殖，不同规格苗种生长差异显著，规格 1、规格 2、规格 3 虎斑乌贼的胴长分别增加了 3.22 cm、3.56 cm、3.52 cm，体重分别增加了 38.51 g、62.78 g、70.15 g。

虎斑乌贼幼体的日均增重量如图 6.4.1 所示。放养不同规格虎斑乌贼苗种，在养殖 1~10 d 时，日均增重量各组差异显著（$P<0.05$），日均增重量大小排序为：规格 3（1.76 g）>规格 2（1.13 g）>规格 1（0.57 g）；养殖 11~20 d 时，规格 1 和其他两种规格差异显著（$P<0.05$），但规格 2、规格 3 无显著差异（$P>0.05$），日均增重量分别为规格 2（2.43 g）≥规格 3（2.06 g）>规格 1（1.06 g）；养殖 21~30 d 时，日均增重量各组差异显著（$P<0.05$），规格 3（3.03 g）>规格 2（2.69 g）>规格 1（2.28 g）。可见，虎斑乌贼幼体的日均增重量与规格的大小皆呈正相关。

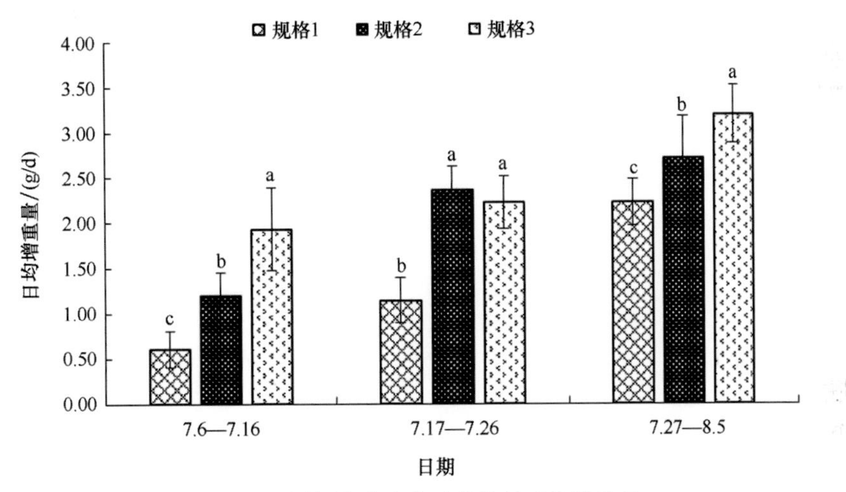

图 6.4.1　不同规格虎斑乌贼幼体的日均增重量

比较不同规格苗种的日均增长量发现：养殖 10 d 内，规格 3 乌贼苗种的日均增长量显著高于规格 1（$P<0.05$）；养殖 11~20 d，规格 2 乌贼苗种的日均增长量显著高于规格 1（$P<0.05$）；养殖 21~30 d，不同规格乌贼苗种的日均增长量差异不显著（$P>0.05$）。同一规格乌贼苗种的日均增长量在为期 30 d 的养殖过程中变化不大（图 6.4.2）。

虎斑乌贼的特定生长率变化如图 6.4.3 所示，养殖 10 d 内，规格 1 乌贼的特定生长率最小，规格 2、规格 3 无显著性差异（$P>0.05$）；养殖 11~20 d，规格 3 最小，规格 1、规格 2 无显著性差异（$P>0.05$）；养殖 21~30 d，规格 1 最大，规格 2、规格 3 无显著性差异（$P>0.05$）。观察同一规格乌贼苗种的特定生长率，发现规格 1 乌贼随时间增加而增大，规格 2 乌贼先增后减，规格 3 乌贼的特定生长率减小后稳定在 4%左右。

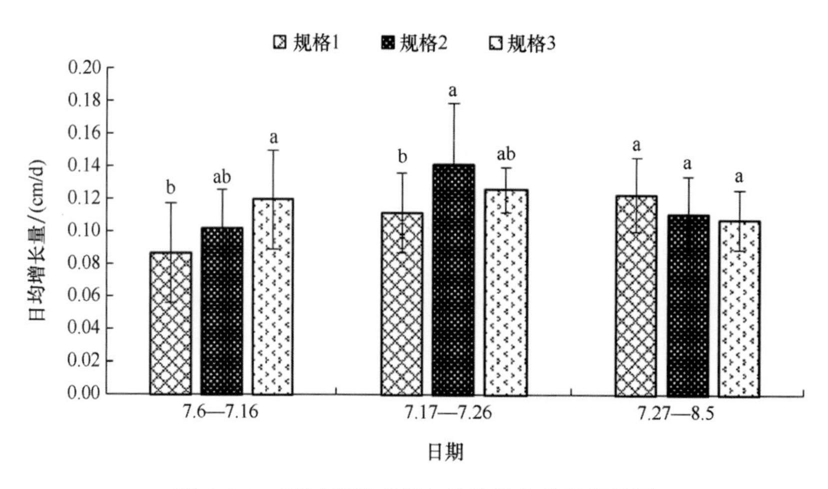

图 6. 4. 2　不同规格虎斑乌贼幼体的日均增长量

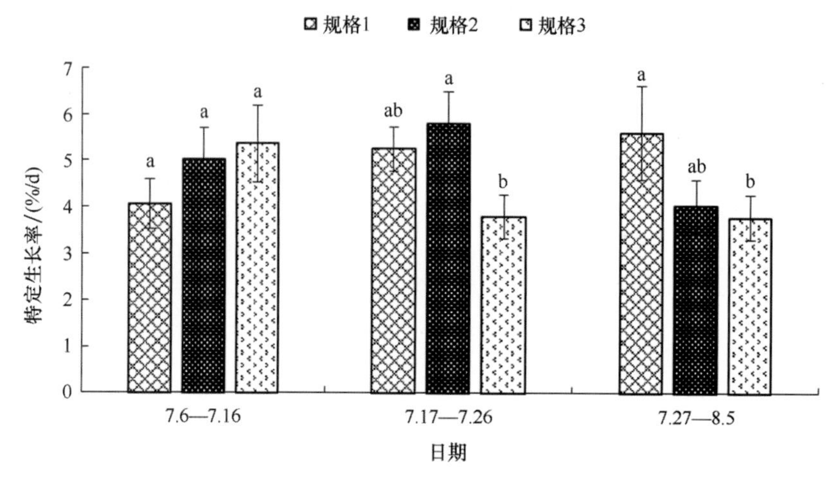

图 6. 4. 3　不同规格虎斑乌贼苗种的特定生长率

二、不同规格苗种摄食比较

1. 不同规格苗种摄食量比较

虎斑乌贼苗种在 30 d 养殖过程中的摄食量变化如图 6. 4. 4 所示，不同规格乌贼苗种的日平均摄食量：规格 3（5. 70~11. 18 g）>规格 2（4. 48~8. 83 g）>规格 1（3. 87~7. 06 g），所有规格乌贼苗种的日均摄食量皆持续波动升高。规格 1、规格 2、规格 3 虎斑乌贼的日龄分别为 40、50、60，经过 30 d 养殖，它们的日龄分别增长至 70、80、90，根据图 6. 4. 4 中乌贼苗种的日平均摄食量，可得虎斑乌贼苗种在不同生长阶段的摄食量：40~50 日龄阶段，日摄食量为 3. 85~5. 00 g；50~60 日龄阶段，日摄食量为 4. 81~6. 60 g；60~70 日龄阶段，日摄食量为 6. 25~8. 67 g；70~80 日龄阶段，日摄食量为 7. 60~9. 31 g；80~90 日龄阶段，日摄食量为 9. 41~11. 18 g。

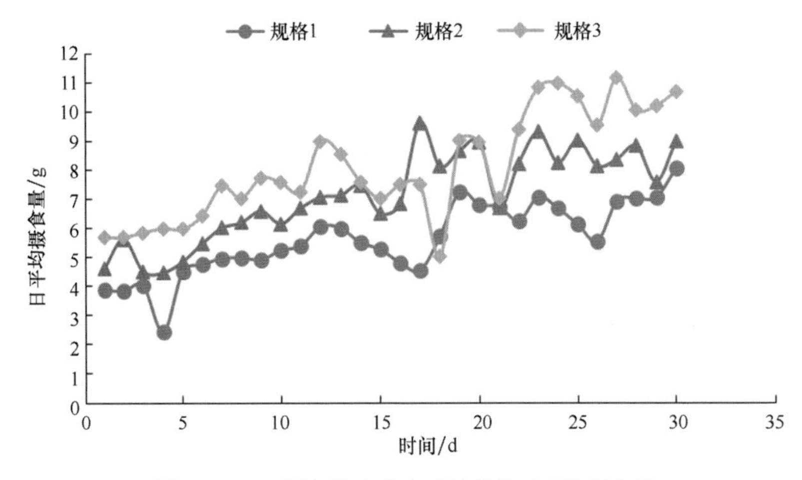

图 6.4.4　不同规格虎斑乌贼幼体的日平均摄食量

2. 不同规格苗种饵料系数比较

虎斑乌贼幼体的饵料系数变化如图 6.4.5 所示，规格越大的乌贼幼体饵料系数越低。养殖 10 d 内，规格 1 乌贼幼体组饵料系数（8.00）明显高于其他两组（5.22、4.30），差异显著（$P<0.05$）；养殖 10~20 d，规格 1 和规格 2 无显著差异（$P>0.05$），规格 2 和规格 3 无显著差异（$P>0.05$），但规格 1 和规格 3 差异显著（$P<0.05$）；养殖 21~30 d，各组饵料系数无显著差异（$P>0.05$）。在养殖过程中，虎斑乌贼苗种的饵料系数随着其体重和胴长的增加而不断下降，最后维持在一个较低水平（3.74±0.35）。

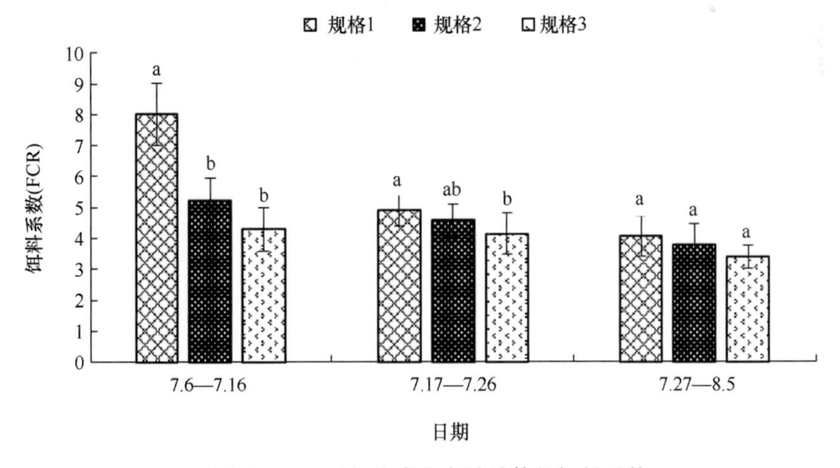

图 6.4.5　不同规格虎斑乌贼幼体的饵料系数

3. 不同规格苗种成活率比较

虎斑乌贼不同规格苗种成活率如图 6.4.6、图 6.4.7 所示，相同养殖时间内，虎斑乌贼放养苗种规格越大成活率越高，在养殖 1~10 d 和 21~30 d 时，规格 1 的虎斑乌贼成活率显著低于其他两组（$P<0.05$）；在放养 11~20 d，规格 1 组和规格 2 组无显著差异（$P>$

0. 05)；规格 3 的成活率在整个实验周期一直显著高于规格 1（$P<0.05$）。规格 1、规格 2、规格 3 乌贼幼体经过 30 d 养殖的成活率分别为 88. 50%、92. 00%、93. 83%。

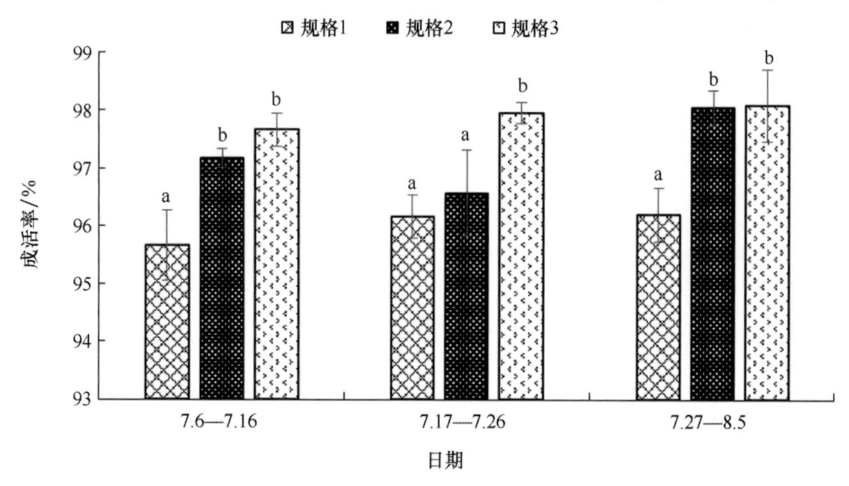

图 6. 4. 6　不同规格不同养殖阶段虎斑乌贼幼体的成活率比较

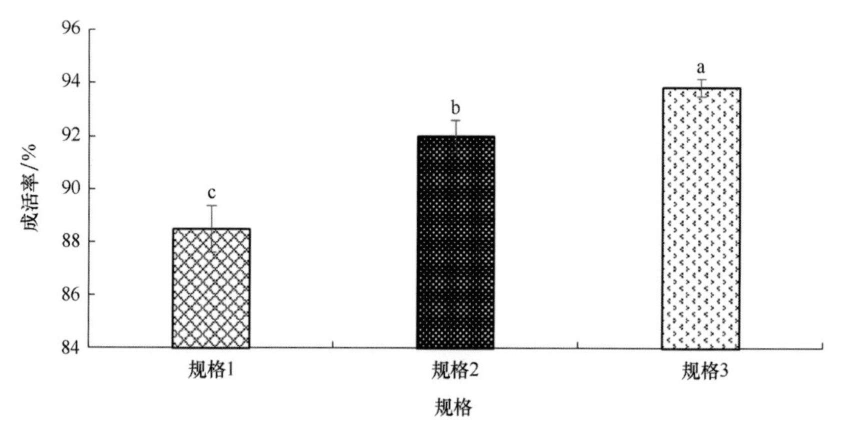

图 6. 4. 7　不同规格虎斑乌贼幼体养殖 30 d 的存活率比较

实验表明：放养苗种规格越大，饵料系数越低，成活率越高，并且胴长在 6 cm 左右时虎斑乌贼幼体特定生长率最高。

第五节　虎斑乌贼低盐驯化养殖技术研究

盐度是限定虎斑乌贼跨水域扩大化养殖的重要影响因子之一。虎斑乌贼是一种狭盐性物种，适宜盐度为 24~33，本研究在虎斑乌贼低盐驯化养殖过程中得出最低适宜盐度范围，探究出一种虎斑乌贼低盐驯化养殖模式，以期为虎斑乌贼低盐性状选育、淡化养殖提供一种高效低盐驯化养殖方法。

依据低盐驯化试验结果，虎斑乌贼低盐驯化各阶段成活率如图 6. 5. 1 所示。随着乌贼的生长，乌贼不再适合桶体养殖的空间，发生撞桶行为，导致出现较高的死亡率；在桶体盐度 29→23 的驯化过程中，部分乌贼发生撞桶行为而导致成活率降低，但低盐组与正常组乌贼成活率差异不显著，表明盐度降至 23 对其成活率无影响；在桶体盐度 23→21 的驯化过程中，由于撞桶导致成活率降低的现象更为明显，正常组与低盐组乌贼成活率有显著差异，可能由于盐度降低，使得乌贼活动减少，撞桶行为相较正常组撞桶频率更低，因而低盐组成活率稍高。由桶体转移至水泥池养殖后，乌贼成活率明显提高，且与继续选用桶体养殖的成活率相比，差异显著。在水泥池由盐度 23→21 的驯化过程中，低盐组与正常组乌贼的成活率无显著差异。在盐度 21→19 的驯化过程中，低盐组相较于正常组乌贼成活率差异显著，低盐组成活率降至 88. 3%。

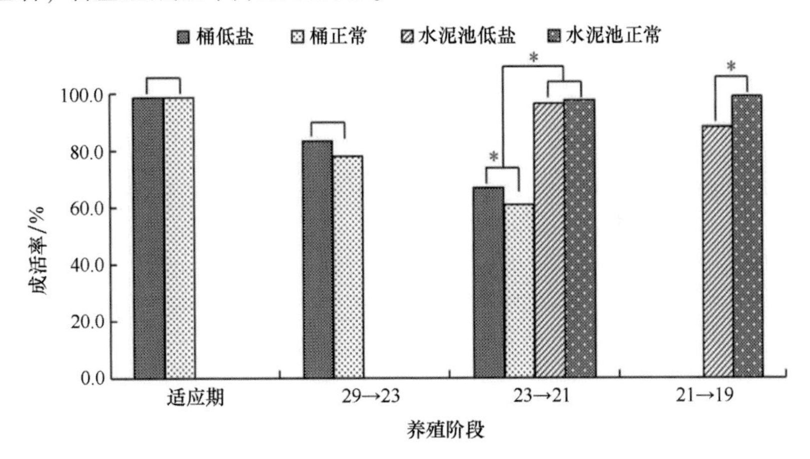

图 6. 5. 1　低盐驯化各阶段对虎斑乌贼成活率的影响

* 表示 $P<0.05$

虎斑乌贼低盐驯化各阶段特定生长率如图 6. 5. 2 所示。在桶体适应期以及在盐度 29→23 的驯化过程中，低盐组与正常组乌贼特定生长率差异不显著；在桶体盐度 23→21 的驯化过程中，由于撞桶导致低盐组与正常组特定生长率均有降低，正常组与低盐组乌贼特定生长率有显著差异，可能是由于低盐抑制了虎斑乌贼的生长。由桶体转移至水泥池养殖后，乌贼在盐度 23→21 的驯化过程中特定生长率明显提高，且低盐组与正常组差异显著，表明盐度降至 21 对虎斑乌贼的生长有一定的抑制；在水泥池盐度 21→19 的驯化过程中，低盐组与正常组乌贼的特定生长率差异显著，两者间的特定生长率差异进一步增大，低盐组虎斑乌贼生长明显变缓。

此外，由于乌贼在盐度 21→19 过程中，降盐速度过快，乌贼适应时间较短，导致以盐度 19 稳定养殖时，乌贼情况不稳定，干扰养殖过程中日常操作，因此将盐度回升至 20，以盐度 20 稳定养殖效果较好，情况稳定，乌贼的成活率和特定生长率都有明显提升，且与正常组无明显差异。

虎斑乌贼是狭盐性物种，已有研究表明虎斑乌贼适宜盐度为 24~33。本次试验通过低盐驯化后的乌贼能在盐度 20 条件下长期稳定养殖，并且有较高的成活率与特定生长率。在低盐驯化期间，在保证一个较高成活率的前提下，低盐驯化由盐度 29 降至 19 的时间仅

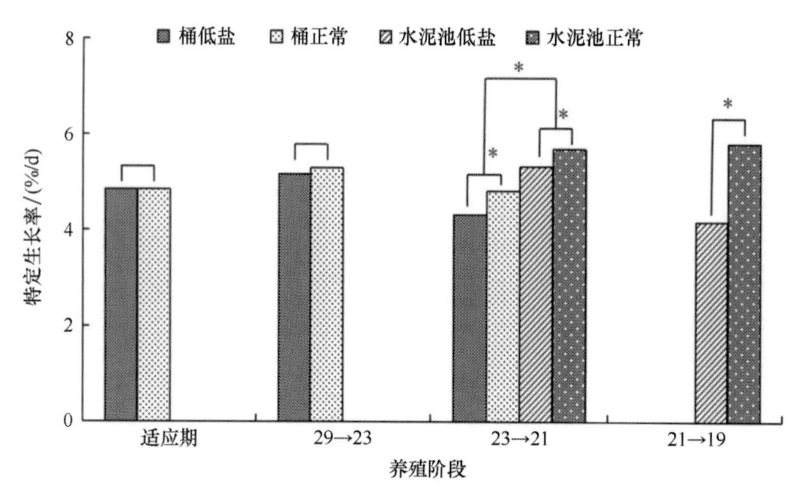

图 6.5.2 低盐驯化各阶段对虎斑乌贼特定生长率的影响

* 表示 $P<0.05$

需 21 d，平均日降盐度在 0.5 左右，是一种比较快速的低盐驯化养殖方式。总体而言，日降盐度在 0.5 的低盐驯化方法是一套比较温和、灵活、保证较好成活率的盐度驯化方法。

第六节 虎斑乌贼的麻醉剂筛选和长途运输

由于乌贼对外界极其敏感，在运输的过程中，常常因为路途颠簸受到晃动而反应强烈，发生喷墨、死亡等现象，以致于在运输过程中乌贼的死亡率极高。而麻醉剂的使用可有效降低乌贼的呼吸频率与耗氧量，从而提高运输密度与成活率。同时，安全且有效地使用麻醉剂，可减少麻醉剂对水产动物、环境及人类的影响。

本研究采用的麻醉剂有 4 种，分别是氯化镁（$MgCl_2$）、丁香酚（$C_{10}H_{12}O_2$）、酒精和 MS-222。采用大小均匀、活力较好、健康无伤病的虎斑乌贼幼体（胴长 2.93±0.15 cm）。使用海水盐度为 28~30，水温为 24~25℃。

一、麻醉剂筛选及乌贼的行为表现

在 4 种试剂作用下，虎斑乌贼幼体在麻醉和复苏（部分）阶段时间各不相同，并有不同行为表现（表 6.6.1）。完全麻醉时期的虎斑乌贼幼体会静止不动，体色变白，沉于水底，与已死亡的虎斑乌贼幼体的最大的表面区别在于，被麻醉乌贼仍具有肉眼可见的呼吸频率，捕食腕在麻醉短时间内不会伸出。研究表明：$MgCl_2$ 溶液和酒精具有较好的麻醉效果。丁香酚对虎斑乌贼幼体的刺激性较大，乌贼腕会吸附于容器壁上，随后撞击容器壁并喷墨。虽然可以麻醉虎斑乌贼，但放入洁净海水后不能复苏，直接死亡。MS-222 对虎斑乌贼幼体无麻醉效果，在该麻醉剂作用下，虎斑乌贼幼体的体色变化剧烈，出现黑色裂痕，部分乌贼喷墨，但均没有进入麻醉状态。由此可以得出结论：丁香酚和 MS-222 不适合作为虎斑乌贼幼体的麻醉剂。

表 6.6.1　不同麻醉剂的麻醉和复苏时长及乌贼行为表现

麻醉剂	浓度	时期	行为表现
$MgCl_2$	0.3 mol/L	麻醉时期（50s）	开始出现剧烈的应激反应，乌贼频繁四处撞壁，体色逐渐改变；随后应激反应减弱，有极少次的碰壁，体色完全变白。乌贼逐渐进入麻醉
		复苏时期	—
	0.15 mol/L	麻醉时期（55s）	开始时无剧烈反应，游泳轨迹尚未发生改变，随后乌贼开始四处撞壁，体色变白。乌贼逐渐进入麻醉
		复苏时期（270s）	放入海水后，乌贼体色均恢复正常，可以看见乌贼呼吸，乌贼开始缓慢运动，随后恢复正常
丁香酚	3 mL/L	麻醉时期（40 s）	乌贼吸附在装置壁上，剧烈挣扎，有一只少量喷墨。随着挣扎减弱，乌贼进入麻醉，腕全部张开，体色完全变白
		复苏时期	—
	1.5 mL/L	麻醉时期（60 s）	乌贼全部吸附在装置壁上，腕全部张开，有一只大量喷墨。随后乌贼开始挣扎，无法移动，最终乌贼停止挣扎，进入麻醉状态
		复苏时期	—
	0.8 mL/L	麻醉时期（73 s）	乌贼腕全部张开，吸附在装置壁上，随后开始挣扎，均发生喷墨，但喷墨量较少。最终乌贼停止挣扎，开始进入麻醉状态
		复苏时期	—
酒精	5%	麻醉时期（20 s）	乌贼大量喷墨，体色逐渐变白，运动缓慢，进入麻醉状态
		复苏时期	—
	3%	麻醉时期（27 s）	乌贼无剧烈反应，10 s 内游泳轨迹尚未发生改变；逐渐体色开始变白，运动开始缓慢；27 s 后进入麻醉状态
		复苏时期（186 s）	放入海水后，有两只幼体体色刚开始缓慢恢复正常，然后开始活动；到 186 s 时，第三只乌贼体色完全恢复，三只乌贼都开始缓慢运动
MS-222	100 mg/L	麻醉时期（未麻醉）	开始乌贼无剧烈反应，有两只乌贼体色变白，随后逐渐出现色素裂痕，并且不断增加； 98 s 后，有一只乌贼每间隔几秒喷一次墨；之后，三只乌贼体色均呈花斑状，但均未进入麻醉状态
		复苏时期	—
	50 mg/L	麻醉时期（未麻醉）	开始乌贼无剧烈反应，两只乌贼体色变白，另一只出现少量裂痕；之后，三只乌贼体色均变成花斑状，边缘黑色。在 65 s 时，两只乌贼体色呈现完全黑色，之后其中一只连续两次大量喷墨
		复苏时期	—

二、两种麻醉剂作用效果与浓度关系

通过筛选可知酒精和 $MgCl_2$ 具有较好的麻醉效果，酒精麻醉剂的最低有效浓度为 0.5%；$MgCl_2$ 麻醉剂的最低有效浓度为 0.005 mol/L，此浓度的 $MgCl_2$ 麻醉剂虽然可以麻醉虎斑乌贼幼体，但作用时间长，且乌贼并非完全进入麻醉状态，麻醉率为 33.3%。

进一步对两种麻醉剂的作用效果与浓度之间的线性关系进行分析。由图 6.6.1 和图 6.6.2 可知，酒精的作用时间随着浓度的降低呈现二次函数的变化趋势，低浓度麻醉时间在 80 min，可以用于短途运输；$MgCl_2$麻醉作用时间随着浓度的降低呈现幂函数增长的趋势，低浓度可以达到长期麻醉的效果。

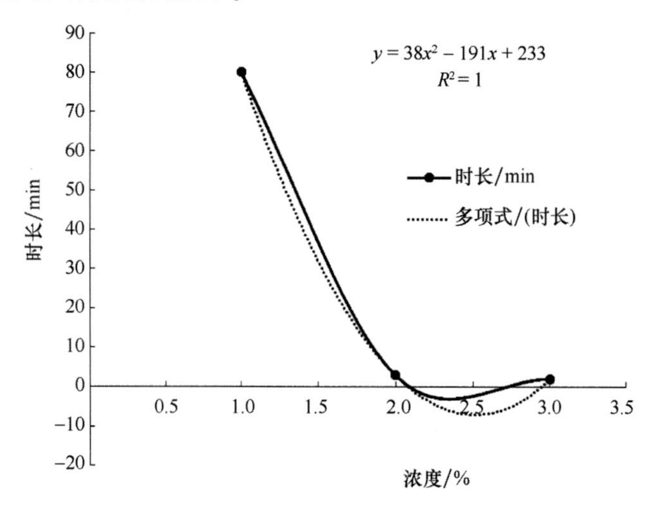

图 6.6.1 酒精麻醉作用浓度与时长线性关系图

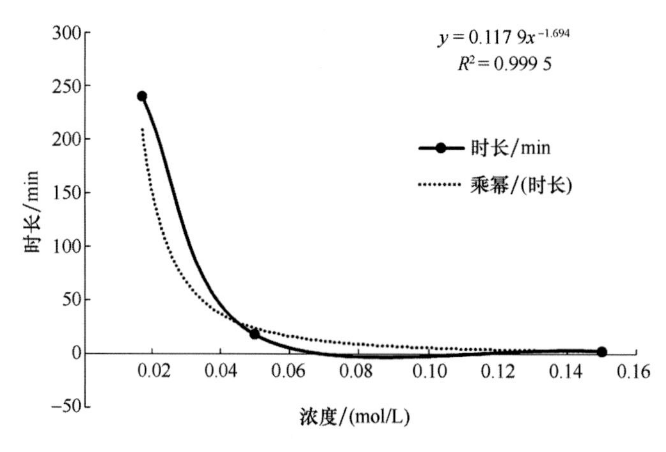

图 6.6.2 $MgCl_2$麻醉作用浓度与时长线性关系图

三、虎斑乌贼长途运输模拟实验

选取0.017 mol/L的$MgCl_2$麻醉剂，分成不同密度组，分别为低（5只/袋）、中（7只/袋）、高（10只/袋）3个密度组，结果如表6.6.2所示。

表6.6.2　不同密度下$MgCl_2$麻醉剂（0.017 mol/L）对虎斑乌贼的影响

密度（每袋）	时长	是否加入麻醉剂	复苏率（%）	溶氧率（mg/L）	总成活率（%）
低密度（5 ind）	10 h	是	100	27.90	90.00
		是	100	25.33	
		否	—	25.97	70.00
		否	—	25.12	
中密度（7 ind）	12 h	是	100	—	92.86
		是	100	—	
		否	—	—	71.43
		否	—	—	
高密度（10 ind）	10 h	是	100	27.36	57.00
		是	100	26.20	
		否	—	23.50	55.00
		否	—	24.28	

试验结果表明，$MgCl_2$麻醉剂在一定程度上能够降低乌贼在长途运输过程中的死亡率，其中低密度组和中密度组的麻醉效果最好，使用麻醉剂后的成活率均达到90%以上，可以适用于长途运输；但高密度组的成活率偏低，仅为55%，不适合用于现实运输。

研究表明对虎斑乌贼有效的麻醉剂有两种，即酒精和$MgCl_2$。其中，酒精浓度为3%、$MgCl_2$浓度为0.15 mol/L的麻醉剂可以在1 min之内使乌贼进入麻醉状态，复苏率100%，并且麻醉效果显示一定的规律性，即麻醉剂的浓度越高，虎斑乌贼入麻的时间越短，复苏的时间越长。

0.25%酒精与0.002 5 mol/L $MgCl_2$作用下，虎斑乌贼幼体游泳缓慢、体色微微发白，说明这两个浓度的麻醉剂对乌贼还是存在一些轻微影响，但却不能使乌贼进入麻醉状态。故将此时的麻醉剂浓度作为有效浓度的起始。因此，通过实验我们得出：酒精作为虎斑乌贼幼体麻醉剂的有效浓度为0.25%~3%，最适浓度范围为1%~3%，麻醉率为100%；$MgCl_2$作为虎斑乌贼幼体麻醉剂的有效浓度为0.002 5~0.15 mol/L，最适浓度范围为0.017~0.15 mol/L。

目前，常规的虎斑乌贼幼体可以长途运输8 h，之后乌贼幼体开始出现大量的死亡。麻醉剂的使用可以降低虎斑乌贼长途运输的死亡率，延长运输时长。本实验中虎斑乌贼幼体采用0.017 mol/L的$MgCl_2$作为长途运输的麻醉剂，模拟运输10 h和12 h，成活率分别为90%和92.86%，与各自对照组间存在明显差异。结果表明，$MgCl_2$可作为养殖虎斑乌贼幼体长途运输的一种安全实用的麻醉剂。

第七章　虎斑乌贼营养价值

虎斑乌贼可谓全身是宝，其肌肉、卵巢、缠卵腺和副缠卵腺可以食用，其内壳、墨汁可入药。主要可食用部分——肌肉约占体重的70%。研究发现虎斑乌贼肉质鲜美，是一种高蛋白质、低脂肪的海产品。肌肉必需氨基酸占总氨基酸的40%左右，必需氨基酸与非必需氨基酸的百分比在60%以上；多不饱和脂肪酸含量丰富，为47.74%，并且C22：6n-3（DHA）和C20：5n-3（EPA）含量较高，分别为30.34%和8.48%。虎斑乌贼肌肉中含有丰富的常量元素（Ca、Na、K、Mg）和微量元素（Fe、Zn）。可见，虎斑乌贼肌肉营养价值丰富、均衡，更适合人类的营养需求。卵巢、缠卵腺和副缠卵腺俗称墨鱼蛋，被誉为名贵的海珍品，这三种组织均表现出高蛋白、低脂肪的特点，并且氨基酸种类丰富，组成和比例合理，含有丰富的多不饱和脂肪酸，尤其是DHA和EPA含量比较高，卵巢、缠卵腺和副缠卵腺可用于保健品和健康食品的开发，具有较高的开发利用价值。虎斑乌贼肝脏组织粗脂肪含量远高于其他组织，因此肝脏在饲料脂肪源添加方面具有较高的开发利用价值。虎斑乌贼卵黄中必需氨基酸含量较高，多不饱和脂肪酸中C22：6n-3（DHA）和C20：5n-3（EPA）含量分别为32.80%和7.70%，常量元素Ca的含量尤其丰富，微量元素Cu含量较高。因此，虎斑乌贼的人工配合饲料配方中需保障上述必需营养物质的种类及含量的添加。虎斑乌贼内壳大（可达500 g以上），可提供丰富矿质元素材料，内壳可以作为Ca、Mg和Zn元素补充的良好食源或药源。虎斑乌贼墨的多糖含量较高，多糖类是海洋头足动物副产物重要生物活性物质成分，也是海洋创新药物的重要来源。综上所述，虎斑乌贼可食用部分具有营养全面、营养价值高等特点，且可用于高档食材和保健食品，具有较好的开发利用和市场价值；其他副产品如肝脏、内壳和乌贼墨，在饲料脂肪源添加、食品添加和药用价值方面可提供丰富的原材料。

第一节　肌肉的营养成分

虎斑乌贼肌肉可食用部分由头部、足部和躯干三个部分组成。乌贼作为一种营养丰富的高蛋白、低脂肪食品，正越来越受到人们的重视和喜爱。据《本草纲目》记载，乌贼肉具有活血化淤、补气、补血、滋阴之功效；经常食用可聪明延智、延缓衰老、提高造血和免疫功能。虎斑乌贼是一种具有较高营养价值的海产品，其肌肉中必需氨基酸/总氨基酸含量为40%左右，属于优质的人体所需的蛋白质，对维持防御和神经肌肉功能方面特别重要。此外，脂肪酸有降血脂、降血压、抗血栓，影响那神经、视神经功能，以及抗癌、免疫调节作用，对过敏反应和炎症有抑制效果，特别是某些多不饱和脂肪酸，对人体具有多种重要的生理功能。饱和脂肪酸还对某些疾病尤其是酒精性肝病有防治作用。EPA和

DHA具有降低血脂含量、减少脂肪在血管壁的沉积以及提高血管的韧性等作用，从而可以降低心血管疾病的发生；同时，EPA和DHA还具有抗衰老、促进大脑的健康发育等功能。

一、基本营养成分

虎斑乌贼肌肉基本营养成分见表7.1.1：水分含量74.47%~79.42%，粗蛋白含量14.52%~20.24%，粗脂肪含量0.84%~0.97%，灰分含量1.41%~2.65%（高晓兰等，2014；黄建盛等，2014；陈道海等，2014；Jiang et al.，2018）。虎斑乌贼肌肉中粗蛋白质含量（19.88%）比拟目乌贼（*Sepia lycidas*）（14.80%）（蒋霞敏等，2012）、曼氏无针乌贼（*Sepiella Maindroni*）（14.20%）（宋超霞等，2009）、金乌贼（*Sepia esculenta*）（13.37%）（樊甄姣等，2009）、日本枪乌贼（*Loligo japonica*）（9.29%）（刘玉锋等，2011）均高；但其粗脂肪含量（0.88%）与上述4种头足类相比，除高于拟目乌贼（0.17%）（蒋霞敏等，2012）和曼氏无针乌贼（0.58%）（宋超霞等，2009）外，比金乌贼（1.02%）（樊甄姣等，2009）和日本枪乌贼（1.43%）（刘玉锋等，2011）低，这种差异可能与物种所处的环境不同和饵料来源等有关。同时，投喂频率试验发现高投喂频率下的肌肉粗蛋白质和粗脂肪含量显著高于低投喂频率（朱婷婷等，2018），而周期性饥饿再投喂对虎斑乌贼的粗蛋白质和粗脂肪含量无显著影响（李晨晨等，2018）。

表7.1.1　虎斑乌贼肌肉组织基本营养成分分析（%）

项目	水分	粗蛋白	粗脂肪	灰分	参考文献
野生	74.47±1.08	19.95±0.32	0.81±0.07	2.65±0.13	高晓兰等，2014
野生	79.42±0.07	14.52±0.05	0.84±0.03	1.41±0.04	黄建盛等，2014
野生	77.98	20.15	0.81	1.87	陈道海等，2014
人工养殖	77.47	20.24	0.97	1.69	陈道海等，2014
人工养殖	78.61 ± 0.66	18.97 ± 0.26	1.43 ± 0.06	1.24 ± 0.12	Jiang et al.，2018

二、氨基酸组成及含量

虎斑乌贼肌肉共检测到17种氨基酸，包括人体所需的必需氨基酸（essential amino acid，EAA）7种，非必需氨基酸（non-essential amino acids，NEAA）10种（表7.1.2）。

表7.1.2　虎斑乌贼肌肉组织氨基酸组成及含量（干物质基础，%）

氨基酸 Amino acids	野生	野生	野生	人工养殖
天冬氨酸 Asp *	8.11±0.16	7.49±0.17	8.37	8.76
谷氨酸 Glu *	12.07±0.24	11.23±0.51	12.54	13.04
丝胺酸 Ser *	3.04±0.09	2.99±0.04	3.38	3.43

续表

氨基酸 Amino acids	野生	野生	野生	人工养殖
甘氨酸 Gly *	3.98±0.08	3.37±0.07	4.47	4.59
异亮氨酸 Ile #	3.61±0.11	3.30±0.05	3.84	4.1
亮氨酸 Leu #	7.04±0.20	5.80±0.10	6.78	7.12
赖氨酸 Lys #	6.56±0.09	5.51±0.09	6.75	7.02
甲硫氨酸 Met #	2.28±0.08	2.14±0.09	2.38	2.37
苯丙氨酸 Phe#	2.77±0.14	2.65±0.08	3.28	3.42
苏氨酸 Thr #	3.38±0.11	2.98±0.19	3.68	3.71
缬氨酸 Val #	3.07±0.09	3.96±0.18	3.49	3.71
半胱氨酸 Cys	0.65±0.05	0.64±0.08	—	—
酪氨酸 Tyr	2.45±0.08	2.38±0.05	2.93	3.02
精氨酸 Arg	8.44±0.21	7.19±0.15	6.67	6.98
组氨酸 His	1.57±0.09	1.34±0.06	2.09	2.02
丙氨酸 Ala	4.53±0.16	3.76±0.05	4.54	4.84
脯氨酸 Pro	4.34±0.11	2.68±0.11	5.47	4.26
总氨基酸 TAA	77.87±1.20	70.06±2.63	82.07	83.49
必需氨基酸 EAA	31.80±0.77	26.99±1.45	34.55	35.57
非必需氨基酸 NEAA	46.07±0.65	34.53±1.87	38.77	38.92
鲜味氨基酸 DAA	28.69±0.48	25.84±1.23	29.92	31.23
必需氨基酸占总氨基酸的百分比	40.81	38.39	42.1	42.6
鲜味氨基酸占总氨基酸的百分比	36.85	36.91	36.46	37.41
必需氨基酸与非必需氨基酸的百分比	68.96	77.89	89.12	91.39

注：#表示必需氨基酸；*表示鲜味氨基酸；“—”表示未检测到。

总氨基酸（total amount of amino acids，TAA）含量为77.87%~83.49%，其中，谷氨酸（Glu）含量最高（11.23%~13.04%），其次为天冬氨酸（Asp）、精氨酸（Arg）、亮氨酸（Leu）、赖氨酸（Lys），而半胱氨酸（Cys）含量最低；鲜味氨基酸中谷氨酸（Glu）、天冬氨酸（Asp）为呈鲜味的特征氨基酸，而甘氨酸（Gly）、丙氨酸（Ala）是呈甘味的特征氨基酸。乌贼加工后呈现独特的风味，与其肌肉中含有多种呈鲜味氨基酸（delicious amino acids，DAA）有关，呈鲜味氨基酸约占氨基酸总量的40%。从鲜味度的比较来观察，虎斑乌贼肌肉组织中DAA占TAA的百分比为36.46%~37.41%，低于长蛸（*Octopus variabilis*）（40.55%）（郝振林等，2011），与日本枪乌贼（39.31%）（刘玉锋等，2011）、淡水鱼——尼罗尖吻鲈（*Lates niloticus*）（31.01%）（朱健等，2007）和鳜鱼（*Siniperca chuatsi*）（33.63%）（严安生等，1995）接近，可见，虎斑乌贼味道鲜美。虎斑乌贼肌肉组织中谷氨酸含量最为丰富，为11.23%～13.04%，这一结果与乌贼科其他种类结果一致（蒋霞敏等，2012；宋超霞等，2009；樊甄姣等，2009；刘玉锋等，2011）。谷氨酸不仅是重要的呈味物质，还参与人体蛋白和碳水化合物的代谢，促进氧化过程，是脑组织代谢作用的活跃物质（付以同等，1990）。天冬氨酸对心脏和肝脏具有保护作用，且具有显著的抗疲劳功效（王茵等，2010）。虎斑乌贼肌肉中精氨酸含量为8.44%，高于曼氏无针乌贼（4.90%）（宋超霞等，2009）和日本枪乌贼（3.98%）（刘玉锋等，2011），其含量仅低于谷氨酸，精氨酸在人饥饿、创伤或应激下转变成为必需氨基酸（刘兆金等，2005）。虎斑乌贼肌肉中的亮氨酸含量为7.04%，能促进睡眠，降低对疼痛的敏感性，缓解偏头痛，缓和焦躁及紧张情绪，减轻因酒精而引起生化反应失调的症状，并有助于控制酒精中毒（Navarro et al.，2000）。虎斑乌贼肌肉中赖氨酸的含量超过FAO/WHO模式，赖氨酸在体内的作用有参与体蛋白合成、维持体内酸碱平衡和提高机体抵抗力等，并称之为“生长性氨基酸”，但在植物性食物中含量极低，日常饮食中赖氨酸往往不能满足正常需求（Pellett et al.，1980）。因此，虎斑乌贼肌肉可提供人体必需外源氨基酸，是一种健康优质的蛋白质源。

根据FAO/WHO的理想模式，质量较好的蛋白质其氨基酸组成为EAA/TAA在40%左右，EAA/NEAA在60%以上（FAO/WHO，1973），可见，虎斑乌贼肌肉中的氨基酸组成符合上述指标要求，即氨基酸平衡效果较好，属于优质的蛋白质。此外，对虎斑乌贼肌肉组织必需氨基酸含量与鸡蛋蛋白质和FAO/WHO所规定的人体必需氨基酸均衡模式进行比较，并计算出其氨基酸评分（AAS）、化学评分（CS）和必需氨基酸指数（EAAI）（表7.1.3和表7.1.4）。虎斑乌贼肌肉必需氨基酸的氨基酸评分（AAS）平均值为0.89，化学评分（CS）平均值为0.67，这说明肌肉中必需氨基酸组成相对比较平衡，且含量比较丰富。必需氨基酸含量总量接近FAO/WHO计分模式，说明虎斑乌贼肌肉中必需氨基酸含量接近FAO/WHO推荐模式。虎斑乌贼的必需氨基酸指数（EAAI）比较高，为64.76，必需氨基酸/总氨基酸在40%左右，属于优质的人体所需的蛋白质，对维持防御和神经肌肉功能方面特别重要。因此，虎斑乌贼是一种氨基酸含量高且种类齐全的海产品。

表7.1.3　虎斑乌贼肌肉组织中必需氨基酸含量与FAO/WHO模式和鸡蛋蛋白质的氨基酸模式比较

必需氨基酸	肌肉	FAO/WHO模式	鸡蛋蛋白质模式
异亮氨酸 Ile	2.25	2.5	3.31
亮氨酸 Leu	4.4	4.4	5.34
赖氨酸 Lys	4.1	3.4	4.41
苏氨酸 Thr	2.11	2.5	2.92
缬氨酸 Val	1.92	3.1	4.1
蛋氨酸+半胱氨酸 Met+Cys	1.84	2.2	3.86
苯丙氨酸+酪氨酸 Phe+Tyr	3.27	3.8	5.65
合计	19.89	21.9	29.59

表 7.1.4　虎斑乌贼肌肉组织中必需氨基酸的氨基酸评分、化学评分和必需氨基酸指数比较

必需氨基酸	肌肉	
	氨基酸评分 AAS	化学评分 CS
异亮氨酸 Ile	0.90	0.68
亮氨酸 Leu	1.00	0.82
赖氨酸 Lys	1.21	0.93
苏氨酸 Thr	0.85	0.72
缬氨酸 Val	0.62	0.47
蛋氨酸+半胱氨酸 Met+Cys	0.82	0.48
苯丙氨酸+酪氨酸 Phe+Tyr	0.86	0.58
必需氨基酸指数 EAAI	64.76	

三、脂肪酸组成及含量

野生虎斑乌贼肌肉组织共检出 16 种脂肪酸，包括 6 种饱和脂肪酸（SFA），5 种单不饱和脂肪酸（MUFA）和 5 种多不饱和脂肪酸（PUFA）（高晓兰等，2014）。其中，饱和脂肪酸以 C16：0 含量最高，为 21.55%，单不饱和脂肪含量为 10.93%，多不饱和脂肪酸含量丰富，为 47.74%，并且 C22：6n－3（DHA）（30.34%）和 C20：5n－3（EPA）（8.48%）是多不饱和脂肪酸中主要的脂肪酸（表 7.1.5）。在多不饱和脂肪酸中，EPA 和 DHA 是组成磷脂、胆固醇酯的重要脂肪酸，有调节人体脂质代谢、治疗和预防心脑血管疾病、促进生长发育、降低胆固醇和增加高密度脂蛋白含量的作用，同时 EPA 和 DHA 还具有抗衰老、促进大脑的健康发育等功能，并且 EPA 和 DHA 是头足类最具特色的脂肪酸（Culkin et al.，1970；Dunstan et al.，1988）。EPA 是人体常用的几种 n-3 多不饱和脂肪酸（n-3 PUFA）之一；DHA 俗称“脑黄金”，是益智脂肪酸之王。DHA 在增强记忆与思维、提高智力等作用方面更为显著，还有预防近视和改善视力的作用，对婴儿的脑发育及学习、记忆功能有重要作用（Arendt et al.，2005；陈超刚等，2002）。虎斑乌贼肌肉中 EPA+DHA 含量约占脂肪酸含量的 40%，优于许多动物肉质品和海鲜食材。综上所述，虎斑乌贼肌肉是一种营养全面、营养价值高的头足类。与其他海洋动物相比，其营养价值更丰富、更均衡，更适合人类的营养需求，且有一定保健作用。

表 7.1.5　虎斑乌贼肌肉组织的脂肪酸组成及含量（干物质基础，%）

脂肪酸	含量
C14：0	2.36±0.11
C15：0	0.48±0.01
C16：0	21.55±0.41
C16：1n-7	0.48±0.04
C17：0	1.42±0.07
C18：0	15.21±1.03
C18：1n-7	1.11±0.08
C18：1n-9	3.42±0.03
C18：2n-9	0.16±0.02
C19：0	0.31±0.04
C20：1n-9	2.59±0.17
C20：2n-7	0.41±0.05
C20：4n-6	8.39±0.09
C20：5n-3 EPA	8.48±0.45
C22：1n-9	3.26±0.04
C22：6n-3 DHA	30.34±0.46
饱和脂肪酸 SFA	41.33±1.31
单不饱和脂肪 MUFA	10.93±0.39
多不饱和脂肪酸 PUFA	47.74±0.93
DHA/EPA	3.58±0.14
n-3 多不饱和脂肪酸 n-3 PUFA	38.81±0.91
n-6 多不饱和脂肪酸 n-6 PUFA	8.39±0.09

注：以总脂肪计。

四、矿质元素含量

虎斑乌贼肌肉中含有丰富的常量元素（Ca、Na、K、Mg）和微量元素（Fe、Zn、Cu、Mn），其中 K 含量最高（2 711.89±30.49 mg/kg），Na、Ca 和 Mg 含量分别为 582.42±3.31 mg/kg、305.60±4.07 mg/kg 和 147.24±2.47 mg/kg。微量元素 Fe、Zn、Cu 和 Mn 含量分别为 60.47±2.55 mg/kg、50.04±1.87 mg/kg、30.61±1.74 mg/kg 和 4.63±0.85 mg/kg（黄建盛等，2014）。与拟目乌贼相比，常量元素（Ca、Na、K、Mg）含量基本相当，虎斑乌贼肌肉中检测到微量元素 Cu 和 Mn，但拟目乌贼肌肉中未检测到（蒋霞敏等，2012）。

第二节 卵巢、缠卵腺和副缠卵腺的营养成分

乌贼的卵巢、缠卵腺和副缠卵腺俗称墨鱼蛋，被誉为名贵的海珍品。尤其是乌贼的缠卵腺干制品俗称“墨斗卵”、“目蛋”、“乌贼蛋”和“乌鱼蛋”，在我国潮汕地区、日照、宁波等地已经作为一种特色美食，深受人们的喜爱，是山珍海味中的下八珍之一，在清代一直被列为贡品。卵巢、缠卵腺和副缠卵腺被称为名贵的滋补海珍品是因为其氨基酸组成及比例效果较好，尤其是必需氨基酸含量较高，可作为良好的氨基酸营养补充食材。卵巢、缠卵腺和副缠卵腺中 EPA 和 DHA 含量非常丰富，EPA 与 DHA 含量之和最高可达 43.09%，高于刺参（*Stichopus japonicus*）（20.07%）（孙伟红等，2010）、日本枪乌贼（16.84%）（刘玉锋等，2011）、金乌贼（32.23%）（樊甄姣等，2009）等无脊椎动物，并且高于中华鲟（*Acipenser sinensis*）幼鱼（22.98%）（宋超等，2007）、小黄鱼（*Pseudosciaena polyactis*）（21.83%）（刘慧慧等，2013）、石斑鱼（*Epinephlus awoara*）（20.5%）（林建斌等，2010）等营养价值较高的鱼类。因此，卵巢、缠卵腺和副缠卵腺可用于药物、保健品和高档食品开发，具有很好的开发利用价值。

一、基本营养成分

基本营养成分分析结果显示（表 7.2.1），粗蛋白质含量表现为卵巢（62.39%）>副缠卵腺（58.62%）>缠卵腺（57.64%），粗脂肪含量表现为缠卵腺（4.80%）>副缠卵腺（3.42%）>卵巢（2.46%），水分含量表现为副缠卵腺（78.33%）>缠卵腺（72.87%）>卵巢（68.44%），灰分含量表现为副缠卵腺（3.18%）>缠卵腺（2.69%）>卵巢（2.05%）（高晓兰等，2014）。虎斑乌贼卵巢、缠卵腺和副缠卵腺具有高蛋白、低脂肪的特点，是良好的蛋白质补充品。

表 7.2.1 虎斑乌贼卵巢、缠卵腺和副缠卵腺组织基本营养成分分析（鲜物质基础，%）

项目	卵巢	缠卵腺	副缠卵腺
水分	68.44±0.83	72.87±0.37	78.33±0.40
粗蛋白	62.39±0.63	57.64±0.20	58.62±0.33
粗脂肪	2.46±0.19	4.80±0.06	3.42±0.22
灰分	2.05±0.16	2.69±0.11	3.18±0.14

二、氨基酸组成及含量

由表 7.2.2 可以看出，虎斑乌贼卵巢、缠卵腺和副缠卵腺的氨基酸构成比较完整，这 3 种组织中均检测出 17 种氨基酸，其中包括 7 种必需氨基酸，10 种非必需氨基酸。总氨基酸（TAA）含量：卵巢，57.65%；副缠卵腺，54.42%；缠卵腺，54.05%。必需氨基酸（EAA）含量：卵巢，29.36%；缠卵腺，27.24%；副缠卵腺，22.16%。

表 7.2.2　虎斑乌贼卵巢、缠卵腺和副缠卵腺组织氨基酸组成及含量（干物质基础,%）

氨基酸	卵巢	缠卵腺	副缠卵腺
天冬氨酸 Asp	6.03±0.21	5.72±0.09	597±0.17
谷氨酸 Glu	6.99±0.19	6.47±0.23	8.07±0.24
丝胺酸 Ser	3.46±0.11	2.23±0.17	2.36±0.06
甘氨酸 Gly	1.50±0.08	2.26±0.12	4.12±0.16
异亮氨酸 Ile #	4.19±0.15	3.78±0.16	2.64±0.07
亮氨酸 Leu #	6.08±0.12	4.72±0.11	4.42±0.13
赖氨酸 Lys #	5.02±0.16	4.94±0.11	3.34±0.09
甲硫氨酸 Met #	2.08±0.08	1.18±0.09	1.41±0.08
苯丙氨酸 Phe#	2.31±0.03	2.61±0.06	2.43±0.06
苏氨酸 Thr #	3.53±0.14	3.82±0.15	2.79±0.09
缬氨酸 Val #	3.02±0.14	2.66±0.11	2.61±0.03
半胱氨酸 Cys	0.67±0.04	1.09±0.07	0.54±0.04
酪氨酸 Tyr	2.46±0.09	2.45±0.09	1.96±0.08
精氨酸 Arg	3.65±0.13	3.18±0.04	3.63±0.11
组氨酸 His	1.43±0.09	1.47±0.08	1.31±0.07
丙氨酸 Ala	2.36±0.16	2.68±0.09	3.88±0.12
脯氨酸 Pro	2.46±0.12	2.79±0.09	2.92±0.13
总氨基酸 TAA	57.65±1.76	54.05±0.94	54.42±0.95
必需氨基酸 EAA	29.36±0.69	27.24±0.56	22.16±0.21
非必需氨基酸 NEAA	27.89±0.97	26.81±0.54	32.26±0.75
必需氨基酸占总氨基酸的百分比	50.92	50.40	40.71
必需氨基酸与非必需氨基酸的百分比	105.28	101.61	68.68

#表示必需氨基酸。

3 种组织均以谷氨酸含量最高，谷氨酸不仅是鲜味最强的氨基酸，也参与多种生理活性物质的合成，如在血液中谷氨酸能够转化为谷氨酰胺，具有促进体内蛋白的合成、提高自身的免疫功能、调节机体的酸碱平衡以及作为保护肠黏膜的屏障等多种功能（Field et al.，2000）。其次为天冬氨酸、亮氨酸、赖氨酸，半胱氨酸含量最低，仅为 0.54%～1.09%。亮氨酸是虎斑乌贼卵巢和副缠卵腺中含量最高的 EAA，和虎斑乌贼肌肉一致，其含量达到 6.08%和 4.42%。亮氨酸是最有效的一种支链氨基酸，可以有效防止肌肉损失；与异亮氨酸和缬氨酸一起合作修复肌肉，控制血糖，并给身体组织提供能量（吕子全等，2012）。赖氨酸是缠卵腺中含量最高的 EAA，含量达到 4.94%。而我们常食用的植物性食物，如大麦、小麦和大米等，赖氨酸含量相对缺乏。因此，赖氨酸被列为人体中的主要限制性氨基酸（陈学存，1984），所以食用虎斑乌贼缠卵腺在一定程度上可补充机体对赖氨酸的需求，对维持体内氨基酸代谢的动态平衡有重要作用。虎斑乌贼卵巢、缠卵腺和副缠卵腺的 EAA/TAA 分别为 50.92%、50.40%和 40.71%，EAA/NEAA 分别为 105.28%、101.61%和 68.68%。根据 FAO/WHO 的理想模式，质量较好的蛋白质其氨基酸组成为 EAA/TAA 在 40%左右，EAA/NEAA 在 60%以上（FAO/WHO，1973）。必需氨基酸含量总量接近 FAO/WHO 计分模式，说明虎斑乌贼卵巢和缠卵腺中必需氨基酸含量接近 FAO/WHO 推荐模式（表 7.2.3）。因此，虎斑乌贼卵巢、缠卵腺和副缠卵腺氨基酸组成符合上述指标要求，即氨基酸组成及比例平衡效果较好，属于优质的蛋白质源。

表 7.2.3 虎斑乌贼卵巢、缠卵腺和副缠卵腺组织中必需氨基酸含量与 FAO/WHO 模式和鸡蛋蛋白质的氨基酸模式比较

必需氨基酸	卵巢	缠卵腺	副缠卵腺	FAO/WHO 模式	鸡蛋蛋白质模式
异亮氨酸 Ile	2.62	2.36	1.65	2.5	3.31
亮氨酸 Leu	3.80	2.95	2.76	4.4	5.34
赖氨酸 Lys	3.14	3.09	2.09	3.4	4.41
苏氨酸 Thr	2.21	2.39	1.74	2.5	2.92
缬氨酸 Val	1.89	1.66	1.63	3.1	4.1
蛋氨酸+半胱氨酸 Met+Cys	1.72	1.42	1.23	2.2	3.86
苯丙氨酸+酪氨酸 Phe+Tyr	2.98	3.16	2.74	3.8	5.65
合计	18.35	17.02	13.85	21.9	29.59

摄入蛋白质的营养价值主要取决于所含 EAA 的种类、含量以及各氨基酸之间的比例。AAS 和 CS 从不同角度反映了蛋白质中氨基酸的构成和利用率之间的关系。由表 7.2.4 可以看出，虎斑乌贼卵巢、缠卵腺和副缠卵腺评分最高的分别是：异亮氨酸（AAS 为 1.05，CS 为 0.79），苏氨酸（AAS 为 0.95，CS 为 0.82）和苏氨酸（AAS 为 0.70，CS 为 0.60）。以 AAS 模式为标准，三种组织中 AAS 除了缬氨酸为 0.6 左右，其余的基本均在 0.6 以上，其中异亮氨酸和赖氨酸在卵巢和缠卵腺组织中达到 0.9 以上，必需氨基酸指数（EAAI）分别为 61.35 和 56.69。氨基酸种类丰富，组成和比例合理，说明虎斑乌贼的卵巢、缠卵腺营养相对比较全面丰富，具有较高的营养价值，可作为良好的氨基酸营养补充食材。

表 7.2.4　虎斑乌贼卵巢、缠卵腺和副缠卵腺组织中必需氨基酸的氨基酸评分、化学评分和必需氨基酸指数比较

必需氨基酸	卵巢		缠卵腺		副缠卵腺	
	氨基酸评分 AAS	化学评分 CS	氨基酸评分 AAS	化学评分 CS	氨基酸评分 AAS	化学评分 CS
异亮氨酸 Ile	1.05	0.79	0.94	0.71	0.66	0.50
亮氨酸 Leu	0.86	0.71	0.67	0.55	0.63	0.52
赖氨酸 Lys	0.92	0.71	0.91	0.70	0.61	0.47
苏氨酸 Thr	0.88	0.76	0.95	0.82	0.70	0.60
缬氨酸 Val	0.61	0.46	0.54	0.41	0.53	0.40
蛋氨酸+半胱氨酸 Met+Cys	0.78	0.45	0.65	0.37	0.56	0.32
苯丙氨酸+酪氨酸 Phe+Tyr	0.78	0.53	0.83	0.56	0.72	0.49
必需氨基酸指数 EAAI	61.35		56.69		46.20	

三、脂肪酸组成及含量

由表 7.2.5 可知，野生虎斑乌贼卵巢、缠卵腺和副缠卵腺 3 种组织中共检出 20 种脂肪酸，包括 8 种饱和脂肪酸（SFA）、6 种单不饱和脂肪酸（MUFA）和 6 种多不饱和脂肪酸（PUFA）。

表 7.2.5　虎斑乌贼卵巢、缠卵腺和副缠卵腺组织的脂肪酸组成及含量（干物质基础，%）

脂肪酸	卵巢	缠卵腺	副缠卵腺
C12：0	4.76±0.36	2.92±0.25	1.44±0.19
C14：0	4.76±0.36	2.92±0.25	1.44±0.19
C15：0	0.57±0.04	0.62±0.03	0.46±0.06
C16：0	22.81±0.78	21.49±0.24	19.20±0.16
C16：1n-7	0.94±0.09	0.52±0.05	1.41±0.12
C17：0	1.44±0.15	1.41±0.02	2.65±0.19
C18：0	12.91±0.45	9.69±0.04	14.95±0.47
C18：1n-7	1.38±0.10	1.08±0.08	10.05±0.96
C18：1n-9	4.01±0.73	1.96±0.18	1.89±0.21
C18：2n-6	—	0.41±0.04	—
C18：2n-7	0.40±0.11	—	—
C19：0	0.39±0.03	—	0.33±0.03
C19：1n-9	0.07±0.02	0.27±0.02	—

续表

脂肪酸	卵巢	缠卵腺	副缠卵腺
C20：1n-9	2.38±0.09	2.61±0.11	2.70±0.24
C20：2n-7	0.54±0.02	0.68±0.16	—
C20：4n-6	9.44±1.07	10.38±0.32	4.75±0.24
C20：5n-3 EPA	9.85±0.46	10.89±0.46	16.03±0.75
C22：0	0.43±0.04	—	0.23±0.02
C22：1n-9	2.25±0.05	2.88±0.26	3.61±0.10
C22：6n-3 DHA	25.27±1.55	32.20±0.54	20.71±0.34
C24：0	—	0.18±0.03	—
饱和脂肪酸 SFA	43.46±0.12	36.12±0.26	38.85±0.35
单不饱和脂肪 MUFA	11.04±0.93	9.03±0.24	19.66±1.37
多不饱和脂肪酸 PUFA	45.50±1.04	54.15±0.48	41.49±1.02
DHA/EPA	2.57±0.25	2.96±0.17	1.29±0.05
n-3 多不饱和脂肪酸 n-3 PUFA	35.12±1.26	43.09±0.11	36.74±1.03
n-6 多不饱和脂肪酸 n-6 PUFA	9.44±1.07	10.38±0.32	4.75±0.24

"—"表示未检测到。

SFA 含量分别为 43.46%、36.12%和 38.85%，均以 C16：0 含量最高（约为 20%）。副缠卵腺中 MUFA 含量最高（19.66%），接近卵巢（11.04%）和缠卵腺（9.03%）含量之和。缠卵腺中 PUFA 最高（54.15%），卵巢和副缠卵腺含量分别为 45.50%和 41.49%。3 种组织均含有丰富的 n-3 PUFA，C22：6n-3（DHA）和 C20：5n-3（EPA）是 n-3 PUFA 中主要的脂肪酸。EPA 和 DHA 是人体必需的 PUFA，具有降血脂、降血压、降低心脑血管疾病、补脑健脑、抗肿瘤等生理活性（Ness et al.，2002；Norat et al.，2005；Berbert et al.，2005）。虎斑乌贼卵巢、缠卵腺和副缠卵腺中 EPA 和 DHA 含量丰富，EPA 与 DHA 含量之和最高可达 43.09%，高于刺参（*Stichopus japonicus*）（20.07%）（孙伟红等，2010）、日本枪乌贼（16.84%）（刘玉锋等，2011）、金乌贼（32.23%）（樊甄姣等，2009）等无脊椎动物，并且高于中华鲟（*Acipenser sinensis*）幼鱼（22.98%）（宋超等，2007）、小黄鱼（*Pseudosciaena polyactis*）（21.83%）（刘慧慧等，2013）、石斑鱼（*Epinephlus awoara*）（20.5%）（林建斌等，2010）等营养价值较高的鱼类。虎斑乌贼卵巢、缠卵腺和副缠卵腺中高 n-3 PUFA 含量与其特有的生理功能相关，作为受精卵形成和发育主要部位，将为其提供必需的营养成分以满足胚胎的正常发育。脂肪酸组成分析结果表明，虎斑乌贼卵巢、缠卵腺和副缠卵腺 3 种组织中含有丰富的 PUFA，尤其是 DHA 和 EPA 含量丰富，可用于保健品和健康食品的开发，具有较高的开发利用价值。

四、矿质元素含量

戴宏杰等（2016）研究发现虎斑乌贼缠卵腺中常量元素和微量元素种类较多，含量丰富，尤其是含有较多的 K（2 900. 21 mg/kg）、Ca（1 930. 17 mg/kg）、Na（1 340. 33 mg/kg）、Mg（241. 41 mg/kg）元素，显著高于虎斑乌贼肌肉（黄建盛等，2014）、拟目乌贼肌肉和缠卵腺（蒋霞敏等，2012）。与虎斑乌贼肌肉相比（黄建盛等，2014），虎斑乌贼缠卵腺中 K、Na、Ca、Mg 的含量分别为肌肉中的 1. 07 倍、2. 30 倍、6. 32 倍和 1. 64 倍；与拟目乌贼缠卵腺相比（蒋霞敏等，2012），分别是拟目乌贼缠卵腺的 1. 52 倍、3. 90 倍、6. 89 倍和 2. 66 倍。虎斑乌贼缠卵腺中微量元素如 Cu 和 Mn 的含量与虎斑乌贼肌肉差异不大，Fe 和 Zn 的含量远低于虎斑乌贼肌肉（黄建盛等，2014）；Se 的含量为 1. 28 mg/kg，与其他海洋软体动物，如牡蛎（*Ostrea gigas thunberg*）（1. 34 mg/kg）、缢蛏（*Sinonovacula constricta*）（1. 56 mg/kg）、菲律宾蛤仔（*Ruditapes philippinarum*）（1. 85 mg/kg）（赵艳芳等，2009）体内的 Se 含量相当。无机元素吸收对维持人体正常代谢具有重要作用，由于人体不能有效合成无机元素，只能通过食物摄取，因此，虎斑乌贼的缠卵腺可作为人体优良的矿质元素补充食材。

第三节　肝脏的营养成分

乌贼内脏在食品加工过程中往往作为废弃物处理，乌贼的内脏脂质含量很高，可以榨制内脏油，是配合饲料良好的添加剂，也是制革的好原料。而关于乌贼内脏的营养组成分析和深加工利用方面缺乏相应的报道，因此值得进一步研究和开发利用。

一、基本营养成分

肝脏基本营养成分分析如表 7. 3. 1 所示。水分、粗蛋白、粗脂肪和灰分含量分别为 60. 12%±0. 27%、31. 47%±0. 23%、12. 82%±0. 62%和 1. 26%±0. 02%。水分和粗蛋白含量低于其他组织，但粗脂肪含量远高于肌肉（0. 81%~1. 43%）、卵巢（2. 46%）、缠卵腺（4. 80%）和副缠卵腺（3. 42%）组织。灰分含量与其他组织无显著性差异。虎斑乌贼的肝脏组织粗脂肪含量较高，可为人工饲料脂肪的添加提供丰富的脂肪源。

表 7. 3. 1　虎斑乌贼肝脏组织基本营养成分分析（干物质基础，%）

项目	水分	粗灰分	粗蛋白质	粗脂肪
含量	60. 12±0. 27	1. 26±0. 02	31. 47±0. 23	12. 82±0. 62

二、氨基酸组成及含量

由表 7. 3. 2 可知，虎斑乌贼肝脏组织检测出 17 种氨基酸，其中总氨基酸含量为 27. 68%±1. 36%，必需氨基酸含量为 13. 60%±0. 64%，必需氨基酸占总氨基酸含量的 49. 12%，必需氨基酸与非必需氨基酸含量的百分比为 96. 55%。天冬氨酸是肝脏组织氨基酸含量最高的组分，而其他组织氨基酸含量最高的组分是谷氨酸。总氨基酸和必需氨基酸含量均低于虎斑乌贼其他组织（肌肉 83. 49%和 31. 80%，卵巢 57. 65%和 29. 36%，缠卵腺 54. 05%和 27. 24%，副缠卵腺 54. 42%和 22. 16%）。

表 7.3.2 虎斑乌贼肝脏组织氨基酸组成及含量（干物质基础，%）

氨基酸	含量
天冬氨酸 Asp	3.01±0.16
谷氨酸 Glu	2.93±0.13
丝胺酸 Ser	0.91±0.05
甘氨酸 Gly	1.51±0.09
异亮氨酸 Ile #	1.65±0.07
亮氨酸 Leu #	2.64±0.12
赖氨酸 Lys #	2.62±0.09
甲硫氨酸 Met #	0.82±0.04
苯丙氨酸 Phe#	1.53±0.12
苏氨酸 Thr #	1.13±0.04
缬氨酸 Val #	1.57±0.04
半胱氨酸 Cys	0.56±0.05
酪氨酸 Tyr	1.09±0.09
精氨酸 Arg	1.67±0.06
组氨酸 His	0.83±0.08
丙氨酸 Ala	1.67±0.07
脯氨酸 Pro	1.55±0.08
总氨基酸 TAA	27.68±1.36
必需氨基酸 EAA	13.60±0.64
非必需氨基酸 NEAA	14.09±0.71
必需氨基酸占总氨基酸的百分比	49.12
必需氨基酸与非必需氨基酸的百分比	96.55

#表示必需氨基酸。

三、脂肪酸组成及含量

由表 7.3.3 可知，虎斑乌贼肝脏组织检测出 26 种脂肪酸，包括 12 种饱和脂肪酸（SFA），7 种单不饱和脂肪酸（MUFA）和 7 种多不饱和脂肪酸（PUFA）。饱和脂肪酸（SFA）含量为 43.63%±0.33%，与其他组织含量相当，其中 C16：0 和 C18：0 含量较高，分别为 19.68%±0.40% 和 14.72%±0.53%。单不饱和脂肪酸（MUFA）含量为 28.90%±0.39%，高于其他组织（肌肉 10.93%±0.39%，卵巢 11.04%±0.93%，缠卵腺 9.03%±0.24%，副缠卵腺 19.66%±1.37%）。多不饱和脂肪酸（PUFA）含量为 27.48%±0.69%，均低于其他组织。DHA 和 EPA 含量分别为 12.79%±0.28% 和 6.72%±0.09%。Shyla 等（2009）研究表明，虎斑乌贼肝脏脂质可以成功地用作养殖巨型淡水虾幼虾的常规脂质来源的替代品，这是一种回收废弃的渔业副产品的友好处理方法。此外，肝脏中粗脂肪含量远高于其他组织，因此虎斑乌贼肝脏在饲料脂肪源添加方面具有较高的开发利用价值。

表 7.3.3　虎斑乌贼肝脏组织的脂肪酸组成及含量（干物质基础，%）

脂肪酸	含量
C12：0	0.05±0.01
C13：0	0.04±0.01
C14：0	5.26±0.51
C15：0	1.20±0.24
C16：0	19.68±0.40
C16：1n-7	11.85±0.41
C17：0	1.36±0.26
C18：0	14.72±0.53
C18：1n-7	4.91±0.03
C18：1n-9	8.57±0.48
C18：2n-6	0.61±0.08
C19：0	0.56±0.11
C19：1n-9	0.06±0.01
C20：1n-9	1.51±0.05
C20：2n-7	0.49±0.05
C20：4n-6	6.87±0.34
C20：5n-3 EPA	6.72±0.09
C21：0	0.09±0.01
C22：0	0.40±0.02
C22：1n-9	1.86±0.12
C22：6n-3 DHA	12.79±0.28
C23：0	0.09±0.02
C24：0	0.17±0.01
C24：1n-9	0.14±0.01
饱和脂肪酸 SFA	43.63±0.33
单不饱和脂肪 MUFA	28.90±0.39
多不饱和脂肪酸 PUFA	27.48±0.69
DHA/EPA	1.90±0.06
n-3 多不饱和脂肪酸 n-3 PUFA	9.51±0.24
n-6 多不饱和脂肪酸 n-6 PUFA	6.87±0.34

第四节 受精卵卵黄的营养成分

卵黄在卵生动物的胚胎发育过程中发挥着至关重要的作用，为动物胚胎提供蛋白质、脂类、碳水化合物、维生素、矿物质元素等营养和功能性物质（李兆杰等，2010）。近年来，随着乌贼养殖产业的开展，饲料问题已成为当前规模化人工育苗、养殖的技术瓶颈之一，人工配合饲料的研制迫在眉睫。而目前关于头足类营养学的研究还比较匮乏，仅集中在投喂不同饵料对其幼体、成体的影响，分析不同饵料的营养成分，得出某些脂类、蛋白质、氨基酸和脂肪酸对头足类的影响，而关于其脂类、蛋白质、氨基酸和脂肪酸需求量还有待研究。对外源性营养的海洋动物幼体而言，饲料中各营养物质理想的组成和含量应与其受精卵卵黄或卵黄囊幼体的相应营养物质组成和含量相近（Rainuzzo et al.，1997）。一些研究发现，头足类初孵幼体的大小、健康程度与卵黄的吸收率有关，卵黄吸收率越高，初孵幼体越大、活力越好（蒋霞敏等，2013；彭瑞冰等，2013）。这一点在生产育苗实践中得到证实，卵黄吸收率越高，孵化的幼体成活率越高。因此，通过分析乌贼受精卵的卵黄营养物质组成和含量，有利于了解乌贼幼体发育过程中的营养需求，可为其幼体人工配合饲料研制提供科学的参考依据。

一、基本营养成分

虎斑乌贼受精卵卵黄的水分为72.12%，粗蛋白质含量为76.33%，粗脂肪含量为12.71%，灰分含量为7.18%（表7.4.1）。

表7.4.1 虎斑乌贼受精卵卵黄的常规营养成分（干物质基础，%）

项目	水分	粗灰分	粗蛋白质	粗脂肪
含量	72.12 ±2.17	7.18±0.13	76.33 ±0.13	0.83

二、氨基酸组成与含量

虎斑乌贼受精卵卵黄含有常见的17种氨基酸，其中包括7种必需氨基酸。总氨基酸含量为71.22%。氨基酸中以谷氨酸（Glu）含量最高，为9.97%。必需氨基酸中亮氨酸（Leu）含量最高，为7.58%，蛋氨酸（Met）含量最低，为2.63%（表7.4.2）。海洋动物蛋白质营养的实质和核心是氨基酸，因此从某种意义上讲，海洋动物对蛋白质的需求，主要表现在其对氨基酸的需求（尤其是必需氨基酸的量和种类）。虎斑乌贼受精卵卵黄中必需氨基酸含量为32.38%，占总氨基酸含量的45.46%；必需氨基酸中Leu、Thr、Lys和Ile含量较为丰富。高晓兰等（2014）报道虎斑乌贼成体的肌肉和卵巢组织中Leu、Thr、Lys、Ile和Val含量最为丰富。这一结果与受精卵的卵黄含量相近。海洋动物维持正常的生长代谢需10种氨基酸，分别是精氨酸（Arg）、赖氨酸（Lys）、蛋氨酸（Met）、苏氨酸（Thr）、亮氨酸（Leu）、异亮氨酸（Ile）、苯丙氨酸（Phe）、色氨酸（Trp）、缬氨酸（Val）和组氨酸（His），饵料中必需氨基酸不平衡或缺乏会导致其生长减缓，饲料效率和蛋白质沉积效率也会下降（Walton，1985）。因此，在虎斑乌贼幼体人工配合饲料配方中，尤其应注意 Leu、Thr、Lys、Ile、Val、Phe 和 Met 的需求量，其幼体饵料中必需氨基酸需求量参考值为 32.38%，其中 Leu 需求量参考值为 7.58%、Thr 为 4.64%、Lys 为 5.49%、Ile 为 5.54%、Val 为 3.71%、Phe 为 2.79%、Met 为 2.63%。Domingues 等（2003）研究表明，添加 Met 和 Lys 的饵料更有利于乌贼（*Sepia officinalis*）的生长。

表 7.4.2　虎斑乌贼受精卵卵黄的氨基酸组成与含量（干物质基础，%）

氨基酸	含量
天冬氨酸 Asp	7.21 ±0.06
谷氨酸 Glu	9.97 ±0.19
丝胺酸 Ser	4.63 ±0.01
甘氨酸 Gly	1.17 ±0.01
异亮氨酸 Ile #	5.54 ± 0.03
亮氨酸 Leu #	7.58 ± 0.03
赖氨酸 Lys #	5.49 ± 0.02
蛋氨酸 Met #	2.63 ± 0.08
苯丙氨酸 Phe#	2.79 ± 0.08
苏氨酸 Thr #	4.64 ± 0.04
缬氨酸 Val #	3.71 ± 0.10
半胱氨酸 Cys	0.96 ±0.08
酪氨酸 Tyr	3.14 ±0.06
精氨酸 Arg	4.96 ±0.03
组氨酸 His	1.59 ±0.01
丙氨酸 Ala	2.36 ±0.01
脯氨酸 Pro	2.84 ±0.11
总氨基酸 TAA	71.22 ± 0.79
必需氨基酸 EAA	32.38 ± 0.35
非必需氨基酸 NEAA	38.84 ± 0.50

#表示必需氨基酸。

三、脂肪酸组成与含量

虎斑乌贼受精卵卵黄中共检出 17 种脂肪酸，包括 8 种饱和脂肪酸（SFA），占总脂肪酸的 43.47%；5 种单不饱和脂肪酸（MUFA），占总脂肪酸的 7.54%；4 种多不饱和脂肪酸（PUFA），占总脂肪酸的 49.25%（表 7.4.3）。在脂肪酸组分中以 C16：0、C18：0、

C20：4、C20：5（EPA）和C22：6（DHA）为主，其中以DHA含量最高，达32.80%；C16：0次之，为24.33%。多不饱和脂肪酸中以n-3 PUFA为主，占总脂肪酸含量的40.50%，占多不饱和脂肪酸的82.23%。EPA含量为7.70%，DHA/EPA为4.26（表7.4.3）。虎斑乌贼受精卵卵黄内的PUFAs含量丰富，高于SFAs和MUFAs，尤其富含n-3PUFA。这与所报道的虎斑乌贼成体肌肉和卵巢组织分析结果一致。从卵黄脂肪酸的含量来看，虎斑乌贼对n-3 PUFA需求量较高，特别是EPA和DHA。饵料中的DHA对头足类细胞膜的结构和功能稳定有重要作用，尤其是在幼体早期生长阶段，可维持细胞膜的流动性和渗透性（Sargent et al.，1999）。DHA缺乏会导致鱼类的神经系统与视觉发育受阻和体内色素沉积出现异常（Bell et al.，1985）。因此在研发虎斑乌贼人工配合饲料过程中，应保证饲料中n-3 PUFA的含量，特别是DHA、EPA的含量。虎斑乌贼幼体DHA的理论需求量应保持在4.17%左右（干物质基础），EPA为0.98%（干物质基础），DHA/EPA为4.26。

表7.4.3 虎斑乌贼受精卵卵黄的脂肪酸组成（占脂肪酸总量的百分比，%）

脂肪酸	百分比含量
C14：0	2.93 ± 0.09
C15：0	0.44 ± 0.02
C16：0	24.33 ± 0.48
C16：1n-7	0.54 ± 0.03
C17：0	1.68 ± 0.05
C18：0	12.80 ± 0.47
C18：1n-7	0.90 ± 0.02
C18：1n-9	4.16 ± 0.06
C18：2n-6	0.44 ± 0.03
C19：0	0.30 ± 0.04
C20：1n-9	1.68 ± 0.02
C20：0	0.77 ± 0.02
C20：4n-6	8.32 ± 0.15
C20：5n-3 EPA	7.70 ±0.07
C22：0	0.23 ± 0.02
C22：1n-9	0.27 ± 0.02
C22：6n-3 DHA	32.80 ±1.96
饱和脂肪酸 SFA	43.47 ± 2.24
单不饱和脂肪 MUFA	7.54 ± 0.15
多不饱和脂肪酸 PUFA	49.25 ± 2.05
DHA/EPA	4.26 ± 0.27
n-3 多不饱和脂肪酸 n-3 PUFA	40.50 ± 1.93

四、矿物质元素组成及含量

虎斑乌贼胚胎的卵黄检测出 Na、K、Ca、Mg、Sr、Mn、Fe、Cu、Zn、Al 和 As 矿物质元素。其中，Ca 的含量显著高于其他元素，达 42.56 mg/kg；其次，Mg 和 Na 含量分别为 2.88 mg/kg 和 2.87 mg/kg。微量元素中 Zn 和 Al 的含量最高，分别为 0.77 mg/g 和 0.71 mg/kg，Sr 和 As 含量最低，均为 0.01 mg/kg（表 7.4.4）。矿物质元素在头足类的生长和代谢中也发挥着非常重要的作用，当体内缺乏或过多时，能引起海洋生物机体结构和功能性病理病变。由表 7.4.4 可知，常量元素 Ca 的含量尤其丰富，远远高于其他元素；微量元素中富含 Zn、Al 和 Fe。这一结果与已报道的野生虎斑乌贼、拟目乌贼的肌肉和卵巢的结果相似（高晓兰等，2014；蒋霞敏等，2012）。虎斑乌贼的胚胎发育过程中，其体内会形成一个较大的内骨骼（海螵蛸），这可能导致发育过程需要较多的 Ca 参与。微量元素虽然含量少却发挥着不可替代的功能性作用，如许多微量元素参与水产动物骨骼形成、维持胶质系统、作为机体合成激素与酶的必需组成部分（朱珏等，2012）。因此，在虎斑乌贼的配合饲料中要保证一定量的各种微量元素，如在幼体饵料中 Cu 的参考需求量为 0.19 mg/kg。Cu 对头足类的生长发育也是非常重要的，它广泛存在于氧化酶和血液蛋白中。当初孵幼体处于饥饿时，其体内 Cu 含量迅速减少，成活率也随之降低（戴宏杰等，2014）。这可能是由于 Cu 等微量元素是某些酶的辅助因子，不足会导致其体内代谢紊乱，抑制细胞的增生（Decleir et al.，1970）。因此，虎斑乌贼的人工配合饲料配方中需保障适宜的微量元素含量。

表 7.4.4　虎斑乌贼受精卵卵黄的矿物质元素含量（鲜重基础，mg/kg）

矿物质元素	含量
钠 Na	2.87 ±0.14
钾 K	0.43 ±0.04
镁 Mg	2.88 ±0.14
钙 Ca	42.56 ±0.97
锶 Sr	0.01 ±0.00
铜 Cu	0.05 ±0.01
铁 Fe	0.43 ±0.04
锌 Zn	0.77 ±0.00
锰 Mn	0.03 ±0.01
铝 Al	0.71 ±0.06
砷 As	0.01 ±0.00

五、虎斑乌贼幼体对饲料中部分营养素的理论需求量参考值

虎斑乌贼幼体饲料中蛋白质理论需求量参考值为76.33%，脂肪为12.71%。由于胚胎的卵黄中DHA含量很丰富，建议虎斑乌贼幼体饲料中DHA理论需求量参考值为4.17%，EPA理论需求量参考值为0.98%，DHA/EPA为4.26；氨基酸理论需求量参考值中，赖氨酸（Lys）需求量为5.49%；矿物质元素需求量参考值中，铜需求量为0.19 mg/kg（表7.4.5）。

表7.4.5 虎斑乌贼幼体对饲料中部分营养素的理论需求量（干物质基础，%）

项目	蛋白质	脂肪	DHA	EPA	DHA/EPA	n-3PUFA	赖氨酸	铜 mg/kg
理论需求量	76.33	12.71	4.17	0.98	4.26	5.15	5.49	0.19

第五节 内壳的营养成分

乌贼内壳，俗称海螵蛸（cuttlebone）、乌贼骨，其性咸、涩、温，有收敛止血、涩精止带、制酸、敛疮等功效，是一味常用的海洋动物药物（高学敏，2002）。乌贼内壳很早便作药用，《本草纲目》记载其可治多种内外出血，如胃溃疡、十二指肠溃疡及部分慢性胃炎等，可临床用于皮肤溃疡、裤疮等的治疗；《本经》也记载，其能“治女子赤白漏下”。

乌贼内壳的主要成分是碳酸钙以及少量磷酸钙，大多数研究者认为，碳酸钙和磷酸钙具有中和胃分泌过多盐酸的作用。金玲等（2000）用酸碱中和法测定乌贼内壳中和盐酸所需量，结果发现用1 g乌贼内壳可以中和盐酸（0.1 mol/L）约140~150 mL。有研究报道乌贼内壳可防治并修复胃溃疡，观察乌贼内壳作用于大鼠胃运动、黏液分泌，以及检测前列腺素、胃组织cAMP的变化，结果发现内壳可有效降低胃液酸度，提高胃组织cAMP含量，促进胃黏膜前列腺素E2合成（方尔笠等，1994）。

乌贼内壳可促进凝血因子、血小板的形成，达到凝血作用（王劲松等，2007）。用乌贼内壳制成复凝粉用于止血试验研究，结果发现复凝粉在体外凝血及家兔创伤止血试验所用凝血时间显著低于其他各组试验，表明乌贼内壳制成复凝粉有望成为快速创伤止血装备材料（景冬樱等，2004）。乌贼内壳中的碳酸钙是直接覆盖在出血部位从而加速了纤维蛋白的析出，加快了凝血作用，碳酸钙溶于组织液可形成高渗状态而加速细胞代谢，使受伤部位好转（吕玉娣等，2011）。

乌贼内壳具有降血磷作用，可有效修复低钙血症。利用乌贼内壳治疗高磷血症，能有效降低血磷，而对血钙浓度无明显影响（郭艳香，2008）。李建秋等（2012）利用乌贼内壳在临床上用于治疗尿毒症钙磷代谢紊乱，可预防和治疗肾性骨病。祝清秀等（2013）利用乌贼内壳结合司维拉姆干预尿毒症高磷血症，结果表明可有效降低血清低密度脂蛋白水平、血清钙磷乘积和血甲状旁腺腺素，但出现胃肠道不良反应。刘琳娜等（2014）比较乌贼内壳与血液灌流对维持患者血清钙磷及甲状旁腺激素水平的影响，结果发现乌贼内壳联

合血液透析滤过对降低患者血磷水平较血液灌流联合血液透析作用更显著。

乌贼内壳除了少量用于中药材外，大部分作为食品加工的废弃物，造成资源严重浪费。灰分是乌贼内壳的主要成分，矿物质元素种类多且含量丰富，可为食品添加、药用等方面提供丰富的原材料。

一、矿物质元素组成及含量

检测了不同生长阶段（60、90、120、150 日龄）虎斑乌贼内壳 5 种常量元素——钠（Na）、钾（K）、镁（Mg）、铝（Al）、钙（Ca）和 8 种微量元素——铜（Cu）、铁（Fe）、锌（Zn）、硒（Se）、锰（Mn）、镉（Cd）、砷（As）、锶（Sr）的含量（表 7.5.1）（江茂旺等，2016），发现乌贼内壳中 Ca 元素含量最高，随日龄的增加其含量不断增加，60、90、120、150 日龄时分别为 334.23 mg/g、393.30 mg/g、452.39 mg/g 和 474.28 mg/g。Mg 含量次之，60、90、120、150 日龄时分别为 29.85 mg/g、36.11 mg/g、39.89 mg/g 和 54.82 mg/g。微量元素中，Zn 含量最高，60、90、120、150 日龄时分别为 14.05 mg/g、16.36 mg/g、19.21 mg/g 和 23.02 mg/g，Cu 含量次之，60、90、120、150 日龄时分别为 2.34 mg/g、2.85 mg/g、4.33 mg/g 和 5.47 mg/g。重金属元素 Cd、As 含量很低，分别为 0.001~0.003 mg/g 和 0.012~0.030 mg/g 。Ca 是人体内含量最多的元素，主要集中于骨胳、牙齿和硬组织里，其以磷酸钙的形式存在于细胞质中，使机体形成坚硬的结构。Ca 除作为骨质主要构成外，还能增强毛细血管壁的致密度，防止组织液渗出，提供消肿、抗炎和抗组织胺作用；同时，Ca 在血液、细胞外液和软组织中对血液凝固、肌肉收缩和神经结构组成、传递过程有重要作用，还可参与多种酶生物活性的发挥（莫永亮等，2017）。Mg 是人体内必需的常量元素，在三羧酸循环电子传递、催化过程及有机物转化等重要环节起着关键作用，被称为“人体健康催化剂”，如果 Mg 缺乏，人易疲乏、心跳加快、易激动，Mg 还可刺激抗毒素的生成，故 Mg 可以起到解毒的作用（刘建军等，2001）。在不同生长阶段，内壳中的微量元素均以 Zn 含量最高。Zn 是人体内多种酶的辅基和激活因子，与 160 多种酶的生物活性相关，并参与了核酸和蛋白质的合成。缺 Zn 会推迟动物的性腺成熟期，成熟动物会发生性腺萎缩及纤维化，而且 Zn 大量存在于男性睾丸中，参与精子的整个生成、成熟和获能的过程（陈文强，2006）。缺 Zn 还会影响皮肤系统的生长、发育，导致皮肤出现炎症。婴儿和儿童通过适量补 Zn，可以有效预防呼吸道感染和腹泻等病症的发生（郄文娟等，2003）。因此，虎斑乌贼内壳可以作为 Ca、Mg 和 Zn 元素补充的良好食源或药源。内壳对环境中的矿物质元素有较强的结合能力，测定软体动物内壳（贝壳）微量元素的种类和含量不仅可以用于水质环境的监测，同时也是养殖水环境以及养殖贝类本身健康与否的重要指标。不同生长时期虎斑乌贼内壳中检测到重金属元素 Cd、As 含量分别为 0.001~0.003 mg/g 和 0.012~0.030 mg/g，远远低于欧盟食品安全下限（1.0~1.5 mg/kg）（EC，2006），这些元素的积累与养殖环境和饵料的供应有很大的关系。

表 7.5.1 不同生长阶段内壳矿物质元素含量（干物质基础，mg/g）

矿物质元素	60 d	90 d	120 d	150 d
钠 Na	8.92±0.47	12.39±2.43	13.93±0.10	16.27±0.69
钾 K	1.48±0.45	1.59±0.22	1.26±0.43	1.77±0.21
镁 Mg	29.85±1.36	36.11±3.22	39.89±3.61	54.82±2.56
铝 Al	0.74±0.24	0.64±0.61	0.63±0.49	0.68±0.58
钙 Ca	334.23±10.56	393.30±7.16	452.39±10.40	474.28±6.32
铜 Cu	2.14±0.22	3.58±0.66	4.46±0.74	6.18±0.53
铁 Fe	2.34±0.36	2.85±0.55	4.33±1.46	5.47±0.86
锌 Zn	14.05±0.55	16.36±1.21	19.21±2.45	23.02±2.07
硒 Se	0.09±0.03	0.12±0.01	0.09±0.04	0.12±0.03
锰 Mn	0.199±0.070	0.142±0.023	0.123±0.030	0.153±0.037
镉 Cd	0.020±0.010	0.020±0.010	0.033±0.025	0.036±0.015
砷 As	0.002±0.001	0.003±0.002	0.003±0.002	0.002±0.001
铬 Cr	0.003±0.001	0.005±0.001	0.003±0.002	0.002±0.001
锶 Sr	22.32±2.19	44.25±2.18	52.95±3.48	63.29±4.28

二、基本营养成分及多糖含量

由表 7.5.2 可知，灰分是虎斑乌贼不同生长阶段内壳的主要成分，含量为 89.98%～92.06%，且随着生长含量不断增加；水分含量为 6.21%～3.93%；粗蛋白质含量为 2.82%～3.11%；其他营养成分含量较少，如粗脂肪含量为 0.41%～0.47%，多糖含量为 0.34%～0.38%。同时研究发现，从乌贼内壳中提取出来的酸性多糖（CBP-S）对乙醇诱导的小鼠胃黏膜损伤具有保护作用。乌贼内壳的甲壳质（氨基多糖）是一种天然高分子聚合物，因为具有较好的生物相容性、成膜性和对重金属螯合能力等，其在污水处理、生物工程和医学药用添加等领域取得了较好的应用效果（郭一峰，2007）。灰分作为乌贼内壳的主要成分，与内壳结构的形成紧密相关，内壳在其生长早期主要由有机物构成，随着生长发育，钙离子的吸附也逐渐增多，后来逐步形成钙化的片层结构，钙化层越来越厚，以致排列成结构致密的矿化晶体（Dauphin，1996）。

表 7.5.2 不同生长阶段内壳基本营养成分比较（干物质基础，%）

日龄（d）	水分	灰分	粗蛋白质	粗脂肪	多糖
60	6.21±0.11	89.98±1.45	2.82±0.10	0.45±0.05	0.38±0.02
90	6.03±0.12	90.13±0.55	2.93±0.11	0.43±0.02	0.34±0.06
120	4.87±0.10	91.19±1.16	3.05±0.08	0.47±0.01	0.36±0.05
150	3.93±0.02	92.06±0.70	3.11±0.03	0.41±0.03	0.36±0.05

三、氨基酸组成及含量

不同生长阶段的虎斑乌贼内壳中均检测出 17 种氨基酸，其中 7 种必需氨基酸（表 7.5.3）。各生长阶段虎斑乌贼内壳中总氨基酸（TAA）、必需氨基酸（EAA）含量差异不显著，总氨基酸在 60、90、120、150 日龄时分别为 2.79%、2.84%、2.85%、2.93%，必需氨基酸在 60、90、120、150 日龄时分别为 0.87%、0.97%、0.82%、0.98%。各生长阶段虎斑乌贼内壳中均以谷氨酸（Glu）含量（0.31%~0.43%）最高，组氨酸（His）含量（0.03%~0.07%）最低；丝氨酸（Ser）、赖氨酸（Lys）和甘氨酸（Gly）在各生长阶段内壳中虽无显著差异，但含量均较高，分别为 0.25%~0.27%、0.23%~0.24%、0.19%~0.20%；酸性氨基酸（AAA）[天冬氨酸（Asp）+ Glu] 含量在 60、90、120、150 日龄时分别为 0.56%、0.62%、0.69%、0.78%，分别占 TAA 含量的 20.07%、21.83%、24.2%、26.62%，且随着生长其含量不断增加。与肖述（2003）研究得出的不同种类乌贼内壳 AAA 含量占 TAA 含量的 22.178%~24.107%接近，高于赵中杰等（1990）研究得出的无针乌贼和金乌贼内壳 AAA 含量占 TAA 含量的 19.96%~21.29%。酸性氨基酸（AAA）含量较高的原因与内壳的形成受有机物调控有关（Weiners，1975）。

表 7.5.3　不同生长阶段内壳氨基酸组成与含量（干物质基础，%）

氨基酸	60 d	90 d	120 d	150 d
天冬氨酸 Asp *	0.25±0.03	0.29±0.01	0.31±0.01	0.35±0.02
谷氨酸 Glu *	0.31±0.04	0.33±0.02	0.38±0.03	0.43±0.02
丝胺酸 Ser	0.26±0.02	0.25±0.03	0.27±0.02	0.27±0.03
甘氨酸 Gly	0.19±0.01	0.20±0.02	0.19±0.03	0.20±0.02
异亮氨酸 Ile #	0.08±0.02	0.18±0.03	0.15±0.04	0.18±0.0
亮氨酸 Leu #	0.12±0.03	0.13±0.01	0.14±0.03	0.14±0.02
赖氨酸 Lys #	0.23±0.02	0.24±0.00	0.23±0.02	0.23±0.01
蛋氨酸 Met #	0.14±0.00	0.11±0.02	0.13±0.01	0.12±0.02
苯丙氨酸 Phe#	0.19±0.03	0.17±0.02	0.18±0.05	0.17±0.02
苏氨酸 Thr #	0.10±0.01	0.11±0.02	0.09±0.01	0.12±0.02
缬氨酸 Val #	0.07±0.04	0.08±0.02	0.08±0.03	0.06±0.01
半胱氨酸 Cys	0.18±0.02	0.18±0.01	0.14±0.02	0.15±0.01
酪氨酸 Tyr	0.20±0.04	0.17±0.01	0.12±0.02	0.16±0.01
精氨酸 Arg	0.11±0.03	0.14±0.01	0.09±0.04	0.10±0.02
组氨酸 His	0.07±0.02	0.03±0.01	0.07±0.01	0.04±0.01
丙氨酸 Ala	0.19±0.04	0.12±0.02	0.18±0.03	0.14±0.02

续表

氨基酸	60 d	90 d	120 d	150 d
脯氨酸 Pro	0.09±0.03	0.11±0.03	0.10±0.01	0.07±0.01
总氨基酸 TAA	2.79±0.43	2.84±0.29	2.85±0.41	2.93±0.28
必需氨基酸 EAA	0.87±0.15	0.97±0.12	0.82±0.18	0.98±0.11
非必需氨基酸 NEAA	1.92±0.28	1.87±0.17	2.03±0.23	1.95±0.17
酸性氨基酸 AAA	0.56±0.07	0.62±0.03	0.69±0.04	0.78±0.04

注：* 为酸性氨基酸；#为必需氨基酸。

四、脂肪酸组成及含量

不同生长阶段的内壳中均检测出 7 种脂肪酸（表 7.5.4），包括 3 种饱和脂肪酸（SFA）、1 种单不饱和脂肪酸（MUFA）（C18：1）和 3 种多不饱和脂肪酸（PUFA）[C20：4、C20：5（EPA）和 C22：6（DHA）]。不同生长阶段内壳中不饱和脂肪酸含量在 60、90、120、150 日龄分别为 57.38%、57.71%、58.50%、57.00%。脂肪酸组分中以 C22：6n-3、C16：0 和 C18：0 为主，其中 C22：6n-3 含量（35.68%～37.62%）最高，C16：0 含量（25.36%～26.61%）次之。

表 7.5.4　不同生长阶段虎斑乌贼内壳脂肪酸组成及含量

脂肪酸	日龄			
	60	90	120	150
C14：0	3.12±0.11	2.97±0.08	3.02±0.12	3.28±0.09
C16：0	26.03±1.05	26.15±1.69	25.36±1.17	26.61±1.31
C18：0	13.47±0.41	13.17±0.37	13.12±0.46	13.11±0.35
C18：1n-9	4.20±0.08	3.58±0.05	4.09±0.12	4.16±0.13
C20：4n-6	8.87±0.54	8.37±0.47	8.78±0.55	8.91±0.41
C20：5n-3（EPA）	8.28±0.61	8.14±0.56	8.19±0.48	8.25±0.35
C22：6n-3（DHA）	36.03±1.78	37.62±2.05	37.44±1.86	35.68±1.06
不饱和脂肪酸 UFA	57.38±3.19	57.71±4.13	58.50±3.41	57.00±2.45

第六节　乌贼墨的营养成分

乌贼墨汁是由细小的黑色颗粒物质构成的黏稠的混悬体（马维娜，1996），其含有蛋白质与真黑素组成的黑素蛋白和脂肪等不易溶于水和有机溶剂的成分，并且乌贼墨具有较好的稳定性，光照、加热和改变 pH 值均不会使乌贼墨褪色。研究表明，乌贼墨中蛋白质含量较高，约是乌贼肌肉的一半多（郑小东等，2003）。乌贼墨很早便用作药用，最初用于止血，《神农本草经》有“可收敛止血，固精止带，制酸定痛，除湿敛疮”。《本草拾遗》中记载，乌贼墨可以治疗“血刺心痛”，对出血性疾病（如肺结核咳血、功能性子宫出血等疾病）有止血作用。虎斑乌贼墨囊重达100 g以上，是曼氏无针乌贼墨囊重的3倍左右。在日本，乌贼墨还作为一种保健食品材料，添加到各种食品中（王杏珠，1995）。乌贼墨由蛋白质、糖类、脂类和黑色素等有机分子及多种矿物质元素组成，但乌贼墨在加工过程中往往作为废弃物处理（王欣等，2005）。鉴于乌贼墨具有广泛的生理活性和较高的药用价值，有待于对其作进一步研究开发。

一、基本营养成分及多糖含量

野生与人工养殖虎斑乌贼墨基本营养成分如表7.6.1所示（江茂旺等，2016），水分含量分别为77.26%、77.91%，灰分含量分别为7.65%、7.31%，粗蛋白质含量分别为10.94%、10.03%，粗脂肪含量分别为0.90%、0.77%，多糖含量分别为3.25%、3.98%。两者中除水分含量差异不显著外（$P>0.05$），其他成分含量均差异显著（$P<0.05$），其中野生虎斑乌贼墨灰分、粗蛋白质和粗脂肪的含量均高于养殖虎斑乌贼墨，而野生虎斑乌贼墨多糖的含量则显著低于养殖虎斑乌贼墨。乌贼墨具有广泛的生理活性源于其含有多糖成分，日本学者证实乌贼墨多糖结构由等摩尔分子量的葡萄糖醛酸（GlcA）、N-乙酰半乳糖（GalNAc）、岩藻糖（Fuc）组成，它们的相对分子量大小不同，结构式都是｛-3GlcAβ1-4（GalNAcα1-3）Fucα1-｝n（Takaya et al.，1994）。乌贼墨多糖在体内、外均表现出较高的抗氧化能力和还原能力，能够显著提高机体内源性SOD、CAT和GSH-PX等抗氧化酶活性，降低丙二醛（MDA）含量，缓解环磷酰胺对小鼠心脏、肝脏、骨髓、卵巢、睾丸等（乐小炎，2014；谷毅鹏等，2014）组织的氧化损伤；乌贼墨多糖硫酸化衍生物SIP-S，具有显著的抗肿瘤生长和转移的活性，能够缓解化疗药物CTX所致的免疫损伤、抑制肿瘤细胞黏附过程、抑制新生血管生成、增强荷瘤小鼠免疫功能、诱导肿瘤细胞凋亡（宗爱珍，2013）。野生和养殖的虎斑乌贼墨均富含多糖（3.25%~3.88%），明显高于北太平洋鱿鱼（*Ommastrephes bartrami*）墨多糖含量（1.5%）（曹璐，2013）。多糖类是海洋头足类动物副产物重要生物活性物质成分，也是海洋创新药物的重要来源。

表7.6.1　野生与养殖虎斑乌贼墨一般营养成分比较（鲜重基础，%）

项目	水分	灰分	粗蛋白质	粗脂肪	多糖
野生	77.26±0.18	7.65±0.15	10.94±0.54	0.90±0.05	3.25±0.22
养殖	77.91±0.22	7.31±0.10	10.03±0.33	0.77±0.06	3.98±0.61

二、氨基酸组成与含量

药用氨基酸（张晓煜等，2004）是人体不能合成，但又是维持机体氮平衡所必需的，包括谷氨酸（Glu）、蛋氨酸（Met）、苯丙氨酸（The）、天冬氨酸（Asp）、甘氨酸（Gly）、赖氨酸（Lys）、酪氨酸（Tyr）、亮氨酸（Leu）、精氨酸（Arg）9种氨基酸。野生与人工养殖乌贼墨均检测出17种氨基酸、9种药用氨基酸、7种必需氨基酸、10种非必需氨基酸，氨基酸总量分别为10.32%、9.38%（表7.6.2）（江茂旺等，2016）。9种药用氨基酸含量分别为5.86%、6.23%，占氨基酸总量的56.78%、66.42%。枸杞是著名中药材、高级滋补品和保健食品，18种常用的氨基酸含量都比较丰富，其中药用氨基酸占总含量的60%左右（张晓煜等，2004）。而养殖乌贼墨药用氨基酸含量略高于枸杞，表明虎斑乌贼墨可提供丰富的药用氨基酸。必需氨基酸（EAA）含量分别为3.72%、3.22%，与曼氏无针乌贼墨（3.96%）（陈小娥，2000）相接近，高于金乌贼墨（2.95%）（郑小东等，2003）。野生和养殖乌贼墨亮氨酸（Leu）均是EAA中含量最高的氨基酸，分别为0.85%和0.83%；亮氨酸不仅可以为骨骼肌蛋白质合成提供能量和基质，还可以调节骨骼肌细胞内与蛋白质合成相关的信号通路（如mTOR依赖与非依赖信号通路）（毛湘冰，2011）。谷氨酸（Glu）属于鲜味氨基酸，其含量高低不但直接影响食物的鲜味程度，而且它还是脑组织生化代谢中的重要氨基酸，对维持神经系统间的突触传递、调节神经功能有着十分重要的生理作用（Collingridge，1987）。两种墨鲜味氨基酸中均是Glu含量最高，野生乌贼墨1.33%、养殖乌贼墨1.41%，高于金乌贼墨（0.77%）（郑小东等，2003）和曼氏无针乌贼墨（1.29%）（陈小娥，2000）。天冬氨酸（Asp）也是一种鲜味氨基酸，还参与鸟氨酸循环，促进二氧化碳和氨的代谢，降低了血液中二氧化碳和氨的含量，还可以提供谷氨酰胺和尿素相互作用的底物，谷氨酰胺是氨的代谢产物，同时也是氨在体内的运输及储存形式（Lee et al.，2004）。两种墨Asp含量也较高（1.09%、1.08%），稍低于曼氏无针乌贼墨（1.41%）（陈小娥，2000），但高于金乌贼（0.97%）（郑小东等，2003）。可见，虎斑乌贼墨含高比例的鲜味氨基酸，可作为调味品加入食品。

表7.6.2 野生与养殖虎斑乌贼墨氨基酸含量比较（鲜重基础，%）

氨基酸	野生	养殖
异亮氨酸 Ile *	0.55±0.04	0.48±0.03
亮氨酸 Leu * #	0.85±0.03	0.83±0.05
赖氨酸 Lys * #	0.36±0.02	0.20±0.00
蛋氨酸 Met *	0.03±0.00	0.04±0.00
苯丙氨酸 Phe * #	0.79±0.03	0.81±0.03
苏氨酸 Thr * #	0.66±0.01	0.45±0.02
缬氨酸 Val * #	0.58±0.02	0.41±0.02
半胱氨酸 Cys	0.19±0.02	0.21±0.03
酪氨酸 Tyr #	0.23±0.02	0.52±0.01
精氨酸 Arg #	0.69±0.04	0.64±0.03
组氨酸 His	0.47±0.01	0.33±0.01
谷氨酸 Glu #	1.33±0.07	1.41±0.05
天冬氨酸 Asp #	1.09±0.01	1.08±0.03
甘氨酸 Gly #	0.59±0.01	0.60±0.04

续表

氨基酸	野生	养殖
丙氨酸 Ala	0.98±0.05	0.69±0.05
丝胺酸 Ser	0.45±0.02	0.43±0.03
脯氨酸 Pro	0.48±0.03	0.25±0.01
总氨基酸 TAA	10.32±0.21	9.38±0.18
药用氨基酸 MAA	5.86±0.23	6.23±0.24
必需氨基酸 EAA	3.72±0.15	3.22±0.15
药用氨基酸占总氨基酸的百分比	56.78	64.41
必需氨基酸占总氨基酸的百分比	36.04	34.32

注：* 为必需氨基酸；#为药用氨基酸。

三、脂肪酸组成与含量

野生与养殖虎斑乌贼墨共检测出5种脂肪酸（表7.6.3），包括3种饱和脂肪酸，分别占总脂肪酸的58.54%、70.82%；两种不饱和脂肪酸，分别占总脂肪酸的41.46%、29.18%。野生乌贼墨中C18：1n-9、C18：2n-7和C14：0含量显著高于养殖乌贼墨（$P<0.05$），其他两种C16：0、C18：0含量均显著低于养殖乌贼墨（$P<0.05$）（江茂旺等，2016）。野生与养殖乌贼墨中脂肪酸的含量有差异，这可能与两者生长食用的饵料有关，野生虎斑乌贼食用天然饵料，较为丰富，而养殖虎斑乌贼则在饲养过程中投喂冰鲜小杂鱼、虾，营养供给相对单一。

表7.6.3　野生与养殖乌贼墨脂肪酸组成及含量比较（鲜重基础，%）

脂肪酸	野生	养殖
C14：0	3.11±0.11[a]	2.62±0.25[b]
C16：0	23.28±0.68[b]	31.66±0.64[a]
C18：0	30.26±1.42[b]	34.52±1.78[a]
C18：1n-9	37.51±2.32[a]	26.20±2.16[b]
C18：2n-7	3.95±0.30[a]	2.98±0.15[b]
饱和脂肪酸	58.54±2.03[b]	70.82±2.16[a]
不饱和脂肪酸	41.46±2.03[a]	29.18±2.16[b]

四、矿物质元素含量

在测定的4种常量元素（K、Na、Ca和Mg）和7种微量元素（Zn、Cu、Fe、Mn、Sr、Al和As）中（表7.6.4），两种墨常量元素除Mg元素含量差异不显著外（$P>0.05$），

K、Ca 和 Na 3 种元素含量差异均显著（$P<0.05$）。虎斑乌贼墨中含有较丰富的矿物质元素，野生虎斑乌贼墨和养殖虎斑乌贼墨的常量元素均是 Mg 含量最高，高达 24.58～25.06 mg/g，明显高于金乌贼墨（20.59 mg/g）（郑小东等，2003）和曼氏无针乌贼墨（19.0 mg/g）（陈小娥，2000）；Ca 含量次之（野生乌贼墨 10.20 mg/g、养殖乌贼墨 7.77 mg/g）。研究表明，Mg 参与三羧酸循环，并且可以刺激抗毒素的生成；Ca 具有消肿、抗炎和抗组织胺作用，Mg、Ca 两种离子可起到解毒作用（刘建军等，2001）。其他 7 种微量元素中，以 Zn 元素含量最高（养殖墨 5.40 mg/g 、野生墨 3.89 mg/g），除 As 外，其他元素均是养殖乌贼墨显著高于野生乌贼墨（$P<0.05$）（江茂旺等，2016）。Cu、Fe 是人体必需的微量元素，可增强机体免疫力和防御能力。Sr 作为人体必需的微量元素，越来越受到人们的关注，两种乌贼墨的 Sr 含量也较为丰富，Sr 具有促进血液循环、防止动脉硬化和脑血栓的功能。Zn 是人体必需的微量元素之一，在人体生长发育、生殖遗传、免疫、内分泌等重要生理过程中起着极其重要的作用，如儿童缺锌会导致免疫力降低、胃口变差、生长缓慢、智力低下；老年人缺锌时会导致胸腺萎缩，免疫功能下降，诱发癌症。而且 Zn 元素大量存在于男性睾丸中，参与精子的整个生成、成熟和获能的过程。男性一旦缺锌，就会导致精子数量减少、活力下降、精液液化不良，最终导致男性不育（蒋淑丽，2007）。所以，虎斑乌贼墨有望成为补 Zn 的良好食源。

表 7.6.4 野生与养殖虎斑乌贼墨矿物质元素含量比较（鲜重基础，mg/g）

矿物质元素	野生	养殖
钾/K	3.14±0.26	2.19±0.12
镁/Mg	25.06±2.05	24.58±1.3
钙/Ca	10.20±1.13	7.77±0.62
钠/Na	9.49±0.68	7.51±0.61
锶/Sr	0.30±0.01	0.43±0.06
锰/Mn	0.05±0.01	0.07±0.01
铁/Fe	1.12±0.07	1.43±0.12
铜/Cu	0.03±0.00	0.04±0.00
锌/Zn	3.89±0.19	5.40±0.74
铝/Al	0.75±0.12	0.90±0.11
砷/As	0.02±0.00	0.01±0.00

第八章　养殖虎斑乌贼主要病原性风险及预防措施

虎斑乌贼经济价值较高，可在一年内长成上市规格，是发展水产养殖的较理想的物种。前期的养殖试验也取得了突破性的进展，能够完成从卵的孵化到养成的人工养殖过程。前期的养殖试验为虎斑乌贼的产业化养殖奠定了良好的基础，总体上虎斑乌贼病害发生情况较少，迄今为止没有发现暴发性、大量的乌贼因疾病导致死亡。但在养殖过程中也发现了少量在特定条件下能影响养殖乌贼健康的机会病原。本章总结了虎斑乌贼在养殖试验中曾出现的主要病害问题及其可能的机会性病原，提出了相关的防治措施，为虎斑乌贼的健康养殖提供参考。

第一节　虎斑乌贼皮肤溃疡症及其防治

2015 年 11—12 月，在宁波港湾育苗厂室内养殖的虎斑乌贼出现了相似的皮肤溃疡症。患病乌贼的典型症状主要为外套膜背部、鳍边及尾部出现白色损伤，同时出现皮肤脱落及深层组织溃疡（图 8.1.1-a），患病个体常伴有喷墨或出现死亡。患病乌贼约 8 月龄，其体长为 164.3 ± 19.2 mm，体重为 470.9 ± 63.2 g；乌贼养殖在 4 m × 8 m 大小的水泥池中，水深 1.5 m 左右，每天换水 60%～80%；发病时水温为 21 ± 1℃，水体盐度范围为 24～30。

一、疾病诊断及病原特征描述

1. 病原的分离及鉴定

笔者对该疾病的病原学展开调查，并报道了该疾病的病原（Tao et al.，2016）。笔者及所在实验室对出现了典型皮肤溃疡症状的动物个体进行了取样观察及后续分析，包括寄生虫检测和细菌分离，同时以无症状乌贼个体作为对照。通过溃疡组织的寄生虫学镜检观察，研究人员发现病灶内聚焦了大量纤毛虫（图 8.1.1-b），而在非溃疡处皮肤上未有发现；对组织中分离的纤毛虫进行了分离和体外培养，通过对虫体进行银染后的形态学鉴定（图 8.1.2），将其鉴定为贪食迈阿密虫（*Miamiensis avidus*）。从虎斑乌贼溃疡组织中分离的纤毛虫的形态（图 8.1.2）与赵研等人对贪食迈阿密虫形态学描述一致（赵研等，2011），即活体大小约（20～30）μm×（15～25）μm，外形水滴状，虫体透明；大核一枚于虫体中部；体动基列恒为 12，均为混合动基系（n =25）；伸缩泡开孔于第 2 列体动基列末端，自口器左侧体动基列发出的银线横穿尾毛复合器后到达第 6 列体动基列（赵研等，

2011）。此外，笔者等人通过核糖体小亚基 RNA（18S rRNA）基因序列分析进一步确认了上述鉴定结果。研究采用引物对 Euk-F［A（T/C）CTGG TTGATT/CT/CTGCCAG］/Euk-R（TGATCCATCTGCAGGTTCAC CT）（Medlin et al.，1988）扩增出虎斑乌贼寄生虫的 18S rRNA 基因片段，克隆至载体质粒后，进行序列测定，该序列比对结果与对养殖鱼类致病的贪食迈阿密虫（GenBank 登入号：AY550080）的相似度为 100%。此外，系统发生关系分析也显示虎斑乌贼中分离的纤毛虫与贪食迈阿密虫的虫株紧密地聚类，与其他盾纤毛虫亲缘关系更远（图 8.1.3）。

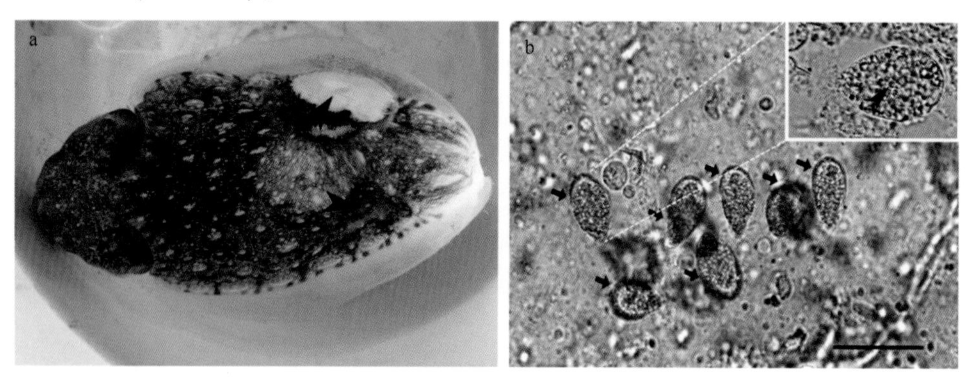

图 8.1.1 虎斑乌贼皮肤溃疡病灶及其中寄生纤毛虫的照片

a：患病虎斑乌贼的典型症状体表皮肤受损或溃疡（箭头）；b：溃疡处黏液样品中发现大量形态一致的纤毛虫

（资料来源：陶震提供，2016）

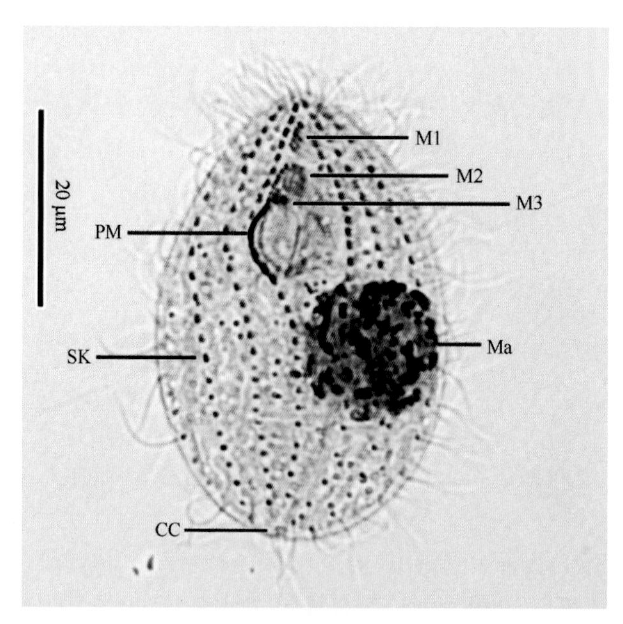

图 8.1.2 贪食迈阿密虫的银染光学显微照片（400 倍）

CC：尾纤毛；M1~M3：小膜 1-3；Ma：大核；PM：口侧膜；SK：体动基列

（资料来源：陶震提供，2016）

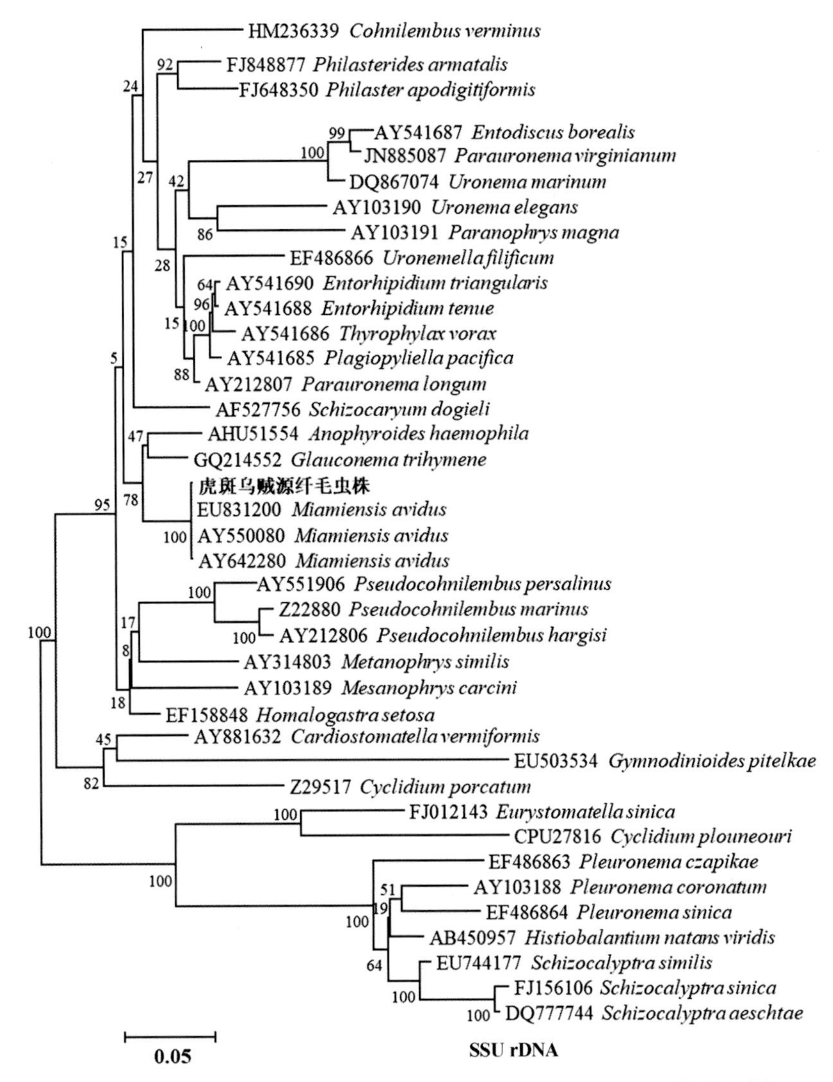

图 8.1.3 引起溃疡纤毛虫及其他盾纤毛虫 18S rRNA 基因系统发生树

（资料来源：陶震提供，2016）

细菌分离检测共获得了 24 株菌（其中 12 株来自于溃疡个体，另外 12 株来自于健康个体）；分别对其进行分子鉴定（16S rRNA 基因序列比对），鉴定的结果显示在溃疡组织和健康组织中分离所得菌株无显著差异，主要均为假交替单胞菌，该菌为常见的海洋生物体表共生菌（图 8.1.4）。

2. 病原的体外培养及生物学特征

为了研究温度对贪食迈阿密虫生长的影响，笔者等人建立了贪食迈阿密虫体外培养的方法。贪食迈阿密虫的体外培养采用以 L-15 培养基（Hyclone 公司）为基础的培养液，添加 5%体积的胚牛血清（FBS，Gibco 公司）、5%体积的高压灭菌酵母提取物（Oxid 公司）溶液（1 g/mL）。从患病动物上分离的原代纤毛虫培养时额外添加 5×青链霉素双抗溶

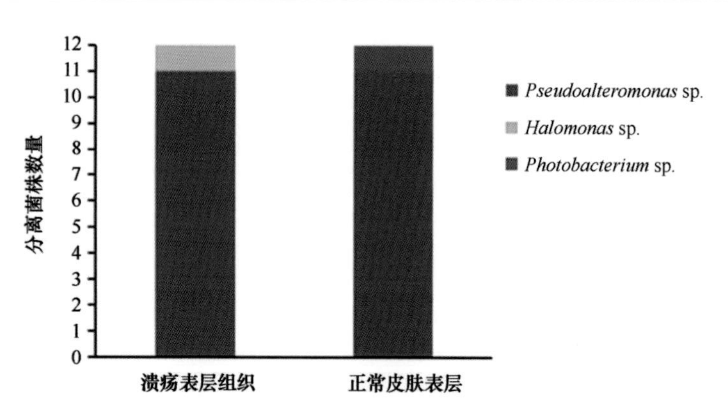

图 8.1.4　虎斑乌贼溃疡病灶及健康个体皮肤组织中分离的细菌比较

（资料来源：陶震提供，2016）

液（Hyclone 公司），以抑制细菌大量繁殖；无菌培养传代后将不再添加抗生素（贪食迈阿密虫在自然环境中可摄食细菌等微生物个体）。贪食迈阿密虫的培养在 25 cm^2 透气的细胞培养瓶（BD 公司）中进行，每个培养瓶中加入 5 mL 上述改良 L-15 培养基，虫体初始密度约为 5×10^2 ind/mL。培养温度设置 10℃、20℃、30℃、40℃四个梯度，连续培养 5 d，每隔 24 h 取样计算培养液中虫体密度，最终将所得数据绘制成生长曲线。虫体计数采用 Paramá 等人描述的方法（Paramá et al. 2003）：取 100 μL 待检虫体悬液，与 100 μL 的 0.5%的戊二醛溶液混合，室温静置 10 分钟灭活虫体。高密度重悬使用血球计数板在显微镜下计数；低浓度则将灭活悬液稀释 10 倍或 100 倍后取 10 μL 在 200×或 400×显微镜放大倍数下计数，重复 3 次。该研究比较了四个温度梯度下贪食迈阿密虫的增殖情况，其结果显示其最适生长温度为 20℃（图 8.1.5），与上述溃疡症发生时的水温条件一致。

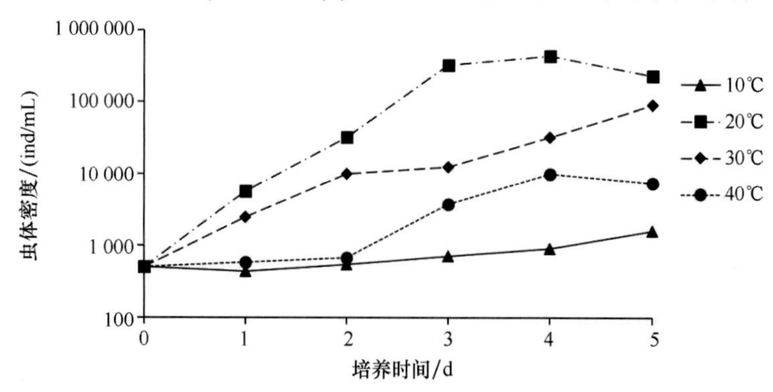

图 8.1.5　不同培养温度下贪食迈阿密虫的生长曲线

（资料来源：刘璐提供，2016）

二、疾病的防治方法与措施

为了筛选有效的抗虫药和消毒试剂，通过体外药物浸浴模型比较了 5 种常用抗寄生虫药物（阿苯达唑、盐酸强力霉素、甲硝唑、硫酸奎宁、盐酸左旋咪唑），以及两种常用液体消毒试剂（福尔马林和过氧化氢）的杀虫效果（刘璐等，2017）。实验过程中分别将阿苯达唑、盐酸强力霉素、甲硝唑、硫酸奎宁、盐酸左旋咪唑溶于过滤除菌的海水（盐度 25），配置 2 倍梯度稀释的系列溶液，浓度依次为 111.1 mg/mL、55.6 mg/mL、27.8 mg/mL、13.9 mg/mL、6.9 mg/mL、3.5 mg/mL、1.7 mg/mL、0.9 mg/mL。取培养至指数生长期末期（约 4 d）的虫体培养液，在 650 ×g、室温条件下离心 5 分钟弃上清，后将虫体重悬在过滤除菌的海水中（盐度调节至 25），密度调整至 104 ind/mL。在 96 孔板各孔中加入上述密度约为 104 ind/mL 的虫悬液 10 μL，同时按梯度依次在不同孔中加入各浓度的药物溶液 90 μL，混匀后形成含药物浓度为 100.0 mg/mL、50.0 mg/mL、25.0 mg/mL、12.5 mg/mL、6.3 mg/mL、3.1 mg/mL、1.6 mg/mL、0.8 mg/mL 的虫悬液，置于 20℃孵育，药物处理 24 h，将 96 孔板放置在倒置显微镜上镜检各孔贪食迈阿密虫的存活情况。贪食迈阿密虫若满足以下任意一项标准，即判为死亡：①虫体整体结构失去完整性；②虫体及其体表的纤毛均处于静止状态。每种药物的每个浓度均设置 3 个平行组，同浓度下所有平行组均出现虫体全部死亡，则判断此药物浓度杀虫率为 100%。同时设置对照组（不含化学药物的海水虫悬液）。此外，试验还采用同样方法测试液体消毒试剂福尔马林和过氧化氢的体外浸浴杀虫效果：药物使用除菌海水稀释，浓度梯度包括 400 μL/L、200 μL/L、100 μL/L、50 μL/L（使用无菌海水稀释）。在虫体的体外浸浴试验中，每隔 1 h 观察记录 96 孔板内贪食迈阿密虫的存活情况一次，直至 3 h 或纤毛虫全部死亡。实验结果反映了贪食迈阿密虫对各类化学药物的敏感性，以及有效化学药物的最小致死浓度（MLC）。

药物试验的结果显示，在 5 种测试的抗寄生虫药物中，有 3 种药物在试验选择的药物浓度范围内浸浴 24 h 后能 100%杀灭贪食迈阿密虫（表 8.1.1），而各空白对照组未发现或仅有极少数符合上述死亡标准的虫体。各有效药物的最小致死浓度范围为 12.5～100 μg/mL，其中硫酸奎宁最小致死浓度（浸浴 24 h）最低，为 12.5 μg/mL（表 8.1.1）。福尔马林和过氧化氢两种液体的体表消毒液，在最低浓度 50 μL/L 的浸浴浓度条件下处理 1 h 后，贪食迈阿密虫死亡率均达到 100%，对照组正常。

表 8.1.1　药物体外浸浴作用 24 h 后贪食迈阿密虫的死亡情况

药品名称	药物浓度（μg/mL）							
	100	50	25	12.5	6.3	3.1	1.5	0.7
阿苯达唑	-	+	+	+	+	+	+	+
盐酸强力霉素	+	+	+	+	+	+	+	+
甲硝唑	+	+	+	+	+	+	+	+
硫酸奎宁	-	-	-	-	+	+	+	+
盐酸左旋咪唑	-	-	-	+	+	+	+	+

注："+"表示在此药物浓度下处理 24 h 后尚有贪食迈阿密虫体存活；"-"则表示在此药物浓度下处理 24 h 后所有虫体死亡。

目前，贪食迈阿密虫（*Miamiensis avidus*）是唯一已发现可感染虎斑乌贼并引起病症的寄生虫。自1964年首次在美国迈阿密海湾栖息的海马（*Hippocampus* sp.）体内发现并报道以来，已有多个研究显示贪食迈阿密虫能直接侵入养殖牙鲆等鱼体组织，包括体表皮肤、鳃组织、消化系统、深层肌肉组织及神经系统等；病鱼临床症状包括体色发黑、鳞片脱落、表皮溃疡和肠炎等（Jung et al.，2007，Song et al.，2009，Takagishi et al.，2009）。人工感染实验观察结果显示，贪食迈阿密虫可能以鼻腔和眼眶等作为入侵途径进入鱼体内部组织，并发展成系统性感染（Moustafa et al.，2010）。加之，贪食迈阿密虫主要营腐生且可兼性寄生的生活方式，可能会导致其对水产养殖动物危害性高于自然水体中的野生动物。首先，水产养殖动物通常限制在相对有限的固定空间内（如土塘、水泥池、网箱等），且养殖密度相对较高。其次，养殖设施周围的有机质的积累（养殖过程残饵粪便等）可能促进营腐生生活的纤毛虫的生长。若养殖设施内引入贪食迈阿密虫等兼性寄生虫后，一旦部分养殖动物个体发生了感染，在缺少有效的防控措施的情况下则会暴发贪食迈阿密虫等鱼类寄生虫的大规模感染。在养殖过程中，需要加强对水体的消毒处理以及寄生虫的定时检测，发现病鱼及时治疗并预防新的感染。目前，化学药物仍是应对鱼类寄生虫感染最有效的途径，因此筛选有效的化学药物应是防治环节中重要的组成部分。

体外培养实验显示贪食迈阿密虫可通过二分裂繁殖，而且繁殖速度较快，因此药物浓度必须足以杀灭所有虫体，排除感染在鱼群中复发的可能性。笔者等人的研究表明奎宁类药物（硫酸奎宁）和盐酸左旋咪唑两种抗虫药能在体外以低浓度（分别为12.5 μg/mL和25 μg/mL）100%杀灭实验中的贪食迈阿密虫。奎宁俗称金鸡纳霜，为茜草科植物金鸡纳树及其同属植物的树皮中的主要生物碱，属常见的抗寄生虫药物，也用于水产养殖中鱼类寄生虫的防治（王孟华，2012）。盐酸左旋咪唑，即L-2，3，5，6-四氢-6-苯基咪唑[2，1-6]噻唑盐酸盐，亦属于常见的抗寄生虫药物，对蛔虫、钩虫、蛲虫和粪类圆线虫病有较好疗效。两者均不属于禁用渔药范围，可应用于水产养殖过程中。另外，实验还发现低浓度甲醛和双氧水对贪食迈阿密虫具有很好的杀灭作用，可用于养殖动物的体表杀虫或养殖设施表面的处理等。

水产养殖动物的纤毛类寄生虫多属于兼性寄生，在合适的季节容易在海水中大量繁殖。因为秋冬换季期间环境水温与贪食迈阿密虫的最适生长温度相近，所以应注意对从海中获取的养殖用水进行严格消毒。同时，更换养殖用水进入养殖池前先经过孔径小于20 μm的过滤袋或其他过滤设备，截留水体中可能残存的虫体，可以显著降低贪食迈阿密虫感染的风险。鉴于贪食迈阿密虫营腐生、兼性寄生的生活习性，如果发现少数乌贼个体出现贪食迈阿密虫感染的情况，则表明该养殖设施中存在非寄生状态的虫体。在此情况下，应及时隔离受感染的动物个体，同时对养殖设施进行彻底的消毒，并使用抗虫药处理未有症状的个体。

第二节　外套膜水肿症及其防治

在水温条件为18℃左右时，宁波来发育苗场水泥池内的虎斑乌贼群体中（9月龄），部分个体出现严重的背部外套膜肿大的症状。患病个体体表无明显外伤，取体表黏液涂片观察，未发现有寄生虫寄生。外套膜背部肿大（图8.2.1），解剖后发现内有大量积液，外套膜和内骨骼相互脱离，内骨骼部分边缘已受损。

一、疾病诊断及病原特征描述

取水肿积液涂片，进行染色，发现积液中存在大量弧形球杆状的细菌（图 8.2.2）。同时，无菌操作条件下将乌贼积液、肝脏等样品在弧菌选择性培养基（TCBS）或海洋琼脂（2216E）培养基平板上进行划板，均有优势菌落形成，其中在 TCBS 上的菌落为黄色菌落。挑取代表菌落，经扩增其 16S rRNA 基因、克隆测序及序列比对分析，发现所有菌落均为弧菌（*Vibrio* sp.），因此笔者认为可能水肿与弧菌感染有关。患病动物解剖结果说明，患病乌贼在发生感染前可能发生过物理性撞击（图 8.2.3），形成了内骨骼边缘损伤以及皮外损伤，弧菌通过损伤处入侵至深层组织。

图 8.2.1　虎斑乌贼背部水肿

（资料来源：陶震提供，2017）

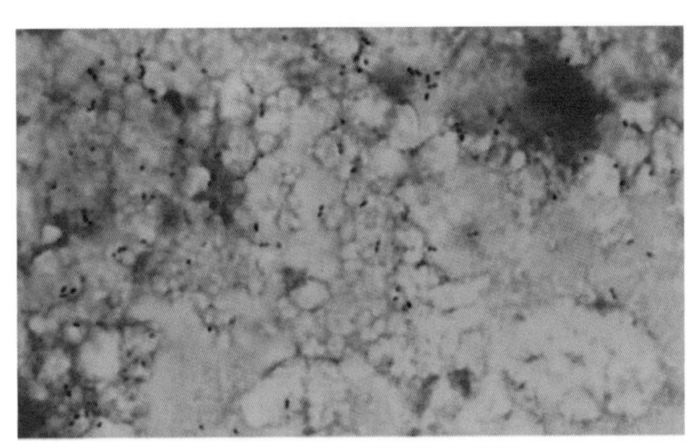

图 8.2.2　水肿积液染色结果

迪夫快速染色，蓝色弧形短杆状为细菌；400 倍

（资料来源：陶震提供，2017）

二、疾病的防治方法与措施

Sangster 等人曾报道溶藻弧菌（*Vibrio alginolyticus*）感染虎斑乌贼、欧洲横纹乌贼（*Sepia officinalis*）和巨人乌贼（*Sepia apama*）等头足类，并引起相关病症的案例（Sangster et al.，2003）。在感染溶藻弧菌后，虎斑乌贼的肾脏、鳃等组织中均可以分离到

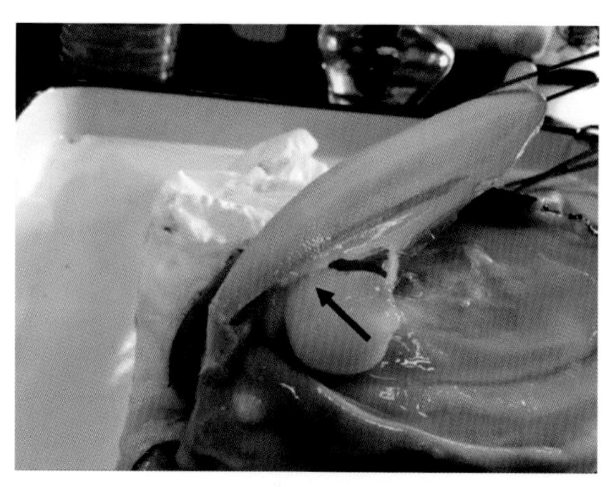

图 8.2.3　水肿症状乌贼的内骨骼损伤
（资料来源：陶震提供，2017）

病原菌；随着感染的深入，受影响乌贼会发展出肉眼可见的组织损伤，少部分乌贼可能遭受更加严重的损伤，至此病原可进入循环系统，并引起系统性感染。在外套膜水肿症的案例中，笔者认为属于继生感染。虎斑乌贼成长至一定阶段时，其活动范围明显增大，并存在一定的领域行为，个体间靠近时会出现缠斗或躲避，可能会与养殖设施发生碰撞或摩擦而受伤，继而引发机会病原菌的入侵及感染。从本案例的内骨骼边缘破裂可以说明，可能该乌贼由于某种原因已经发生了损伤。

弧菌是海水中常见的微生物，生长往往受水温和盐度条件的影响，所以感染具有一定的季节性。弧菌感染重在预防，控制水体消毒过程，适当增加乌贼活动空间，减少体表损伤。同时，尽量适量投喂，控制水体的有机质浓度，可以适当降低弧菌的丰度，从而降低感染的风险。

第三节　红卵症及其防治

2019 年 3—4 月，宁波来发育苗场分五个批次从广东湛江地区引入虎斑乌贼受精卵，其中第三批和第四批受精卵中较高比例的卵壳变红色。第三批卵数量 28 687 颗，卵平均体重 3.5 g，初孵幼乌贼 16 820 只，孵化率为 58.63%，初孵幼乌贼个体特别小，其胴长为 0.3~0.4 cm，胴宽 0.1~0.2 cm（比正常卵小 3~4 倍），且体色发白；第四批受精卵数量 37 500 颗，卵平均体重 3.3 g，初孵幼乌贼 17 900 只，孵化率 54.73%，初孵幼乌贼胴长 0.3~0.4 cm，胴宽 0.1~0.2 cm。两批卵的孵化率均显著低于正常卵（约 90%），且两批孵化出膜的幼乌贼均缺乏摄食能力，一周后大量淘汰，最后全军覆没。

一、疾病诊断及病原特征描述

虎斑乌贼红卵症可描述为受精卵在孵化期间，由于卵壳荚膜表面定植了未知产红色素微生物，这些卵壳往往更容易在孵化期间发生腐败而破裂，导致幼体提前出卵，显著降低孵化率和孵化后幼体的成活率。受影响的虎斑乌贼受精卵特征如下：表皮呈红色（图

8.3.1-A）；红色素集中的区域在显微镜镜检时观察到大量呈杆状、短棒状或颗粒状微生物（图 8.3.1-B）。在这些产红色素微生物富集的区域，卵壳易出现裂痕。

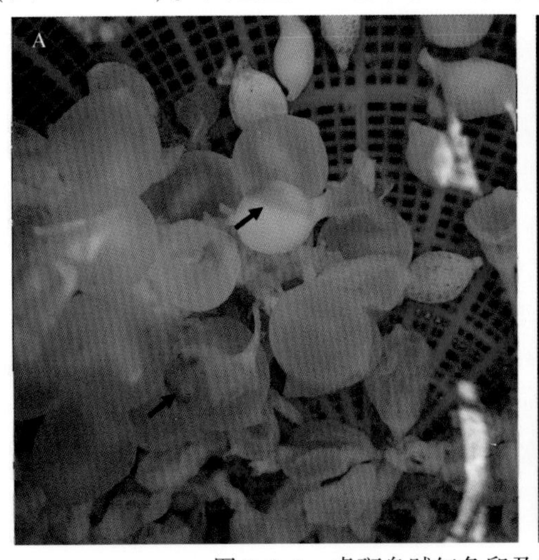

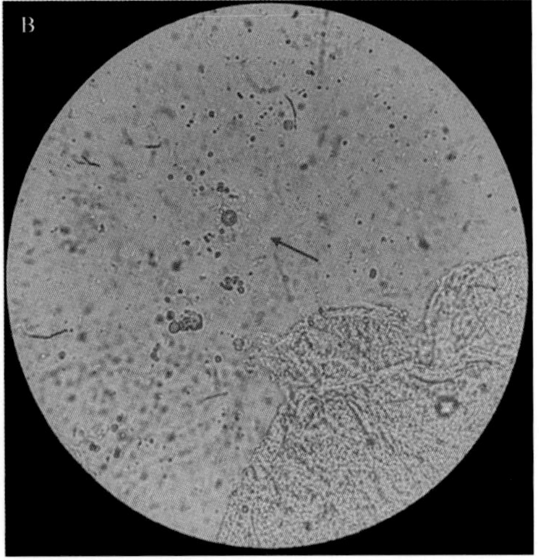

图 8.3.1　虎斑乌贼红色卵及未知产红色素微生物的形态

A. 虎斑乌贼卵，其中部分卵表着生红色斑块（黑色箭头所示）；B. 卵壳红色斑块中发现有大量杆状或螺旋杆状微生物（如图中红色箭头所示）；400 倍

（资料来源：江茂旺提供，2019）

回顾上述两批红卵的孵化过程，受精卵放入孵化池孵化，正常换水（日换水量 30%），水温 26℃，孵化 5~7 d 后，少部分受精卵呈红色，但再经过 24 h 后大批量卵出现类似的红卵症。养殖场管理人员采取了大量换水的措施，但是胚胎已发育成形，在接下来的 3~5 d 卵壳变薄，轻轻触碰卵膜破裂（图 8.3.2-A），同时大量幼体伴有卵黄流出。正常初孵化幼乌贼出膜期一般持续 6~15 d，而当卵膜表面出现产红色素微生物后，在 3~5 d 后导致卵膜受损破裂（图 8.3.2-B）。

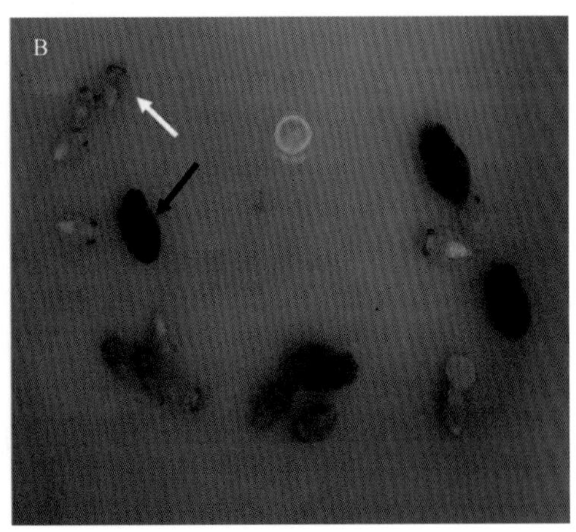

图 8.3.2　受影响的乌贼卵的形态及其孵化后的幼体

A. 受影响的乌贼卵过早破裂（白色三角所示），导致幼体提前卵裂出壳；B. 同时期卵比较：红色卵中孵化的胚胎因卵壳过早腐败而提前出卵，其幼乌贼（白色箭头）体型明显小于正常孵化出卵的幼乌贼（黑色箭头）

（资料来源：江茂旺提供，2019）

二、疾病的防治方法与措施

鉴于第三批和第四批受精卵出现感染的情况，养殖场管理人员对之后第五批的受精卵采取的措施是打包袋悬浮 20 min 温度恒定后，将打包袋中的受精卵倒在预先准备好的大桶中，再转移至孵化池。通过除去打包袋中水体能够减少感染的发生，在孵化后期仅有少量的受精卵出现红色，情况明显好于第 3~4 批。

乌贼卵的孵化率可能受卵壳微生物的影响。虎斑乌贼卵在适宜的条件下孵化时间一般为 3~4 周，其孵化峰值为 20~24 d（谢晓晖等，2012）。在这一相对较长的孵化时期内，水体环境中的理化条件及腐生微生物的定植可能会直接影响卵的最终孵化率。健康的虎斑乌贼卵一般呈现半透明的白色，某些腐生微生物定植后可能会导致虎斑乌贼卵膜腐烂。针对上述红卵症的情况，初步的预防措施总结如下：如初步判定该产红色素微生物主要为外来受精卵或水体携带，可采取除去打包袋中水并多次过清水，可减少产红色素微生物感染卵膜（依据第四批发生，第五批换水后仅在后期出现少量变红）；如发现弧菌感染及时大量换水并降低水温可能可以缓解。

本章小结

虎斑乌贼（*Sepia pharaonis*）属软体动物，与其他无脊椎动物一样，缺乏特异性免疫（后天免疫）防御机制，所以无法对入侵过的病原产生免疫记忆。因此，虎斑乌贼只能依赖非特异性免疫（先天免疫）系统应对各类病原的入侵（Ford，1992）。在乌贼的非特异性免疫防御机制中，皮肤是其第一道防御。乌贼皮肤中有数量较多的分泌细胞，能分秘大量保护性黏液，但同时，其皮肤缺乏角质层，而且表皮层较薄（Lee et al.，2014），所以在与养殖设施接触过程中容易引起皮肤损伤，并有可能引起病原（某些致病性纤毛虫、弧菌等）的继生感染。因此，虎斑乌贼的养殖系统设置需充分考虑乌贼的生活习性，预留足够的空间，减少擦伤或彼此缠斗而引起的损伤。此外，乌贼卵的孵化周期相对较长，受精卵容易受外源性腐生微生物的影响。因此，在养殖操作过程中应加强生物安保意识，注意养殖用水的严格处理，降低外源性病原进入孵化及养殖系统的风险。

第九章　虎斑乌贼育苗的饵料及培养

虎斑乌贼育苗的成功与否，关键因子之一是活饵的供应与质量，根据作者近年的研究与实践证明，虎斑乌贼人工育苗理想的系列饵料组成是：初孵乌贼（胴长 0.7~1 cm）~3 日龄乌贼（胴长 0.8~1.1 cm），投喂强化（三角褐指藻、微绿球藻等）的卤虫拟成虫幼体（体长 3~6 mm）；3 日龄乌贼（胴长 0.8~1.1 cm）~30 日龄乌贼（胴长 2.0~2.5 cm），投喂活糠虾（5~15 mm）；30 日龄以上乌贼（胴长≥2.5 cm），驯化投喂冰鲜小鱼虾。所以本章主要介绍糠虾的培养与收集、卤虫的强化与培养等技术。

第一节　糠虾的培养与收集

作为虎斑乌贼活饵的糠虾（mysis）属于节肢动物门（Arthropoda）、甲壳纲（Crustacea）、软甲亚纲（Malacostraca）、糠虾目（Mysidacea）、糠虾亚目（Mysida）、糠虾科（Mysidae）。我国比较常见的糠虾包括新糠虾属（*Neomysis*）的黑褐新糠虾（*Neomysis awatschensis*）、日本新糠虾（*N. joponica*）和超刺糠虾属（*Hyperacanthomysis*）的长额超刺糠虾（*H. longirostris*）等。

用作饵料常见糠虾检索表

1 第 2 触角鳞片顶端圆，尾节长三角形，末端窄 ……………………………………… 长额超刺糠虾 *Hyperacanthomysis longirostris*（Ii，1936）

1 第 2 触角鳞片顶端尖 …………………………………………………………………… 2

2 额板三角形。尾节末端甚宽，端宽约为基宽的 1/5，侧缘刺数目较少，具 16~22 个 ……………………………………… 黑褐新糠虾 *Neomysis awatschensis*（Brandt，1951）

2 额板呈半圆形。尾节末端很窄，端宽约为基宽的 1/8，侧缘刺数目较多，具 21~35 个 ……………………………………… 日本新糠虾 *Neomysis japonica* Nakazawa，1910

糠虾外形近似于十足目虾类和磷虾目磷虾，糠虾可明显分头胸部和腹部，头胸部由头节和胸节愈和而成，头胸甲较短、发达，向后延长，被甲覆盖大部分胸节，通常末两个胸节还露在被甲外，被甲后端有一向前的凹陷，成三角形。胸肢 8 对，双肢型，外肢发达，末端具羽状刚毛，具很强的游泳能力。成熟的雌性胸肢基部内侧还有一特殊构造，称为复卵板，构成育卵囊（也称育室）。腹部分 6 节，第 6 腹节较长，腹肢 5 对，扁平而不分节，已失去游泳能力。雄性第 3、第 4 对外肢较长，称为副交接器（图 9.1.1）。糠虾体色青灰色或透明，体长为 3~183 mm，一般近海种类体长较短，深海种类体长较长，甲壳薄而柔软，几乎不含几丁质，体表一般光滑，无明显的突起或刺，糠虾活动能力很强，会不停地游动。适合投喂虎斑乌贼的糠虾体长最好是 3~15 mm，体色透明。

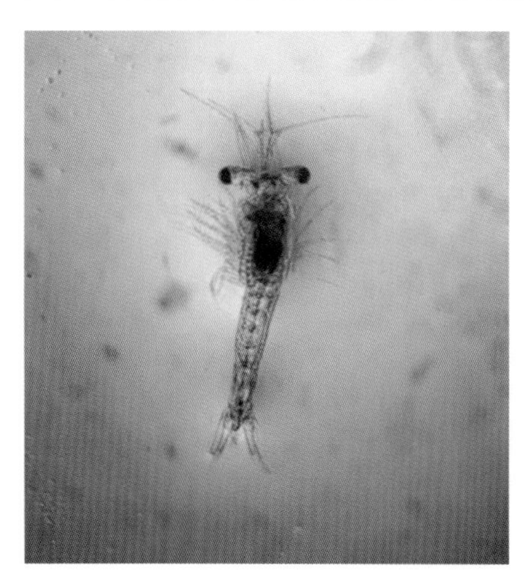
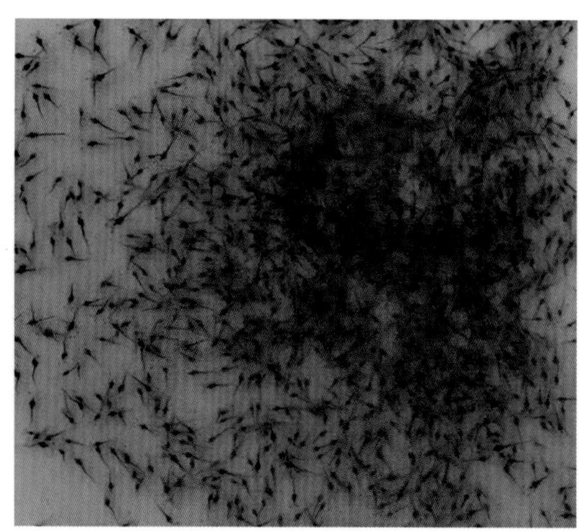

图 9.1.1 糠虾的形态
（资料来源：江茂旺提供，2019）

中国的糠虾主要分布于中国黄海与东海，喜生活在近岸咸淡水浅水区，水深 10～50 cm 的水草丛中较多，特别是近岸的沟渠、浅湾、养殖塘或沟洼中，极少数种类生活于淡水湖泊或河流中。对盐度的适应范围较广，从 5～33 的半咸水和咸水均有分布，最适盐度范围 8～20，一般适温范围-2～30℃，最适温度 15～22℃，所以在有淡水流入的半咸水海域分布较多。糠虾大多数种类属于杂食性类型，也有少数为肉食性种类，糠虾既可滤食单细胞藻类以及原生动物、轮虫、枝角类幼体、桡足类幼体等，还能摄食腐殖质以及底部的有机碎屑，有时还能吃海草，糠虾摄食的饵料大小以 10～50 μm 为宜。

糠虾营养价值很高，蛋白质含量约占其身体干重的 70%，脂肪约占 15%，并且含有大量的不饱和脂肪酸和多种微量元素，是多种经济水产动物（虎斑乌贼、大黄鱼、石斑鱼、东方鲀、真鲷、海马、河蟹大眼幼体）苗种的优质活饵料。特别是虎斑乌贼育苗，因为虎斑乌贼属于直接发育，受精卵一孵化就是小乌贼，初孵乌贼（胴长 0.6～0.8 cm）能直接摄食卤虫幼体，2～3 日龄～胴长 2.5 cm 乌贼均能摄食活糠虾，且效果非常佳。活糠虾不但小乌贼非常喜欢摄食，生长迅速，而且培育水质不易污染，乌贼育苗育成率可达 70% 以上，所以糠虾是虎斑乌贼育苗的必备饵料。

目前糠虾的来源有两种办法：其一，在糠虾资源较多的区域，可直接捞取收集天然糠虾，用作饵料；其二，在糠虾资源量不足的地区，采用人工培养（室外培养或室内培养）的方法，获取足够数量的活糠虾。

一、天然糠虾资源捕捞与收集

糠虾由于具有广盐性分布特征（盐度范围 8～33，适温范围 5～30℃），在我国近岸咸水和半咸水水域广泛分布，尤其在近岸半咸水的浅水区更为常见，在海岸线近岸水流平缓的沟渠、浅湾或沟洼中极易发现，每年早春至初夏，浙江一般 3—5 月，检视半咸水的河沟或换水较少的土塘，尤其是 10～100 cm 的浅水，在边缘用抄网捞取或巡视，若发现有糠虾游来游去，就能寻找到高密度糠虾，以供捕捞使用。

1. 糠虾捞取工具的制作

天然糠虾的捞取关键是选择和制作网具，糠虾的捞网有多种形式，常见的包括三角形糠虾捞网、T形糠虾捞网等。各种类型的捞网的选用，可根据个人体力状况、水面开阔程度、河道沟渠宽窄等的不同因地制宜，选取不同尺寸和形式的捞网。

三角形糠虾捞网：选取两根较长的竹竿或坚硬平滑的木棍，以2.5 m左右为宜，其中一端用尼龙绳或铁丝固定，另一端固定球形浮筏以防收集糠虾时触底陷入泥中。两根竹竿近固定端，再用较短的木棍或竹竿再次固定其两竿之间的张角，防止其过度移动影响持握。框架中间处加网衣，孔径要在能捕获糠虾的基础上尽量选择较大的网孔，以便推网时减少水的阻力，鉴于糠虾的体长为3～15 mm，因此网孔以30～40目为宜，即可获取大多数糠虾个体，网衣后端可置1～2 m网兜，后部开口，捞取时结扎，收集完糠虾之后，将后部打开，将收集的糠虾从后部放出（图9.1.2）。

图9.1.2　三角形糠虾捞网
（资料来源：蒋霞敏提供，2019）

T形糠虾捞网：选取一长一短两根竹竿或木棍，长者约2.5 m，短者约1.2 m，将短竹竿中间点与长竹竿一端固定结实，利用短竹竿两端与长竹竿中间位置附近某点，将网衣固定在此三点上。短竹竿两端固定球形浮筏以防收集糠虾时触底陷入泥中。网衣孔径与上同，后端可置网兜，后部开口，捞取时结扎，收集完糠虾之后，将后部打开，将收集的糠虾从后部放出（图9.1.3）。

图9.1.3　T形糠虾捞网
（资料来源：蒋霞敏提供，2019）

2. 糠虾的捕捞和收集

捕捞：由于糠虾具有一定的趋光性，强光时会避光伏地，弱光时会趋光，浮至水表面，所以糠虾捕捞操作以清晨和傍晚、日光较弱的时候进行为宜。找到糠虾种群密度较大的水域，由专门人员轻推自制的糠虾捞网，捕捞糠虾。由于3—4月水温较低，操作人员需穿专门的水裤以保证健康。捕捞尽量在池边进行，因为带有水草的池滩边糠虾较多，推网要平稳，不要碰底（图9.1.4）。一网数量不易太多，一般以1~2 kg为宜，太多易造成挤压或缺氧致死，待捞网上布满糠虾时，需立即停止捕捞。

图9.1.4 天然糠虾的捕捞
（资料来源：蒋霞敏提供，2019）

收集：将捕获在网上的糠虾尽快收集，转移至携带的运输桶中，收集的方法见图9.1.5。采用拍打捞网外面的方法，带水将捞网上的糠虾都赶到后端的网兜里，然后尽快解开长袋扎口的绳子，用小塑料桶带水收集网兜长袋里的糠虾，迅速转移至充气的运输桶中。一网收集完成后，尽快将网兜后部绳子扎紧，继续捕捞，一般3~4网就需运输1次，否则收集的糠虾在运输桶中会因为太密或时间太久而缺氧、大量死亡。如果水域较深，可选择天色较暗时，采用灯诱方法，用手电筒或挂一盏太阳灯在水边照射，将糠虾大量诱集至水边，用手抄网进行收集。

图9.1.5 天然糠虾的收集
（资料来源：蒋霞敏提供，2019）

3. 糠虾的运输和暂养

糠虾采用大桶（0.5~1 m^3）或白塑料桶（50 L）带水充气运输，运输车出发前先在育苗场用水泵将装运桶灌水 1/2（沙滤水），以免就地取水不便或不干净。糠虾运输密度根据运输时间长短和气温高低做调整，如果运输时间≤2 h，气温低于 25℃，一般大桶（1 m^3）可装糠虾 5～10 kg/桶，白塑料桶（50 L）可装 0.5～1 kg/桶；如果运输时间≥2 h，气温高于 25℃，糠虾运输密度尽量减少，一般大桶（1 m^3）装 3～6 kg/桶，白塑料桶（50 L）装 0.3～0.5 kg/桶，否则容易引起缺氧死亡。在捞取装桶的过程中，要连续充气，气量尽量大，大桶（1 m^3）每桶装 2～3 个气头；白塑料桶（50 L）每桶 1 个气头，水位尽量保持一致。连续捞取时，尽量加速装运，尽快将糠虾运输至目的地（图 9.1.6）。

图 9.1.6　糠虾的运输

（资料来源：蒋霞敏提供，2019）

到达育苗场后，将糠虾从运输桶中快速转移至暂养池，简便的操作方法是：将大桶中的水和糠虾直接倒出，用 40～60 目手抄网收集糠虾，滤去外塘水，快速将手抄网中的糠虾倒入盛干净水的小塑料桶，或直接用手抄网转移至水泥池中暂养（图 9.1.7）。暂养池面积 20～50 m^2，充气，暂养水位 80～150 cm，糠虾暂养密度以 0.25～0.5 kg/m^3 为宜。在暂养过程中，适量投入单细胞藻液（小球藻 *Chlorella pyenoidosa*、微绿球藻 *Nannochloropsis oculata*、小新月菱形藻 *Nitzschia closterium* f. *minutissima*、牟氏角毛藻 *Chaetoceros müelleri* 等）或代用饵料（虾片等），防止因饥饿引发糠虾的淘汰、死亡。在培养过程中，保持水温 15～

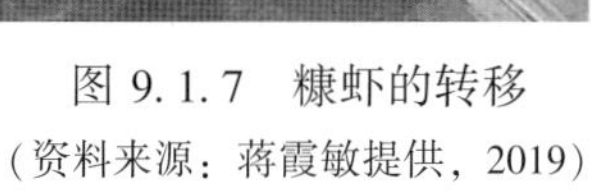

图 9.1.7　糠虾的转移

（资料来源：蒋霞敏提供，2019）

25℃，盐度在15~30，如有可能，尽量保持池水盐度与糠虾产地水域的盐度保持一致。

二、糠虾的室外培养

1. 室外培养塘的选建与清整

池塘条件选址以靠近海边与淡水河流交汇的地方为好，盐度较低（5~25），水源充足，水质良好，面积0.2~2 hm^2，水深≥1.0 m为宜，池塘底部四周最好有宽2~3 m平梗（高于池底0.5 m），便于捕捞糠虾，池底以软泥或混以少量细沙为好，不渗水。进、排水方便，进、排水口要设拦网（40~60目），防止敌害进入。最好根据池塘大小配置1~2台水车式增氧机。

2. 清池消毒

在放养糠虾种苗前要进行培养塘清整、消毒等工作。对培养塘清整、排水、曝晒5~7 d后，进满水，一般采用带水用药物清池，放水50 cm，用2.5%鱼藤精、漂白粉或生石灰清池，2.5%鱼藤精用量为15 kg/hm^2，漂白粉用量为60~100 g/m^3，生石灰用量为3 750~4 500 kg/hm^2。鱼类是糠虾培养的主要敌害，特别是虾虎鱼等，应彻底杀灭，否则会导致人工培养糠虾失败。

3. 水质培育

清池后，待药效过后，一般3 d后即可进行水质培育。可施复合肥或无机肥，无机肥具体操作方法：尿素150~225 kg/hm^2，磷酸二氢钾15~30 kg/hm^2。复合肥施肥种类现在五花八门，有益藻素、育藻王、氨基肽肥、快肥精英等，可按说明书进行。

施肥后当天在培养池接种糠虾喜食的牟氏角毛藻、小球藻、微绿球藻等单细胞藻类，培养池接种量为：牟氏角毛藻（密度≥600×10^4 cell/mL）3~5 t/hm^2，小球藻（密度≥1 000×10^4 cell/mL）4.5~7.5 t/hm^2。3~6 d后适当追肥，按照第一次量的1/2投放。

4. 糠虾引种入池

用于接种的糠虾可以捕自邻近水域，或向有关单位购买。引种时间：一般在1—4月和9—10月进行采捕，这期间正值春、秋两个生殖群体的繁殖季节，密度大，数量集中，可大量采捕。引种方法：采捕后，将其直接接种到已清池、施肥后的培养池中。接种时可分批、分次接入。糠虾采用尼龙袋充氧运输或大桶充气运输。糠虾接种量为150~225 kg/hm^2。糠虾投放选择阴天或早晚进行，投放点宜选择上风口处。引种投放前一天最好在培养塘放一网箱（40~60目），放少量糠虾试养，观察糠虾的适应性，隔12 h计存活数。接种1 d后沿着培养池四周巡视，或选择晚上用手电筒照射检查接种的效果（由于糠虾具有显著的趋光性）。

5. 饵料与投喂

接种3 d后开始投喂饵料，投喂时间选择在每天早上6：00~6：30（1次/天），沿着池边投喂泼洒。投喂饵料可采用豆浆、豆饼粉和南美白对虾配合饲料等，豆浆投喂量开始为45~50 kg/hm^2，日增加7~11 kg/hm^2（最大投饵量150 kg/hm^2），全池泼撒；豆饼粉和南美白对虾配合饲料投喂量开始为15~18 kg/hm^2，以后每天增加3~5 kg/hm^2（最大投饵量 45 kg/hm^2)，豆饼粉、南美白对虾配合饲料投喂前，先浸泡 0.5~1 h，后使用 80 目的筛绢网搓洗投喂。

6. 日常管理

观察：接种 1 d 后沿培养池边巡视，或在夜晚用手电筒照射，糠虾有明显的趋光习性，遇光即趋光集群，所以检查接种是否有效，只要在池边用手电筒一照射，就可估计数量的多寡。

换水：春夏季水温升高较快，池水浅、蒸发快、盐度变化大。所以每隔 3~5 d，中午前后适当加深水位或注入淡水，保持偏低的盐度，以维持盐度 5~26 为好，水温应控制在 15~25℃为好。夏季水温高，不适于糠虾繁殖，更不利于高密度培养，应加深水位，降低水温。水温超过 25℃，往往会影响到糠虾的繁殖和高密度养殖，所以应该加深水位，有条件可一角搭遮阳网棚，以降低水温。晚上定期巡塘，观察糠虾的群体数量及生长情况。

7. 采收与半持续培养

目前用于虎斑乌贼饵料培养的糠虾种类一般个体较小，初孵的幼体体长为 2~3 mm，成体体长为 5~15 mm。经过 20~25 d 培养，池塘中糠虾最大体长达 15 mm 左右，密度达 10~20 ind/L，就可以根据需求进行采收；采收方法是采用特制捞网（20~40 目的筛绢网），人工下水沿着塘边进行捕捞，方法同天然糠虾资源捕捞与收集，或利用糠虾的趋光性，晚上灯诱和手抄网结合进行捕捞。为了达到可持续培养，满足生产中对糠虾稳定、持续的需求，采收量不宜过大，每亩每天或隔天采收 3~10 kg，可连续采达 3 个月以上。

三、糠虾的室内水泥池培养

1. 培养容器与消毒

一般利用现有的藻类和轮虫培养设备和设施。室内屋顶玻璃钢瓦或尼龙薄膜，培养容器：小型培养用 50~200 L 塑料桶等，中继培养用 1~10 m^{2}的水泥池，大量培养用 10~50 m^2 的水泥池，充气头按每平方米 1 个来布局（图 9.1.8），所用工具容器采用高锰酸钾（5~10 g/m^3）或漂白粉（100~300 g/m^3）消毒。

图 9.1.8 糠虾室内培养池

（资料来源：蒋霞敏提供，2019）

2. 培育水质

小型培养：培养用水为漂白粉（100 g/m^3）消毒 12 h 且硫代硫酸钠（30~60 g/m^3）去氯 2 h 的海水，放水 3/4，加宁波大学培藻 3 号母液（表 9.1.1），用量为 1 mL/L，接种小球藻、微绿球藻等，接种密度 $50×10^4$~$100×10^4$ cell/L。

中继培养：培养用水为漂白粉（100 g/m^3）消毒 12 h 且硫代硫酸钠（30~60 g/m^3）去氯 2 h 的海水，放水 2/3，加宁波大学培藻 3 号母液，用量为 0.5 L/m^3，接种小球藻、微绿球藻等，接种密度 $30×10^4$~$50×10^4$ cell/L。

大量培养：培养用水采用过滤海水，进水时可用 100~150 目的筛绢包扎住阀门；加宁波大学培藻 3 号母液，用量为 0.2~0.5 L/m^3，接种小球藻、微绿球藻等，接种密度 $30×10^4$~$50×10^4$ cell/L。

表 9.1.1　宁波大学培藻 3 号母液配方

药物名称	用量	药物名称	用量
硝酸钾	100 g	EDTA-Na	10 g
磷酸二氢钾	10 g	维生素 B_2	6 mg
硫酸亚铁	2.5 g	维生素 B_{12}	50 μg
硫酸锰	0.25 g	蒸馏水	1 000 mL

3. 接种

天气晴朗培水接藻 1~2 d 后，可接种糠虾，密度一般以 100~500 ind/L 为宜，培养过程中随着糠虾个体数量逐渐增加，达到一定密度后再扩种或分池。

4. 管理

投饵：糠虾属杂食性，喜食比它小的浮游动物、浮游植物和有机碎屑。接种后第 1~2 天可以不投饵，以后每天上午加藻，藻液密度按培养方式和糠虾密度进行调整，大量培养一般每日打 1~2 t，小型培养用和中继培养用一般看水色，小新月菱形藻、牟氏角毛藻以淡褐色，小球藻、微绿球藻以淡绿色为宜（图 9.1.9），如果藻液供不应求，可加投鱼粉、豆饼粉、虾片、白面粉等代用饵料，投喂量占糠虾总体重的 5%~10%，上、下午各投日总量的 1/2，代用饵料投喂前，均先浸泡 0.5~1 h，后使用 80 目的筛绢网搓洗投喂。

图 9.1.9　糠虾培养的饵料投喂

（资料来源：蒋霞敏提供，2019）

换水：为了保持良好的水质，培养用水必须新鲜。培养用水须先沉淀后再沙滤，培养后每隔 1~2 d 换水 1 次，换水量为 1/3~1/2，进水时可用 100~150 目的筛绢包扎住进水口缓慢进水。培养糠虾最适的水温是 15~25℃，室内温度高，水温易上升难控制，培养糠虾时尽量加高水位。

观察：主要观察糠虾的胃饱情况、生长、密度等。胃饱情况：主要观察肠胃是否充满黑褐色或藻颜色，如果有颜色且充满就表示健康活泼；生长：主要观察幼体是否增加，如果有大量幼体出现，就表示生长良好；生长密度：观察糠虾密度增加是否迅速，一般接种后 6~15 d 就可收获。

充气：室内培育糠虾，特别是高密度培养，均需充气，气量控制以连续微翻腾充气为佳，碰到阴雨天或气压较低时必须加大充气量。

5. 采收

目前室内培养糠虾收获时，一般采用抄网捞取或直接放水采收。

抄网捞取：培养密度较高时，可以直接用抄网捞取，具体操作办法是在池边放一盛水的容器，用 40~60 目的抄网沿着池边捞取，为了加快收集速度可在晚上进行，在池边挂一盏太阳灯，诱集一定密度后再用上述方法收集（图 9. 1. 10）。

图 9. 1. 10　室内糠虾采收

（资料来源：蒋霞敏提供，2019）

直接放水采收：目前室内培养糠虾收获时，一般用 40~60 目的筛绢网箱，直接在排水阀门口处滤水收集。具体的操作是一边缓慢排水，一边用网勺迅速捞起，收集起来的糠虾暂养在充气容器中，或立即投饵，否则容易因缺氧而死亡，降低饵料效果。

第二节　卤虫的孵化及强化培养

卤虫（*Artemia salina*）又称盐水丰年虫、丰年虾、卤虾（brine shrimp），是一种世界性分布的小型甲壳类。自从 20 世纪 30 年代 Seale（1933）及 Rollefen（1939）首先使用刚孵化的卤虫无节幼体作为稚鱼的饵料以来，卤虫在水产养殖上的应用范围日趋广泛（成永旭等，2015）。近 30 年来，国内由于水产养殖业快速发展，对优质活饵的需求量大增，促进了卤虫捕捞产业的发展，卤虫卵一度被称为鱼虾育苗期的“奶粉”，市场收购价一路攀升，1992 年，卤虫卵价格已经达到每吨 20 万元，之后还一度飙升至每吨 40～50 万元。因此，卤虫卵也被誉为“金沙子”和“软黄金”。目前卤虫已成为一种重要的生物饵料，其初孵无节幼体已广泛应用于鱼、虾、蟹育苗中，而后期幼体和成虫也是很多水产动物苗种和水族宠物的适口饵料。在虎斑乌贼的人工育苗中，作者已研究证明强化的卤虫拟成虫期幼体是虎斑乌贼较佳的开口饵料。本章重点介绍卤虫的生物学、卤虫的孵化与分离、卤虫的强化与培养。

一、卤虫的的生物学

卤虫属于节肢动物门（Arthropoda）、甲壳纲（Crustacea）、鳃足亚纲（Branchiopoda）、无甲目（Anostraca）、盐水丰年虫科（Branchinectidae）、卤虫属（*Artemia*）。

卤虫为雌雄异体，从 6 月下旬至 11 月下旬都为卤虫的繁殖期。从繁殖习性看，卤虫分两类，一类是孤雌生殖卤虫，另一类是两性生殖卤虫。一般情况下，在春季和夏季行孤雌生殖，平时所见者为雌体，雄性较少看到。在春季和夏季，雌体所产生的卵，为非需精卵，也称夏卵，成熟后不需要受精便可孵化为无节幼体，发育成雌虫。当秋季环境条件改变时，则行有性生殖，此时雄体出现，雌雄交尾产生休眠期，这时产生的卵又称冬卵（或称休眠卵、耐久卵）。在秋冬季节温度下降、盐度降低、溶解氧降低到 2 mg/L 时，均可导致卤虫产生休眠卵，我们在水产养殖中经常使用的卤虫卵就是休眠卵。

卤虫分布甚广，在世界各大陆含有碳酸盐、硫酸盐的盐湖和盐田等高盐水域中均有分布，风和水鸟是卤虫传播的主要媒介。卤虫是广盐性生物，特别能忍耐高盐，甚至能生活在接近饱和的盐水中。幼虫的适应盐度范围为 20～100，成体的适应盐度范围为 10～250，最适盐度为 70～80。卤虫又是广温性生物，能忍受的温度范围为 6～35℃，因产地不同而有所差异，最适生长温度为 25～30℃。

卤虫适合的光照强度为 500～15 000 lx，最适 3 000～10 000 lx。卤虫耐低氧能力很强，可生活于溶解氧 1 mg/L 的水中，也能生活于含饱和氧或 1.5 倍的溶氧过饱和环境中。卤虫生活的天然环境为中性到碱性，pH 值适应范围 7～10，最适 pH 值为 7.5～8.5。卤虫是典型的滤食性生物，只能滤食 50 μm 以下的颗粒，对 5～16 μm 大小的颗粒有较高的摄食率。在天然环境中主要以细菌、微藻、酵母、原生动物和有机碎屑等为食。卤虫喜生活在高盐环境，这使它能逃避大多数可能的捕食者，但它不能逃避水鸟的危害。某些昆虫或其幼虫（如半翅类、甲虫等）也能捕食卤虫。

卤虫成体全长为 0.7～1.5 cm，不具头胸甲，身体分为头、胸、腹三部分。从头部看：头部短小，复眼成对，具柄，单眼在额部正前方。具 5 对附肢。第一触角细长，不分节；第二触角雌雄构造不同，雌性很短，基部稍稍扩大，雄性变为执握器官。胸部：具胸节 11 节，通常有 11 对扁平的叶足型附肢，少数有 17～19 对，具有呼吸和运动功能。腹部：无附肢，分为 8～9 节，最前两节为生殖节，雌性在腹部第一节有生殖孔。尾节有两个小叶状分叉，小叶不分节，顶端列生若干刚毛。

卤虫的受精卵发育过程中历经受精卵、伞期、无节幼体期、后无节幼体期、拟成虫幼体期和成虫期等阶段（图 9.2.1）。

受精卵：也称冬卵（图 9.2.1-A），是两性生殖的卤虫卵，其壳坚硬，可以干品储存。

其卵径比孤雌生殖的卵径小。一般两性生殖卤虫的干燥卵径的平均值波动在 207. 8～260. 0 μm，水合 4 h 后的平均卵径波动在 235. 8～284. 6 μm，去壳卵的卵径为 252. 1～267. 3 μm（任慕莲等，1996）。

伞期：在水温 25～28℃，孵化 15～20 h 后，卵的外壳及外表皮破裂，胚胎的末端和外壳相连，胚胎慢慢拉长，悬挂在壳的外面水中，体长一般为 200～300 μm。此时即将发育成无节幼体的胚胎被一层孵化膜包围，之后胚胎完全离开外壳，吊挂在卵壳的下方，有时仍有部分孵化膜与卵壳连在一起。

无节幼体期：在水温 25～28℃，孵化 24～36 h 成Ⅰ龄无节幼体（instar Ⅰ，也称初孵无节幼体）（图 9. 2. 1-C），体长一般为 0. 4～0. 5 mm。Ⅰ龄无节幼体体内充满卵黄，颜色为橘红色。有三对附肢。第一触角有感觉功能，第二触角有运动及滤食功能，一对大颚有摄食功能。在头部有一单眼。初孵无节幼体的口及肛门尚未打通，因此无法摄食，靠消化自身贮存的卵黄维持新陈代谢。

后无节幼体期：Ⅰ龄无节幼体在适宜的温度条件下，一般在 12 h 后可蜕皮一次，发育成Ⅱ龄无节幼体（instar Ⅱ）（图 9. 2. 1-D），体长一般为 0. 6～1. 0 mm。此时进入后无节幼体阶段。Ⅱ龄无节幼体的消化道已经打通，开始外源性营养，由第二触角的运动摄取 1～20 μm 的颗粒。在后无节幼体阶段，身体逐渐延长，后部出现不明显分节，且每蜕皮一次，体节增加。

拟成虫幼体期：无节幼体在第 4 次蜕皮后，变态成拟成虫幼体（图 9. 2. 1-E）。拟成虫幼体期体长增加明显，已形成不具附肢的后体节，同时在头部出现复眼。幼体在第 10 次蜕皮后，形态上变化明显，触角失去运动能力，第二触角前端朝向后方。体长 2 mm 左右时，雌雄开始分化，在生殖体节上可看到外部生殖器的原基。雄虫第二触角变成斧状的抱器，而雌体的第二触角则退化成感觉器官。胸肢也分化成机能不同的端肢节、内肢节和外肢节三部分。

成虫期：初孵无节幼体经 12～15 次蜕皮后，变态成成虫（图 9. 2. 1-F）。性成熟的成虫，在每一次繁殖后，下一次繁殖前，均需蜕皮一次。繁殖出的后代因环境条件的不同，可以是无节幼体，也可以是夏卵或冬卵。

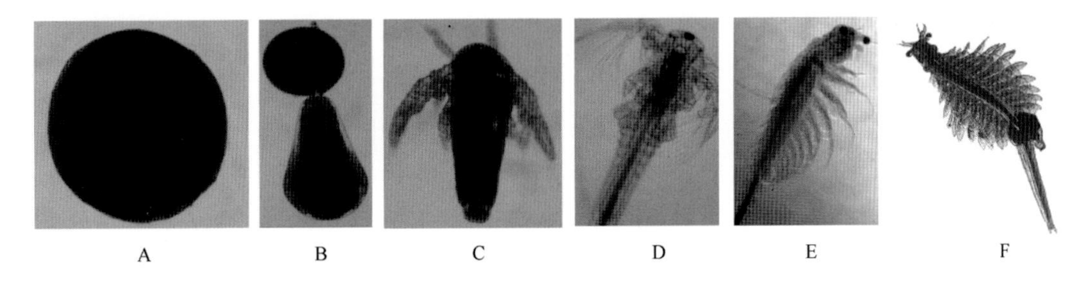

图 9. 2. 1　卤虫的发育过程

A：受精卵；B：伞期；C：无节幼体；D：后无节幼体；E：拟成虫幼体；F：成虫

（资料来源：蒋霞敏提供，2019）

二、卤虫卵的孵化与分离

水产动物（虾、蟹等）育苗应用的大都是卤虫的无节幼体，所以受精卵就需要进行孵化。而卤虫卵的孵化流程一般包括：消毒、孵化、日常管理、采收和分离。

1. 消毒

消毒包括 3 部分，即孵化容器消毒、卤虫卵消毒和用水处理消毒。

孵化容器消毒：卤虫卵的孵化容器常用的有玻璃钢桶、塑料桶、水泥池等（图 9.2.2），一般采用 5 mL/L 甲醛浸泡 5~10 min，过滤海水冲净，或 100~200 g/m^3漂白粉浸泡 30 min，后用过滤海水冲净。

图 9.2.2　卤虫卵的孵化容器
（资料来源：蒋霞敏提供，2019）

卤虫卵消毒：为了防止卤虫卵壳表面黏附的细菌、纤毛虫以及其他有害生物在卤虫孵化过程中恢复生长、繁殖，并在投喂时随卤虫无节幼体进入育苗池危害苗种，必须对浸泡后的卤虫卵进行消毒。卤虫卵消毒的具体操作办法是先将卤虫卵从冷库取出，装在 120 目的筛绢网（图 9.2.3）中，用自然海水浸泡约 1 h，用 200 mg/L 的有效氯或 20 mL/L 次氯酸钠（10%~15%）浸泡 5~30 min，或用 0.2%的甲醛溶液浸泡 5 min，再用海水冲洗至无色无味。

图 9.2.3　卤虫卵消毒
（资料来源：蒋霞敏提供，2019）

用水处理消毒：卤虫卵的孵化用水不是太严格，但为提高孵化率必须经暗沉淀 12 h 以上，再经沙滤、用 200 目过滤。

2. 孵化

把消毒好的卤虫卵放入孵化容器，控制各孵化参数。卤虫卵的孵化密度一般控制在

0.5~1 kg/m³，孵化条件：最适盐度范围为 28~30，温度范围为 25~30℃，光照范围为 3 000~10 000 lx，充气气头布设办法为每平方米 1 个。

3. 日常管理

为了取得较好的孵化效果，必须控温、控光、控气及观察受精卵发育情况。特别要经常检查温度，因为一般育苗厂家孵化池面积较小，目前加热设备均使用电热棒或蒸汽管，温度变化较大，要随时检查，以防温度过高烫死卤虫卵，影响孵化率；其次孵化经过 16~20 h 后要随时取孵化池中的胚胎进行检查，确定发育期和采收的时间。

4. 采收

当绝大多数可孵化的虫卵已孵出无节幼体后，应及时将无节幼体分离采收。过早的分离采收会影响卤虫卵的孵化率，过迟则会影响卤虫幼体的营养价值和活力。无节幼体在孵化后 24 h 内即会进行蜕皮生长，而蜕皮使初孵无节幼体的单个干重、热量值和类脂物含量分别会下降 20%、27%和 27%左右。同时，随时间的推移，无节幼体逐渐长大，游泳速度也增快，在无食物的情况下体色逐渐由橘红色变为苍白色。

采收的具体操作：采用静置和光诱相结合的方法。为了避免无节幼体趋光上浮导致幼体和壳难以分离，一般先停气，在孵化容器顶端蒙上黑布或黑色塑料布，遮光，暗沉淀 30 min 左右，在黑暗静止的水环境中，沙石等杂质和未孵化的卵因为质量重最先沉入容器的锥形底端，而卵壳因为轻则漂浮在水体表层。初孵无节幼体因运动能力弱，在黑暗中因重力作用大多聚集在水体的中下层。这样缓慢打开孵化容器底端的出水阀门，将最先流出的未孵化卵和杂质排掉，等有红色无节幼体出现，立即在出水口阀门上套扎 120 目的筛绢网袋，收集无节幼体。当容器中液面降到锥形底部，取走筛绢网袋，将卵壳排掉（图 9.2.4）。

图 9.2.4　收集卤虫无节幼体
（资料来源：蒋霞敏提供，2019）

5. 分离

分离的目的就是将无节幼体和空壳彻底分离干净，避免在投喂时将卵壳表面黏附的细菌、纤毛虫以及其他有害生物带入育苗池危害苗种。具体操作方法：将筛绢袋中的无节幼体转移到装有干净海水的玻璃水槽中，利用无节幼体的趋光性，进一步做光诱分离，得到较为纯净的卤虫无节幼体。也可以采取低温法，在塑料桶内加些冷水，桶口蒙上黑色塑料布，遮光，暗沉淀 30 min 左右，这样做可使幼体下沉，卵壳上浮，然后缓缓将浮至表面的卵壳倒去，反复多次，就可更好地分离出卵壳。

三、卤虫的强化与培养

近年来随着对乌贼、海马等海洋经济动物繁育研究的开展，发现影响育苗成败的关键因子是大规模适口动物性活饵料的提供。而初孵卤虫无节幼体、轮虫、桡足类等达不到适口性。因此，将卤虫无节幼体培育至适合幼苗摄食的规格，能够对规模化经济动物繁育的活饵料的供给起到保障作用。作者发现卤虫的无节幼体和野生成体蛋白质含量丰富，氨基酸结果比较合理，但一般缺乏长链多不饱和脂肪酸 C20：5 n-3（EPA）和 C22：6 n-3（DHA），如 EPA 含量很低，DHA 含量甚微，而这些脂肪酸恰恰是海洋动物必不可缺少的脂肪酸。Sakamoto 等和黄旭雄等研究发现，通过海洋中一些富含长链多不饱和脂肪酸的微藻短期强化卤虫，可使其多不饱和脂肪酸的含量有一定的提高。

1. 卤虫的强化效果研究

作者选取了几种常见、容易培养的饵料，采用单因子试验研究了不同饵料对卤虫生长、总脂含量及脂肪酸组成和一种微藻培养下对其不同生长阶段卤虫总脂、脂肪酸组成的影响，并分析了不同体长卤虫体内总脂含量和脂肪酸组成的变化，以期提高养殖卤虫的营养价值。

对卤虫初孵无节幼体投喂 A（小球藻组 *Chlorella* sp.）、B（微绿球藻组 *Nannochloropsis culata*）、C（三角褐指藻组 *Phaeodactylum tricornutum*）、D［混合藻组（小球藻+微绿球藻+三角褐指藻 *Chlorella* sp, *Nannochloropsis culata* + *Phaeodactylum tricornutum*）］、E（酵母组 Yeast）、F（小球藻+酵母组 *Chlorella* sp. + Yeast）、G（微绿球藻+酵母组 *Nannochloropsis culata* + Yeast）、H（三角褐指藻+酵母组 *Phaeodactylum tricornutum* + Yeast）8 个梯度，各设 3 个平行组，每个平行组卤虫的接种密度为 200 ind/L，置于 54 cm×41 cm×32 cm 白色塑料箱内（50 L），隔天 50%换水，实验过程采取微充气。饵料的投喂量为：酵母 $3.5\times10^5 \sim 5.0\times10^4$ cell/mL，三角褐指藻 $1.0\times10^4 \sim 2.0\times10^4$ cell/mL，小球藻类 $2.0\times10^4 \sim 3.0\times10^4$ cell/mL，微绿球藻类 $6.0\times10^4 \sim 8.0\times10^4$ cells/mL，藻类+酵母的量是原来单一量的 1/2，混合藻类是原来单一量的 1/3。每天上午 9：00、下午 16：00 投喂饵料，每隔 3 d 测量其体长。实验为期 23 d，实验期间 pH 值为 7.90～8.10，水温 21～24℃，盐度 26～28，COD 8.80～10.20 mg/L。实验过程中从各组收取约 7 mm 的卤虫，用于测量其总脂和脂肪酸组成。

1）不同饵料种类对卤虫生长的影响

由图 9.2.5 可知，投喂不同饵料对卤虫体长增长的影响显著（$P<0.05$）。实验 15 d 后，体长为 3.732～7.454 mm，以三角褐指藻+酵母组生长最快，酵母组生长最差，小球藻+酵母组与微绿球藻+酵母组无显著差异（$P>0.05$），二者均显著高于单一投喂组和混合组，各组效果以优排序为：三角褐指藻+酵母组≥微绿球藻+酵母组≥小球藻+酵母组>三角褐指藻组≥微绿球藻=混合组>小球藻组>酵母组（$P<0.05$）。

2）不同饵料种类对卤虫体内总脂含量的影响

由图 9.2.6 可知，投喂不同饵料对卤虫体内总脂含量的影响显著（$P<0.05$）。总脂含

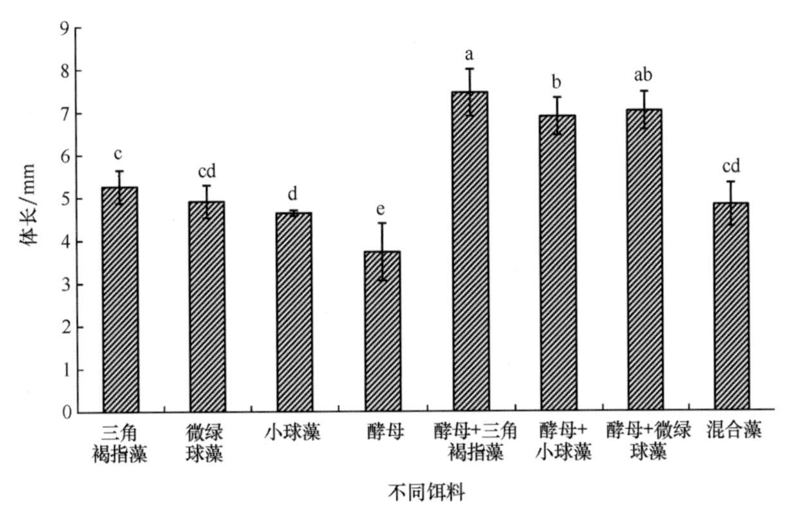

图 9.2.5　不同饵料种类对卤虫体长的影响

同行肩标不同小写字母表示差异显著（$P<0.05$）。下图同

（资料来源：彭瑞冰提供，2013）

量为 12.23%～19.67%，三角褐指藻组最高，为 19.67%，各组总脂含量从高到低排序为：三角褐指藻组>混合组=微绿球藻组=小球藻组=三角褐指藻+酵母组=微绿球藻+酵母组，这 6 组间除三角褐指藻组外，其他各组无显著差异（$P>0.05$），但显著高于小球藻+酵母组和酵母组（$P<0.05$）。

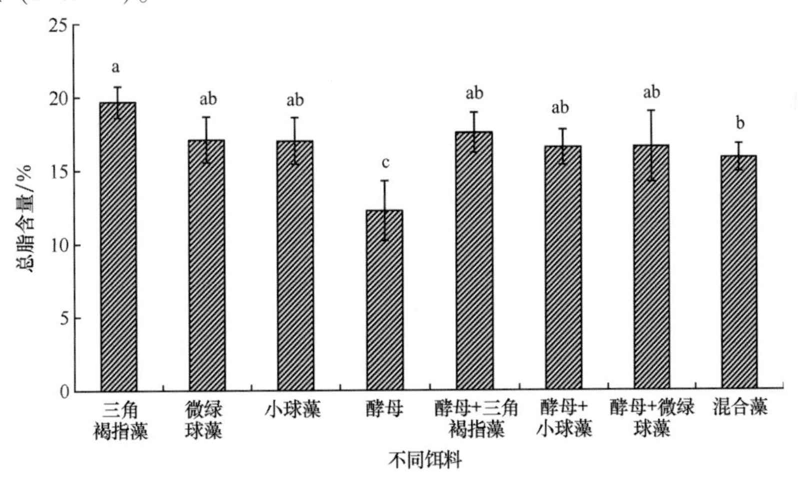

图 9.2.6　不同饵料种类对卤虫总脂含量的影响

（资料来源：彭瑞冰提供，2013）

3）不同饵料种类对卤虫体内脂肪酸组成的影响

在 8 种饵料培养下，检测出卤虫体内含 19 种脂肪酸，包括 7 种饱和脂肪酸（SFA）、4 种单不饱和脂肪酸（MUFA）、8 种多不饱和脂肪酸（PUFA），都是以 C18：1（n-9）含量最高。从表 9.2.1 可知，卤虫体内脂肪酸组成一定程度上受饵料的影响，SFA 含量为

25.24%~36.04%，小球藻组含量最高（36.04%）、酵母组最低（25.24%），藻类为饵料试验组的含量高于藻类+酵母组、酵母组。MUFA含量为27.13%~42.84%，酵母组含量最高（42.84%），小球藻组最低（27.13%），酵母为饵料组明显高于只是以藻类为饵料的组。PUFA为31.87%~36.83%，小球藻组含量最高（36.83%），微绿球藻+酵母组最低（31.87%），各组之间相差不大。（n-3）HUFA含量为7.65%~19.08%，微绿球藻组（19.08%）>三角褐指藻组（17.53%）>混合藻组（15.87%）>三角褐指藻+酵母组（15.73%）>微绿球藻+酵母组（13.57%）>小球藻组（10.13%）>小球藻+酵母组（7.65%）>酵母组（7.64%），不同饵料之间呈现出一定差距。C20：5（n-3）（EPA）含量为：5.92%~18.01%，微绿球藻组（18.01%）>三角褐指藻组（16.41%）>混合藻组（14.79%）>三角褐指藻+酵母组（14.50%）>微绿球藻+酵母组（12.26%）>小球藻组（9.07%）>小球藻+酵母组（6.16%）>酵母组（5.92%），不同饵料之间呈现出一定差距。

表9.2.1　不同饵料种类条件下卤虫的脂肪酸组成（%）

脂肪酸	不同饵料							
	A	B	C	D	E	F	G	H
C14：0	1.15	1.12	1.05	1.11	0.52	0.78	0.66	0.99
C15：0	0.86	0.47	1.16	0.84	1.24	1.14	1.11	0.83
C16：0	15.3	15.91	14.6	15.17	10.11	10.98	10.3	11.71
C16：1 n-9	8.04	13.09	14.32	12.12	12.56	11.21	12.84	14.18
C17：0	2.11	2.16	1.50	1.92	1.56	1.32	1.45	1.12
C18：0	16.08	14.19	14.42	15.31	11.45	12.78	14.1	13.72
C18：1 n-9	16.36	15.49	17.50	16.12	26.86	24.78	24.27	21.36
C18：2 n-6	11.76	9.04	7.96	9.01	6.45	6.28	5.74	7.33
C18：3 n-3	0.43	0.42	0.34	0.39	0.65	0.45	0.41	0.60
C18：3 n-6	12.23	3.76	6.54	7.53	16.14	17.31	9.51	7.73
C20：0	0.39	0.25	0.24	0.23	0.13	0.21	0.21	0.18
C20：1 n-9	0.31	0.28	0.26	0.28	0.45	0.33	0.31	0.32
C20：2 n-6	0.49	0.43	0.3	0.41	0.12	0.30	0.12	0.28
C20：3 n-3	0.22	0.10	0.11	0.14	0.75	0.64	0.51	0.09
C20：4 n-6	2.22	2.46	1.48	2.07	1.56	1.82	2.93	2.06
C20：5 n-3 EPA	9.07	18.01	16.41	14.79	5.92	6.16	12.26	14.50
C22：0	0.15	0.14	0.13	0.14	0.23	0.27	0.21	0.21
C22：1 n-9	2.42	2.13	1.01	1.87	2.97	2.84	2.68	2.25
C22：6 n-3 DHA	0.41	0.55	0.67	0.55	0.33	0.40	0.39	0.54
饱和脂肪酸 SFA	36.04	35.24	33.10	34.72	25.24	27.48	28.04	28.76

续表

脂肪酸	不同饵料							
	A	B	C	D	E	F	G	H
单不饱和脂肪酸 MUFA	27.13	29.99	33.09	30.39	42.84	39.16	40.1	38.11
多不饱和脂肪酸 PUFA	36.83	34.77	33.81	34.89	31.92	33.36	31.87	33.13
高不饱和脂肪酸 HUFA（n-3）	10.13	19.08	17.53	15.87	7.65	7.65	13.57	15.73
DHA/EPA	4.52	2.83	4.08	3.72	5.57	6.49	3.18	3.72

A：小球藻组（*Chlorella* sp.）；B：微绿球藻组（*Nannochloropsis culata*）；C：三角褐指藻组（*Phaeodactylum tricornutum*）；D：混合藻组（小球藻+微绿球藻+三角褐指藻 *Chlorella* sp.，*Nannochloropsis culata* + *Phaeodactylum tricornutum*）；E：酵母组（Yeast）；F：小球藻+酵母组（*Chlorella* sp. + Yeast）；G：微绿球藻+酵母组（*Nannochloropsis culata* + Yeast）；H：三角褐指藻+酵母组（*Phaeodactylum tricornutum* + Yeast）。

以藻类为饵料的各组中，小球藻组显著低于其他藻类组。C22：6（n-3）（DHA）含量为：0.33%～0.67%，三角褐指藻组（0.67%）>微绿球藻组（0.55%）= 混合藻组（0.55%）>三角褐指藻+酵母组（0.54%）>小球藻组（0.41%）>小球藻+酵母组（0.40%）>微绿球藻+酵母组（0.39%）>酵母组（0.33%）。三角褐指藻组中 DHA 含量相对比其他各组高，但各组中 DHA 的含量均较低，且各组含量相差不大。

4）不同体长卤虫体内的总脂含量变化

由图 9.2.7 可知，采用单因子试验，在投喂三角褐指藻条件下，不同体长的卤虫体内总脂含量存在显著差异（$P<0.05$）。体长 2～10 mm 的总脂含量为 14.27%～20.93%，其总脂含量随体长的增长而降低。2 mm 拟成虫幼体时，最高（20.93%），高于刚刚孵化出的无节幼体（18.24%），与依次降低的 4 mm、6 mm、8 mm、10 mm 的拟成虫幼体期存在显著差异（$P<0.05$）。其中，4mm、6 mm 拟成虫幼体期总脂含量与无节幼体相近（$P>0.05$）。

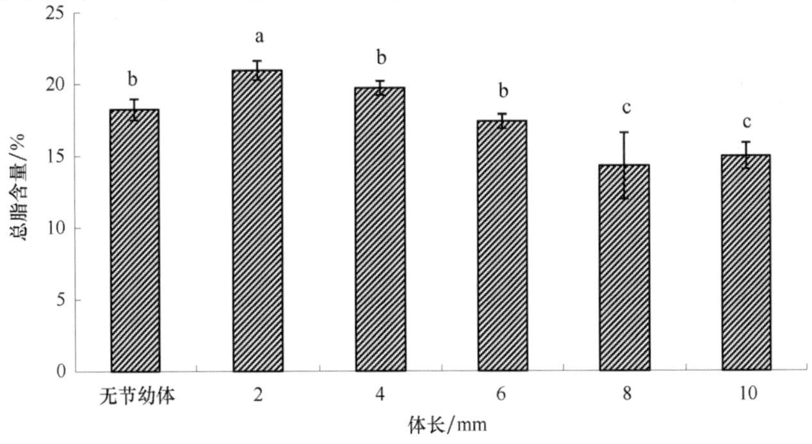

图 9.2.7　不同体长卤虫的总脂含量

（资料来源：彭瑞冰提供，2013）

5）不同体长的卤虫体内脂肪酸组成

在投喂三角褐指藻条件下，在无节幼体、8 mm、10 mm 拟成虫幼体期，卤虫体内检测出 18 种脂肪酸，包括 7 种饱和脂肪酸（SFA）、4 种单不饱和脂肪酸（MUFA）、7 种多不饱和脂肪酸（PUFA）；在 2 mm、4 mm、6 mm 卤虫体内还检测出 C22：6 n-3（DHA）（表 9. 2. 2）。

表 9. 2. 2　不同体长下卤虫的脂肪酸组成（%）

脂肪酸	卤虫体长（mm）					
	对照组（无节幼体，0. 53）	2	4	6	8	10
C14：0	0. 74	2. 33	1. 98	1. 42	1. 05	1. 04
C15：0	0. 66	0. 65	0. 98	1. 17	1. 16	1. 12
C16：0	13. 54	15. 82	15. 72	16. 09	14. 6	15. 58
C16：1 n-9	3. 95	15. 86	13. 24	14. 43	14. 93	14. 24
C17：0	0. 71	0. 82	0. 75	1. 12	1. 5	1. 65
C18：0	16. 75	12. 47	12. 82	12. 42	14. 4	16. 4
C18：1 n-9	26. 12	12. 59	14. 88	16. 43	21. 5	22. 6
C18：2 n-6	6. 26	5. 72	6. 4	7. 52	7. 99	8. 06
C18：3 n-3	0. 68	0. 75	0. 64	0. 52	0. 34	0. 29
C18：3 n-6	20. 78	8. 15	9. 71	8. 14	6. 54	5. 46
C20：0	0. 19	0. 2	0. 2	0. 25	0. 24	0. 23
C20：1 n-9	0. 81	0. 28	0. 31	0. 29	0. 26	0. 29
C20：2 n-6	0. 28	0. 44	0. 48	0. 45	0. 3	0. 26
C20：3 n-3	0. 67	0. 18	0. 25	0. 18	0. 11	0. 09
C20：4 n-6	1. 33	1. 12	1. 25	1. 37	1. 48	1. 09
C20：5 n-3 EPA	3. 71	20. 77	18. 15	16. 37	12. 41	10. 47
C22：0	0. 24	0. 23	0. 22	0. 18	0. 13	0. 15
C22：1 n-9	2. 58	1. 31	1. 32	1. 23	1. 06	0. 98
C22：6 n-3 DHA	0	0. 31	0. 7	0. 42	0	0
SFA	32. 83	32. 52	32. 67	32. 65	33. 08	36. 17
MUFA	33. 46	30. 04	29. 75	32. 38	37. 75	38. 11
PUFA	33. 71	37. 44	37. 58	34. 97	29. 17	25. 72
HUFA（n-3）	5. 06	22. 01	19. 74	17. 49	12. 86	10. 85
DHA/EPA	0	1. 49	3. 86	2. 57	0	0

不同体长的卤虫下都是以 C18：1（n-9）含量最高。从表 9.2.2 可知，以三角褐指藻为饵料，不同体长的卤虫体内脂肪酸组成存在差异性。SFA 含量为 32.52%~36.17%，2 mm、4 mm、6 mm 拟成虫幼体期卤虫与对照组（刚刚孵化的无节幼体）相差不大，8 mm、10 mm 拟成虫幼体期卤虫略高于对照组，以 2 mm 拟成虫幼体期卤虫含量最低（32.52%），其含量随着体长的增长而增高。MUFA 含量为 29.75%~38.11%，2 mm、4 mm、6 mm 低于对照组（33.46%），8 mm、10 mm 拟成虫幼体期卤虫高于对照组，以 10 mm 拟成虫幼体期卤虫含量最高（38.11%），其含量随着体长的增长而增高。PUFA 含量为 25.72%~37.44%，2 mm、4 mm、6 mm 拟成虫幼体期卤虫高于对照组（33.71%），8 mm、10 mm 拟成虫幼体期卤虫低于对照组，以 2 mm 拟成虫幼体期卤虫含量最高（37.44%），其含量随着体长的增长而降低。（n-3）HUFA 含量为 10.85%~22.01%，都显著高于对照组（5.06%），2 mm 拟成虫幼体期卤虫含量最高（22.01%），其含量随着体长的增长而降低。C20：5（n-3）（EPA）含量为 10.47%~20.77%，各组之间相差较大，但都显著高于对照组（3.71%），2 mm 拟成虫幼体期卤虫含量最高（20.77%），其含量随着体长的增长而降低。卤虫 C22：6（n-3）（DHA）含量较少（0~0.70%），对照组、8 mm、10 mm 拟成虫幼体期卤虫没有检测到，4 mm（0.70%）>6 mm（0.42%）>2 mm（0.31%）。

2. 卤虫的强化与培养技术

虎斑乌贼规模化人工育苗生产时，卤虫的强化与培养操作流程主要包括：单细胞藻的培养、卤虫培养与强化、收集与投喂等环节。

1）单细胞藻的培养

因为虎斑乌贼繁育季节在 2—5 月，所以可以选择微绿球藻、三角褐指藻、小新月菱形藻等温度适合、生长迅速且营养丰富的微藻来强化卤虫。而单细胞藻的培养需要逐级扩大，即一级培养、二级培养、三级培养（图 9.2.8）。一般一级培养采用三角烧瓶（1 000 mL、5 000 mL），二级培养采用塑料白桶（50 L），三级培养采用水泥池（20~40 m^2）。单细胞藻的整个培养流程包括消毒、营养养配置、接种、管理和采收五个环节。

- 消毒

藻类培养中最关键的环节是消毒，如果消毒不彻底就将前功尽弃。根据需要和成本考虑，各级培养的消毒方法都不相同。

一级培养：用水消毒采用沙滤、脱脂棉过滤、烧开、冷却。工具容器的消毒采用水冲刷、倒置 5~10 min、洗液浸泡 10 min 以上、水冲净、倒置凉干（12 h）、烘箱干燥法（120℃，1 h）。

二级培养：用水消毒采用沙滤池沙滤、次氯酸钠处理 12 h、硫代硫酸钠中和 2 h、消毒水冲净。其中 12%~15%次氯酸钠用量为 300~450 mL/m^3，硫代硫酸钠用量为 30~45 g/m^3。工具容器的消毒采用水冲刷、次氯酸钠处理 30 min 以上、消毒水冲净。其中 12%~15%次氯酸钠用量以 450~500 mL/m^3为宜。

三级培养：用水消毒和二级培养方法一样，即沙滤池沙滤、次氯酸钠处理 12 h、硫代硫酸钠中和 2 h、消毒水冲净。其中 12%~15%次氯酸钠用量也是 300~450 mL/m^3，硫代硫酸钠 30~45 g/m^3。工具容器消毒采用水冲刷、次氯酸钠处理 30 min 以上、消毒水冲净、高锰酸钾浸泡 5 min、消毒水冲净。其中 12%~15%次氯酸钠用量也是 450~500 mL/m^3，

图 9.2.8 单细胞藻培养

1：一级培养；2：二级培养；3：三级培养

（资料来源：蒋霞敏提供，2019）

高锰酸钾用量为 5 g/m^3，高锰酸钾浸泡时间不要超过 5 min，立即用消毒水冲净。

- 营养盐配置

营养盐配方选择宁波大学 3#母液配方（表 9.2.3），母液添加量按藻培养水体添加，母液与消毒海水配比为 1 mL∶1 L。

表 9.2.3　宁波大学 3#母液配方

营养盐	添加量	营养盐	添加量
KNO_3	100 g	Na_2EDTA	10 g
KH_2PO_4	10 g	维生素 B_1	6 mg
$FeSO_4$	2.5 g	维生素 B_{12}	50 μg
$MnSO_4$	0.25 g	蒸馏水	1 000 mL

- 接种

单细胞藻的接种尽量选择晴天、上午进行，有利于藻类充分利用阳光进行生长繁殖，利于形成优势种。单细胞藻的接种环节主要有 5 个步骤：放消毒水、加母液、接藻种、接气管、封口。

放消毒水：在整个接种环节中放消毒水是第一步骤，消毒水放多放少都直接关系到藻的生长速率。消毒水放多，接种量少，接种密度太稀，不能形成优势种，就会造成藻延缓期延长，藻类生长繁殖就缓慢，容易污染。反之，消毒水放太少，尽管藻生长、繁殖快，但藻液数量太少，不能满足生产的需要。而且不同培养方法放消毒水的量不同。一级培养采用玻璃器皿培养，是一次性培养，所以放消毒水一般以总体积的 4/5 左右为宜。二级培养采用塑料桶培养，且也是一次性培养，所以放消毒水一般以桶总体积的 5/6 左右为宜，放水太高，一充气，藻液会沾到薄膜盖上，容易污染。放水太少，浪费空间。三级培养采用水泥池培养，且为半连续培养，培养过程中水位高 40~60 cm 为宜；水位过高，水体下层光线不足，会影响藻生长；水位过低，培养藻液量太少，无法满足生产的需要。

加母液：一级培养、二级培养，母液与消毒水的比例以 1∶1 000 为宜；三级培养时，母液浓度可以适当降低，母液与消毒水的比例以 1∶1 000~1∶2 000 为宜，半连续培养时，抽出一部分藻液，重新添加母液时，添加量可以减半。

接藻种：接种首先要保质保量，所谓保质就是确保藻种无污染。所以接种前藻种必须镜检，如果视野下有原生动物等敌害生物，哪怕好几个视野才发现一个，也绝对不行，不要抱有侥幸心理，如果取污染的藻种接种必然会前功尽弃，做无用功。其次选择指数生长末期藻，保证藻液新鲜，有鞭毛的藻要观察其活动情况，特别是金藻等，如果藻活动缓慢，不活跃，也不能作为藻种，否则也是做无用功。所谓保量就是接种数量达到一定量，当然是越多越好，多易形成优势种，保证藻种快速大量繁殖，满足育苗生产，但不能前吃后空，特别是阴雨天气，藻繁殖缓慢，要统盘考虑，以防藻种供不应求，接种数量以接种后 3~6 d 可以收获为宜。一级培养是不充气、封闭式的玻璃瓶培养，不容易污染，所以其接种量可多可少，时间宽裕，接种量可少些，时间紧凑，接种量可多些，为此一级培养接种量一般以 1/5~1/10 为宜，这样培养 5~10 d 就可扩种。二级培养是充气、封闭式、白塑料桶培养，虽不太容易污染，但二级培养的藻种供应量直接影响育苗生产，所以其生长繁殖越快越好，时间不能耽搁，白塑料桶要快速周转。为此接种量以每桶 5 000～10 000 mL 为宜。三级培养是充气、开放式、水泥池培养，很容易污染，很多敌害生物都会危害藻的生长繁殖，包括细菌、轮虫、原生动物等。所以在培养时尽量多接一些藻种，形成优势种，让藻快速生长繁殖，抑制其他敌害生物的繁殖。实际生产时，在 20～40 m^2 的水泥池，如果采用白塑料桶培养的藻种，以加 6～10 桶藻种为宜，如果采用浓缩藻种（10 kg）以 1～2 桶为宜，接种时看颜色，以淡绿或淡黄为宜。

接气管：一级培养是不充气，所以不用接气管；二级培养、三级培养需充气，所以就要接气管，二级培养情况下每一塑料桶接一气管、气石，三级培养情况下水泥池按池底面积布置气石，按 1 ind/m^2 为宜，而且气石要有坠石固定，以免充气时气头活动漂浮。

封口：一级培养、二级培养是封闭式培养，所以要封口，三级培养属开放式培养，所以不用封口。一级培养采用经高温消毒的锡箔纸、A4 纸、牛皮纸等包扎封口。二级培养采用经水煮消毒的尼龙薄膜+松紧带包扎，其中尼龙薄膜采光好，易消毒，所以很多厂家都推广使用；松紧带用圆的，而且不要用橡皮筋，目的是耐用、牢固，如果用橡皮筋，经太阳一晒、海水一泡，很易老化断裂。

- 单细胞藻培养管理

单细胞藻培养管理的内容有 7 项，分别是：搅拌与摇晃、充气、调节光照、调节温度、防污染、目测、镜检。

搅拌与摇晃：藻类在培养过程中，有一部分藻会下沉，特别是经过一昼夜，藻会沉在底部，为了使藻充分获取阳光，帮助上浮，所以每天必须搅拌与摇晃，这是培养藻类过程中必不可少的管理内容。一级培养最好每天摇晃 1～3 次，摇晃时不要朝一个方向，停下来前倒转一下，防止形成旋涡；三级培养最好每天搅拌 2～3 次、各池搅拌棒要独立，搅拌时动作要轻缓，千万不要将藻液沾到其他各池，以免污染。

充气：一级培养不充气，二级、三级培养均需充气，且连续 2 h 不停充气，同时因为水位的高低，气量会发生变化，所以要经常检查和注意调节气量大小。

调节光照：藻类光合作用需要阳光，所以在培养时要调节光照强度，碰到夏天强光时要拉遮阳网，碰到阴雨天要开日光灯。

调节温度：各种藻对温度的适应范围不同，三级大池培养遇到高温季节，可加高水位，缓解温度剧烈升高；遇到低温时，可采取电热棒或锅炉加热。一级培养室最好安装空调，根据藻的适合温度调节温度。

防污染：藻类培养过程中最怕污染，所以要采取防污染措施，一般要四防，即：防虫、防水、防雨，防人，这四防特别重要。防虫：育苗厂一般都建在海边，环境相对较差，虫蚊较多，所以一到晚上要关灯、关窗，以防蚊虫扑灯掉入培养池中，污染藻类。防水：藻类培养室内地面要保持干净，不要穿拖鞋，走路要注意，尽量不要带水。防雨：藻类培养室的屋顶不能漏雨，因为雨水中带有各种污染物，特别是尼龙薄膜大棚，要做好防雨措施。防人：主要指防闲杂人员，藻类室最好不要有太多的外人来参观，因为外来闲杂人员往往出于好奇，经常会对藻类室的一切感兴趣，东摸摸、西拉拉，特别是容易对培养池、充气管等下手，同时应禁止吸烟、吐痰等，以免造成藻类污染，所以培养室一般立警告牌：闲人莫入。

目测：目测的主要内容有藻液颜色、云雾状、附壁、沉底、气泡等。从这 5 项指标可以直接判别出单细胞藻生长的好坏。目测藻液颜色是每天必备工作，首先，看藻液颜色是否纯正，绿的就是绿的，黄褐色就是黄褐色的，不能褐的里面有绿的，绿的里面有褐的。其次，看藻液颜色是否快速从淡到深。譬如三角褐指藻接种培养第 1 天，藻液颜色淡黄色，第二天就变成深褐色，这就表明生长良好，如果第 1 天，藻液颜色淡黄色，第二天还是淡黄色，就表明生长不好，很可能是污染了。目测云雾状：有鞭毛的藻类，譬如球等鞭金藻生长良好的话就会形成云雾状，一丝一丝，没有云雾状形成，就表明生长不好。目测附壁情况：附壁、附气管均表示藻老化或污染，一般都是由于原生动物等污染造成，导致水体中有机颗粒增加所致，附壁的藻类应及早处理。目测沉底：单细胞饵料藻大部分都是悬浮藻，早晨搅拌和摇晃后就能很好悬浮，如果碰到搅拌和摇晃后又马上沉底，这就说明藻已老化或污染，要尽快处理。目测气泡：藻类培养过程中会出现气泡，小气泡表示生长良好，随着充气，小气泡会马上散开；大气泡出现表示生长差，有污染，一个一个大气泡，长时间都不会散开消失，藻肯定有污染，不能作为饵料再投喂。

镜检：在藻类培养管理过程中，大部分通过目测可以判别是否污染，但有时目测很难确定，特别是藻类培养新手，为了万无一失，镜检是必不可少的。镜检的内容主要有：藻细胞生长、藻细胞数量、污染情况等。镜检藻细胞生长，主要镜检藻生长是否良好，譬如球等鞭金藻活蹦乱跳就很好，不动就生长不好；牟氏角毛藻形状不规则，刺毛脱落，就生长不好。镜检藻细胞数量，用血球计数板计数藻细胞数量，计算生长速率，就能判别是否生长良好。镜检污染情况，镜检移动每个视野都不能出现原生动物。一旦出现就要及早处理，决不能犹豫不决。

- 单细胞藻收获

一般卤虫强化藻培养的收获密度和培养时间如表 9.2.4 所示，达到下列密度就可以收获投喂。

表 9.2.4　卤虫强化藻培养收获密度和时间

藻名	藻细胞密度（$\times10^4$ cell/mL）	培养时间（d）
小球藻 *Chlorella* spp.	700～1 000	3～8
微绿球藻 *Nannochloropsis oculata*	800～1 200	3～6
三角褐指藻 *Phaeodactylum tricornutum*	300～500	3～6
小新月菱形藻 *Nitzschia closterium* f. *minutissima*	300～500	3～6
牟氏角毛藻 *Chaetoceros müelleri*	300～600	3～6
球等鞭金藻 *Isochrysis galbana*	200～500	3～6

收获方法：目前在生产性藻类培养时，收获微藻最便捷的方法是水泵抽取法，使用的水泵有两种，一种是自吸泵，另一种是潜水泵，普遍应用的是潜水泵，这种方法使用便捷，直接将消毒干净的水泵放入藻类池中抽取，或放在阀门出水井抽取。不管是哪一种方

法抽取，在抽藻前必须将水泵和管子进行消毒，消毒方法比较简单，将水泵和管子放入有次氯酸盐的消毒水循环抽取、浸泡 0.5~1 h，后用消毒水抽净即可。

2）卤虫培养与强化

- 培养容器与消毒

一般利用现有的培养设备和设施。培养容器以 20~50 m^2 的水泥池为宜，充气头按 1 ind/m^2布局，所用工具容器采用高锰酸钾（5~10 g/m^3）或漂白粉（100~300 g/m^3）消毒。

- 培藻

采用过滤海水，进水用 100~150 目的筛绢包扎住阀门进水，放水水位 50~60 cm，加营养盐宁波大学 3#母液 1 L/m^3，接藻种（小新月菱形藻、牟氏角毛藻、小球藻、微绿球藻等）3~5 桶（50 L），培育水质。

- 卤虫培养密度

培藻次日，放刚孵化去壳干净的卤虫无节幼体，培养密度一般放无节幼体 0.2×10^4~1.0×10^4 ind/L（受精卵每池 0.5~1 kg）为宜。

- 换水

为了保持良好的水质，每天必须加水或换水，前 4~5 d 每天加水 10~15 cm，以后每天换水 1 次，换水量为 1/5~1/6，进水时可用 100~150 目的筛绢包扎住进水口，缓慢进水。卤虫培养条件：适合水温 20~30℃，盐度 20~35。

- 投饵强化

放养卤虫无节幼体后，第 1 天如果藻类生长良好，可以不投饵，以后每天上午加藻，藻液量控制每日 1~2 t/池。一般看水色，小新月菱形藻、牟氏角毛藻投喂量为 5×10^4~20×10^4 cell/mL，以淡褐色为宜；小球藻、微绿球藻投喂量为 50×10^4~200×10^4 cell/mL，以淡绿色为宜。如果藻液供不应求，可增投虾片等代用饵料，投喂量按卤虫总体重的 5%~10%，上、下午各投日总量的 1/2，代用饵料投喂前，均先浸泡 0.5~1 h，后使用 80 目的筛绢网搓洗投喂。

- 收集投喂

培养强化 5~7 d，当卤虫无节幼体发育至 3~5 mm 拟成虫幼体期时，就可以收集投喂。收集方法：直接在排水阀门口套一网袋（80~100 目），每日排水 5~20 cm，根据卤虫投喂量需求收集。收集后的卤虫拟成虫幼体用干净海水清洗干净直接投入乌贼育苗池。

第十章　虎斑乌贼功能基因研究

第一节　转录组学分析

转录组广义上是指机体细胞、组织、器官在特定发育阶段或生理条件下所有转录产物的集合；狭义上是指所有 mRNA 的集合。转录组分析技术可以分为三类：①基于杂交，如 DNA 微阵列和 DNA 宏阵列技术；②基于标签，如基因表达系列分析技术和大规模平行测序技术；③基于直接测序（付畅等，2011），如 cDNA 文库或表达序列标签文库测序技术、RNA 测序技术。其中，RNA 测序技术是新兴起的转录组学研究技术，主要平台有 Roche 454，Illumina Solexa 和 Applied Biosystem SOLID。其中，Illumina 测序是目前最常见也是应用最广泛的新一代高通量测序技术，虽然该平台也有局限，但它所需样品量少、成本低、单次运行数据量大、测序准确性高、测序深度和覆盖度高，能满足转录组从头测序、基因表达分析、SNP 分析等需求（Mardis E R，2008）。

利用高通量测序技术，不仅可以得到转录本信息，还能检测逆境胁迫下差异表达基因。差异表达基因分析，是抗逆研究中常用的技术手段，通过比较不同处理或不同生长阶段的样品，可以短时间内获得大量与研究现象相关的功能基因信息，较为全面地揭示试验条件下全基因组水平的表达情况。在植物、水产动物抗逆研究中应用广泛。

虎斑乌贼遗传背景信息缺乏，制约了对其进行环境适应性的分子机制研究。而运用转录组技术 Illumina 平台，可以在没有参考基因组信息的背景下，研究虎斑乌贼的转录本及其在低盐胁迫下基因的差异表达情况，进而可以深入研究其对低盐响应的分子机制。因此，本章将基于转录组，对低盐胁迫下虎斑乌贼的差异表达基因进行分析，筛选与渗透压调节相关的基因和通路，为虎斑乌贼低盐响应的基因互作网络研究作基础。

一、方法

1. 实验建库

提取样品总 RNA 并使用 DNase 消化 DNA 后，用带有 Oligo（dT）的磁珠富集真核生物 mRNA；加入打断试剂将 mRNA 打断成短片段，以打断后的 mRNA 为模板，用六碱基随机引物合成一链 cDNA，然后合成二链 cDNA，并使用试剂盒纯化双链 cDNA；纯化的双链 cDNA 再进行末端修复、加 A 尾并连接测序接头，然后进行片段大小选择，最后进行 PCR 扩增；构建好的文库用 Agilent 2100 Bioanalyzer 质检合格后，使用 Illumina HiSeqTM 2500 或其他测序仪进行测序。

2. 原始测序序列

高通量测序得到的原始图像数据文件经碱基识别（Base Calling）分析转化为原始测序序列，我们称之为 Raw Data 或 Raw Reads。

3. 测序数据质量评估

为了保证数据质量，要在信息分析前对原始数据进行质量评估，使用软件 FASTQC（http：//www. bioinformatics. babraham. ac. uk/projects/fastqc/）。质量评估包括测序碱基质量分析和碱基分布检查。

通过 Solexa RNA 的 paired-end 测序，得到了大量的样本数据。鉴于 Solexa 数据错误率对结果的影响，对原始数据进行质量预处理以去除低质量的片段，使用的软件为 NGS QC TOOLKIT v2. 3. 3（http：//59. 163. 192. 90：8080/ngsqctoolkit/）（Patel R K，2012）。

4. DENOVO 拼接

Denovo 拼接是指在不依赖参考基因组的情况下，将有 overlap 的 reads 连接成一个更长的序列，经过不断的延伸，拼接成 transcript。使用 Trinity（vesion：trinityrnaseq_r20131110）软件 paired-end 的拼接方法得到 Transcript 序列，之后利用 TGICL 软件聚类去冗余延伸得到一套最终的 Unigene，以此作为后续分析的参考序列（Grabherr M G，2011）。

5. Unigene 注释与功能分析

基因相似性比对主要基于 BLAST 算法。BLAST，全称 Basic Local Alignment Search Tool，即“基于局部比对算法的搜索工具”，由 Altschul 等人于 1990 年发布。Blast 能够实现比较两段核酸或者蛋白序列之间的相似性的功能，它能够快速地找到两段序列之间的相似序列，并对比对区域进行打分以确定相似性的高低。

转录本注释进行了 Unigene 的蛋白功能注释、KOG 功能注释、GO 分类和 KEGG 代谢通路分析。首先，通过 blastx 将 Unigene 序列分别与 NRSWISSPROT 和 KOG 库进行比对，取 $e<1^{e-5}$的注释，得到跟给定 Unigene 具有最高序列相似性的蛋白，从而得到该 Unigene 的蛋白功能注释信息。合并 Unigene 跟各个数据库比对最好的一条，得到注释总表信息（Altschul S F，1990）。

6. 差异表达基因筛选和注释

依据 DESeq 软件包（http：//bioconductor. org/packages/release/bioc/html/DESeq. html）中的负二项分布检验计算 Unigene 差异表达量（Anders S，2012）。采用基于 NB（负二项分布）检验的方式对 reads 数进行差异显著性检验，估算 Unigene 表达量的方式采用 basemean 值来估算表达量。

在利用 RNA-seq 数据比较分析两个样品中同一个 Unigene 是否存在差异表达的时候，可以选取两个标准：一是 Fold Change，就是两样品中同一个 Unigene 表达水平的变化倍数；二是 p-value 或 FDR（padjust），FDR 值的计算方法先要对每个 Unigene 进行 p-value 的计算，再用 FDR 错误控制法对 p-value 作多重假设检验校正。默认筛选差异的条件为 $p<0.05$。

7. 差异表达基因 GO 分析

得到差异表达 Unigene 之后，我们对差异表达 Unigene 进行 GO 富集分析，对其功能进行描述（结合 GO 注释结果）。统计每个 GO 条目中所包括的差异 Unigene 个数，并用超几何分布检验方法计算每个 GO 条目中差异 Unigene 富集的显著性。计算的结果会返回一个富集显著性的 p 值，小的 p 值表示差异 Unigene 在该 GO 条目中出现了富集，其计算公式为：

$$P = 1 - \sum_{i=0}^{m-1} \frac{\binom{M}{i}\binom{N-M}{n-i}}{\binom{N}{n}}$$

Enrichment score 计算公式为：

$$\text{Enrichment score} = \frac{\frac{m}{n}}{\frac{M}{N}}$$

其中，N 为所有 Unigene 中具有 GO 注释的 Unigene 数目；n 为差异表达 Unigene 中具有 GO 注释的 Unigene 数目；M 为所有 Unigene 中注释为某特定 GO 条目的 Unigene 数目；m 为注释为某特定 GO term 的差异表达 Unigene 数目。可以根据 GO 分析的结果结合生物学意义，挑选用于后续研究的 Unigene。

8. 差异表达基因 KEGG 分析

KEGG 是有关 Pathway 的主要公共数据库，利用 KEGG 数据库对差异 Unigene 进行 Pathway 富集分析（结合 KEGG 注释结果），并用超几何分布检验的方法计算每个 Pathway 条目中差异 Unigene 富集的显著性（Kanehisa M，2008）。计算的结果会返回一个富集显著性的 p 值，小的 p 值表示差异 Unigene 在该 Pathway 中出现了富集。相应的计算公式参见 GO 富集分析。Pathway 分析对实验结果有提示的作用，通过差异 Unigene 的 Pathway 分析，可以找到富集差异 Unigene 的 Pathway 条目，寻找不同样品的差异 Unigene 相关的细胞通路。

二、结果

1. 测序数据产出与质量评估

Illumina HiSeq™2000 测序数据及质量评估结果见表 10. 1. 1。在虎斑乌贼正常盐度组和低盐组，均获得 203 852 818 条 raw reads，共 30 577 922 740 个碱基。将原始数据去除接头、不确定碱基和低质量的序列后均得到 200 000 000 条 clean reads，共 25 000 000 000 个碱基。虎斑乌贼正常盐度组和低盐组碱基 valid ratio 分别为 98. 12%和 98. 11%，GC 含量分别为 41. 00%和 40. 00%，Q30 分别为 94. 53%和 94. 20%。

表 10. 1. 1　虎斑乌贼鳃测序数据产出及质量评估统计

Sample	Raw reads	Raw bases	Clean reads	Clean bases	Valid ratio (base)%	Q30 (%)	含量 (%)
低盐组	203 852 818	30 577 922 740	200 000 000	25 000 000 000	98. 11	94. 20	40. 00
正常组	203 852 818	30 577 922 740	200 000 000	25 000 000 000	98. 12	94. 53	41. 00

从测序样本的数据中随机抽取 25 万对 reads（50 万条），与 nt 库的比对结果见图 10. 1. 1。Reads 数目被比对上最多的物种分别为乌贼（比对上 46 237 条），曼氏无针乌贼（比对上 15 699 条），虎斑乌贼（比对上 3 917 条）。各样本 Top10 的物种基本为本物种或近缘物种，初步判断样本无污染，可用于后续分析。

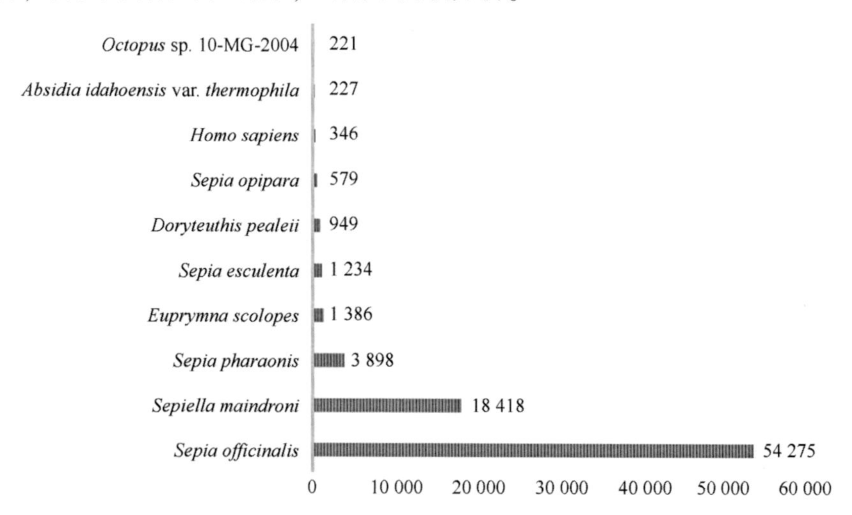

图 10. 1. 1 获得序列与其他物种比对的结果

（资料来源：宋微微提供，2019）

经拼接共得到 130 857 条 unigene 序列，总长 102 686 741 bp，其中大于等于 500 bp 的有 62 569 条，大于等于 1 000 bp 的有 23 723 条；N50 为 970 bp，拼接长度从 301 bp 到 39 756 bp，平均长度为 784. 72 bp（表 10. 1. 2）。将所有 unigene 按照序列长度从小到大排列（图 10. 1. 2），分布情况主要以小片段为主，其中长度为 301~500 bp 的序列有 68 455 条，占 52. 31%。

表 10. 1. 2 虎斑乌贼鳃 unigene 数据统计

	All	≥500 bp	≥1 000 bp	N50	Total Length	Max Length	Min Length	Average Length
Unigene	130 857	62 569	23 723	970	102 686 741	39 756	301	784. 72

2. 转录本注释

使用 BLAST 算法（E-value，1.0×10^{-5}），将转录本比对到 NCBI Nr，Swiss-Prot，KOG，KEGG 和 GO 数据库。结果显示，24 119（18. 43%）、16 013（12. 24%）条 unigenes 可以在 Nr，Swiss-prot 数据库中得到注释；此外，13 808（10. 55%），5 237（4. 00%）和 12 717（9. 72%）unigenes 可以在 KOG、KEGG 和 GO 数据库中进行聚类（表 10. 1. 3）。

表 10. 1. 3 虎斑乌贼 Unigenes 在 Nr、Swiss-Prot、KOG、KEGG 和 GO 数据库中注释情况

Database	Nr	Swiss-prot	KOG	KEGG	GO
比对数	24 119	16 013	13 808	5 237	12 717
比对比率	18. 43%	12. 24%	10. 55%	4. 00%	9. 72%

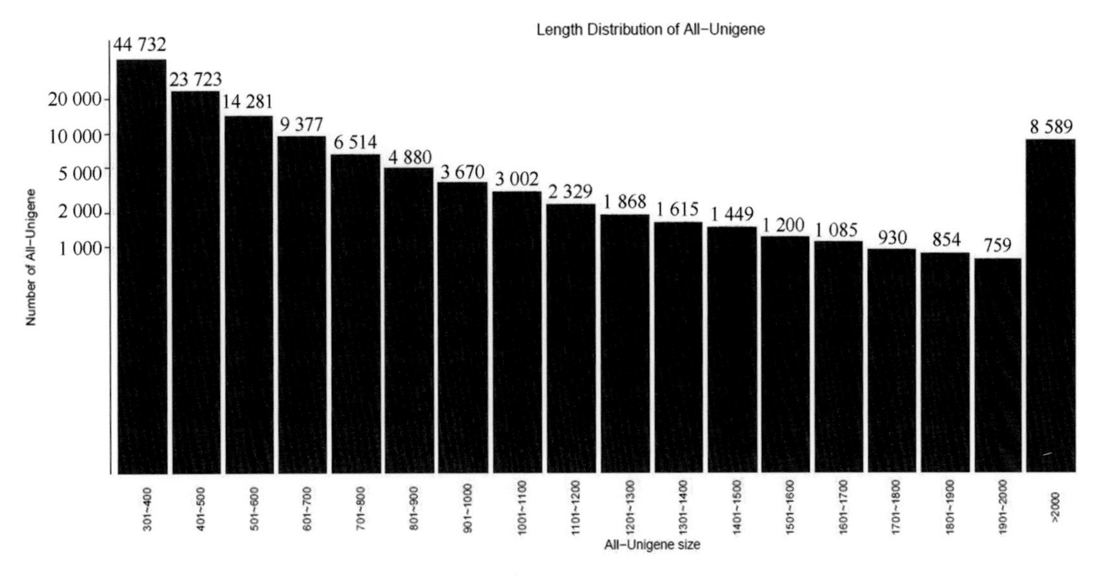

图 10. 1. 2　虎斑乌贼转录本长度分布
（资料来源：宋微微提供，2019）

通过序列比对分析发现与已知头足类章鱼基因组相似度较低，最相似物种分布见图 10. 1. 3，主要是牡蛎（5 244，21. 74%），其次是帽贝（3 304，13. 70%），海兔（2 069，8. 58%），水螅（1 096，4. 54%），海蠕虫（861，3. 57%），猪鞭虫（811，3. 36%），紫色球海胆（783，3. 25%），隆头蛛（703，2. 91%），囊舌虫（629，2. 61%），其他(8 619，35. 74%)。

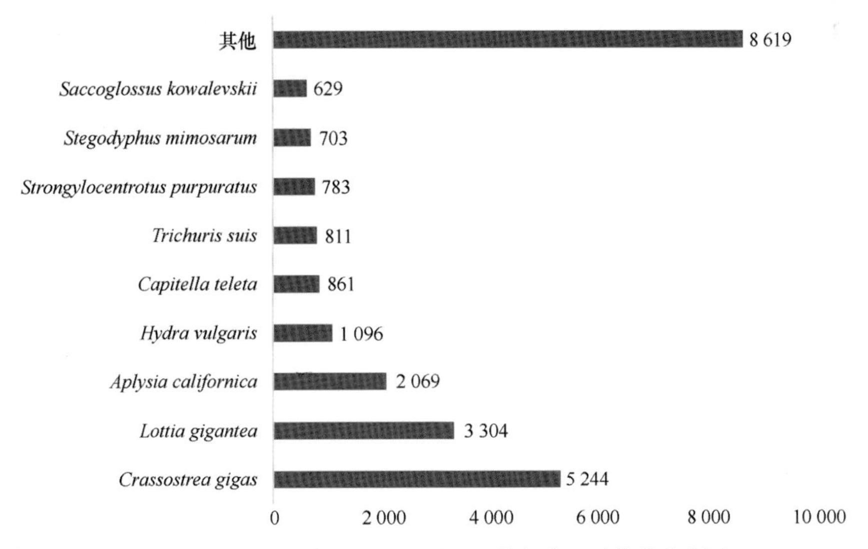

图 10. 1. 3　虎斑乌贼 unigens 的 Nr 数据库比对物种分布图
（资料来源：宋微微提供，2019）

3. 转录本功能聚类

所有基因均与 KOG 数据库比对，结果见图 10. 1. 4。13 808 unigenes 共分为 25 类，主要集中在一般的功能预测（6 181），信号转导机制（4 017），翻译后修饰、蛋白质周转、伴侣（2 465），转录（1 424），功能未知（1 376），细胞内分泌囊泡运输（1 247），RNA 的加工和改性（1 185），翻译、核糖体的结构和生物合成（958），骨架（952），细胞周期调控、细胞分裂、染色体分离（829）。

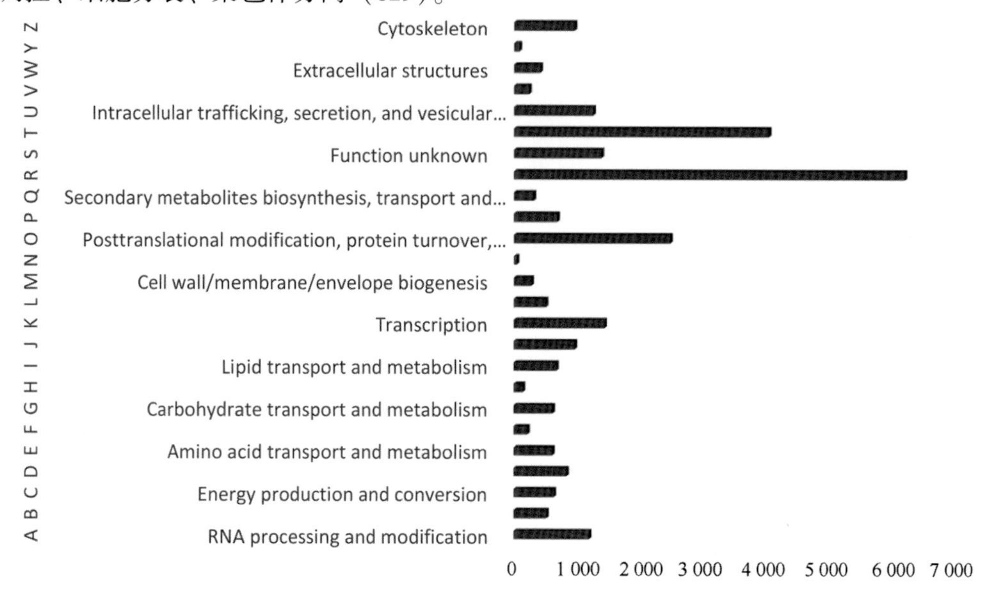

图 10. 1. 4 虎斑乌贼 unigene 的 KOG 分类结果

（资料来源：宋微微提供，2019）

Gene Ontology（简称 GO）是一个国际标准化的基因功能分类体系，提供了一套动态更新的标准词汇表（controlled vocabulary）来全面描述生物体中基因和基因产物的属性。GO 总共有 3 个 ontology（本体），分别描述基因的分子功能（molecular function）、所处的细胞位置（cellular component）、参与的生物过程（biological process）。GO 的基本单位是 term（词条、节点），每个 term 都对应一个属性。12 717 unigenes 注释到 64 GO 词条（图 10. 1. 5）。其中，16 213 注释到"所处的细胞位置"，17 719 注释到"分子功能"，31 198 注释到"参与的生物过程"。在"参与的生物过程"类型中，大部分转录本参与了代谢过程（7 609，59. 83%）、细胞过程（7 603，59. 78%）。在"所处的细胞位置"类型中，高比例的是细胞基因（3 372，26. 51%）和细胞部分（3 372，26. 51%）。在"分子功能"类型中，高比例的是参与催化活性（6 763，53. 18%）、结合（8 381，65. 9%）。

对于 KEGG 数据库，5 237 unigenes 参与 332 条 KEGG 通路，共六大生化代谢途径，这六类途径分别涉及代谢（metabolism）、细胞学过程（cellular processes）、有机系统（organism system）、人类疾病（human diseases）、遗传信息处理（genetic information processing）和环境信息处理（environmental information processing）。其中，有机系统途径中所含的 unigenes 较多，共 3 777 条，它们主要涉及内分泌系统（1 140）、免疫系统

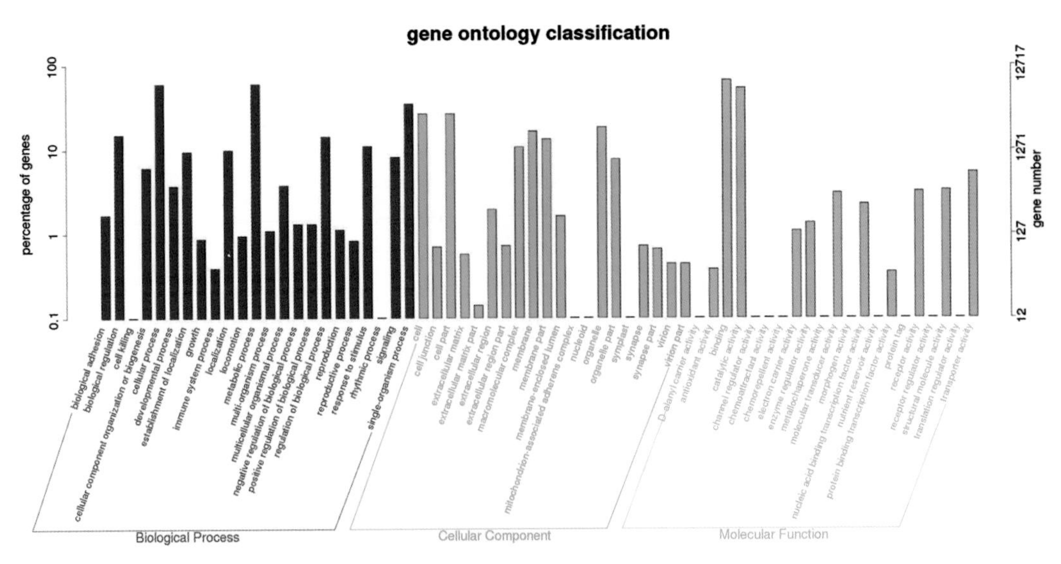

图 10.1.5　虎斑乌贼 unigene 的 GO 功能分类
（资料来源：宋微微提供，2019）

(679)、神经系统（617）。在代谢途径（3 719）中，主要涉及碳水化合物的代谢（733）、氨基酸代谢（671）、脂质代谢（440）、多糖的生物合成和代谢（303）、能量代谢（284）等。在环境信息处理途径中（2 507），主要是信号转导（2 216）、信号分子和相互作用(241)、膜转运（50）。此外，有 4 555、1 668 和 1 638 unigenes，分属人类疾病、遗传信息处理和细胞过程途径。

4. 差异表达基因注释

低盐组与正常组相比，总共有 6 153 条基因差异表达，包括 3 340 条上调和 2 813 条下调。665（10.81%）条基因可以比对到至少一个数据库。其中，有 1 651 条（有注释的为 67 条）在正常组中未检测到表达但在低盐组中高表达；有 193 条（有注释的为 50 条）在正常组中高表达但在低盐组中未检测到表达。

5. 差异表达基因 GO 分析

将所有差异表达基因进行 GO 分类，共注释到 491 条目，上调基因注释到 161 条目，下调基因注释到 102 条目。部分基因参与多个生物学过程，可归到一个或多个条目中。上调基因 GO 分类情况如图 10.1.6 所示。上调基因在生物学过程分支中，主要富集到 RNA-dependent DNA replication GO：0006278（34 条基因），DNA integration GO：0015074（17 条），proteolysis GO：0006508（9 条），regulation of transcription，DNA-templated GO：0006313（5 条），transposition，DNA-mediated GO：0006313（4 条）。上调基因在分子功能分支中，主要富集在 RNA-directed DNA polymerase activity GO：0003964（34），RNA binding GO：0003723（34），zinc ion binding GO：0008270（15），nucleic acid binding（13），metal ion binding GO：0046872（12）。上调基因在细胞组分分支中，主要富集到 integral component of membrane GO：0016021（15），membrane GO：0016020（7），nucleus GO：

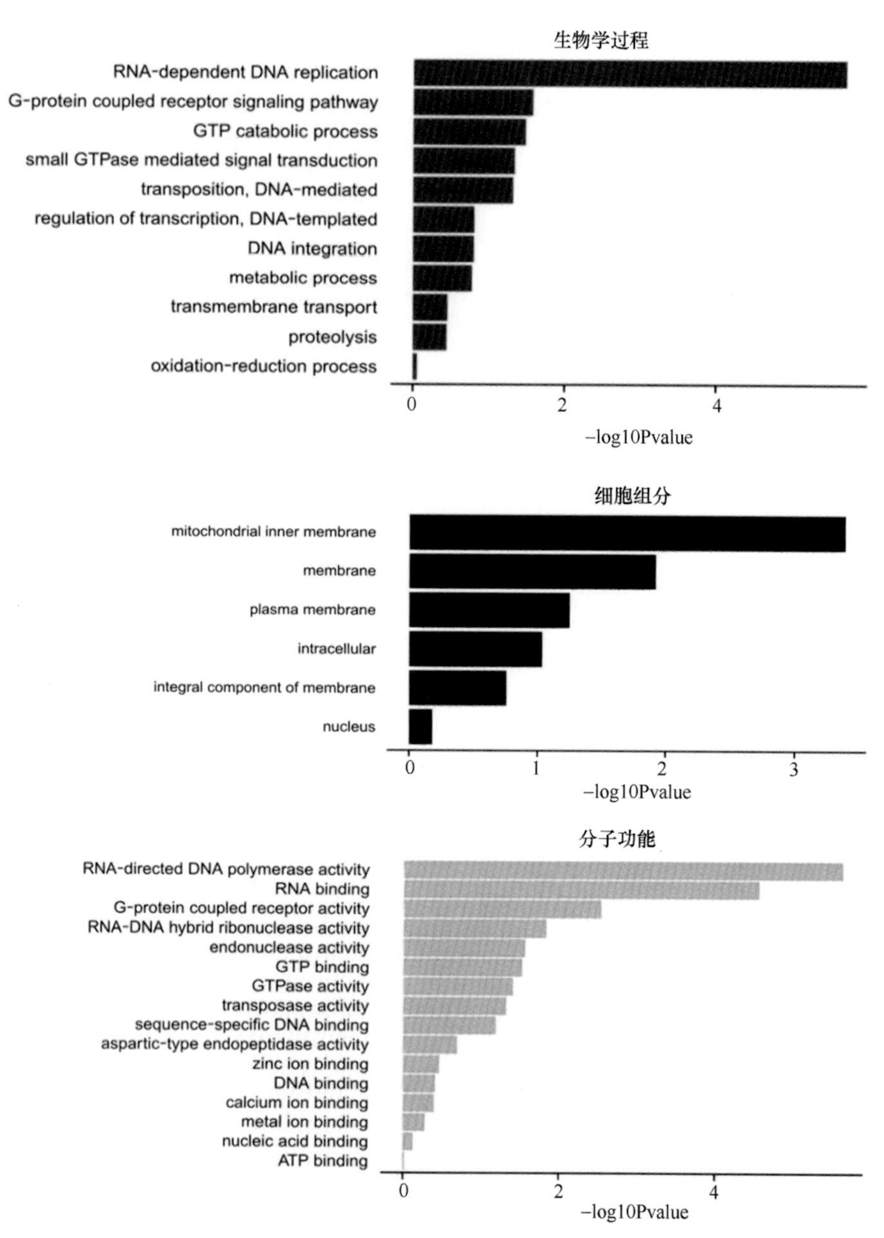

图 10.1.6 低盐胁迫下虎斑乌贼差异表达上调基因的 GO 分类

（资料来源：宋微微提供，2019）

0005634（6），mitochondrial inner membrane GO：0005743（3），plasma membrane GO：0005886（3）。下调基因 GO 分类情况如图 10.1.7 所示。下调基因在生物学过程分支中，主要富集到 oxidation-reduction process GO：0055114（26），RNA-dependent DNA replication GO：0006278（24），proteolysis GO：0006508（22），DNA integration GO：0015074（16），neuropeptide signaling pathway GO：0007218（8）。下调基因在分子功能分支中，主要富集

到 RNA binding GO：0003723（27），RNA-directed DNA polymerase activity GO：0003964（24），ATP binding GO：0005524（22），metal ion binding GO：0046872（22），zinc ion binding GO：0008270（20）。下调基因在细胞组分分支中，主要富集到 integral component of membrane GO：0016021（33），extracellular region GO：0005576（20），membrane GO：0016020（12），cytoplasm GO：0005737（9），nucleus GO：0005634（9）。

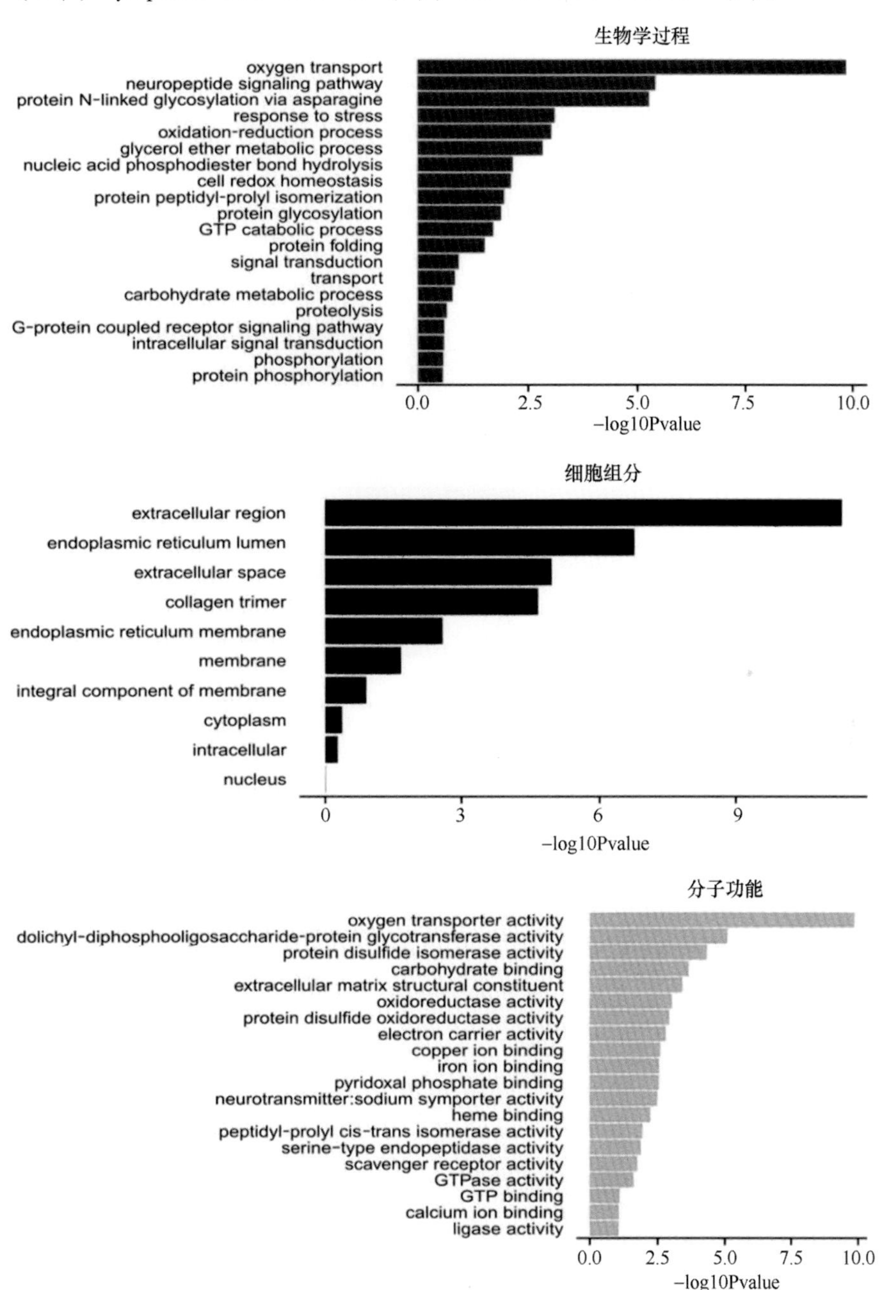

图 10.1.7　低盐胁迫下虎斑乌贼差异表达下调基因的 GO 分类

（资料来源：宋微微提供，2019）

6. 差异表达基因 KEGG 分析

将所有差异表达基因进行 KEGG 分析，共注释到 226 条通路，上调基因注释到 117 条通路，下调基因注释到 197 条通路。部分基因参与多个生物学过程，可归到一条或多条通路中。上调基因 KEGG 注释情况如图 10.1.8 所示。上调基因主要富集在 PPAR signaling pathway ko03320（4 条基因），Fatty acid metabolism ko01212（4），Fatty acid degradation ko00071（4），Insulin resistance ko04931（4），Glucagon signaling pathway ko04922（4），Neuroactive ligand-receptor interaction ko04080（4）。下调基因 KEGG 注释情况如图 10.1.9 所示。下调基因主要富集在 Protein processing in endoplasmic reticulum ko04141（19），PI3K-Akt signaling pathway ko04151（9），Tyrosine metabolism ko00350（8），ECM-receptor interaction ko04512（7），Measles ko05162，Influenza Ako05164（7），Lysosomeko04142（7），Epstein-Barr virus infectionko05169（7），Focal adhesionko04510（7）。

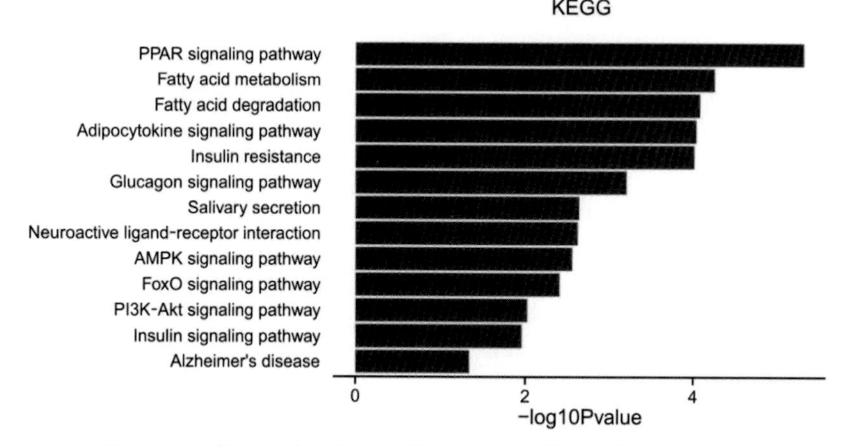

图 10.1.8 低盐胁迫下虎斑乌贼差异表达上调基因的 KEGG 注释

（资料来源：宋微微提供，2019）

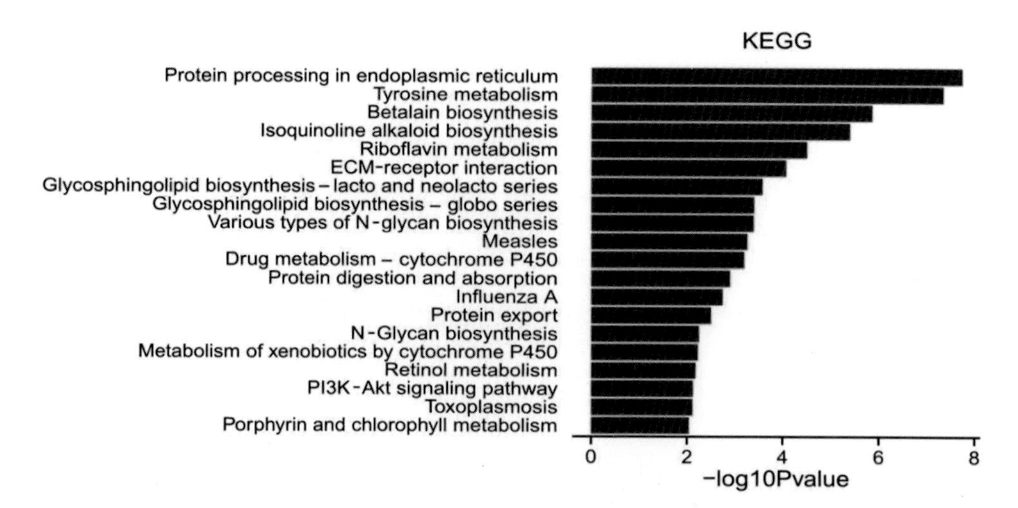

图 10.1.9 低盐胁迫下虎斑乌贼差异表达下调基因的 KEGG 注释

（资料来源：宋微微提供，2019）

三、小结

转录组学是筛选虎斑乌贼渗透压调节基因通路以及揭示渗透压调节机制的手段之一。本章通过 Ilumina 平台，对低盐刺激后的虎斑乌贼鳃进行测序，得到了 203 852 818 条 raw reads，de novo 组装得到 130 857 条 unigenes。此外，将转录组得到的序列与公共数据库（Nr、Swiss-prot、KOG、KEGG 和 GO）序列进行比对，得到功能注释。24 119（18.43%）、16 013（12.24%）条 unigenes 可以在 Nr、Swiss-prot 数据库中得到注释。此外，13 808（10.55%）、5 237（4.00%）和 12 717（9.72%）条 unigenes 可以在 KOG、KEGG 和 GO 数据库中进行聚类，分别分为 25 类，注释到 332 条 KEGG 通路和参与 64 个 GO 条目。这些丰富了虎斑乌贼组学遗传信息和基因序列信息。

另外，本章进行了差异表达基因分析。低盐组与对照组相比，共有 6 153 条基因差异表达，包括 3 340 条表达上调和 2 813 条表达下降。665 条（10.81%）基因可以比对到至少一个数据库。所有的差异表达基因被富集到 491 条 GO 条目和 226 条 KEGG 信号通路中。通过分析，筛选到锌指蛋白、组蛋白-赖氨酸 N-甲基转移酶 SETMAR、离子通道、溶质转运家族等基因，PPAR 信号通路、脂肪酸代谢、酪氨酸代谢等通路。特别是只在低盐组或只在正常组中表达的基因，将成为今后虎斑乌贼渗透压调节研究中重点关注的对象。

第二节　渗透压调节胁迫相关功能基因研究

为进一步探索虎斑乌贼盐度适应相关的分子机理，结合分子生物学手段，本实验在已开展的虎斑乌贼低盐胁迫转录组文库的基础上，选取盐度适应过程中与渗透压调节有关的基因，对这些基因的时空表达模式进行研究。基于水盐平衡的考虑，从转录本中挑选了 Na^+/K^+-ATP 酶 α 亚基（基因缩写：Atpalpha），水通道蛋白 TIP-4（基因缩写：TIP4-1）。另外，从差异表达基因中挑选了变化比较显著的 AN1 型锌指蛋白 4（基因缩写：Zfand4）进行研究。

Na^+/K^+-ATP 酶是一类跨膜蛋白，又称为钠泵或钠钾泵，广泛存在于真核生物细胞膜中。它的存在和功能最初在蟹神经研究中得到证实（Scheinerbobis G，2002）。Na^+/K^+-ATP 酶能利用水解 ATP 释放的能量将胞内 Na^+运输到胞外，同时将胞外的 K^+运输到胞内，对保持细胞体积、细胞膜兴奋性、Na^+和水的重吸收（郭晓强，2005），信号转导，脊椎动物胚胎发育、神经系统发育等生理过程具有重要作用。Na^+/K^+-ATP 酶活性受蛋白激酶、酪氨酸激酶以及小的跨膜蛋白调节（徐文琳，2003）。Na^+/K^+-ATP 酶由 α、β 和 γ 三种亚基构成，这三种亚基均具有多个亚型。α 亚基为催化亚基，相对分子质量约为 112 kDa，属多跨膜（10 次）蛋白，该亚基含有核苷酸和阳离子结合位点、催化位点和化学修饰调节位点，以及能激活和/或抑制该酶活性的配体结合位点，是 Na^+/K^+-ATP 酶行使功能的核心。

水通道蛋白（AQPs）是一个跨膜转运蛋白家族，可转运水，有些除水外还可转运小分子溶质（如甘油、CO_2、尿素等）。水通道蛋白最早在分离纯化红细胞膜 Rh 多肽时发现，并在非洲爪蟾（*Xenopus laevis*）卵母细胞中得到验证（Preston G M，1992）。至今，哺乳动物中已发现至少 13 种；植物中已发现 7 种；在鱼类、两栖类、昆虫、菌类中也有发现。关于 AQPs，在植物和昆虫中研究较多，在水产动物中研究相对较少。

锌指蛋白是真核生物中普遍存在的基因转录因子。在多种植物中，均发现 A20/AN1 型锌指蛋白与干旱、盐碱、低温等非生物胁迫应答相关，此类蛋白因此被称为逆境相关蛋白 SAPs（Stress associated proteins）。例如，过表达水稻锌指蛋白基因 OsSAP1（含 A20/A21 锌指结构域），能增强烟草在种子萌发期和幼苗期对寒冷、干旱和盐胁迫的耐受性。在动物中，两种 AN1 型锌指蛋白（ZNF216 和 AWP1）研究较多。人类 ZNF216 蛋白可以调节 NFB 从而作用于免疫反应。AWP1 与丝氨酸/苏氨酸蛋白激酶相互作用，可能在哺乳动物信号传导中起调节作用。可见，AN1 型锌指蛋白在植物的非生物胁迫中发挥重要作用，在动物中与免疫应答和细胞凋亡等过程相关，在虎斑乌贼研究中还未见报道。

基于 Atpalpha、TIP4-1、Zfand4 这三个基因在虎斑乌贼转录组文库中注释信息和差异表达情况的提示，在水生动物渗透压调节或植物非生物逆境胁迫中发挥作用的已有报道，以及在虎斑乌贼盐度胁迫下表达特征缺少了解的情况，本节运用 RT-PCR 研究 Atpalpha、TIP4-1、Zfand4 基因在虎斑乌贼低盐胁迫（0 d，0.5 d，1 d，2 d，7 d，10 d）下，在不同组织中的表达量，为低盐胁迫下虎斑乌贼体内复杂的生理变化过程提供分子水平上的信息，为阐明盐度调控机制奠定基础。

一、Na^+/K^+-ATP 酶 α 亚基在虎斑乌贼幼体各组织各时间点的相对表达量

低盐胁迫下 Na^+/K^+-ATP 酶 α 亚基在虎斑乌贼幼体各组织各时间点的相对表达量如图 10.2.1～10.2.5 所示。Na^+/K^+-ATP 酶 α 亚基相对表达量在肝（图 10.2.1）、肌肉（图 10.2.2）、肠（图 10.2.3）中呈现先上升后下降的趋势，分别于 0.5 d、0.5 d、1 d 时达到最大值。在鳃（图 10.2.4）和神经节（图 10.2.5）中呈现上升的趋势，均于 10 d 时达到最大值。

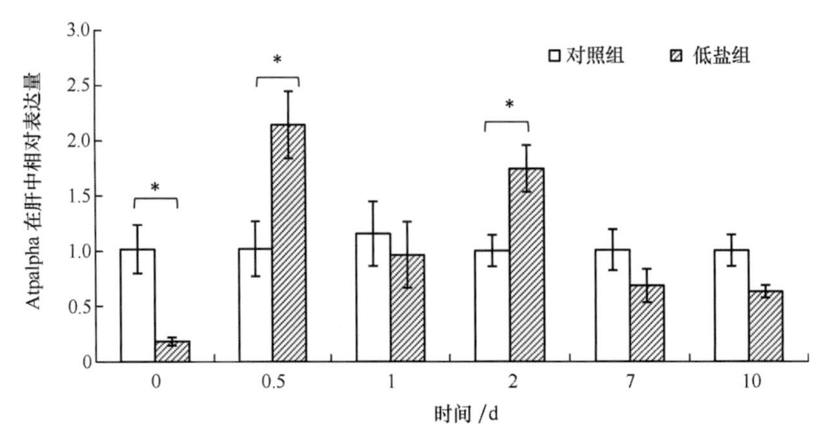

图 10.2.1 Na^+/K^+-ATP 酶 α 亚基在虎斑乌贼幼体肝脏中的相对表达量

* 表示低盐组与对照组差异显著，余图同此意

（资料来源：袁翊朦提供，2019）

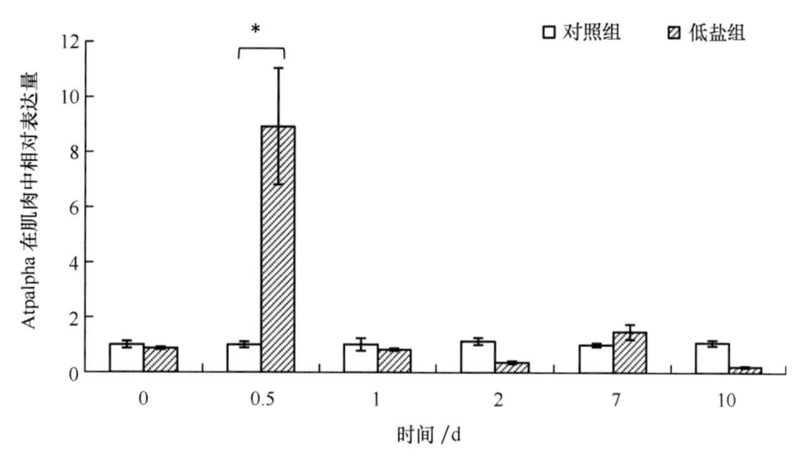

图 10.2.2　Na^{+}/K^{+}-ATP 酶 α 亚基在虎斑乌贼幼体肌肉中的相对表达量
（资料来源：袁翊朦提供，2019）

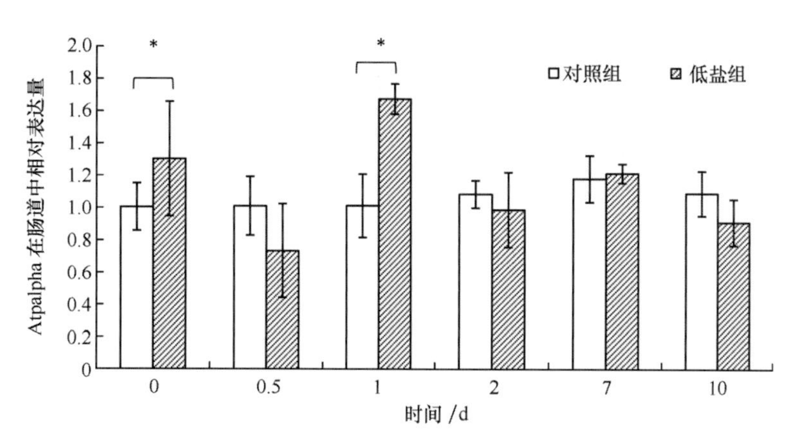

图 10.2.3　Na^{+}/K^{+}-ATP 酶 α 亚基在虎斑乌贼幼体肠道中的相对表达量
（资料来源：袁翊朦提供，2019）

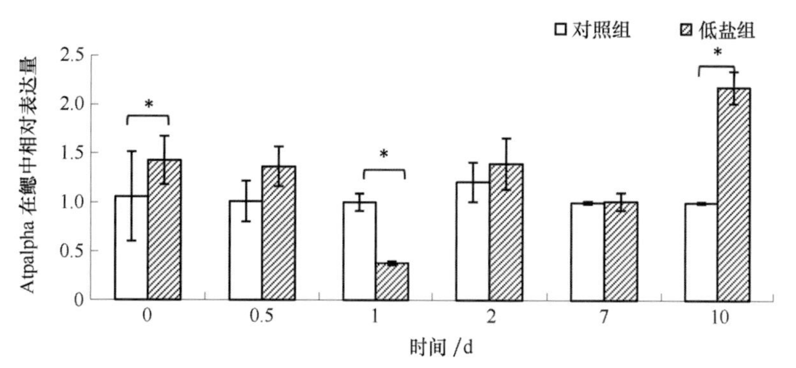

图 10.2.4　Na^{+}/K^{+}-ATP 酶 α 亚基在虎斑乌贼幼体鳃中的相对表达量
（资料来源：袁翊朦提供，2019）

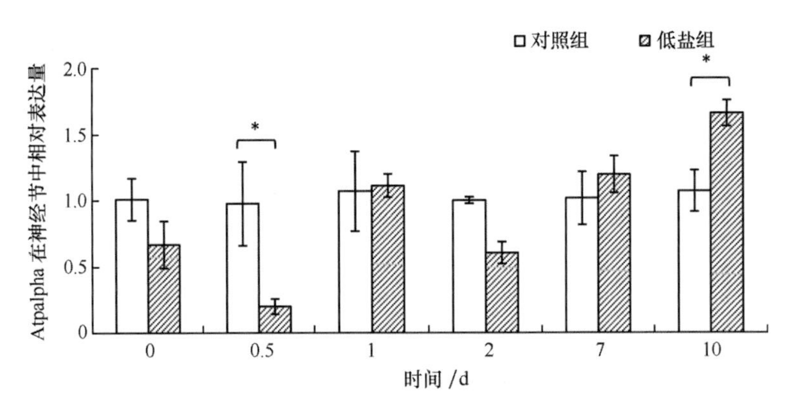

图 10.2.5　Na^+/K^+-ATP 酶 α 亚基在虎斑乌贼幼体神经节中的相对表达量

（资料来源：袁翊朦提供，2019）

Na^+/K^+-ATP 酶在动物的渗透压调节过程中起着重要的作用，其中 α 亚基是其主要功能单位。本实验，虎斑乌贼经低盐胁迫后，Na^+/K^+-ATP 酶 α 亚基基因在鳃、肝脏、肌肉、肠道、神经节中均有表达，表达没有低盐和组织特异性，说明 Na^+/K^+-ATP 酶 α 亚基广泛存在这些组织细胞膜上。另外，Na^+/K^+-ATP 酶 α 亚基基因在鳃中变化趋势与 Na^+/K^+-ATP 酶变化趋势不同。渗透压调节涉及应激和适应等过程，Na^+/K^+-ATP 酶 α 亚基基因和 Na^+/K^+-ATP 酶可能存在两个峰值，在实验时间点下，或许未能捕捉到完整变化趋势，导致结果中均为局部趋势，从而基因和酶活趋势不一致。

二、水通道蛋白 TIP4-1 在虎斑乌贼幼体各组织各时间点的相对表达量

低盐胁迫下水通道蛋白基因在虎斑乌贼幼体各组织各时间点的差异表达情况如图 10.2.6～10.2.10 所示。水通道蛋白 TIP4-1 在鳃（图 10.2.6）、肝（图 10.2.7）、肌肉（图 10.2.8）、肠（图 10.2.9）中相对表达量呈现先上升后下降的趋势，分别于 0.5 d、0.5 d、7 d、2 d 时达到最大值。在神经节中（图 10.2.10）呈下降趋势，0 d 时为最大值。

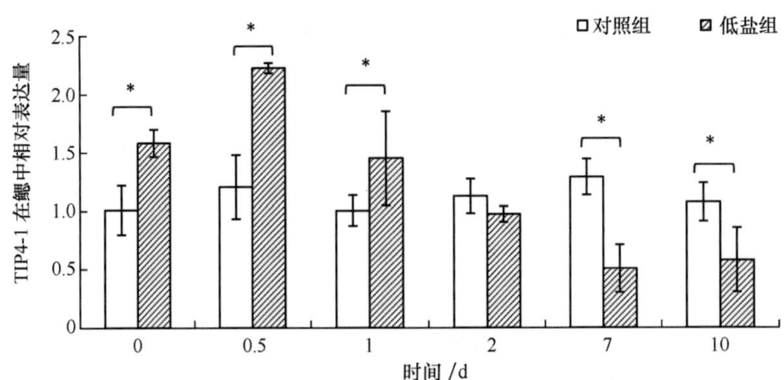

图 10.2.6　水通道蛋白 TIP4-1 在虎斑乌贼幼体鳃中的相对表达量

（资料来源：袁翊朦提供，2019）

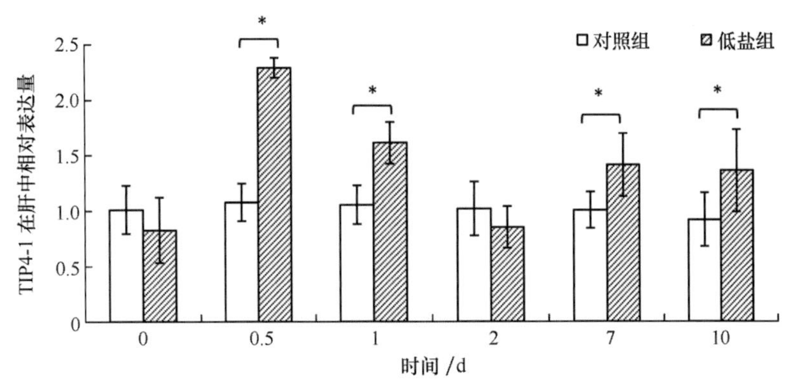

图 10.2.7　水通道蛋白 TIP4-1 在虎斑乌贼幼体肝脏中的相对表达量

（资料来源：袁翊朦提供，2019）

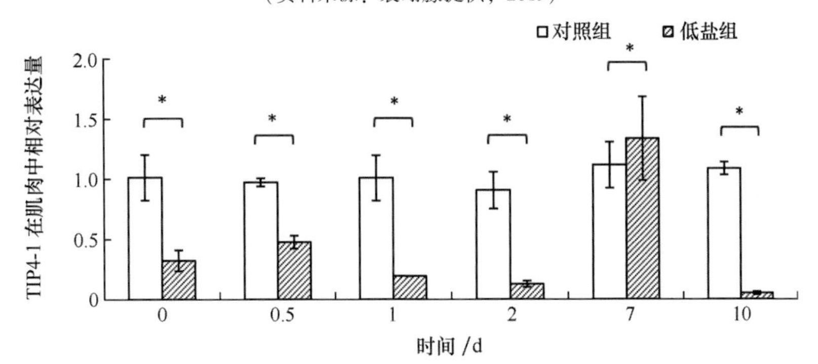

图 10.2.8　水通道蛋白 TIP4-1 在虎斑乌贼幼体肌肉中的相对表达量

（资料来源：袁翊朦提供，2019）

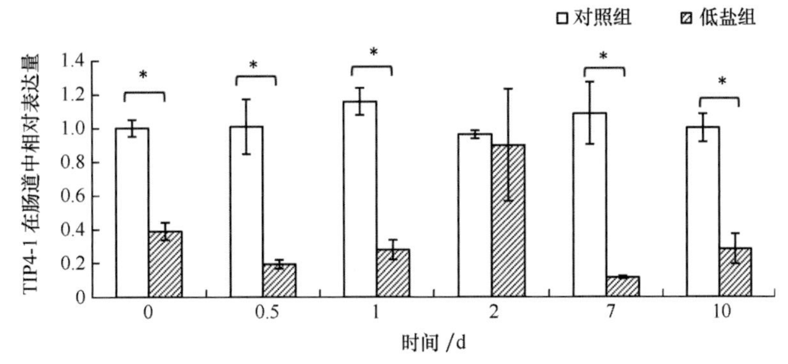

图 10.2.9　水通道蛋白 TIP4-1 在虎斑乌贼幼体肠道中的相对表达量

（资料来源：袁翊朦提供，2019）

水通道蛋白是专门运输水的跨膜蛋白，在维持细胞内外渗透压平衡中发挥重要作用。在本实验中，虎斑乌贼经低盐胁迫后，水通道蛋白 TIP4-1 基因在鳃、肝脏、肌肉、肠道、神经节中均有表达。这与哺乳动物 AQP1 在呼吸道（相当于软体动物的鳃）、消化道、肝脏中，香港牡蛎 *Ch*AQP1mRNA 在鳃、外套膜、闭壳肌、消化腺中，大西洋鲑鱼 AQP-1a 在肠、肾、鳃中，三疣梭子蟹 *PtAQP* 在鳃、肝胰腺、肌肉、肠道等组织中均有表达的结果一致，说明 TIP4-1 广泛地分布于虎斑乌贼组织细胞膜上，参与渗透压调节。盐度胁迫下，

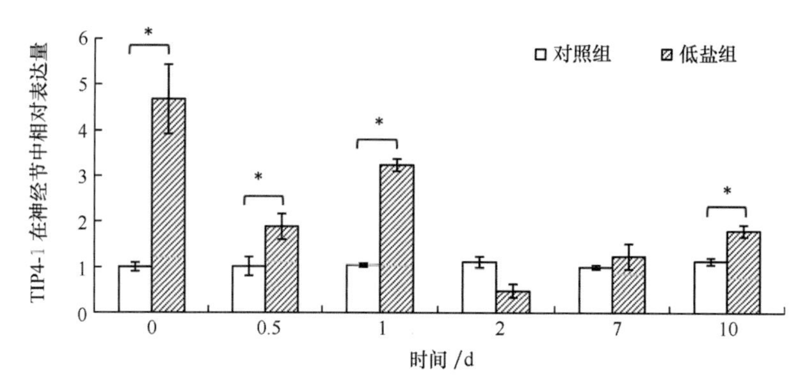

图 10.2.10　水通道蛋白 TIP4-1 在虎斑乌贼幼体神经节中的相对表达量
（资料来源：袁翊朦提供，2019）

虎斑乌贼鳃、肝脏、肌肉、肠中相对表达量均呈现先上升后下降的趋势，猜测这些组织可能发挥协同作用，通过转运水来调节细胞体积。

三、AN1 型锌指蛋白 4 在虎斑乌贼幼体各组织各时间点的相对表达量

低盐胁迫下 AN1 型锌指蛋白 4 基因在虎斑乌贼幼体各组织各时间点的差异表达情况如图 10.2.11~10.2.15 所示。AN1 型锌指蛋白 4 在鳃（图 10.2.11）和肝脏（图 10.2.12）中相对表达量随时间下降，均在 0 d 时为最大值。在肌肉（图 10.2.13）、肠道（图 10.2.14）、神经节（图 10.2.15）中相对表达量呈现先上升后下降的趋势，分别于 7 d、2 d、7 d 达到最大值。

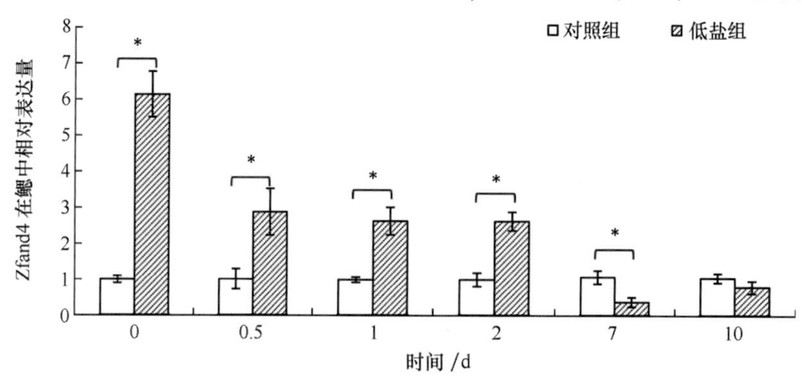

图 10.2.11　AN1 型锌指蛋白 4 在虎斑乌贼幼体鳃中的相对表达量
（资料来源：袁翊朦提供，2019）

AN1 型锌指基因在植物非生物胁迫应答中研究较多。在植物中，AN1 型锌指基因随物种、基因、胁迫类型不同呈现不同的表达模式。研究发现，水稻大部分 AN1 型锌指基因可在一种或多种非生物胁迫下表达。玉米在冷刺激下，AN1 型锌指蛋白基因能在不同组织中表达且表达量不同。而拟南芥中 AN1 型锌指蛋白基因 AtAN13 只在热胁迫下表达，AtAN13 在非生物胁迫下均只在根中表达。在本实验室中，在盐度胁迫下，AN1 型锌指蛋白 4 基因在鳃、肝脏、肌肉、肠道、神经节中都有表达，说明 AN1 型锌指蛋白在以上组织中均参与应答，未呈现盐度和组织特异性。而转录组差异表达基因中显示，AN1 型锌指蛋白基因在低盐组鳃中

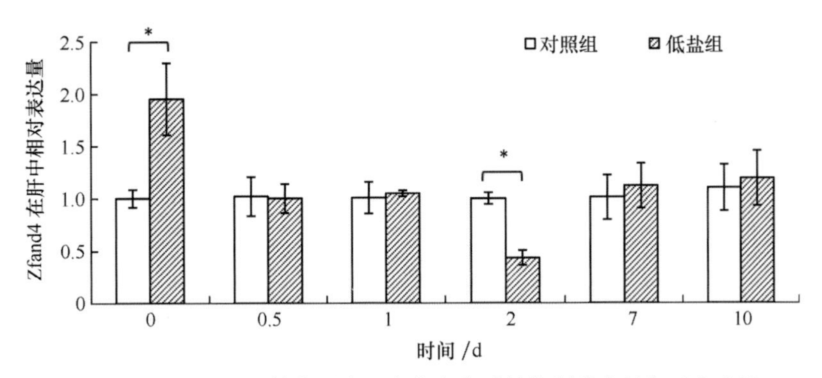

图 10.2.12　AN1 型锌指蛋白 4 在虎斑乌贼幼体肝脏中的相对表达量

（资料来源：袁翊朦提供，2019）

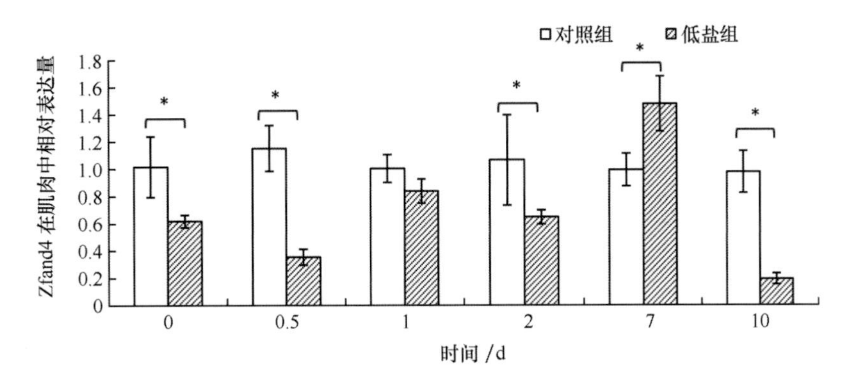

图 10.2.13　AN1 型锌指蛋白 4 在虎斑乌贼幼体肌肉中的相对表达量

（资料来源：袁翊朦提供，2019）

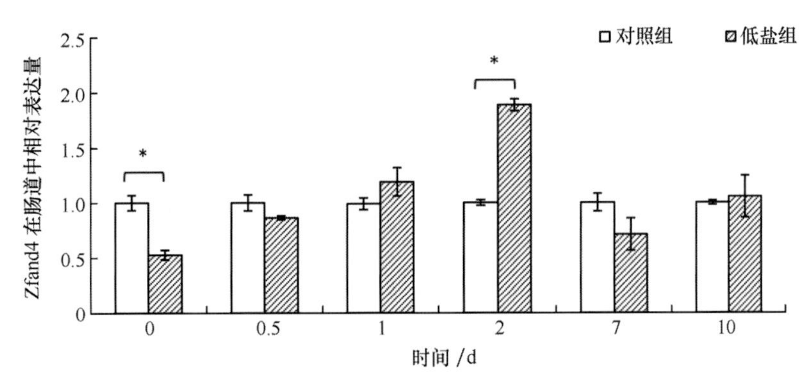

图 10.2.14　AN1 型锌指蛋白 4 在虎斑乌贼幼体肠道中的相对表达量

（资料来源：袁翊朦提供，2019）

10 d 时表达，在正常组中不表达，可能虎斑乌贼锌指蛋白如拟南芥中一样，存在组织特异性，但因个体差异比较大，在用于定量的个体中未检测到。另外，本实验中，AN1 型锌指蛋白 4 在鳃和肝脏中相对表达量随时间下降；在肌肉、肠道、神经节中相对表达量呈现先上升后下降的趋势，说明不同组织随时间呈现不同的表达模式，可能是该基因的表达在组

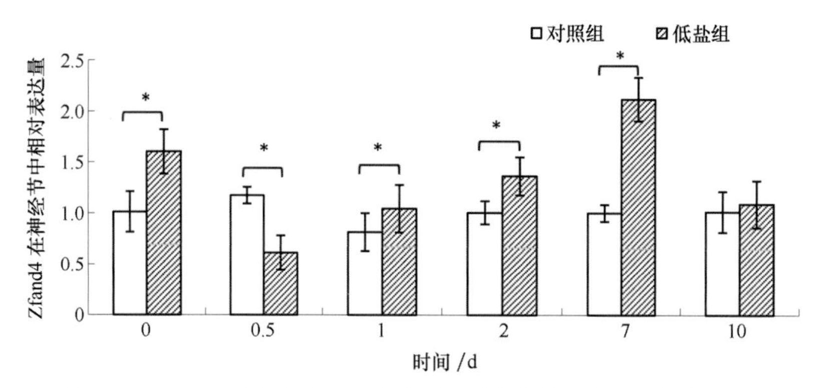

图 10.2.15　AN1 型锌指蛋白 4 在虎斑乌贼幼体神经节中的相对表达量

（资料来源：袁翊朦提供，2019）

织中呈现不同的功能，也可能是呈现同样功能但对低盐刺激响应的时间不同。

第三节　分子标记的开发与应用

从获得的虎斑乌贼转录组文库中采用 MISA 软件进行微卫星（SSR）序列的搜索，从 130 857 条序列中搜索到含有 SSR 的序列 58 626 条，鉴定出 SSR 位点 101 576 个。其中，二碱基重复序列为 22 264 个，占 SSR 总数的 21.9%，三碱基重复序列为 6 581 个，占 6.5%。

从含有 SSR 的序列中，选取 100 条二碱基 SSR 重复序列，根据序列两侧的保守区域使用 Premier 5.0（http：//www.premierbiosoft.com/）进行引物设计。引物设计采用以下严谨度：①引物长度为 17~25 bp；②GC 含量介于 30%~70%；③退火温度（Tm）为 50~60℃；④预期 PCR 产物长度为 100~330 bp。

采用苯酚-氯仿法提取 27 个养殖虎斑乌贼肌肉样品 DNA，用于检测 SSR 位点的多态性特征。

首先随机选取两个虎斑乌贼肌肉样品 DNA，分别对所合成的引物进行 PCR 扩增，PCR 产物经过琼脂糖凝胶电泳进行初步筛选，筛选出能扩增出单一目标带的序列 47 个，并最终确定每对引物的最优 Tm 值。

以 8 个虎斑乌贼肌肉 DNA 为模板（100 ng/μL），对初步筛选后的 47 对引物以 27 个个体为模板进行 PCR 扩增并使用聚丙烯酰胺凝胶电泳（PAGE）统计其多样性。

根据 PAGE 条带扩增的情况，以 10 bp DNA Ladder 为 Maker，读取并记录下实验结果。先将实验结果分别转化为 GENEPOP 4.0 和 CERVERS 3.0 需要的格式，分别分析每个微卫星位点的等位基因数、期望杂合度（*He*）、观测杂合度（*Ho*）、PIC 值以及 HWE（Hardy-Weinberg equilibrium，哈迪-温伯格平衡）。

从虎斑乌贼 100 条二碱基 SSR 重复序列中，共筛选出 22 对具有多态性的 SSR 位点。遗传多样性分析结果表明每个微卫星位点的等位基因数目从 2~7 个不等，观测杂合度（*Ho*）的范围为 0.000~1.000，期望杂合度（*He*）的范围为 0.237~0.797，PIC 值的范围为 0.283~0.756，其中 15 个位点偏离哈迪-温伯格平衡（表 10.3.1），表明用于检测的 27

表 10.3.1　虎斑乌贼 22 个微卫星位点的特征

Locus number	Repeat motif	Primersequence (5′-3′)	T_a (℃)	N_a	Expected size (bp)	H_O	H_e	PIC	P_{HWE}
HB8	$(GA)_7$	F：AAAAACTTGGGGGCTTGAAT R：GGCACAATGGTTCTAATGGC	60	7	237~257	0.556	0.797	0.756	0.000 0*
HB10	$(AT)_7$	F：AAAAAGGAAACAACTGGCCC R：CAACAGTCAATTCACATGCAGA	60	4	239~253	0.444	0.634	0.558	0.000 0*
HB26	$(TG)_6$	F：AAAAGAACAATTGCTCCCTAAA R：CACAAGGCACATGCTGAGTC	60	2	215~221	0.000	0.391	0.310	0.000 0*
HB28	$(TG)_6$	F：AAAAGAGAAAATTACAATGCCGA R：TTCTCTTGGTTTCCCCCTTT	58	2	200~210	0.000	0.352	0.286	0.000 0*
HB30	$(CA)_6$	F：AAAAGCGACGATGTAGGCAT R：TACAGAGTGGCCTTGTCGGT	58	5	120~128	0.333	0.725	0.660	0.000 0*
HB31	$(TC)_7$	F：AAAAGCTGGCGATGTTTATGA R：AAAATTAAAGTATGTTTTGTGACAATG	60	7	221~223	0.741	0.697	0.641	0.334 2
HB32	$(CA)_8$	F：AAAAGGGAAAACCTGTGAAGC R：TCTGTGCATGTTTTTCTTACACAA	60	7	242~288	0.519	0.745	0.699	0.000 3*
HB34	$(TC)_8$	F：AAAAGGGTGAGCAATTTGACA R：GCAAACTTTCCATAAAGGTATTCA	60	3	200~222	0.296	0.470	0.416	0.000 0*
HB41	$(GT)_7$	F：AAAATCTGTTTGCATTCCCG R：CACAGCAATGGTGGTCACTT	60	3	228~232	0.000	0.660	0.572	0.000 0*
HB42	$(CA)_6$	F：AAAATGCCCATTTGCATAATTT R：TCTCATGCACATCATGAAACAA	58	3	160~164	0.111	0.237	0.217	0.000 9
HB43	$(TG)_6$	F：AAAATTCTCCCACTTTGTCATTG R：GCTGAAAGTGCTCGGATAAAA	60	4	177~187	0.074	0.319	0.283	0.000 0*

续表

Locus number	Repeat motif	Primersequence (5′-3′)	T_a (℃)	N_a	Expected size (bp)	H_O	H_e	PIC	P_{HWE}
HB44	$(GT)_6$	F：AAACAAGCACAAAGAATGCTCA	58	2	108~114	1. 000	0. 509	0. 375	0. 000 0*
		R：CATTTCTACACGCAACACCC							
HB52	$(TG)_7$	F：AAACCACCCGTGAATCACAT	58	2	279~281	0. 000	0. 391	0. 310	0. 000 0*
		R：ACCCGAAACATTGTGATGGT							
HB53	$(AT)_7$	F：AAACCCCAGCGTTCAGTCTT	60	2	273~277	0. 074	0. 475	0. 358	0. 000 0*
		R：CTCACTCGAGGGTCATTCGT							
HB58	$(CA)_6$	F：AAACGTGGCAGAAAAACGAT	60	2	275~279	0. 407	0. 484	0. 362	0. 445 0
		R：CCACTTTTGCATGTTGGTTG							
HB59	$(GT)_6$	F：AAACTGGATGTTGAGGCTTGA	60	4	225~235	0. 481	0. 655	0. 591	0. 018 9
		R：CATCTGACCAGAAAACCTCCA							
HB62	$(GA)_8$	F：AAAGAAAGGTTGCTGTCCAAA	60	2	151~153	0. 519	0. 425	0. 330	0. 364 8
		R：TTCCAGCCAATTTTGATCGT							
HB64	$(TG)_7$	F：AAAGAATGACGAGGTTAGGGG	60	3	214~226	0. 407	0. 350	0. 315	1. 000 0
		R：TCATGGCACCATTCAGAAAA							
HB74	$(TA)_6$	F：AAAGGGATTGCTTCCCAAAT	60	2	221~225	0. 000	0. 425	0. 330	0. 000 0*
		R：AAATATCTGGCATTGATGGCTT							
HB77	$(AG)_7$	F：AAAGTGGGACCAAGTGATGC	60	4	111~117	0. 556	0. 730	0. 663	0. 005 8
		R：AGCTTTAACGGGTTGCAAAG							
HB82	$(TG)_7$	F：AAATATTTCCCAACCCTGCAC	58	2	187~205	0. 000	0. 391	0. 391	0. 000 0*
		R：TATTCCTGTCGGGTTTCAGC							
HB83	$(CA)_8$	F：AAATATTTGCCCACTGCGTC	60	2	203~213	0. 000	0. 391	0. 310	0. 000 0*
		R：CACCCGATACACTGCCTTTT							

* 表示 $P<0.05$。

个虎斑乌贼群体样品可能存在定向性选择效应导致的遗传多样性下降现象。本研究开发出的微卫星位点可用于虎斑乌贼种群遗传多样性分析、家系鉴定、分子标记辅助育种等多方面研究。

第十一章　虎斑乌贼的喷墨机理研究

墨囊是海洋软体动物特有的组织，墨囊中含有色墨汁分泌物，当遇敌害或惊吓时常伴随着喷墨的发生。喷墨常作为一种迷惑或防御手段来应对外来物的侵袭，许多海洋软体动物释放分泌物以防御捕食者，如头足类动物［乌贼（Sepia）、章鱼（Octopus）和枪乌贼（*Loligo chinensis*）］和腹足动物［海兔（*Ovula ovum*）］（Packard，1972；Croxall et al.，1996；Smale，1996；Hay，2009）。虎斑乌贼墨囊呈长袋状，镶嵌在内脏团内，以一导管在直肠末端近肛门处开口，墨囊中储存着大量的墨汁颗粒。墨腺具有分泌墨汁功能，其位于墨囊底部贴近腹部，分泌的墨汁储存于墨囊腔中。乌贼受到外界刺激时，墨汁经导管由直肠末端处经漏斗喷出。头足类动物有三种类型的防御措施来应对捕食者的侵袭。其一，主要防御机制涉及在环境中受到侵害时做出的反应，其包括颜色、纹理、姿势和运动的变化，这些机制响应可以提供伪装、隐秘和模仿行为，以达到混淆、威胁或虚张声势的目的（Hanlon et al.，1996；Bush et al.，2009）。第二种类型的反应是攻击迫在眉睫时的自然行为，最常见的二级防御是逃离（Driver et al.，1988），然而与捕食者的正面接触是不可避免的。此外，可能试图用防御姿势或一种不可预测的逃避路线（称为变形行为）来混淆、惊吓或诈唬捕食者（第三防御）（Humphries et al.，1970；Driver et al.，1988），其中包括不可预测和不稳定的逃逸行为，如喷水和喷墨（Hanlon et al.，1996）。

第一节　墨囊的形态及组织结构特征

乌贼的墨囊是一退化的消化器官，墨囊与盲囊等消化器官处于同一位置上，导管与直肠平行开口于肛门。墨囊中墨腺具有分泌墨汁的功能，分泌的墨汁储存于囊腔中，环境因子骤变（温度或盐度）时喷出墨汁以响应外界变化，或遇捕食者、遇敌时喷出墨汁形成迷惑或防御手段来保护自身安全。

一、墨囊的形态

墨囊呈长袋状（图 11.1.1-1），镶嵌在内脏团内，以一导管在直肠末端近肛门处开口，近开口处有两组环形的括约肌，墨囊中储存着大量的墨汁颗粒。墨腺位于墨囊底部贴近腹部，可分泌墨汁，分泌的墨汁储存于墨囊腔中。乌贼受到外界刺激时，墨汁经导管由直肠末端处经漏斗喷出。

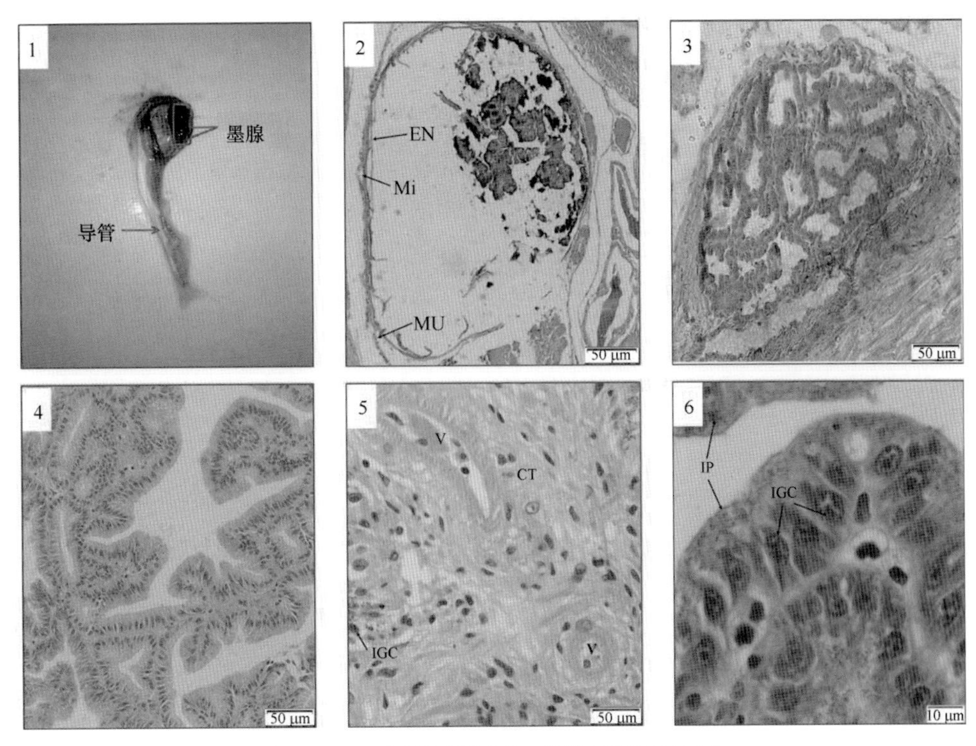

图 11. 1. 1　虎斑乌贼墨囊、墨腺组织切片观察

EN：外膜层；Mi：肌肉层；MU：黏膜层；V：血管；IGC：墨腺细胞；CT：结缔组织；IP：墨汁颗粒

（资料来源：江茂旺提供，2019）

二、墨囊的组织结构特征

1. 墨囊壁

墨囊壁由外膜层、肌肉层和黏膜层组成（图 11. 1. 1-2）。外膜层为复层扁平上皮，细胞层数 5~8 层，靠近外表面的几层细胞扁平状，中间数层细胞形状不规则，呈多边形，细胞分界不明显。肌肉层为平滑肌，内层为纵肌，外层为环肌，其间也有一些斜肌。黏膜上皮细胞覆盖在疏松结缔组织上，细胞层单层柱状，细胞核大，呈椭圆形。上皮细胞向囊腔内增生，形成索状墨腺体。黏膜上皮下是疏松结缔组织，结缔组织连接着肌层和黏膜上皮细胞及墨腺体，并伸入索状墨腺体内，为墨腺细胞提供营养（王春琳等，2008）。

2. 墨囊导管

墨囊导管壁厚，从外到内可分为外膜、肌层和黏膜。外膜由疏松结缔组织和复层扁平上皮组成。肌层为平滑肌，排列规则，内层为纵肌、外环肌；环行肌发达，肌束间富有胶原纤维和弹性纤维。黏膜向导管内突起成嵴，黏膜上皮为单层柱状细胞，细胞排列紧密，核杆状，和肌肉层相连的为结缔组织，不明显，其中有丰富的细胞成分，但缺乏腺细胞。在靠近肛门处，导管的外膜与直肠的外膜紧密相连（王春琳等，2008）。

3. 墨腺

墨腺是一种非常活跃的器官，用于黑色素形成，在这个单一器官中，可以在其整个生命周期中不断产生黑色素。乌贼类分泌墨汁的组织为墨腺，墨腺位于墨囊底部，分泌的墨汁储存于墨囊腔中。墨腺体呈索状（图 11.1-3），由墨囊壁黏膜上皮细胞向墨囊腔延伸。在延伸过程中，墨腺体又向不同的方向分支。大量墨腺细胞附着在结缔组织上形成髓质，位于索状体外缘的细胞显示了同一性，所有的细胞都拥有一个大的圆形细胞核和密度均一的细胞质，细胞为圆形。靠近索状体内部的腺上皮细胞，体积较小，但核质比大，核呈圆形，细胞形状多样，不规则（图 11.1.1-4）。索状体中部是呈嗜酸性的结缔组织，细胞多边形，不规则，细胞核小，位于细胞中部，结缔组织中分布有血管（图 11.1.1-5）。墨腺有两种类型的细胞，A 型细胞没有黑色素囊泡（Melanin vesicle），此类细胞不具有形成墨汁颗粒的功能；B 型细胞含有黑色素囊泡，此类细胞具有形成墨汁颗粒的功能（Palumbo et al.，1997）。

4. 墨汁形成过程

墨汁游离地存在于索状腺体的间隙之间及墨囊腔中，既非嗜酸性也非嗜碱性，呈现黑色（图 11.1.1-6）。在细胞内，黑色素的形成如下：酪氨酸酶是黑色素生成中的限速酶，酪氨酸酶促进 L-酪氨酸的氧化，导致多巴醌的形成；这种不稳定的邻醌在快速的分子内环化中得到了一个橙色氨基色素形成多巴色素，它可以在脱羧的情况下进行重排，得到 5，6-二羟基吲哚（DHI）或 5，6-二羟基吲哚-2-羧酸（DHICA）；黑素体在氧化条件下，5，6-二羟基吲哚可以通过相应的醌共聚合，最终得到不溶的黑色素颗粒（Palumbo et al.，1997）。在 B 型细胞中观察到细胞质中分布着大量的粗面内质网和线粒体，内质网周围有较多的黑色素颗粒，合成的黑色素颗粒集中于囊泡中，囊泡与线粒体相连，并通过线粒体不断地供给能量，逐渐向细胞膜移动，最后囊泡以胞吐或细胞破碎的方式将黑色素颗粒释放到细胞外，在此过程中，囊泡中黑色素颗粒的颜色不断地加深。排出的黑色素颗粒具有两层结构，即高密度的内核和低密度的外壳（王春琳等，2008）。

第二节　连续喷墨对虎斑乌贼生物化学反应的影响

乌贼墨由黑色素、蛋白质、糖类和脂类等有机分子及多种矿物质元素组成。墨汁主要由黑色素经过一系列复杂的变化形成，乌贼墨黑色素是在墨腺中经含有黑色素囊泡的 B 型细胞形成。黑色素主要是酪氨酸在酪氨酸酶的作用下形成多巴醌，进一步氧化，经多巴色素、5，6-二羟基吲哚、黑素原色素，最后形成黑色素（王岩等，1999）。墨腺细胞通过囊泡来积累黑色素，囊泡最初形成时距细胞核较近，且其中的黑色素颗粒较少，随后囊泡逐步向细胞边缘移动，囊泡中积累的黑色素颗粒越来越多，最后墨腺细胞囊泡可能通过胞吐的方式释放墨汁颗粒储存于墨囊腔。而在外界的刺激下，墨囊导管喷出墨汁形成迷惑或防御手段来保护自身安全。但是，多次刺激出现持续喷墨对机体（行为、生理变化）产生怎样的影响未见相关报道。

一、虎斑乌贼墨溶液特性

虎斑乌贼墨溶液特性如图 11.2.1 所示。烧杯中没有出现黑色物质，观察到长颈漏斗中的液位升高，表明墨溶液浓度高于去离子水，墨汁无法穿透半透膜（图 11.2.1-A）。当平行光通过溶液时，光通路是可见的，形成了丁达尔效应（图 11.2.1-B）。所以，虎斑乌贼墨溶液是一种均匀、稳定的胶体溶液。采用紫外-可见分光光度计（UNIC 2800 UV/VIS）全波长扫描，得到虎斑乌贼墨溶液的特征波长为 320 nm。根据国家标准方法，虎斑乌贼墨溶液的标准曲线：墨溶液浓度$=89.12OD-0.0299$，$R^2=0.9999$（图 11.2.2）。

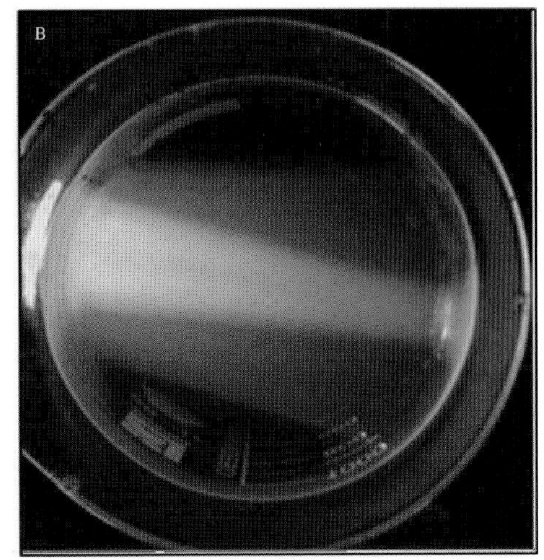

图 11.2.1　乌贼墨溶液特性

A. 乌贼墨溶液半透膜渗透试验；B. 丁达尔效应试验

（资料来源：江茂旺提供，2019）

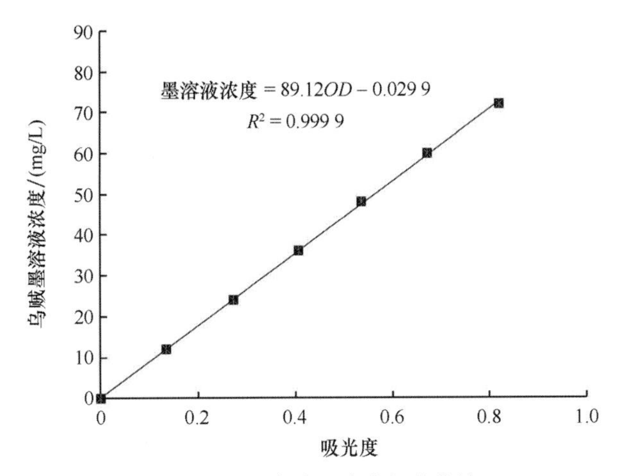

图 11.2.2　乌贼墨溶液标准曲线

（资料来源：江茂旺提供，2019）

二、喷墨频率与喷墨量之间的关系

通过描述性统计分析 3 次喷墨的重量、喷射的墨水的总重量（mg）和墨囊中的墨水含量（mg）（表 11.2.1）。如所预期的，第一次喷射的墨汁量大于第二次喷射的墨汁量，并且远大于第三次喷射的墨汁量。计算总喷墨量和墨囊中墨水的总重量，结果表明墨囊中约 90%的墨水可以连续释放。峰度和偏度分析结果表明，第一次喷墨和总喷墨量（*TIW*）的重量显示出平均值左侧的偏差，表明更多的数据位于平均值的右侧（André et al.，2014），即更多的数据大于平均值。墨水喷射频率 N 与喷射墨水重量（weight of ejected ink）之间的拟合函数关系如图 11.2.3 所示。指数函数表示为：喷射墨水的重量 = $2\ 096.4e^{-1.327N}$，$R^2 = 0.958\ 6$。

表 11.2.1 SPSS 描述统计用于分析 3 次喷墨量（mg），总喷墨量（*TIW*，mg，*n* = 333），墨囊中墨含量（*ICIS*，mg，*n* = 80）

项目	平均值	标准偏差	最大值	最小值	峰度	偏度
第一次喷墨	497.980 02	80.456	685.99	336.27	−0.558 3	0.019 1
第二次喷墨	178.34	33.723	278.03	100.92	0.296 2	0.061 1
第三次喷墨	37.91	11.02	69.51	12.33	0.179 8	0.560 4
总喷墨量	714.23	90.29	963.82	494.16	−1.116 6	0.019 1
墨囊中墨含量	795.51	113.98	1 108.47	549.84	0.197 9	0.105 2

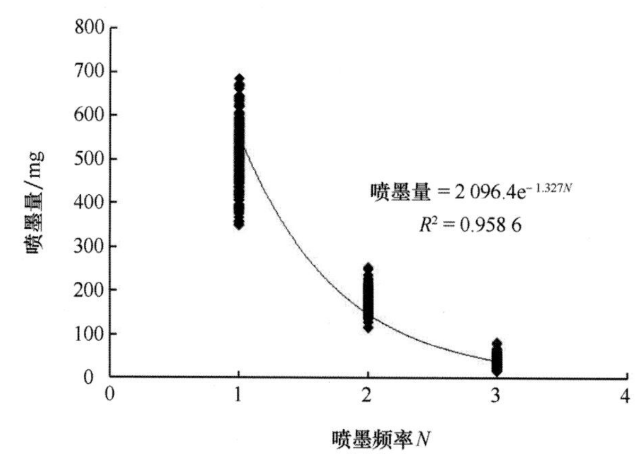

图 11.2.3 喷墨量和喷墨频率的拟合曲线函数
（资料来源：江茂旺提供，2019）

三、连续喷墨对虎斑乌贼行为变化的影响

3 次喷墨处理的喷射频率的比较如表 11.2.2 所示。第一次喷墨处理的喷射频率显著高

于其他喷墨处理的喷射频率（P <0.05）。第一次至第三次喷墨喷射频率分别为 72±11，51±9 和 28±8。在不同喷墨处理中喷射出的墨的性质如下：①具有大量黏液的致密墨水，凝胶状物质不易分散（图 11.2.4-G）；②致密的墨水，有少量黏液，略带弥散的羽状物，易在水中分散（图 11.2.4-H）；③看起来类似烟雾的墨水，几乎没有黏液，并迅速分散在水中（图 11.2.4-I）。由表 11.2.2 可知，连续喷墨对虎斑乌贼运动活力、摄食影响显著。第一次喷墨后，大部分沉于水底，6±1 min 恢复正常活力，2 h 后恢复正常摄食但摄入量下降，饵料利用率仅为 50%～70%。第二次喷墨后，刺激无反应或缓慢游动，3±1 min 恢复正常，1.6 h 后，恢复正常摄食，摄入量减少至对照组的一半。第三次喷墨后，刺激无反应，3±1 min 恢复正常，1.1 h 后恢复正常摄食，摄入量虽然下降，但利用率与对照组没有差异。

表 11.2.2　虎斑乌贼连续喷墨过程行为学变化

	喷射频率	喷出墨的性质	运动活力、摄食
第一次喷墨	72±11	浓稠、黏液多、凝胶状物质，在水中不易分散	大部分沉于水底，6±1 min 恢复正常，2 h 后恢复正常摄食但摄入量下降，饲料利用率仅为 50%～70%
第二次喷墨	51±9	浓稠、少量黏液、轻微的弥散羽状，容易分散在水中	刺激无反应或缓慢游动，3±1 min 恢复正常，1.6 h 后，恢复正常摄食，摄入量减少至对照组的一半
第三次喷墨	28±8	喷出墨似烟雾状，无或极少量黏液，在水中迅速分散	刺激无反应，3±1 min 恢复正常，1.1 h 后恢复正常摄食，摄入量虽然下降，但利用率与对照组没有差异

虎斑乌贼对捕食者的总体反应如下：虎斑乌贼试图从捕食者的视线中逃脱（此时没有喷墨现象）（图 11.2.4-A）；当掠食者接近时，乌贼体色发生改变，转变为恐吓或威胁捕食者（图 11.2.4-B）；乌贼被喷出的墨覆盖（图 11.2.4-C）；乌贼漂浮在水面（图 11.2.4-D）或沉入底部并在喷墨后隐藏（图 11.2.4-E）。在刺激之前和之后体色及模式变化如下：刺激前的体色呈苍白色，面对刺激威胁时体色发生显著的变化，同时腕部夸张地展平和加宽，游泳鳍的颜色也非常突出；刺激后乌贼浮在水面或在喷射墨水后沉到底部，体色呈深棕色（图 11. 2. 4-F）。

四、连续喷墨对虎斑乌贼组织的影响

1. 连续喷墨对虎斑乌贼肝脏组织的影响

对照组和连续喷墨处理的肝脏组织显微观察如图 11.2.5 所示，对照组的肝脏由许多不规则肝小叶组成，肝小叶内部由腺细胞和边缘的胚细胞组成，肝小叶边缘轮廓清晰，细胞数量多且排列紧密整齐。连续喷墨处理的肝脏出现大量肝小叶轮廓模糊不完整，肝小叶排列不紧密，大量的细胞核溶解，导致细胞坏死，细胞核的数量出现显著的减少，较多肝细胞出现空泡化，肝小叶胞浆出现疏松透明，肝小叶破裂与不完整。

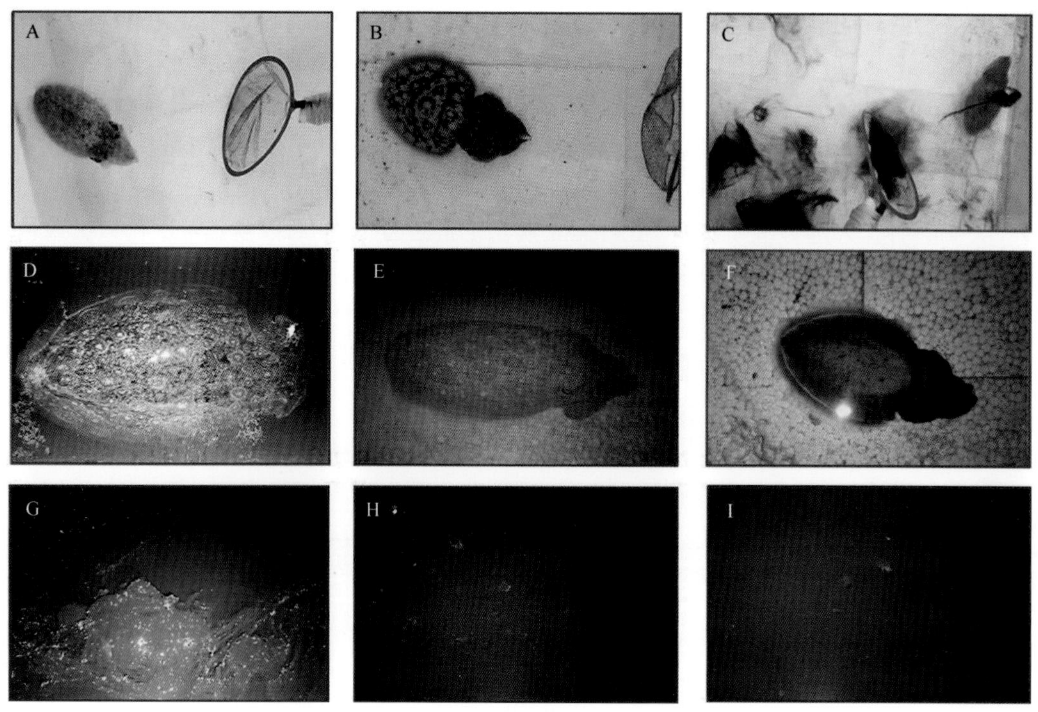

图 11.2.4 虎斑乌贼喷墨发生行为学研究

（资料来源：江茂旺提供，2019）

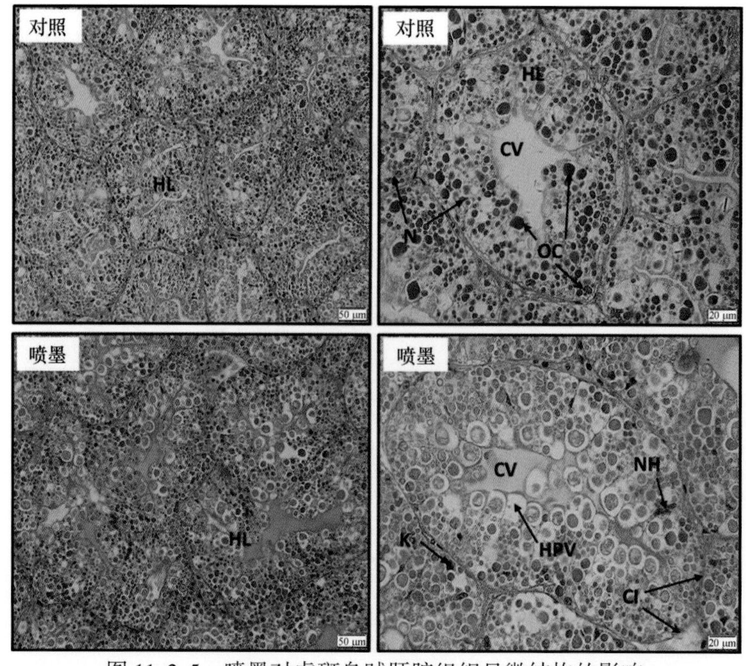

图 11.2.5 喷墨对虎斑乌贼肝脏组织显微结构的影响

HL：肝小叶；CV：中央静脉；NH：细胞核肿大；K：细胞核溶解；HPV：肝细胞空泡化；CI：肝小叶轮廓模糊

（资料来源：江茂旺提供，2019）

2. 连续喷墨对虎斑乌贼腮组织的影响

对照组和连续喷墨处理的腮组织显微观察如图 11. 2. 6 所示，对照组的虎斑乌贼鳃丝蓝色的细胞核清晰可见且排布均匀，泌氯细胞和上皮细胞致密有序排列，鳃丝中间分布着丰富的微血管，充满被伊红染成红色的红细胞，鳃丝结构完整清晰。连续喷墨处理的鳃组织出现较多的泌氯细胞和上皮细胞核溶解，细胞数量减少，较多上皮细胞出现空泡化，上皮细胞排列紊乱，鳃丝肿胀淤血，鳃丝轮廓模糊不完整，严重时鳃丝出现脱落、断裂。

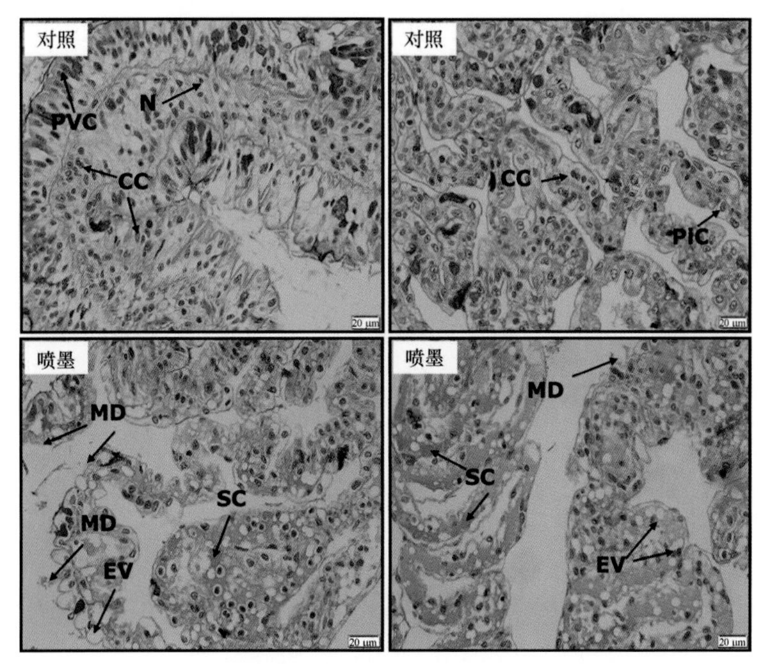

图 11. 2. 6　连续喷墨对虎斑乌贼腮组织显微结构的影响

SC：鳃丝肿胀淤血；N：细胞核；CC：泌氯细胞；PVC：上皮细胞；PiC：柱状细胞；EV：细胞空泡化；MD：腮丝损伤脱落、断裂

（资料来源：江茂旺提供，2019）

3. 连续喷墨对虎斑乌贼墨腺组织的影响

对照组和连续喷墨处理的墨腺组织显微观察如图 11. 2. 7 所示，对照组的墨腺细胞呈柱状，排列紧密，细胞核明显，结缔组织通路经 HE 染色呈深红色，路径连接通顺。连续喷墨处理的墨腺组织出现细胞数量减少，较多上皮细胞出现空泡化，细胞排列不规则，细胞凋亡。

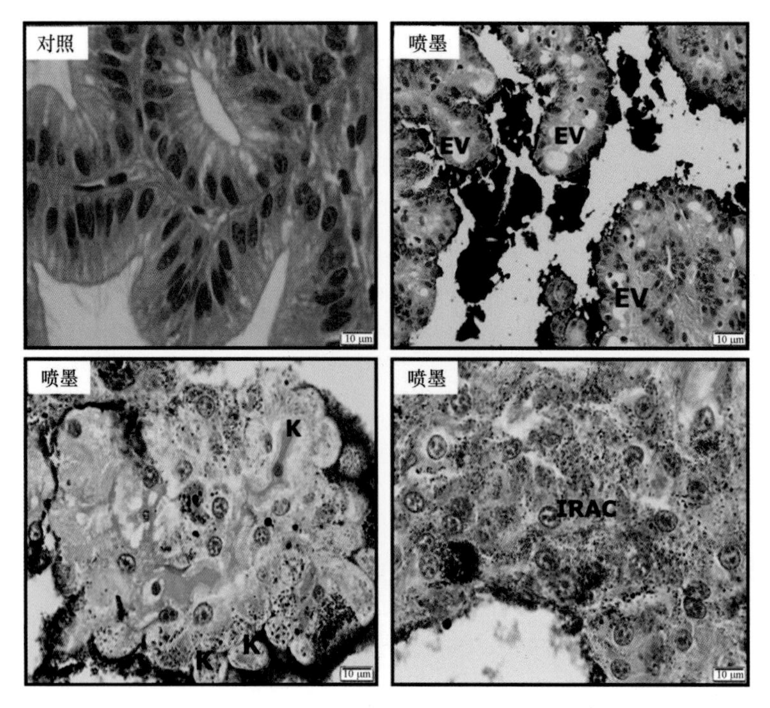

图 11.2.7 连续喷墨对虎斑乌贼墨腺组织显微结构的影响
EV：细胞空泡化；K：细胞凋亡；IRAC：细胞排列不规则
（资料来源：江茂旺提供，2019）

第三节 主要环境因子及墨浓度对虎斑乌贼存活、生长的影响

盐度作为生物体活动的重要环境因子，对生物体的各个生长发育阶段（从受精卵到成体）都存在着显著的影响（Stickney et al.，1991；Sen，2005；刘锡胤等，2000；冯新等，2008）。不同种类的头足类，其幼体的适宜盐度范围有所差异（王跃斌等，2013；张玉玉等，2010；周维武等，2007；彭瑞冰等，2014；乐可鑫等，2015；郑小东等，2010）。陈四清等（2008）研究发现，当盐度低于 22 时，金乌贼幼体的成活率明显下降，而在高盐度 37 条件下，幼体的成活率仍高达 67%，认为金乌贼幼体对高盐度的适应性较强；黄建盛等发现虎斑乌贼在盐度 15 时，幼体体色发白，喷墨现象严重，24 h 后全部死亡，在盐度 24~33 时，幼体活力较强，对外界刺激反应灵敏；乐可鑫等（2015）研究发现，相较于盐度突变，在盐度渐变条件下，虎斑乌贼幼体具有更高的成活率，且通过盐度渐变可以拓宽幼体盐度的适应范围。盐度除了可以影响生物体的存活和生长外，对生物体的生化组分也具有一定影响，彭瑞冰等（2014）研究发现，不同盐度（18~33）对拟目乌贼幼体的水分、粗蛋白含量均有显著影响，对灰分和粗脂肪影响不显著，其体内的水分随着盐度升高而降低，粗蛋白随着盐度升高呈先增后减的趋势。

温度作为生态环境中重要的影响因子之一，对生物体的存活与生长具有显著影响。特别对于幼体尤其显著，未发育完善的生理机能，使它们对于外界环境的变化极为敏感，受外界的影响尤为突出。虎斑乌贼幼体在温度突变幅度为±4℃时，10 h 内成活率将下降10%左右，若突变幅度大于±8℃时，4 h 内就将全部死亡（文菁等，2011；刘建勇等，2010）；尹飞等（2005）研究发现，曼氏无针乌贼（*Sepiella maindroni*）幼体受温度突变影响（起始 20℃），高于 32℃或低于 12℃时，幼体在 48 h 内就会全部死亡，且观察发现处于低温时，幼体活动量减少，不摄食，墨囊中的墨不受控制地流出，当处于高温时，幼体短时间内出现死亡现象。适宜的温度环境不仅能提高成活率，还能促进生长速率，研究表明太平洋鱿（*Todarodes pacificus*）、科氏滑柔鱼（*Illex coindetii*）、曼氏无针乌贼等品种的生长发育受温度影响显著，在一定范围内其成活率和特定生长率与温度呈正相关（Vecchione et al.，1981；Boletzky et al.，1987；D'Aniello et al.，1989；Fagundez et al.，1992；Sakurai et al.，1996；Cinti et al.，2004）。

一、盐度突变对虎斑乌贼喷墨的影响

1. 盐度突变对虎斑乌贼成活率的影响

盐度突变对虎斑乌贼成活率有显著（$P<0.05$）影响，随着盐度的上升，各组成活率呈先上升后下降的趋势。其中，盐度 26 组的成活率最高（95%），与盐度 22 组和对照组（盐度 24）的虎斑乌贼成活率无显著差异（$P>0.05$），但显著高于盐度 18 组、20 组、28 组及 30 组（$P<0.05$）。盐度 18 组和 30 组的成活率最低（0%），显著低于盐度 20 和 28 组（$P<0.05$）。盐度 20 组的成活率显著高于盐度 28 组（$P<0.05$）（图 11.3.1）。

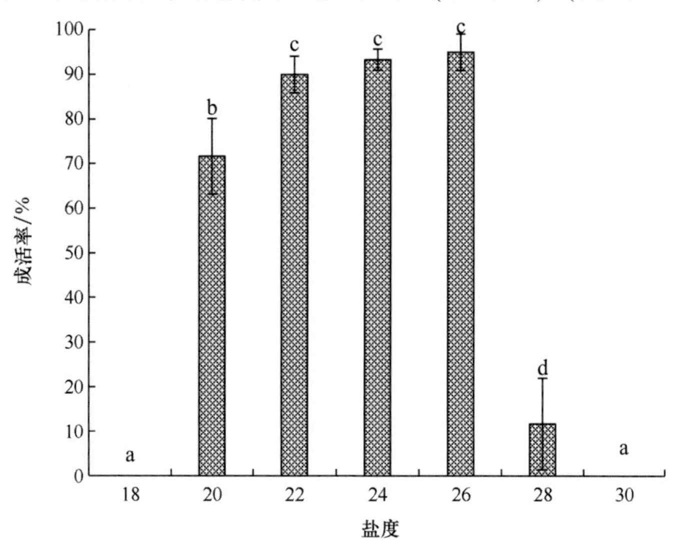

图 11.3.1　盐度突变对虎斑乌贼成活率的影响
（资料来源：赵晨曦提供，2019）

2. 盐度突变对虎斑乌贼喷墨的影响

盐度突变对虎斑乌贼喷墨有显著影响（$P<0.05$）。对照组（盐度 24）的虎斑乌贼未

出现喷墨现象，盐度 26 组的虎斑乌贼也未出现喷墨现象。盐度 18 组的虎斑乌贼在实验开始 5 min 后，所有个体即出现大量喷墨后死亡的现象。盐度 20 组的虎斑乌贼在实验开始 6 h 后出现少量个体喷墨现象，其喷墨量较少。盐度 22 组乌贼在实验开始 12 h 后，有个别出现喷墨现象，但喷墨量极少。盐度 28 组乌贼在实验开始 15 min 后，即出现几乎所有个体大量喷墨死亡的现象，但有极少个体未出现喷墨并存活。盐度 30 组乌贼在实验开始 3min 后即出现所有个体大量喷墨死亡的现象（表 11. 3. 1）。

表 11. 3. 1 盐度突变对虎斑乌贼喷墨的影响

盐度	喷墨乌贼数量	开始喷墨时间	乌贼喷墨量
18	全部个体喷墨	5 min	大量
20	少量个体喷墨	6 h	少量
22	个别喷墨	12 h	极少量
24	无喷墨个体	—	—
26	无喷墨个体	—	—
28	几乎全部个体喷墨	15 min	大量
30	全部个体喷墨	3 min	大量

二、温度突变对虎斑乌贼喷墨的影响

1. 温度突变对虎斑乌贼成活率的影响

温度突变对虎斑乌贼成活率有显著（$P<0.05$）影响，随着温度的上升，各组成活率呈先上升后下降的趋势。其中，温度对照组（24℃）的成活率最高（96. 67%），与温度 22℃组和温度 26℃组的虎斑乌贼成活率无显著差异（$P>0.05$），但显著高于温度 18℃组、20℃组、28℃组、30℃组和 32℃组（$P<0.05$）。温度 18℃和 30℃组的成活率最低（0%），显著低于温度 20℃组、28℃组和 30℃组（$P<0.05$）。温度 20℃组的成活率显著低于温度 28℃和 30℃组（$P<0.05$）。温度 28℃组的成活率显著高于温度 30℃组（$P<0.05$）（图 11. 3. 2）。

2. 温度突变对虎斑乌贼喷墨的影响

温度突变对虎斑乌贼喷墨有显著影响（$P<0.05$）。对照组（温度 24℃）的虎斑乌贼未出现喷墨现象，温度 26℃组的虎斑乌贼也未出现喷墨现象。温度 18℃组的虎斑乌贼在实验开始 2 min 后，所有个体即出现肌肉僵硬的现象并在短时间内死亡，但大部分乌贼未出现喷墨现象，少数乌贼出现大量喷墨死亡的现象。温度 20℃组的虎斑乌贼在实验开始 8 h 后出现大量个体喷墨现象，其喷墨量较大。温度 22℃组乌贼在实验开始 15 h 后，有个别出现喷墨现象，喷墨量较少。温度 28℃组乌贼在实验开始 30 min 后，出现个别乌贼喷墨并且喷墨量较大而最终死亡。温度 30℃组乌贼在实验开始 30 min 后，出现少量个体大

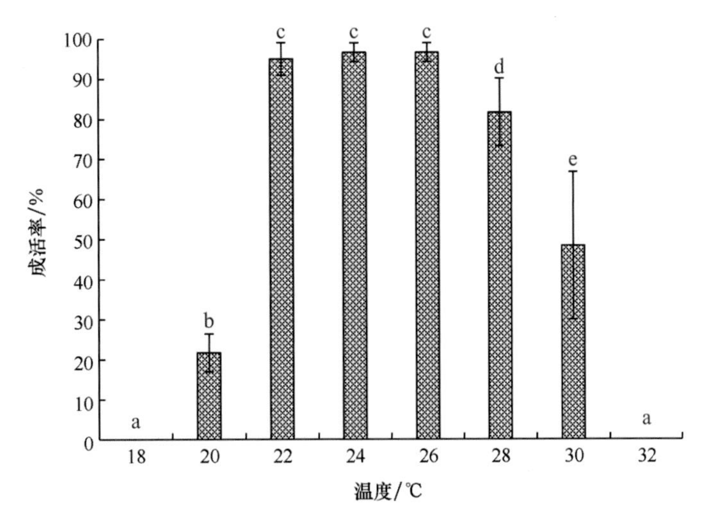

图 11. 3. 2　温度突变对虎斑乌贼成活率的影响
（资料来源：赵晨曦提供，2019）

量喷墨的现象。温度 32℃组在实验开始 5 min 后即出现全部个体大量喷墨后死亡现象（表 11. 3. 2）。

表 11. 3. 2　温度突变对虎斑乌贼喷墨的影响

温度	喷墨乌贼数量	开始喷墨时间	乌贼喷墨量
18	少量个体喷墨	2 min	大量
20	大量个体喷墨	8 h	大量
22	个别个体喷墨	15 h	少量
24	无喷墨个体	—	—
26	无喷墨个体	—	—
28	个别个体喷墨	30 min	大量
30	少量个体喷墨	30 min	大量
32	全部个体喷墨	5 min	大量

三、不同墨浓度对虎斑乌贼成活率的影响

不同墨浓度对虎斑乌贼成活率有显著（$P<0.05$）影响，随着墨汁浓度的上升，各组成活率呈明显下降趋势（图 11. 4. 3）。其中，对照组（0 mg/L）成活率最高（71. 25%），与墨浓度 5 mg/L 组的虎斑乌贼成活率无显著差异（$P>0.05$），但随着墨汁浓度的上升，各组成活率呈明显下降趋势。墨浓度 10 mg/L、15mg/L 和 20 mg/L 组之间无显著差异（$P>0.05$），但显著低于对照组（0 mg/L）和 5 mg/L 组，其中墨浓度 20 mg/L 组的成活率最低（42. 5%）。

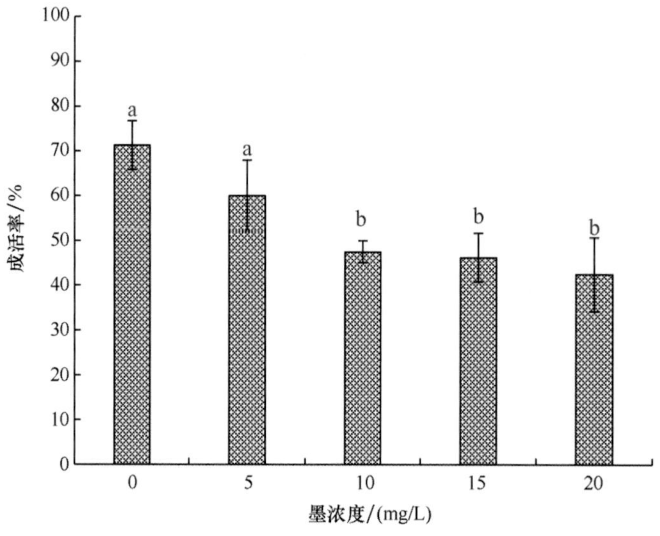

图 11.4.3 不同墨浓度对虎斑乌贼成活率的影响

（资料来源：赵晨曦提供，2019）

四、不同墨浓度对虎斑乌贼生长的影响

1. 不同墨浓度对虎斑乌贼胴长的影响

不同墨浓度养殖对虎斑乌贼胴长影响显著（$P<0.05$）（图 11.4.4）。虎斑乌贼随着墨浓度的上升，胴长增长呈现下降的趋势，培养 21 d 后，对照组（0 mg/L）平均胴长最长达到 1.84 cm，与其他组差异显著（$P<0.05$）。墨浓度 5 mg/L 组的乌贼平均胴长低于对照组，但显著高于其他各组（$P<0.05$），墨浓度≥10 mg/L 各组的胴长无显著差异（$P>0.05$）。

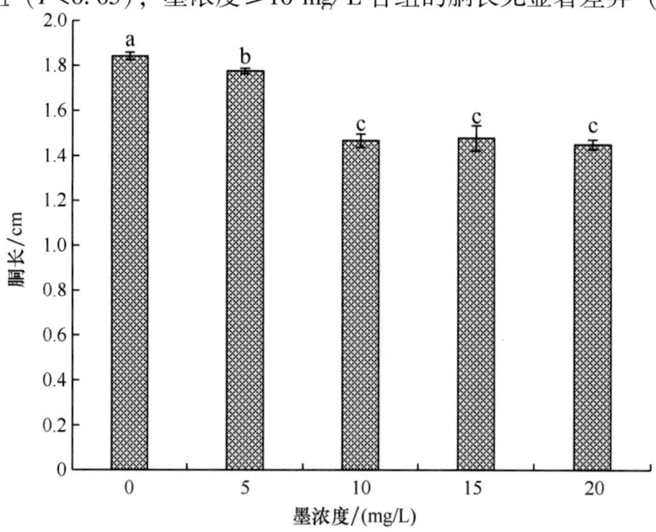

图 11.4.4 不同墨浓度对虎斑乌贼胴长的影响

（资料来源：赵晨曦提供，2019）

2. 不同墨浓度对虎斑乌贼增重率的影响

不同乌贼墨浓度对虎斑乌贼的增重率有显著影响（$P<0.05$）（图 11.4.5）。随着墨浓度的上升，虎斑乌贼增重率呈现下降的趋势。对照组（0 mg/L）的增重率最大，达到 449.42%，与墨浓度 5 mg/L 组无显著差异（$P>0.05$），显著高于其他各组（$P<0.05$）；10 mg/L 组增重率显著低于对照组（0 mg/L）与墨浓度 5 mg/L 组（$P<0.05$），但高于 15 mg/L 组和 20 mg/L 组（$P<0.05$）；墨浓度 20 mg/L 组增重率最低（182.42%），与 15 mg/L 组的差异不显著（$P>0.05$）。

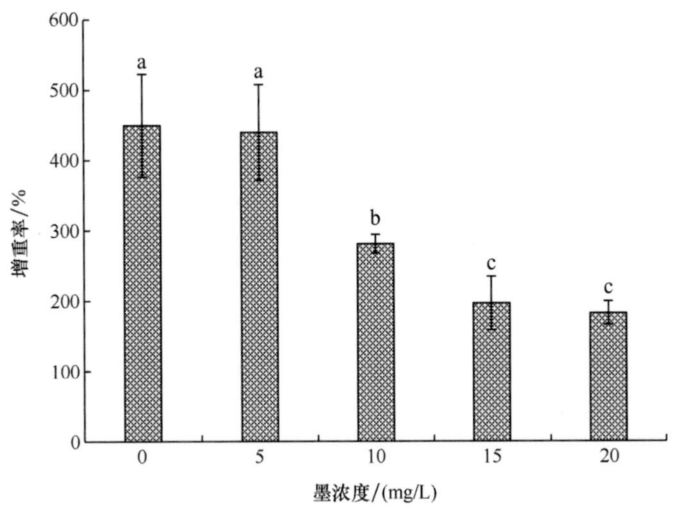

图 11.4.5　不同墨浓度对虎斑乌贼增重率的影响

（资料来源：赵晨曦提供，2019）

3. 不同墨浓度对虎斑乌贼特定生长率的影响

不同墨浓度对虎斑乌贼的特定生长率影响显著（$P<0.05$）（图 11.4.6）。虎斑乌贼随

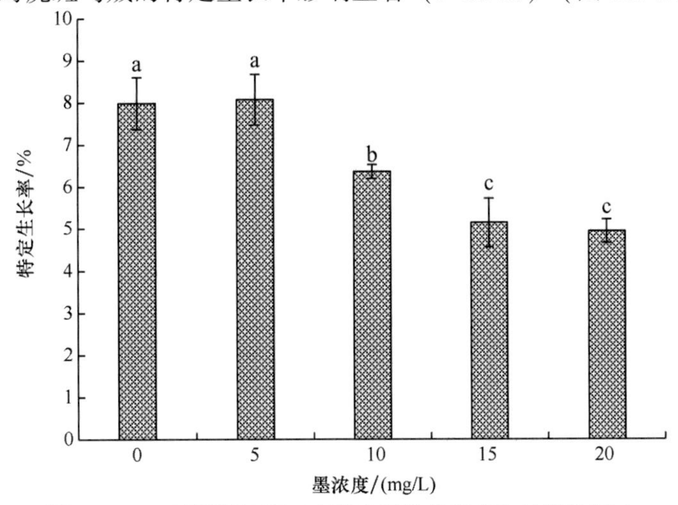

图 11.4.6　不同墨浓度对虎斑乌贼幼体特定生长率的影响

（资料来源：赵晨曦提供，2019）

着墨浓度梯度的上升，特定生长率呈现下降的趋势。对照组（0 mg/L）的特定生长率最大（8.07%），与墨浓度 5 mg/L 组（7.99%）无显著差异（$P>0.05$），但显著高于其他各组（$P<0.05$）；墨浓度 10 mg/L 组的特定生长率显著高于 15 mg/L 和 20 mg/L 组（$P<0.05$），但显著低于对照组（0 mg/L）和墨浓度 5 mg/L 组（$P>0.05$）；墨浓度>10 mg/L 的各组之间差异不显著（$P>0.05$），其中墨浓度 20 mg/L 组的特定生长率为最低（4.93%）。

参考文献

曹璐, 2013. 鱿鱼墨多糖对环磷酰胺所致小鼠肠道黏膜上皮细胞损伤的保护作用研究. 青岛：中国海洋大学：1-74.

陈超刚, 宜香, 谭炳炎, 等, 2002. 多烯脂肪酸对海马神经元细胞脂肪酸构成和生长的作用. 营养学报, 24（3）：265-268.

陈道海, 王雁, 梁汉青, 等, 2012. 虎斑乌贼（*Sepia pharaonis*）胚胎发育及孵化历期观察. 海洋与湖沼, 43（2）：394-400.

陈道海, 文菁, 赵玉燕, 等, 2014. 野生与人工养殖的虎斑乌贼肌肉营养成分比较. 食品科学, 35（7）：217-222.

陈道海, 郑亚龙, 2013. 虎斑乌贼（*Sepia pharaonis*）繁殖行为谱分析. 海洋与湖沼, 44（4）：931-936.

陈文强, 2006. 微量元素锌与人体健康. 微量元素与健康研究, 23（4）：62-65.

陈新军, 刘必林, 王尧耕, 2009. 世界头足类. 北京：海洋出版社.

陈奇成, 蒋霞敏, 韩庆喜, 等, 2019. 虎斑乌贼精子发生及精子超微结构. 宁波大学学报（理工版）, 32（02）：1-8.

陈思涵, 彭瑞冰, 黄晨, 等, 2018. 急性氨氮胁迫对虎斑乌贼肝脏、鳃和脑组织结构的影响. 水产学报, 42（9）：22-31.

陈小娥, 2000. 曼氏无针乌贼墨的主要营养成分研究. 浙江海洋学院学报（自然科学版）, 19（4）：324-326.

陈学存, 1984. 应用营养学. 北京：人民卫生出版社：8-14.

戴宏杰, 陈道海, 2014. 头足类营养研究进展. 动物营学报, 26（3）：1-8.

戴宏杰, 孙玉林, 冯梓欣, 等, 2016. 雌性虎斑乌贼缠卵腺营养成分分析与评价. 食品科学, 37（14）：97-103.

戴远棠, 谢晓晖, 黄国光, 等, 2012. 虎斑乌贼幼体对盐度及 pH 值耐受力的研究. 河北渔业,（10）：8-11.

樊甄姣, 吕振明, 吴常文, 等, 2009. 野生金乌贼蛋白质和脂肪酸成分分析与评价. 营养学报, 31（5）：513-515.

方尔笠, 顾洛田, 苏平, 等, 1994. 海螵蛸防治胃溃疡作用的机理探讨. 中国中西医结合杂志, 14（2）：101-103.

付畅, 黄宇, 2011. 转录组学平台技术及其在植物抗逆分子生物学中的应用. 生物技术通报,（6）：40-46.

付以同, 何凤生, 1990. 谷氨酸及其类似物研究的某些进展. 国外医学：卫生学分册,（3）：150-154.

高晓兰, 蒋霞敏, 乐可鑫, 等, 2014. 野生虎斑乌贼不同组织营养成分分析及评价. 动物营养学报, 26（12）：3858-3867.

高学敏, 2002. 中药学. 北京：中国中医药出版社：1-582.

郭晓强, 孙连云, 2005. Na^{+}-K^{+}-ATP 酶 γ 亚基的研究进展. 国际检验医学杂志, 26（6）：369-371.

谷毅鹏, 张云波, 刘华忠, 等, 2014. 乌贼墨多糖对环磷酰胺致小鼠卵巢损伤的保护作用. 食品工业科技, 35（17）：358-361.

郭艳香, 2008. 降磷散粉（海螵蛸）治疗腹膜透析患者高磷血症的研究. 浙江临床医学, 1（9）: 1236-1237.

郭一峰, 冯伟华, 焦炳华, 等, 2007. 海螵蛸基础研究和临床应用. 中药材, 30（8）: 1042-1045.

郝振林, 宋坚, 常亚青, 2011. 长蛸肌肉主要营养成分分析及评价. 营养学报, 33（4）: 416-418.

黄建盛, 陈刚, 张健东, 等, 2012. 盐度对虎斑乌贼（*Sepia pharaonis*）受精卵孵化及幼体活力的影响. 广东海洋大学学报, 32（1）: 35-38.

黄建盛, 陈刚, 张健东, 等, 2014. 野生虎斑乌贼（Sepiap haraonis）肌肉主要营养成分分析及评价. 营养学报, 36（5）: 502-504.

江茂旺, 蒋霞敏, 高晓兰, 等, 2016. 野生与人工养殖虎斑乌贼墨的生化组分分析与比较. 生物学杂志, 33（4）: 29-33.

江茂旺, 蒋霞敏, 梁晶晶, 等, 2016. 不同生长时期虎斑乌贼内壳营养成分含量分析比较. 动物营养学报, 28（7）: 2300-2308.

蒋淑丽, 2007. 稻米矿质元素分析及其近红外测定技术的研究. 杭州: 浙江大学: 1-101.

蒋霞敏, 彭瑞冰, 罗江, 等, 2012. 野生拟目乌贼不同组织营养成分分析及评价. 动物营养学报, 24（12）: 2393-2401.

蒋霞敏, 彭瑞冰, 罗江, 等, 2013. 温度对拟目乌贼胚胎发育及幼体的影响. 应用生态学报, 24（5）: 1183-1191.

蒋霞敏, 罗江, 彭瑞冰, 等, 2014. 水泥池养殖条件下虎斑乌贼的生长特性. 宁波大学学报（理工版）, 2: 1-6.

金玲, 居明秋, 2000. 海螵蛸制胃酸量测定. 中成药, 2（6）: 454-455.

景冬樱, 张文仁, 卞俊, 等, 2004. 复凝粉止血作用实验研究. 解放军药学学报, 20（6）: 445-447.

乐可鑫, 蒋霞敏, 彭瑞冰, 等, 2014. 4 种生态因子对虎斑乌贼幼体生长与存活的影响. 生物学杂志, 31（4）: 33-37.

乐可鑫, 蒋霞敏, 汪元, 等, 2015. 盐度对虎斑乌贼幼体生长与酶活的影响. 热带海洋学报, 34（6）: 64-72.

乐可鑫, 汪元, 彭瑞冰, 等, 2016. 饥饿和再投喂对虎斑乌贼幼体存活、生长和消化酶活力的影响. 应用生态学报, 27（6）: 2002-2008.

乐可鑫, 2016. 几种生态因子对虎斑乌贼幼体生长与存活的影响. 宁波: 宁波大学.

乐小炎, 2014. 乌贼墨多糖干预环磷酰胺介导睾丸氧化应激损伤的 Nrf2/ARE 调控机制研究. 湛江: 广东海海洋大学: 1-41.

李晨晨, 朱婷婷, 陆游, 等, 2018. 周期性饥饿再投喂对虎斑乌贼幼体生长性能、抗氧化指标、消化酶活性、氨基酸组成和脂肪酸组成的影响. 动物营养学报, 30（10）: 204-215.

李建平, 蒋霞敏, 赵晨曦, 等, 2019. 虎斑乌贼室内规模化养殖技术研究. 生物学杂志, 36（2）: 68-72.

李建秋, 李雪锋, 周薇薇, 2012. 海螵蛸颗粒剂干预尿毒症血透患者钙磷代谢的临床研究. 中国中西医结合肾病杂志, 13（3）: 246-247.

李林辉, 石建军, 闵清龙, 2013. 健脾解毒汤治疗幽门螺杆菌相关消化性溃疡随机平行对照研究. 实用中医内科杂志, 27（9）: 40-42.

李兆杰, 杨丽君, 王静, 等, 2010. 卵黄蛋白原的研究进展. 生命科学, 22（3）: 284-290.

李晓君, 武媛丽, 孔冉, 等, 2013. 植物 A20/AN1 型锌指蛋白基因功能研究进展. 生物技术通报,（12）: 6-14.

林建斌, 陈度煌, 朱庆国, 等, 2010. 3 种石斑鱼肌肉营养成分比较初探. 福建农业学报, 25（5）: 548-553.

刘慧慧, 迟长凤, 李海峰, 2013. 舟山海域小黄鱼主要营养成分分析. 营养学报, 35（6）: 604-606.

刘建军，陈卫红，2001. 中华猕猴桃微量元素测定分析. 广东微量元素科学，8（4）：64-65.
刘建勇，许光林，简润超，等，2010. 温度对虎斑乌贼受精卵孵化及幼体存活的影响. 广东海洋大学学报，30（6）：87-90.
刘琳娜，安海文，2014. 海螵蛸颗粒剂联合血液透析滤过对维持性血液透析患者血清钙磷及甲状旁腺激素的影响. 北京中医药，33（12）：934-935.
刘凌云，郑光美，1997. 普通动物学. 北京：高等教育出版社.
刘璐，韦昊麟，王国良，等，2017. 贪食迈阿密虫的体外培养及有效抗虫药物筛选. 宁波大学学报（理工版），30：11-14.
刘玉锋，毛阳，王远红，等，2011. 日本枪乌贼的营养成分分析. 中国海洋大学学报（自然科学版），41（增刊）：341-343.
刘源，2012. 海螵蛸/骨形态发生复合蛋白人工骨成骨及再血管化的初步研究. 大连：大连医科大学：1-38.
刘兆金，印遇龙，邓敦，等，2005. 精氨酸生理营养研究. 氨基酸和生物资源，27（4）：54-57.
吕玉娣，邓金梅，罗丽珍，等，2011. 珍珠层粉加呋喃西林外敷治疗压疮的疗效观察. 现代临床护理，10（4）：54-55.
吕子全，郭非凡，2012. 内源性代谢分子—亮氨酸调节机体生理功能. 生理科学进展，43（5）：337-340.
马维娜，杨吉贤，1996. 乌贼墨的研究. 长春中医学院学报，12（57）：52-52.
毛湘冰，黄志清，陈小玲，等，2011. 亮氨酸调节哺乳动物骨骼肌蛋白质合成的研究进展. 动物营养学报，23（5）：709-714.
莫永亮，程素敏，王宁，等，2017. ICP-AES 测定西红柿中的微量元素 Ca、Zn. 微量元素与健康研究，34（2）：1-2.
彭瑞冰，蒋霞敏，于曙光，等，2013. 几种生态因子对拟目乌贼胚胎发育的影响. 生态学报，33（20）：6560-6568.
彭瑞冰，蒋霞敏，乐可鑫，等，2014. 盐度对拟目乌贼生长及生化成分的影响. 海洋环境科学，33（5）：719-723.
彭瑞冰，乐可鑫，蒋霞敏，等，2015. 虎斑乌贼受精卵卵黄营养成分分析. 水产学报，39（7）：1034-1042.
郄文娟，黄鸿雁，2003. 微量元素锌与健康. 微量元素与健康研究，20（2）：61-61.
阮鹏，蒋霞敏，韩庆喜，等，2016. 社会等级因素对虎斑乌贼生长、存活及相关酶活的影响. 水产学报，40（12）：1897-1905.
宋超，庄平，章龙珍，等，2007. 野生及人工养殖中华鲟幼鱼肌肉营养成分的比较. 动物学报，53（3）：502-510.
宋超霞，王春琳，邵银文，等，2009. 野生与养殖曼氏无针乌贼肌肉的营养成分和评价. 营养学报，31（3）：301-303.
孙玉林，罗琴琴，冯梓欣，等，2018. 响应面法优化虎斑乌贼内脏多糖提取工艺及抗氧化活性、吸湿保湿性能研究. 食品工业科技，402（10）：188-195.
孙伟红，冷凯良，林洪，等，2010. 刺参不同部位中主要营养成分分析与评价. 动物营养学报，22（1）：212-220.
谭永胜，刘建勇，徐彬晓，2011. 高锰酸钾对虎斑乌贼胚胎和幼体的毒性研究. 水产养殖，32（1）：12-15.
王劲松，王艳，周培根，等，2007. 海螵蛸凝血活性的研究. 天然产物研究与开发，19：408-410.
王晶，桑建利，2011. 水通道蛋白的基本结构与特异性通透机理. 生物学通报，46（2）：19-22.
王鹏帅，蒋霞敏，阮鹏，等，2015. 几种生态因子对虎斑乌贼胚胎耗氧率的影响. 见：2015 年中国水产学会学术年会论文摘要集.
王鹏帅，蒋霞敏，阮鹏，等，2016. 虎斑乌贼的胚胎耗氧率. 应用生态学报，27（7）：2357-2362.

王鹏帅，蒋霞敏，韩庆喜，等，2017. 盐度和温度对不同规格虎斑乌贼幼体的耗氧率、排氨率和窒息点的影响. 水生生物学报，41（5）：1027-1035.

王鹏帅，2017. 几种生态因子对虎斑乌贼胚胎和幼体耗氧率的影响. 宁波：宁波大学.

王双健，丁玉惠，周爽男，等，2017. 虎斑乌贼喷墨卵与正常卵的比较. 水产学报，41（3）：366-373.

王欣，李国明，2005. 乌贼墨的药理作用研究进展. 医学综述，11（9）：825-827.

王杏珠，1995. 日本乌贼墨的开发和利用. 海洋信息，（12）：15.

王茵，吴成业，郭建兴，等，2010. 巨骨舌鱼肌肉的营养成分分析及评价. 福建农业学报，25（4）：491-495.

文菁，曹观蓉，李施颖，等，2011. 环境因子对虎斑乌贼幼体存活率及行为的影响. 水产科学，30（6）：321-324.

肖述，2003. 乌贼海螵蛸形成机理研究. 青岛：中国海洋大学：1-63.

谢晓晖，黄国光，梁伟峰，等，2011. 虎斑乌贼幼体的摄食、排泄及不可逆点的研究. 大连海洋大学学报，26（4）：352-355.

谢晓晖，黄国光，梁伟峰，等，2012. 虎斑乌贼（*Sepia pharaonis*）胚胎发育及孵化历期观察. 海洋与湖沼，43：394-400.

徐文琳，2003. Na～⁺，K～⁺-ATPase 研究进展. 国外医学（生理、病理科学与临床分册），23（5）：531-534.

严安生，熊传喜，钱健旺，等，1995. 鳜鱼含肉率及鱼肉营养价值的研究. 华中农业大学学报，14（1）：80-84.

尹飞，王春琳，宋微微，2005. 曼氏无针乌贼幼体生态因子耐受性的研究. 广东海洋大学学报，25（4）：39-43.

张晓煜，刘静，袁海燕，等，2004. 不同地域环境对枸杞蛋白质和药用氨基酸含量的影响. 干旱地区农业研究，22（3）：100-104.

赵艳芳，宁劲松，尚德荣，2009. 牡蛎、缢蛏和菲律宾蛤仔中微量元素的分析研究. 广东微量元素科学，16（9）：50-54.

赵研，范鑫鹏，许媛，等，2011. 八种海洋盾纤类纤毛虫的形态学研究. 水生生物学报，35：929-939.

赵中杰，江佩芬，李昂，1990. 海螵蛸中碳酸钙、微量元素和氨基酸的测定. 中国中药杂志，15（1）：41-43.

郑小东，杨建敏，王海艳，等，2003. 金乌贼墨汁营养成分分析及评价. 动物学杂志，38（4）：32-34.

周爽男，吕腾腾，陈奇成，等，2018. 光照强度与光周期对虎斑乌贼胚胎发育的影响. 应用生态学报，29（6）：2059-2067.

周爽男，陈奇成，江茂旺，等，2019. 光照强度对虎斑乌贼生长、存活、代谢及相关酶活性的影响. 应用生态学报，30（6）：2072-2078.

周爽男，2019. 光照强度与光周期对虎斑乌贼胚胎和幼乌贼的影响. 宁波：宁波大学.

朱健，闵宽洪，张成锋，等，2007. 尼罗尖吻鲈鱼肉营养成分的测定及评价. 营养学报，29（1）：97-99.

朱珏，王敏，李石强，2012. 水产养殖中微量元素的作用. 饲料博览，（6）：41-43.

朱婷婷，李晨晨，陆游，等，2018. 周期性饥饿再投喂对虎斑乌贼幼体生长性能、抗氧化指标、消化酶活性、氨基酸组成和脂肪酸组成的影响. 动物营养学报，30（10）：204-215.

祝清秀，李映东，2013. 海螵蛸联合司维拉姆干预尿毒症 MHD 患者高磷血症效果分析. 当代医学，19（36）：103-105.

宗爱珍，2013. 硫酸化乌贼墨多糖抗肿瘤生长和转移的活性及机制研究. 济南：山东大学：1-94.

Abdussamad E, Meiyappan M, Somayajulu K, 2004. Fishery, population characteristics and stock assessment of cuttlefishes, *Sepia aculeata* and *Sepia pharaonis* at Kakinada along the east coast of India. Bangladesh Journal of Fishery Research, 8 (2): 143–150.

Altschul S F, Gish W, Miller W, et al., 1990. Basic local alignment search tool. Journal of Molecular Biology, 215 (3): 403–410.

Anders S, Huber W, 2012. Differential expression of RNA-Seq data at the gene level–the DESeq package. 2012.

Anderson F E, Engelke R, Jarrett K, et al., 2010. Phylogeny of the *Sepia pharaonis* species complex (Cephalopoda: Sepiida) based on analyses of mitochondrial and nuclear DNA sequence data. Journal of Molluscan Studies, 77 (1): 65–75.

Anil M K, Andrews J, Unnikrishnan C, 2005. Growth, behavior, and mating of pharaoh cuttlefish (*Sepia pharaonis* ehrenberg) in captivity. The Israeli Journal of Aquaculture, 57 (1): 25–31.

Aoyama T, Nguyen T, 1989. Stock assessment of cuttlefish off the coast of the People's Democratic Republic of Yemen. Journal of National Fishery University (Japan), 37 (2–3): 61–112.

Arendt K E, Jonasdttir S H, Hansen P J, et al., 2005. Effects of dietary fatty acid on the reproductive success of the calanoid copepod *Temora longicornis*. Advances in Marine Biology, 146 (3): 513–530.

Barord G J, Keister K N, Lee P G, 2010. Determining the effects of stocking density and temperature on growth and food consumption in the pharaoh cuttlefish, *Sepia pharaonis*, Ehrenberg 1890. Aquaculture International, 18 (3): 271–283.

Bello G, 2006. Cuttlebones of three exotic *Sepia* species (Cephalopoda, Sepiidae) stranded on the Apulian coast (Italy), south-western Adriatic Sea. Basteria, 70 (1/3): 9–12.

Bell M V, Henderson R J, Pirie B J B, et al., 1985. Effects of dietary polyunsaturated fatty acid deficiencies on mortality, growth and gill structure in the turbot *Scphthalmus maximus*. Journal of Fish Biology, 26 (2): 181–191.

Berbert A A, Kondo C R M, Almendra C L, et al., 1987. Supplementation of fish oil and olive oil in patients with rheumatoid arthritis. Nutrition, 21 (2): 131–136.

Boal J G, Hylton R A, Gonzalez S A, et al., 1999. Effects of crowding on the social behavior of cuttlefish (*Sepia officinalis*). Contemporary topics in laboratory animal science / American Association for Laboratory Animal Science, 38 (1): 49–55.

Boletzky S V, Hanlon R T, 1983. A review of the laboratory maintenance, rearing and culture of cephalopod molluscs. Memorie of Natural Museum Victoria, 44: 147–187.

Boucaud-Camou A E, Roper C F E, 1995. Digestive enzymes in paralarval cephalopods. Bulletin of Marine Science–Miami, 57: 313–327.

Boyle P R, Rodhouse P, 2005. Cephalopods: ecology and fisheries. Blackwell Publ.

Bystriansky J S, Schulte P M, 2011. Changes in gill H^+–ATPase and Na^+/K^+–ATPase expression and activity during freshwater acclimation of Atlantic salmon (*Salmo salar*). Journal of Experimental Biology, 214 (Pt 14): 2435.

Chembian A J, Mathew S, 2011. Migration and spawning behavior of the pharaoh cuttlefish *Sepia pharaonis* Ehrenberg, 1831 along the south-west coast of India. Indian Journal of Fishery, 58 (3): 1–8.

Chikuni S, 1983. Cephalopod resources in the Indo-Pacific. In: Caddy J F (ed) . Advances in Assessment of World Cephalopod Resources vol 231. FAO Fisheries Technical Paper, 457.

Chotiyaputta C, 1993. Cephalopod resources of Thailand. In: Okutani T, O'Dor R, Kubodera T (eds) . Recent advances in fisheries biology. Tokyo: Tokai University Press: 71–80.

Chung M T, Wang C H, 2013. Age validation of the growth lamellae in the cuttlebone from cultured *Sepia pharao-*

nis at different stages. Journal of experimental marine biology, 447: 132-137.

Collingridge G, 1987. The role of NMDA receptors in learning and memory. Nature, 330: 604-605.

Culkin F, Morris R J, 1970. The fatty acids of some cephalopods. Deep Sea Research and Oceanographic, 17 (1): 171-174.

Dauphin Y, 1996. The organic matrix of coleoid cephalopod shells: molecular weights and isoelectric properties of the soluble matrix in relation to biomineralization processes. Marine Biology, 125 (3): 525-529.

Decleir W, Lemaire J, Richard A, 1970. Determination of copper in embryos and very young specimen of *Sepia officinalis*. Marine Biology, 5 (3): 256-258.

DeRusha R H, Forsythe J W, DiMarco F P, et al., 1989. Alternative diets for maintaining and rearing cephalopods in captivity. Laboratory Animal Science, 39 (4): 306-312.

Domingues P, Poirier R, Dickel L, et al., 2003. Effects of culture density and live prey on growth and survival of juvenile cuttlefish, *Sepia officinalis*. Aquaculture International, 11 (3): 225-242.

Dunning M, McKinnon S, Lu C, et al., 1994. Demersal cephalopods of the Gulf of Carpentaria, Australia. Marine and Freshwater Research, 45 (3): 351-374.

Dunstan G A, Sinclair A J, O'deak, et al., 1988. The lipid content and fatty acid composition of various marine species from Southern Australian coastal waters. Comparative Biochemistry and Physiology Part B: Comparative Biochemistry, 91 (1): 165-168.

FAO/WHO, 1973. Energy and protein requirements. Rome: FAO Nutrition Meeting Report Series, 40-73.

Field C J, Johnson I, Pratt V C, 2000. Glutamine and arginine: immunonutrients for improved health. American College of Sports Medicine, 32 (Suppl 7): 377-388.

Ford L A, 1992. Host defense mechanisms of cephalopods. Annual Review of Fish Diseases, 2: 25-41.

Gabr H R, Hanlon R T, Hanafy M H, et al., 1998. Maturation, fecundity and seasonality of reproduction of two commercially valuable cuttlefish, *Sepia pharaonis* and *S. dollfusi*, in the Suez Canal. Fisheries Research, 36 (2): 99-115.

Grabherr M G, Haas B J, Yassour M, et al., 2011. Trinity: reconstructing a full-length transcriptome without a genome from RNA-Seq data. Nature Biotechnology, 29 (7): 644.

Henry J, Boucaud-Camou E, 1991. Rearing *Sepia officinalis* L. outdoors realisation of a low-cost dismantable installation. The Cuttlefish, First International Symposium on the Cuttlefish *Sepia* Centre de Publications de I′ Université de Caen, 358.

Hvorecny L M, Grudowski J L, Blakeslee C J, et al. , 2007. Octopuses (*Octopus bimaculoides*) and cuttlefishes (*Sepia pharaonis*, *S. officinalis*) can conditionally discriminate. Animal cognition, 10 (4): 449-459.

Iglesias J, Fuentes L, Sánchez L, 2006. First feeding of *Octopus vulgaris* Cuvier, 1797 paralarvae using Artemia: Effect of prey size, prey density and feeding frequency. Aquaculture, 261 (2): 817-822.

Jiang M W, Peng R B, Jiang X M, et al., 2018. Growth performance and nutritional composition of *Sepia pharaonis* under artificial culturing conditions. Aquaculture Research, 49: 2788-2798.

Jun Y S, Shin I K, Myung J O, et al., 2009. Pathogenicity of *Miamiensis avidus* (syn. *Philasterides dicentrarchi*), *Pseudocohnilembus persalinus*, *Pseudocohnilembus hargisi* and *Uronema marinum* (Ciliophora, Scuticociliatida). Diseases of Aquatic Organisms, 83: 133.

Kanehisa M, 2008. KEGG for linking genomes to life and the environment. Nucleic acids research, 36: 480-484.

Lee D G, Park M W, Kim B H, et al., 2014. Microanatomy and ultrastructure of outer mantle epidermis of the cuttlefish, *Sepia esculenta* (Cephalopoda: Sepiidae). Micron, 58: 38-46.

Lee P G, Turk P E, Forsythe J W, et al., 1998. Cephalopod culture: physiological, behavioral and environmental requirements. Suisan Zoshoku, (46): 417-422.

Lee T D, Sadda M R, Mendler M H, et al., 2004. Abnormal bepatic methionine and glutatnione metabolism in patients with alcoholic hepatitia. Alcoholism-clinical and experimental research, 28 (1): 173-181.

Lee Y H, Chang Y C, Yan H Y, et al., 2013. Early visual experience of background contrast affects the expression of NMDA-like glutamate receptors in the optic lobe of cuttlefish, *Sepia pharaonis*. Journal of experimental marine biology, 447: 86-92.

Lee Y H, Yan H Y, Chiao C C, 2010. Visual contrast modulates maturation of camouflage body patterning in cuttlefish (*Sepia pharaonis*). Journal of Comparative Psychology, 124 (3): 261-270.

Lee Y H, Yan H Y, Chiao C C, 2012. Effects of early visual experience on the background preference in juvenile cuttlefish *Sepia pharaonis*. Biological Letter, 8 (5): 740-743.

Lin J, Su W, 1994. Early phase of fish habitation around a new artificial reef off southwestern Taiwan. Bulletin of Marine Sciences, 55: 1112-1121.

Linnen J M, Bailey C P, Weeks D L, 1993. Two related localized mRNAs from *Xenopus laevis* encode ubiquitin-like fusion proteins. Gene, 128 (2): 181-188.

Lv T T, Song H, Liu R, et al., 2019. Isolation and characterization of a virulence related *Vibrio alginolyticus* strain Wz11 pathogenic to cuttlefish, *Sepia pharaonis*. Microbial Pathogenesis, 126: 165-171.

Mardis E R, 2008. The impact of next-generation sequencing technology on genetics. Trends in Genetics, 24 (3): 133-141.

Mehanna S F, Al-Kharusi L, Al-Habsi S, 2014. Population dynamics of the pharaoh cuttlefish *Sepia pharaonis* (Mollusca: Cephalopoda) in the Arabian Sea coast of Oman. Indian Journal of Fishery, 61 (1): 7-11.

Meiyappan M M, Mohamed K S, Vidyasagar K, et al., 2000. A review of cephalopod resources, biology and stock assessment in Indian waters. Marine Fisheries Research and Management (eds PiHai V N and Menon N G). Central Marine Fisheries Research Instimte, Cochin, 546-562.

Minton J W, 2004. The pattern of growth in the early life cycle of individual Sepia pharaonic. Marine and Freshwater Research, 5 (4): 415-422.

Minton J W, Walsh L S, Lee P G, et al., 2001. First multi-genetation culture of the tropical cuttlefish *Sepia pharaonis* Ehrenberg, 1831. Aquaculture International, (9): 375-392.

Mukhopadhyay A, Vij S, Tyagi A K, 2004. Overexpression of a zinc-finger protein gene from rice confers tolerance to cold, dehydration, and salt stress in transgenic tobacco. Proceedings of the National Academy of Sciences, 101 (16): 6309-6314.

Nabhitabhata J, 1978. Rearing experiment on economic cephalopod-Ⅱ: cuttlefish Sepia pharaonis Ehrenberg. Technical Paper 1978, Rayong Brackishwater Fisheries Station, Department of Fisheries: 1-62.

Nabhitabhata J, 1994. The culture of cephalopods. Fishing Chimes: 12-16.

Nabhitabhata J, 1995. Mass culture of cephalopods in Thailand. World Aquaculture, (26): 25-29.

Nabhitabhata J, Nilaphat P, 1999. Life cycle of pharaoh cuttlefish, *Sepia pharaonis* Ehrenberg, 1831. Phuket Mar Biol Cent Spec Publ, 19: 25-40.

Nair K P, Srinath M, Meiyappan M, et al., 1993. Stock assessment of the pharaoh cuttlefish Sepia pharaonis. Indian Journal of Fishery, 40 (1&2): 85-94.

Nair K P, Thomas P A, Gopakumar G, et al., 1986. Some observations on the hatching and post-hatching behaviour of the cuttlefish *Sepia pharaonis* Ehrenberg. CMFRI Bulletin, 37: 157-159.

Navarro J C, Villanueva R, 2000. Lipid and fatty acid composition of early stages of cephalopods: an approach to their lipid requirements. Aquaculture, 183: 161-177.

Ness A R, Hughes J, Elwood P C, et al., 2002. The long-term effect of dietary advice in men with coronary disease: follow-up of the Diet and Reinfarction trial (DART). European Journal of Clinical Nutrition, 56 (6): 512-518.

Nixon M, 1985. Capture of prey, diet and feeding of *Sepia officinalis* and *Octopus vulgaris* (Mollusca: Cephalopoda) from hatching to adult. Vie Milieu.

Norat T, Bingham S, Ferrari P, et al., 2005. Meat, fish, and colorectal cancer risk: the European prospective investigation into cancer and nutrition. Journal of the National Cancer Institute, 97 (12): 906-916.

Norman M, Reid A, 2000. Pharaoh's cuttlefish, *Sepia pharaonis*. Collingwood: CSIRO Publishing.

Patel R K, Jain M, 2012. NGS QC Toolkit: a toolkit for quality control of next generation sequencing data. Plos One, 7 (2): e30619.

Peng R B, Le K X, Jiang X M, et al., 2015. Effects of different diets on the growth, survival, and nutritional composition of juvenile cuttlefish, *Sepia pharaonis*. Journal of World Aquaculture Society, 46 (6): 650-664.

Peng R B, Le K X, Wang P S, et al., 2017a. Detoxification Pathways in Response to Environmental Ammonia Exposure of the Cuttlefish, *Sepia pharaonis*: Glutamine and Urea Formation. Journal of World Aquaculture Society, 48 (2): 342-352.

Peng R B, Wang P S, Jiang M W, et al., 2017b. Effect of Salinity on Embryonic Development of the Cuttlefish *Sepia pharaonis*. Journal of World Aquaculture Society, 48 (4): 666-675.

Peng R B, Wang P S, Le K X, et al., 2017c. Acute and Chronic effects of ammonia on juvenile cuttlefish, *Sepia pharaonis*. Journal of World Aquaculture Society, 48 (4): 602-610.

Peng R B, Jiang X M, Jiang M W, et al., 2018. Effect of light intensity on embryonic development of the cuttlefish *Sepia pharaonis*. Aquaculture International, 27 (3): 807-816.

Peng R B, Jiang M W, Huang C, et al., 2019. Toxic effects of ammonia on the embryonic development of the cuttlefish *Sepia pharaonis*. Aquaculture Research, 50 (2): 505-512.

Pertea G, Huang X, Liang F, et al., 2003. TIGR Gene Indices clustering tools (TGICL): a software system for fast clustering of large EST datasets. Bioinformatics, 19 (5): 651.

Preston G M, Carroll T P, Guggino W B, et al., 1992. Appearance of water channels in *Xenopus oocytes* expressing red cell CHIP28 protein. Science, 256 (5055): 385-387.

Pellett P L, Young V R, 1980. Nutritional evaluation of protein foods. Japan: The United National University: 26-29.

Rainuzzo J R, Reitan K I, Olsen Y, 1997. The significance of 1ipids at early stages of marine fish: A review. Aquaculture, 155 (1-4): 103-115.

Richards J G, Semple J W, Bystriansky J S, et al., 2003. Na^+/K^+-ATPase alpha-isoform switching in gills of rainbow trout (*Oncorhynchus mykiss*) during salinity transfer. Journal of Experimental Biology, 206 (24): 4475-4486.

Sanders M J, 1981. Revised stock assessment for the cuttlefish *Sepia pharaonis*, taken off the coast of the Peoples′ Democratic Republic of Yemen. Project for the development of fisheries in areas of the Red Sea and Gulf of Aden, Cairo, Egypt. RAB/ 77/008/13, 44 p FAO.

Sangster C R, Smolowitz R M, 2003. Description of *Vibrio alginolyticus* Infection in Cultured *Sepia officinalis*, *Sepia apama*, and *Sepia pharaonis*. The Biological Bulletin, 205 (2): 233-234.

Sargent J, Bell G, McEvoy L, et al., 1999. Recent developments in the essential fatty acid nutrition of fish. Aquaculture, 177 (1-4): 191-199.

Sasikumar G, Mohamed K S, Bhat U S, 2013. Inter-cohort growth patterns of pharaoh cuttlefish *Sepia pharaonis*

(Sepioidea: Sepiidae) in Eastern Arabian Sea. Revista De Biologia Tropical, 61 (1): 1-14.

Scheinerbobis G, 2002. The sodium pump. Its molecular properties and mechanics of ion transport. European Journal of Biochemistry, 269 (10): 2424-2433.

Shyla G, Nair C M, Salin K R, et al., 2009. Liver oil of pharaoh cuttlefish *Sepia pharaonis* Ehrenberg, 1831 as a lipid source in the feed of giant freshwater prawn, *Macrobrachium rosenbergii* (De Man 1879). Aquaculture nutrition, 15 (3): 273-281.

Silas E G, Rao K S, Sarvesan R, et al., 1985. Some aspects of the biology of squids. In: Silas E G. Cephalopod bionomics, fisheries and resources of the EEZ of India. CMFRI Bulletin, 37: 38-48.

Sivalingam D, Ramadoss K, Gandhi A, et al., 1993. Hatchery rearing of the squid, *Sepioteuthis lessoniana* and the cuttlefish, *Sepia pharaonis*. Marine Fisheries Information Service, Technical, 122: 12-14.

Sugimoto C, Ikeda Y, 2013. Comparison of the ontogeny of hunting behavior in pharaoh cuttlefish (*Sepia pharaonis*) and oval squid (*Sepioteuthis lessoniana*). The Biological Bulletin, 225 (1): 50-59.

Sundaram S, 2014. Fishery and biology of *Sepia pharaonis* Ehrenberg, 1831 off Mumbai, northwest coast of India. Marine Biological Association India, 56 (2): 43-47.

Supongpan M, 1995. Cephalopod resources in the gulf ot Thailand. In: Nabhitabhata J (ed) . Biology and culture of cephalopods Contribution No 18, Rayong Coastal Aquaculture Station, Coastal Aquaculture Division, Department of Fisheries. 231.

Takaya Y, Uchisawa H, Hanamatsu K, et al., 1994. Novel fucose-rich glycosaminoglycans from Squid Ink bearing repeating unit of trisac charide structure (-6GalNAcα1-3GlcAβ1-3Fucα1-). Biochemical and Biophysical Research Communications, 198 (2): 560-567.

Tao Z, Liu L, Chen X, et al., 2016. First isolation of *Miamiensis avidus* (Ciliophora: Scuticociliatida) associated with skin ulcers from reared pharaoh cuttlefish *Sepia pharaonis*. Diseases of aquatic organisms, 122: 67-71.

Tehranifard A, Dastan K, 2011. General morphological characteristics of the *Sepia pharaonis* (cephalopoda) from Persian gulf, Bushehr region. In: Proc Int Conf Biomed Eng Technol, 11: 120-126.

Thanonkaew A, Benjakul S, Visessanguan W, 2006. Chemical composition and thermal property of cuttlefish (*Sepia pharaonis*) muscle. Journal of Food Composition and Analysis, 19 (2): 127-133.

Thanonkaew A, Benjakul S, Visessanguan W, et al., 2008. The effect of antioxidants on the quality changes of cuttlefish (*Sepia pharaonis*) muscle during frozen storage. LWT-Food Science and Technology, 41 (1): 161-169.

The Commission of the European Communities. (EC) No 1881/2006 setting maximum levels for certain contaminants in food stuffs. Official Journal of the European Union, L364/5-L364/24.

Tressler J, Maddox F, Goodwin E, et al., 2014. Arm regeneration in two species of cuttlefish *Sepia officinalis* and *Sepia pharaonis*. Invertebrate Neuroscience, 14 (1): 37-49.

Thompson J C, Moewus L, 1964. *Miamiensis avidus* ng, n. sp., a marine facultative parasite in the ciliate order Hymenostomatida. The Journal of Protozoology, 11: 378-381.

Vaz P P, Seixas P, Barbosa A, 2004. Aquaculture potential of the common octopus (*Octopus vulgaris* Cuvier, 1797): a review. Aquaculture, 238 (1-4): 221-238.

Walton M J, 1985. Aspects of amino acid metabolism in teleost fish. Nutrition and feeding in fish, London: Academie Press: 47-67.

Watanuki N, Rodriguez E, Blanco R, et al., 1993. Introduction of Cuttlefish Basket Trap in Palawan, Philippines. In: Okutani T, O'Dor R K, Kubodera T (eds) . Recent Advances in Fisheries Biology. Tokyo: Tokai University Press: 627-631.

Weiners S, Hood L, 1975. Soluble protein of the organic matrix of mollusk shells: a potential template for shell formation. Science, 190 (4218): 987-989.

Yasumuro H, Ikeda Y, 2016. Environmental enrichment accelerates the ontogeny of cryptic behavior in pharaoh cuttlefish (*Sepia pharaonis*). Zoological Sciences, 33 (3): 255-266.